深度学习系列
DEEP LEARNING SERIES

MANNING

PyTorch 深度学习实战

Deep Learning with PyTorch

[美] 伊莱·史蒂文斯（Eli Stevens）
[意] 卢卡·安蒂加（Luca Antiga） 著
[德] 托马斯·菲曼（Thomas Viehmann）
牟大恩 译

人民邮电出版社
北京

图书在版编目（CIP）数据

PyTorch深度学习实战 / (美) 伊莱·史蒂文斯
(Eli Stevens) , (意) 卢卡·安蒂加 (Luca Antiga) ,
(德) 托马斯·菲曼 (Thomas Viehmann) 著 ; 牟大恩译
. -- 北京 : 人民邮电出版社, 2022.2
(深度学习系列)
ISBN 978-7-115-57767-2

Ⅰ. ①P… Ⅱ. ①伊… ②卢… ③托… ④牟… Ⅲ. ①
机器学习 Ⅳ. ①TP181

中国版本图书馆CIP数据核字(2021)第220760号

◆ 著　[美] 伊莱·史蒂文斯（Eli Stevens）
[意] 卢卡·安蒂加（Luca Antiga）
[德] 托马斯·菲曼（Thomas Viehmann）
译　牟大恩
责任编辑　郭　媛
责任印制　王　郁　焦志炜
◆ 人民邮电出版社出版发行　北京市丰台区成寿寺路 11 号
邮编　100164　电子邮件　315@ptpress.com.cn
网址　https://www.ptpress.com.cn
固安县铭成印刷有限公司印刷
◆ 开本：800×1000　1/16
印张：28　2022 年 2 月第 1 版
字数：601 千字　2025 年 4 月河北第 20 次印刷
著作权合同登记号　图字：01-2020-4645 号

定价：119.90 元

读者服务热线：(010)81055410　印装质量热线：(010)81055316
反盗版热线：(010)81055315

内容提要

PyTorch 是一个机器学习框架，主要依靠深度神经网络，目前已迅速成为机器学习领域中最可靠的框架之一。本书指导读者使用 Python 和 PyTorch 实现深度学习算法。本书首先介绍 PyTorch 的核心知识，然后带领读者体验一个真实的案例研究项目：构建能够使用 CT 扫描检测恶性肺肿瘤的算法。你将学习用有限的输入训练网络，并处理数据，以获得一些结果。你将筛选出不可靠的初始结果，并专注于诊断和修复神经网络中的问题。最后，你将研究通过增强数据训练、改进模型结构和执行其他微调来改进结果的方法。通过这个真实的案例，你会发现 PyTorch 是多么有效和有趣，并掌握在生产中部署 PyTorch 模型的技能。

本书适合具有一定 Python 知识和基础线性代数知识的开发人员。了解深度学习的基础知识对阅读本书有一定的帮助，但读者无须具有使用 PyTorch 或其他深度学习框架的经验。

关于作者与译者

Eli Stevens 职业生涯的大部分时间都在美国硅谷的初创公司工作，从软件工程师（网络设备制造业）到首席技术官（开发肿瘤放疗软件）。在本书出版时，他正在汽车自动驾驶行业从事机器学习相关工作。

21 世纪初，Luca Antiga 担任生物医学工程研究员。2010 年到 2020 年间，他是一家人工智能工程公司的联合创始人和首席技术官。他参与了多个开源项目，包括 PyTorch 的核心模块。最近，他作为联合创始人创建了一家总部位于美国的初创公司，专注于数据定义软件的基础设施。

Thomas Viehmann 是一名德国慕尼黑的机器学习和 PyTorch 的专业培训师和顾问，也是 PyTorch 核心开发人员。拥有数学博士学位的他不畏惧理论，擅长将理论应用于实际的计算挑战。

牟大恩，武汉大学硕士研究生毕业，曾先后在网易杭州研究院、优酷土豆集团、海通证券总部负责技术研发及系统架构设计工作，目前任职于东方证券资产管理有限公司。他有多年的 Java 开发及系统设计经验，专注于互联网金融及大数据应用相关领域，热爱技术，喜欢钻研前沿技术，是机器学习及深度学习的深度爱好者。近年来著有《Kafka 入门与实践》，译有《Kafka Streams 实战》，已提交技术发明专利申请两项。

关于封面插图

本书封面上的人物叫作“Kardinian”。这幅插图来自 Jacques Grasset de Saint-Sauveur（1757—1810）1788 年在法国出版的图书，书名为 *Costumes civils actuels de tous les peuples connus*。本系列图书收集了不同国家的服饰图，每幅图都是手工精心绘制和着色的。Grasset de Saint-Sauveur 的藏品丰富多样，生动地向我们展示了在 200 多年前，世界上各地区的文化是多么不同。由于彼此隔绝，人们说着不同的语言。无论是在城市还是在乡村，只要看他们的衣着，就能很容易地认出他们住在哪里、从事什么行业或从事什么职业。

从那以后，我们的着装方式发生了变化，而在当时如此丰富的地区多样性也在逐渐消失。现在已经很难区分来自不同大陆的居民，更不用说不同的国家、地区或城镇了。也许我们已经用文化的多样性换取了更多样的私人生活——当然是更多样和快节奏的科技生活。

在很难将计算机相关的图书区分开的时候，Manning 出版社以 200 多年前丰富多样的地区生活为基础，用图书封面来颂扬计算机行业的创造性和首创精神，使 Grasset de Saint-Sauveur 的画作重现。

译者序

随着“金融科技”的兴起，人工智能在近几年愈发火热，而深度学习作为人工智能领域热门的研究方向，获得了极大的关注和长足的发展。PyTorch 是一个针对深度学习的张量库，可以运行在 CPU 和 GPU 上，它采用 Python 语言，具有强大的 GPU 加速的张量计算能力以及自动求导功能的深度神经网络。PyTorch 作为当前主流的深度学习框架之一，无论是在学术界还是在工业界都受到了深度学习爱好者和从业者的青睐。

我很荣幸有机会翻译本书。通过翻译本书，无论是对 PyTorch 基础知识还是对深度学习技术的理论及应用实践，我都收获颇多。本书深入浅出，详细讲解了从 PyTorch 基础 API 到使用 PyTorch 处理深度学习具体的应用实例。本书通过模拟近乎真实的场景，从场景描述开始，逐步对问题进行剖析，然后利用 PyTorch 解决问题。阅读本书，读者不仅能够全面掌握 PyTorch 相关的 API 的使用方法以及系统掌握深度学习的理论和方法，而且能够轻松学会使用 PyTorch 实现各种神经网络模型来解决具体的深度学习问题。

在翻译本书的过程中，我印象最深的是，本书不是直接给出解决问题的完整代码，而是在场景描述、问题分析、技术选型等方面给予更多的篇幅，这种方式更能帮助读者真正深入地掌握相关技术的要领，正所谓“授人以鱼，不如授人以渔”。

在此特别感谢人民邮电出版社的郭媛编辑，以及一直鼓励和指导我的杨海玲老师，正是她们一丝不苟、认真专业的工作态度，才使本书翻译工作得以圆满完成。借此机会，我还要感谢我在海通证券的老领导王洪涛和熊友根对我的培养，感谢东方红资管刘峰、陈雄、彭轶君、任炜明对我的指导，以及同事们给予我的帮助。同时，我还要感谢我的妻子吴小华、姐姐屈海林、妹妹石俊豪，感谢她们在我翻译本书时对我和我儿子的悉心照顾，正是她们的帮助，才使我下班回到家时可以全身心投入翻译工作中。在春节长假期间，我甚至 90%的非睡眠时间都在翻译本书，没有时间陪伴家人，深感亏欠。同时，将本书送给我的宝贝儿子牟经纬，作为宝宝即将进入幼儿园的礼物，祝他健康、茁壮成长，开心、快乐地学习！

虽然在翻译过程中我力争做到“信、达、雅”，但本书许多概念和术语目前尚无公认的中文翻译，加之个人水平有限，译文中难免有不妥之处，恳请读者批评指正。

牟大恩

2021 年 4 月

序

2016 年年中开始做 PyTorch 项目时，我们还是一个开源团队。我们这个团队的成员是在网上互相认识的，都是想把深度学习软件编写得更好的计算机“极客”。本书 3 位作者中的 2 位——Luca Antiga 和 Thomas Viehmann 对 PyTorch 今天所取得的成功起到了重要作用。

我们使用 PyTorch 的目的是构建一个尽可能灵活的框架来表达深度学习算法。我们专注于任务执行，并且希望在相对较短的开发时间里为开发者社区提供一个完善的产品。如果我们不是站在巨人的肩膀上，我想这是不可能完成的。PyTorch 的大部分基础代码源于 Ronan Collobert 等人在 2007 年发起的 Torch7 项目，该项目源于 Yann LeCun 和 Leon Bottou 首创的编程语言——Lush。正是鉴于这段丰富的历史经验，我们才能关注需要改变的东西，而不是从零开始。

很难将 PyTorch 的成功归因于单一因素，它具有良好的用户体验、较高的可调试性和灵活性，最终提高了用户的工作效率。同时，PyTorch 的大量使用也造就了一个出色的软件生态系统，在此基础上进行的研究使得 PyTorch 具有更好的用户体验。

一些线上或线下的关于 PyTorch 的课程和大学里的计划课程，以及大量的线上博客和教程，使得 PyTorch 学习起来更容易。然而，关于 PyTorch 的图书很少。2017 年有人问我：“什么时候写一本 PyTorch 的书？”我回答说：“如果现在开始写，我敢保证，等书写完了，书里面的内容就过时了。”

随着本书的出版，我们最终有了一本关于 PyTorch 的权威著作。它非常详细地介绍了基础知识和抽象概念，对诸如张量和神经网络的数据结构进行了分解介绍，以确保大家能够理解它们的实现原理。此外，本书还涵盖了一些高级主题，如即时（JIT）编译器和生产环境部署，这些内容也是 PyTorch 的一部分。

此外，本书还有应用程序相关内容，通过使用神经网络来帮助大家解决一个复杂和重要的医学问题。凭借 Luca 在生物工程和医学成像方面深厚的专业知识，Eli 在医疗设备和检测软件方面的开发经验，以及 Thomas 作为 PyTorch 核心开发人员的背景，本书的应用程序相关内容值得认真学习。

总之，我希望本书成为你长期的参考文档，成为你的个人图书馆或工作室的一部分。

Soumith Chintala
PyTorch 联合创作者

前言

作为 20 世纪 80 年代出生的孩子，我们几个接触个人计算机的情况，分别是 Eli 从 Commodore VIC20 系统开始，我从 Sinclair Spectrum 48K 系统开始，Thomas 从 Commodore C16 系统开始。在那个时候我们看到了个人计算机的曙光，学会了在越来越快的机器上编写代码和研究算法，还经常幻想计算机会将我们带到哪里去。当某部谍战片中的主角说“计算机，改进一下”时，我们一起翻白眼，深切意识到现实中计算机的作用与电影中计算机的作用的差距。

后来，在我们的职业生涯中，Eli 和我各自在医学图像分析方面挑战自我，在研究能够处理人体自然变化的算法时，面临着同样的困难。在选择最优的算法组合时，会涉及很多试探式方法，这些方法会让事情顺利进行，甚至会挽救局面。Thomas 在世纪之交学习了神经网络和模式识别，后来还获得了数据建模的博士学位。

深度学习在 21 世纪初开始出现在计算机视觉领域，并被应用于医学图像分析任务，如识别医学图像的结构或病变。就在那个时候，也就是 21 世纪头 5 年，深度学习引起了我们的关注。我们花了一些时间才意识到，深度学习代表了一种全新的软件编写方式——一种新的多用途算法，可以通过观察数据来学习如何解决复杂的问题。

对于我们“80 后”来说，关于计算机能做什么的视野一夜之间就扩展了，计算机能做什么不再受限于程序员的大脑，而受限于数据、神经网络结构和训练过程。在动手实践的过程中，我选择 Torch，它是 PyTorch 的前身。Torch 具有灵活、轻量级、运行速度快的特点，具有通过 Lua 和普通 C 语言编写的、易于理解的源代码，有一个支持它的社区，并且有着悠久的历史。我热衷于 Torch，可能 Torch7 唯一的缺点是脱离了其他框架可以借鉴的、不断扩展的 Python 数据科学生态系统。Eli 从大学开始就对人工智能感兴趣，但他的职业生涯为他指明了另一个方向，他发现其他早期的深度学习框架使用起来太过费力，以至于令人无法在业余项目中热情地使用它们[①]。

因此当 PyTorch 的第 1 个版本在 2017 年 1 月 18 日发布时，我们都非常兴奋。我从那时开始成为 PyTorch 的核心贡献者。而 Eli 很早就成为其社区的一员，负责提交一些错误修复文档，实现

① 在那个时候，“深层”神经网络意味着 3 个隐藏层！

新特性或对文档进行更新。Thomas 为 PyTorch 贡献了大量的特性，修复了很多错误，并最终成为一名独立的核心贡献者。我们有一种感觉：有一些大型的东西正在起步，这些东西具有适当的复杂性，并且只需要很少的认知开销。PyTorch 借鉴了 Torch7 的一些精益设计，但这次引入了一系列新特性，如自动微分、动态计算图和集成 NumPy。

考虑到我们的参与度和热情，在组织了几次 PyTorch 研讨会之后，我们感觉下一步写一本书是很自然的事了。我们的目标是写一本能够吸引曾经的自己（刚开始学习 PyTorch 深度学习时的我们）的书。

可以预见的是，我们起初的想法很宏大：教授基础知识，完成一个端到端的项目，并演示 PyTorch 最新和最好的模型。我们很快意识到这不是一本书就能完成的事情，因此我们决定专注于我们最初的任务：假设我们之前具备很少或根本没有深度学习的知识，我们将投入时间深入介绍 PyTorch 背后的关键概念，并最终达到带领读者完成一个完整项目的目的。对于后者，我们回到工作本身，选择演示医学图像分析相关的项目。

Luca Antiga

致谢

我们非常感谢 PyTorch 团队，正是他们的共同努力才使得 PyTorch 有机会从一个暑期实习项目成长为一个世界级的深度学习工具。我们要表扬 Soumith Chintala 和 Adam Paszke，他们除了技术卓越，还致力于采用“社区优先”的方法来管理项目，PyTorch 社区的健康水平和包容性是他们行动的证明。

说到社区，如果没有个人在论坛上帮助早期使用者，没有专家的不懈努力，PyTorch 就不会成为现在的样子。在所有可敬的贡献者中，Piotr Bialecki 值得我们特别表示感谢。提到本书，我们还要特别感谢 Joe Spisak，他相信本书会为社区带来价值。还有 Jeff Smith，他做了大量工作来实现这些价值。Bruce Lin 摘录了本书第 1 部分的内容，并将其免费提供给 PyTorch 社区，他的这些工作也受到了极大的赞赏。

我们要感谢 Manning 出版社的团队带领我们走过这段旅程，总是提醒我们在各自生活中平衡好家庭、工作和写作之间的关系。感谢 Erin Twohey 主动问我们是否有兴趣写一本书，也感谢 Michael Stephens“哄骗”我们答应写书，尽管我们告诉他我们没有时间。Brian Hanafee 所做的事情比审稿人的职责还要多。Arthur Zubarev 和 Kostas Passadis 给出了很好的反馈。Jennifer Houle 则需要处理我们奇异风格的图片。我们的文字编辑 Tiffany Taylor 对细节有敏锐的观察力，如果书中还有错误，那一定是我们自己的问题。我们还要感谢我们的项目编辑 Deirdre Hiam、校对 Katie Tennant 和评论编辑 Ivan Martinović。还有很多我们在流程状态更新的邮件抄送列表中看见的一些幕后工作者，所有这些人都在本书的出版过程中起到了不可或缺的作用。同时，也要感谢一些不在我们的感谢列表中的人，包括一些匿名的评论者，他们给出了有用的反馈，帮助本书成为现在的样子。

我们孜孜不倦的编辑 Frances Lefkowitz 使本书最终得以完成，她理应获得一枚奖章，并在一个热带岛屿上度假一周。感谢她所做的一切，再次感谢！

感谢我们的审稿人，他们在很多方面帮助我们对本书进行了改进：Aleksandr Erofeev、Audrey Carstensen、Bachir Chihani、Carlos Andres Mariscal、Dale Neal、Daniel Berecz、Doniyor Ulmasov、Ezra Stevens、Godfred Asamoah、Helen Mary Labao Barrameda、Hilde Van Gysel、Jason Leonard、Jeff Coggshall、Kostas Passadis、Linnsey Nil、Mathieu Zhang、Michael Constant、Miguel Montalvo、Orlando Alejo Méndez Morales、Philippe Van Bergen、Reece Stevens、Srinivas K. Raman 和 Yujan Shrestha。

致我们的朋友和家人，那些想知道我们这两年都在做些啥的人：嗨！我们错过了与你们欢聚的时光，我们找个时间聚聚吧！

Eli Stevens
Luca Antiga
Thomas Viehmann

关于本书

我们写本书的目的是为大家介绍 PyTorch 深度学习的基础知识，并以一个实际项目来展示。我们力图介绍深度学习底层的核心思想，并向读者展示 PyTorch 如何将其实现。在本书中，我们试图提供直观印象以帮助大家进一步探索，同时，我们选择性地深入细节，以解剖其背后的奥妙。

本书并不是一本参考书，相反，它是一本概念性的指南，旨在引导你在网上独立探索更高级的材料。因此，我们关注的是 PyTorch 提供的一部分特性，最值得注意的是循环神经网络，但 PyTorch API 的其他部分也同样值得重视。

读者对象

本书适用于那些已成为或打算成为深度学习实践者以及想了解 PyTorch 的开发人员。我们假设本书的读者是一些计算机科学家、数据科学家、软件工程师、大学生或以后会学习相关课程的学生。由于我们并不要求读者有深度学习的先验知识，因此本书前半部分的某些内容可能对有经验的实践者来说是一些已经了解的概念。对这些读者来说，我们希望本书能够提供一个与已知主题稍有不同的视角。

我们希望读者具备命令式编程和面向对象编程的基本知识。由于本书使用的编程语言是 Python，因此大家需要熟悉 Python 的语法和操作环境，了解如何在所选择的平台上安装 Python 包和运行脚本。熟悉 C++、Java、JavaScript、Ruby 或其他类似语言的读者应该可以轻松上手，但是需要在本书之外做一些补充。同样，如果读者熟悉 NumPy 也很有用，但这并不是强制要求的。我们也希望读者熟悉线性代数的一些基础知识，如知道什么是矩阵、向量和点积。

本书的组织结构：路线图

本书由 3 个部分组成。第 1 部分介绍基础知识；第 2 部分在第 1 部分的基础上介绍一个端到端的项目，并增加更高级的概念；简短的第 3 部分以 PyTorch 部署之旅结束本书。大家可能会注意到各部分的写作风格和图片风格不同。尽管本书是无数小时的协同计划、讨论和编辑的结果，但写作和绘图的工作被分成了几部分。Luca 主要负责第 1 部分，Eli 主要负责第 2 部分[①]，Thomas 主要负责第 3 部分（他试图在第 3 部分将第 1 部分和第 2 部分的写作风格结合起来）。我们决定保留这些部分的原始风格，而不是一味寻找各部分风格的共同点。以下是各部分所包括的章及其概述。

第 1 部分

在第 1 部分中，我们在 PyTorch 的使用上迈出第一步，了解 PyTorch 项目并开始掌握构建自己的项目所需要的基本技能。我们将介绍 PyTorch API 和一些 PyTorch 库背后的特性，并训练一个初始的分类模型。在第 1 部分结束时，我们将准备处理一个真实的项目。

第 1 章介绍 PyTorch 用于深度学习的库及其在“深度学习革命”中的地位，并探讨 PyTorch 与其他深度学习框架的区别。

第 2 章通过运行一些预训练网络示例来展示 PyTorch 的实际应用，演示如何在 PyTorch Hub 中下载和运行模型。

第 3 章介绍 PyTorch 的基本构建组件——张量，介绍张量的一些 API，并深入底层介绍一些实现细节。

第 4 章展示不同类型的数据如何被表示为张量，以及深度学习模型期望构造什么样的张量。

第 5 章介绍梯度下降机制，以及 PyTorch 如何实现自动微分。

第 6 章展示利用 PyTorch 的神经网络（nn）和优化（optim）模块来建立和训练一个用于回归的神经网络的过程。

第 7 章在第 6 章的基础上介绍构建一个用于图像分类的全连接层模型，并扩展介绍 PyTorch API 的知识。

第 8 章介绍卷积神经网络，并探讨关于构建神经网络模型及其 PyTorch 实现方面更高级的概念。

第 2 部分

在第 2 部分中，每一章都会让我们更接近一个全面的肺癌自动检测解决方案。我们将把这个难题作为动机来演示解决诸如肺癌筛查的大规模问题所需的实际方法。这是一个专注于数据清洗工程、故障排除和问题求解的大型项目。

第 9 章从 CT 成像开始，介绍用于肺肿瘤分类的端到端策略。

第 10 章介绍使用标准 PyTorch API 加载人工标注数据和 CT 扫描的图像，并将相关信息转换为张量。

第 11 章介绍第 1 个分类模型，该模型基于第 10 章介绍的训练数据构建。本章还会介绍对模

① Eli 和 Thomas 的写作风格在其他部分也有所体现，如果某章的写作风格改变了，大家不要感到震惊！

型进行训练，收集基本的性能指标，并使用张量可视化工具 TensorBoard 来监控训练。

第 12 章探讨并介绍实现标准性能指标，以及使用这些指标来识别之前完成的训练中的缺陷。然后，介绍通过使用经过数据平衡和数据增强方法改进过的数据集来弥补这些缺陷。

第 13 章介绍分割，即像素到像素的模型架构，以及使用它来生成覆盖整个 CT 扫描的可能结节位置的热力图。这张热力图可以用来在 CT 扫描中找到非人工标注数据的结节。

第 14 章介绍实现最终的端到端项目：使用新的分割模型和分类方法对癌症患者进行诊断。

第 3 部分

第 3 部分为第 15 章，主要介绍部署相关内容，概述如何将 PyTorch 模型部署到简单的 Web 服务中，或将它们嵌入 C++程序中，抑或将它们发布到移动电话上。

关于代码

本书中所有的代码都是基于 Python 3.6 及以上的版本编写的。本书中的代码可以从异步社区中获取。编写本书时，Python 的最新版本是 3.6.8，本书正是使用该版本来测试书中的例子的。例如：

```
$ python
Python 3.6.8 (default, Jan 14 2019, 11:02:34)
[GCC 8.0.1 20180414 on linux
Type "help", "copyright", "credits" or "license" for more information.
>>>
```

在 Bash 提示符下输入的命令行以$开头（如本例中的$ python 行），固定宽度的内联代码看起来像 Python 中的 self 用法一样。

以>>>开头的代码块是 Python 交互式提示符下的会话脚本。提示符>>>本身不被视为输入，输出文本行也不以>>>和...开头。在某些情况下，在>>>之前插入一个额外的空行，以提高输出的可读性。当你在交互式提示符下输入实际的文本时，这些空白行并不包括在内。

```
>>> print("Hello, world!")
Hello, world!

>>> print("Until next time...")
Until next time...
```

在实际的交互式会话期间不会出现此空行

我们也大量使用 Jupyter Notebook，如第 1 章 1.5.1 小节所述。我们提供的作为官方 GitHub 仓库的 Jupyter Notebook 代码如下所示：

```
# In[1]:
print("Hello, world!")

# Out[1]:
Hello, world!
```

```
# In[2]:
print("Until next time...")
# Out[2]:
Until next time...
```

绝大多数 Jupyter Notebook 中的示例代码在第 1 个单元格（cell，一对 In Out 会话被视作一个代码单元）中包含以下模板代码（在前几章的代码中可能缺少模板代码中的某几行），这些模板代码在之后的代码中我们不再提及。

```
# In[1]:
%matplotlib inline
from matplotlib import pyplot as plt
import numpy as np

import torch
import torch.nn as nn
import torch.nn.functional as F
import torch.optim as optim

torch.set_printoptions(edgeitems=2)
torch.manual_seed(123)
```

另外，代码块是.py 源文件的一部分或是一份完整的代码。

代码清单 main.py:5, def main

```
def main():
    print("Hello, world!")

if __name__ == '__main__':
    main()
```

书中的许多代码示例都使用了 2 空格缩进。由于版面的限制，代码清单中的每行被限制在 80 个字符以内，这对于大量缩进的代码段是不切实际的。使用 2 空格缩进有助于减少换行。本书所有的代码都可以下载（同样请访问异步社区的本书页面），这些代码使用的是一致的 4 空格缩进。以_t 作为后缀的变量是用于 CPU 存储器的张量，以_g 作为后缀的变量用于 GPU 存储器，以_a 作为后缀的变量是 NumPy 数组。

软件和硬件要求

第 1 部分不需要任何特定的计算资源，当前任何计算机或在线的计算资源都是足够的，也不需要特定的操作系统。第 2 部分我们计划完成一个完整的训练运行环境，将需要一个支持 CUDA 的 GPU。第 2 部分中使用的默认环境配置参数假定为一个有 8GB RAM 的 GPU（我们建议使用 NVIDIA GTX 1070 或更高的配置），如果你的硬件可用的 RAM 较少，这些参数可以进行调整。第 2 部分的癌症检测项目需要下载大约 60GB 的原始数据，因此至少需要 200GB 的可用磁盘空间用于训练。幸运的是，某些在线计算服务提供免费使用一定时长的 GPU，我们将在适当的部分更详细地讨论计算所需的资源需求。

你需要 Python 3.6 或更高的版本，相关说明在 Python 官网上可以找到。有关 PyTorch 的安装信息，请参阅 PyTorch 官方网站的入门指南。我们建议 Windows 用户安装 Anaconda 或 Miniconda。用户若使用其他操作系统，诸如 Linux，通常有更多的可行选项，其中 pip 是 Python 最常用的包管理器。我们提供了一个名为 requirements.txt 的文件，pip 可以按照该文件来安装依赖项。由于目前的苹果笔记本计算机没有支持 CUDA 的 GPU，因此对于采用 macOS 的 PyTorch 预编译软件包只支持 CPU。当然，有经验的用户可以自由地安装与你首选的开发环境最兼容的软件包。

其他在线资源

虽然本书没有假设读者有深度学习的先验知识，但本书并不是深度学习的基础导论。本书涵盖基础知识，但我们的重点是熟练使用 PyTorch 库。我们鼓励有兴趣的读者通过阅读本书建立对深度学习的直观理解。为此，*Grokking Deep Learning* 是一本非常值得学习的书，可以帮助大家开发一个强大心智模型，并直观地了解深度神经网络的机制。要获得全面的介绍和参考，我们建议你阅读 Goodfellow 等人编写的 *Deep Learning*[①]。当然，Manning 出版社有一个关于深度学习的目录列表，其中涵盖了该领域各种各样的主题。你可以根据自己的兴趣，从中选择一本作为你下一步要阅读的书。

---

① 中文版《深度学习》由人民邮电出版社出版。——译者注

资源与支持

本书由异步社区出品，社区（https://www.epubit.com/）为您提供相关资源和后续服务。

配套资源

本书提供源代码，要获得配套资源，请在异步社区本书页面中单击 配套资源 ，跳转到下载界面，按提示进行操作即可。

您也可以扫描右侧的二维码，添加异步助手为好友，并发送“57767”获取以上配套资源。

扫码添加
异步助手

提交勘误

作者和编辑尽最大努力来确保书中内容的准确性，但难免会存在疏漏。欢迎您将发现的问题反馈给我们，帮助我们提升图书的质量。

当您发现错误时，请登录异步社区，按书名搜索，进入本书页面，单击“提交勘误”，输入勘误信息，单击“提交”按钮即可（见下图）。本书的作者和编辑会对您提交的勘误进行审核，确认并接受后，您将获赠异步社区的100积分。积分可用于在异步社区兑换优惠券、样书或奖品。

详细信息　写书评　提交勘误

页码：　页内位置（行数）：　勘误印次：

字数统计

提交

扫码关注本书

扫描下方二维码，您将会在异步社区微信服务号中看到本书信息及相关的服务提示。

与我们联系

我们的联系邮箱是 contact@epubit.com.cn。

如果您对本书有任何疑问或建议，请您发邮件给我们，并请在邮件标题中注明本书书名，以便我们更高效地做出反馈。

如果您有兴趣出版图书、录制教学视频，或者参与图书翻译、技术审校等工作，可以发邮件给我们；有意出版图书的作者也可以到异步社区在线提交投稿（直接访问 www.epubit.com/selfpublish/submission 即可）。

如果您所在的学校、培训机构或企业，想批量购买本书或异步社区出版的其他图书，也可以发邮件给我们。

如果您在网上发现有针对异步社区出品图书的各种形式的盗版行为，包括对图书全部或部分内容的非授权传播，请您将怀疑有侵权行为的链接发邮件给我们。您的这一举动是对作者权益的保护，也是我们持续为您提供有价值的内容的动力之源。

关于异步社区和异步图书

“异步社区”是人民邮电出版社旗下 IT 专业图书社区，致力于出版精品 IT 技术图书和相关学习产品，为作译者提供优质出版服务。异步社区创办于 2015 年 8 月，提供大量精品 IT 技术图书和电子书，以及高品质技术文章和视频课程。更多详情请访问异步社区官网 https://www.epubit.com。

“异步图书”是由异步社区编辑团队策划出版的精品 IT 专业图书的品牌，依托于人民邮电出版社近 40 年的计算机图书出版积累和专业编辑团队，相关图书在封面上印有异步图书的 LOGO。异步图书的出版领域包括软件开发、大数据、AI、测试、前端、网络技术等。

异步社区

微信服务号

目录

第1部分 PyTorch核心

第 1 部分

PyTorch 核心

欢迎阅读本书的第 1 部分，这是我们学习 PyTorch 的起点。在这一部分你将了解 PyTorch 的基本结构，学会构建 PyTorch 项目所需的基本技能。

在第 1 章中，我们将开始接触 PyTorch，了解它是什么，它可解决什么问题，以及它与其他深度学习框架的关系。第 2 章将带我们进行一次轻松的旅行，给我们一个机会去使用那些预先在有趣的任务上训练过的模型。第 3 章就稍微有点儿严肃了，将介绍 PyTorch 程序中使用的基本数据结构：张量。第 4 章将带我们进行另一场旅行，将不同域的数据表示为 PyTorch 张量。第 5 章介绍程序如何从样本中学习，以及 PyTorch 如何支持该过程。第 6 章介绍神经网络的基本原理，以及如何使用 PyTorch 构建神经网络。第 7 章介绍使用神经网络架构解决一个简单的图像分类问题。最后，第 8 章介绍如何以一种更智能的方法使用卷积神经网络解决同样的问题。

第 1 部分结束后，我们将在第 2 部分中了解如何使用 PyTorch 解决实际问题。

第 1 章 深度学习和 PyTorch 库简介

本章主要内容

- 深度学习如何改变我们机器学习方法。
- 了解为何 PyTorch 适合深度学习。
- 研究一个典型的深度学习项目。
- 要运行书中例子所需要的硬件资源。

人工智能这个定义模糊的术语涵盖了一系列学科，这些学科经历了大量的研究、推敲、困惑、梦幻般的炒作以及科幻小说般的“恐惧传播”。当然，现实要乐观得多。如果认为如今的机器正在学习人类任何意义上的“思考”，那是不符合实情的。然而，我们发现了一类通用的算法，能够非常有效地近似模拟复杂的非线性过程，可以将以前只能由人类完成的工作自动化。

例如，在 talktotransformer 网站上，一个叫 GPT-2 的语言模型可以一次生成一个词，从而生成连贯的文本段落。当我们向该模型输入一些单词时，它将产生以下内容：

```
Next we're going to feed in a list of phrases from a corpus of email addresses, and
see if the program can parse the lists as sentences. Again, this is much more complicated
and far more complex than the search at the beginning of this post, but hopefully helps
you understand the basics of constructing sentence structures in various programming
languages.
```

虽然在这些内容背后没有一个明确的论题，但以上内容对于一台机器而言是非常连贯的。

令人惊喜的是，该模型执行这些以前只有人类才能完成的任务的能力是通过样本来获得的，而不是由人类将其编码为一组规则。在某种程度上，我们了解到的智能只是一个概念，我们经常将它和自我意识混为一谈，而自我意识绝对不是成功完成这些任务的必要条件。最后，计算机智能的问题可能都不重要。Edsger W.Dijkstra 发现，“机器是否会思考”这个问题与“潜艇是否会游泳”这个问题是差不多的[①]。

① Edsger W. Dijkstra，“The Threats to Computing Science”。

我们所讨论的一般算法属于深度学习（AI 的子类），深度学习是通过提供具有指导意义的例子来训练深度神经网络的数学实体。深度学习使用大量数据来近似输入和输出相距很远的复杂函数，如输入是图像，输出是对输入进行描述的一行文本；或输入是书面文字，输出是朗读该文字的自然语音。或者，更简单地说，把金毛猎犬（golden retriever）的图片和一个标志联系起来，告诉我们“是的，金毛猎犬在这里”。深度学习的这种能力使我们能够创建诸如此类功能的程序，直到现在，这种功能都是人类独有的。

1.1 深度学习革命

为了理解深度学习带来的范式转变，让我们回顾一下其发展历程。过去 10 年，被称为机器学习的一类系统都重度依赖于特征工程。特征是对输入数据的转换，它有助于下游算法（如分类器）在新数据上产生正确的结果。特征工程包括提出正确的转换，以便下游算法能够完成任务。例如，为了在手写数字的图像中区分 1 和 0，我们会利用一组过滤器来判断图像上的边缘方向，然后训练一个分类器，在给定边缘方向分布的情况下预测正确的数字。另一个有用的特征可能是封闭圆圈的数量，比如对于数字 0 和 8，特别是对于有 2 个圈的数字 8。

另一方面，深度学习实现的是从原始数据中自动找到这样的表征，以便成功执行任务。在区分 1 和 0 的例子中，过滤器会在训练中通过迭代地查看成对的例子和目标标签来改进。这并不是说特征工程不适合深度学习，反而我们经常需要在学习系统中注入某种形式的先验知识。无论怎样，神经网络提取数据并根据实例提取有用表征的能力，正是深度学习如此强大的原因。深度学习实践者的重点不是手工提取这些表征，而是操作数学实体，以便能够自动地从训练数据中发现表征。通常，这些自动创建的表征比手工创建的更好！与许多颠覆性技术一样，深度学习不需要花费太多人力构建特征这一事实导致了观点的转变。

在图 1.1 的左侧，我们看到一个实践者正忙于定义工程特征并将它们输入到一个学习算法中，任务的执行结果与专业的工程师的手工抽取的特征一样好。在图 1.1 的右侧，实践者通过深度学习，将原始数据输入到一个自动提取分层特征的算法中，以优化算法在任务上的表现为目的，其结果将与实践者驱使算法实现其目标的能力一样好。

通过图 1.1 的右侧，我们已经大致了解了成功执行深度学习任务需要做些什么。

- 我们需要一种方法来提取我们手头的所有数据。
- 我们需要定义深度学习机器。
- 我们需要通过一种自动化的方法，即训练,来获得有用的表征，并使机器产生预期的输出。

让我们更详细地了解一下我们一直提到的训练问题。在训练期间，我们需要使用一种评估指标，也就是基于模型输出和参考数据的实值函数来为期望输出和实际输出之间的差异提供数字（通常分数越低越好）。训练包括通过逐步修改我们的深度学习机器使评估指标的分值逐渐变得更低，即使在训练期间没有看到的数据上也是如此。

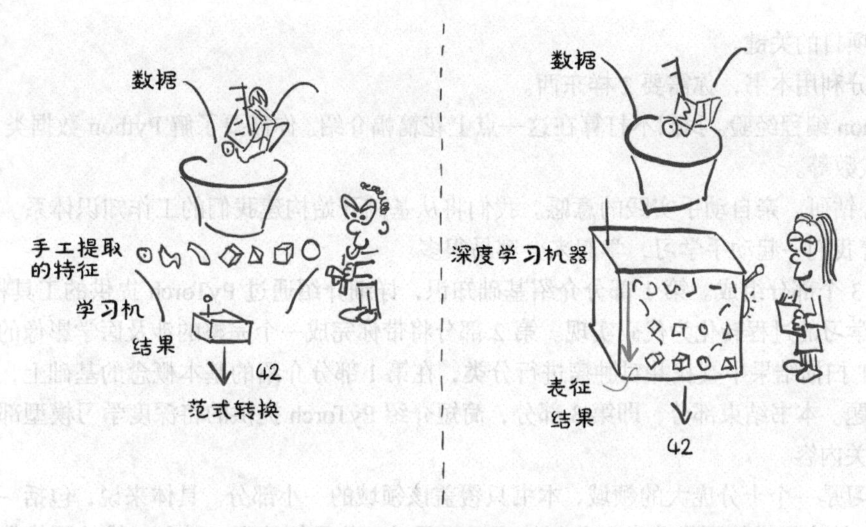

图 1.1 随着数据和计算需求的增加，深度学习代替手工提取特征

1.2 PyTorch 深度学习

PyTorch 是一个 Python 程序库，有助于构建深度学习项目。它强调灵活性，并允许用深度学习领域惯用的 Python 来表示深度学习模型。它的易用性使得它在研究社区中有了早期的使用者，并且在首次发布之后的几年里，它已经成为应用程序中使用最广泛的深度学习工具之一。

就像 Python 用于编程一样，PyTorch 也为深度学习提供了很好的入门指南。同时，PyTorch 已经被证明完全可以在实际项目和高规格的专业环境下使用。我们相信 PyTorch 凭借其清晰的语法、精简的 API 和易于调试的优点将成为入门深度学习的最佳选择。因此强烈建议你将 PyTorch 作为你学习的第一个深度学习框架。但是它是否应该成为你学习的最后一个深度学习库，这取决于你自己。

图 1.1 中的深度学习机器的核心是一个相当复杂的数学函数，它将输入映射到输出。为了便于表达这个函数，PyTorch 提供了一个核心数据结构——张量，它是一个多维数组，与 NumPy 数组有许多相似之处。在此基础上，PyTorch 具备在专用硬件上执行加速数学运算的功能，因此不管是在单台机器还是在并行计算资源上，都能很方便地对神经网络体系结构进行计算。

本书旨在辅助软件工程师、数据科学家和精通 Python 的学生入门 PyTorch，使他们能够熟练地使用 PyTorch 来构建深度学习项目。我们希望本书尽可能地便于理解和实用，希望你能够理解本书中的概念并将它们应用到其他领域。为此，我们采用动手实践的方法，希望你随时准备好计算机，这样你就可以尝试使用示例并进一步进行操作。读完本书后，我们希望你能够获得数据源，并能根据优秀的官方文档来构建一个深度学习项目。

虽然我们重点介绍的是应用 PyTorch 构建深度学习系统实践方面的内容，但我们相信，为基础深度学习工具提供一个易懂的导读同样是促进获得新技能的一种方式。这更是为向各个学科的新一代科学家、工程师和来自广泛学科的实践者传播知识迈出的一步，这些知识将成为未来几十年许多软件项目的关键。

为了充分利用本书，你需要2样东西。

- Python 编程经验。我们不打算在这一点上花篇幅介绍。你需要了解 Python 数据类型、类、浮点数等。
- 潜心钻研、亲自动手实践的意愿。我们将从基础开始构建我们的工作知识体系。如果你跟着我们一起动手学习，学起来会容易很多。

本书由3个部分组成。第1部分介绍基础知识，详细介绍通过 PyTorch 提供的工具将图1.1所示的深度学习的过程转化为代码实现。第2部分将带你完成一个完整的涉及医学影像的端到端项目，在CT扫描结果中查找并对肿瘤进行分类，在第1部分介绍的基本概念的基础上，并添加更高级的主题。本书结束部分，即第3部分，简短介绍 PyTorch 提供的将深度学习模型部署到生产环境的相关内容。

深度学习是一个十分庞大的领域，本书只覆盖该领域的一小部分。具体来说，包括一些使用 PyTorch 进行较小规模的图像分类和分割的项目，通过一些示例处理二维和三维的图像数据集。

本书的重点在于 PyTorch 实践，目的是覆盖足够的范围，让你能够通过深度学习来解决现实世界中机器学习的问题，如在视觉领域应用深度学习领域中现有的模型或探索研究文献中提出的新模型。与深度学习相关的最新出版物，大部分可以在 arXiv 官网的公共预印库中找到[①]。

1.3 为什么用 PyTorch

就像我们说过的那样，通过模型学习和训练，深度学习允许我们执行很多复杂任务，如机器翻译、玩策略游戏以及在杂乱无章的场景中识别物体等。为了在实践中做到这一点，我们需要灵活且高效的工具，以便能够适用于这些复杂任务，能够在合理的时间内对大量数据进行训练。我们需要训练后的模型在输入发生变化的情况下能够正确执行。接下来看看我们决定使用 PyTorch 的一些原因。

PyTorch 因其简单易用而被推荐。许多研究人员和实践者发现它易于学习、使用、扩展和调试。它是 Python 化的，虽然和任何复杂领域一样，它有注意事项和最佳实践示例，但对于以前使用过 Python 的开发人员来说，使用该库和使用其他 Python 库一样。

更具体地说，在 PyTorch 中编写深度学习机器是很自然的事情。PyTorch 为我们提供了一种数据类型，即张量，通常用来存储数字、向量、矩阵和数组。此外，PyTorch 还提供了操作它们的函数，我们可以逐步使用这些函数来编程。如果我们愿意，还可以进行交互式编程，就像平常使用 Python 一样。如果你知道 NumPy，那么你对交互式编程应是非常熟悉的。

PyTorch 具备2个特性，使得它与深度学习关联紧密。首先，它使用 GPU 加速计算，通常比在 CPU 上执行相同的计算速度快50倍。其次，PyTorch 提供了支持通用数学表达式数值优化的工具，

---

① 我们也推荐你在 Arxiv Sanity Preserver 网站查找感兴趣的研究论文。

该工具用于训练深度学习模型。请注意，这 2 个特性适用于一般的科学计算，而不只适用于深度学习。事实上，我们完全可以将 PyTorch 描述为一个在 Python 中为科学计算提供优化支持的高性能库。

PyTorch 的一个设计的驱动因素是表现力，它允许开发人员实现复杂的模型，而不会被 PyTorch 库强加过高的复杂性（PyTorch 不是一个框架）。PyTorch 可以说是最无缝地将深度学习领域的思想转化为 Python 代码的软件之一。因此，PyTorch 在研究中得到广泛的采用，国际会议上的高引用次数就证明了这一点①。

PyTorch 从研发到成为产品的过程是一件值得关注的事情。虽然 PyTorch 最初专注于学术研究领域，但它已经配备了高性能的 C++运行环境，用于部署模型进行推理而不依赖 Python，并且还可用于设计和训练 C++模型。它还提供了与其他语言的绑定，以及用于部署到移动设备的接口。这些特性允许我们利用 PyTorch 的灵活性，还允许我们的程序在难以获得完整的 Python 运行环境或可能需要极大的开销的情况下运行。

当然，声称高易用性和高性能是很容易的，我们希望当你深入阅读本书的时候，会认同我们的声明。

深度学习竞争格局

做一个可能不太恰当的比喻，虽然所有的类比都有瑕疵，但 2017 年 1 月 PyTorch 0.1 的发布标志着深度学习库、封装器和数据交换格式从“寒武纪”爆炸式增长过渡到一个整合和统一的时代。

注意 当前深度学习发展迅速，以至于当你读到本书的印刷版时，它可能已经过时了。如果你对这里提到的一些库不熟悉，那也很正常。

PyTorch 第 1 个测试版本发布时情况如下。

- Theano 和 TensorFlow 曾是首选的低级别库，它们使用一个模型，该模型让用户自定义一个计算图，然后执行它。
- Lasagne 和 Keras 是 Theano 的高级封装器，同时 Keras 还对 TensorFlow 和 CNTK 进行了封装。
- Caffe、Chainer、DyNet、Torch（以 Lua 为基础的 PyTorch 前身）、MXNet、CNTK、DL4J 等库在深度学习生态系统中占据了不同的位置。

在接下来大约 2 年的时间里，情况发生了巨大的变化。除了一些特定领域的库，随着其他深度学习库使用量的减少，PyTorch 和 TensorFlow 社区的地位得到了巩固。变化情况可以总结为以下几点。

- Theano 是最早的深度学习框架之一，目前它已经停止开发。
- TensorFlow：
  - 完全对 Keras 进行封装，将其提升为一流的 API；
  - 提供了一种立即执行的“急切模式（eager mode）”，这种模式有点儿类似于 PyTorch

① 在 2019 年国际学习表征会议（International Conference on Learning Representation，ICLR）上，PyTorch 在 252 篇论文中被引用（2018 年为 87 篇），与 TensorFlow 的引用水平（266 篇论文）相当。

处理计算的方式；
- TensorFlow 2.0 默认采用急切模式。

- JAX 是谷歌的一个库，它是独立于 TensorFlow 开发的，作为一个与 GPU、Autograd 和 JIT 编译器具有对等功能的 NumPy 库，它已经开始获得关注。
- PyTorch：
  - Caffe2 完全并入 PyTorch，作为其后端模块；
  - 替换了从基于 Lua 的 Torch 项目重用的大多数低级别代码；
  - 增加对开放式神经网络交换（Open Neural Network Exchange，ONNX）的支持，这是一种与外部框架无关的模型描述和交换格式；
  - 增加一种称为“TorchScript”的延迟执行的“图模型”运行环境；
  - 发布了 1.0 版本；
  - 取代 CNTK 和 Chainer 成为各自企业赞助商选择的框架。

TensorFlow 拥有强大的生产线、广泛的行业社区以及巨大的市场份额。由于使用方便，PyTorch 在研究和教学领域取得了巨大进展，并且随着研究人员和毕业的学生进入该行业，PyTorch 的势头越来越好。它还在生产解决方案方面积累了经验。有趣的是，随着 TorchScript 和急切模式的出现，PyTorch 和 TensorFlow 的特点开始趋同，尽管在这些特点的呈现和整体体验上仍然存在很大的差异。

1.4 PyTorch 如何支持深度学习概述

我们已经提及了 PyTorch 的一些构成要素，接下来我们将正式介绍 PyTorch 的主要组件的高级导图。我们可以通过查看一个 PyTorch 深度学习项目所需要的组件来更好地了解这些内容。

首先，PyTorch 中的“Py”是指 Python，但其中又有很多非 Python 代码。事实上，由于性能原因，PyTorch 大部分是用 C++和 CUDA 编写的，CUDA 是一种来自英伟达的类 C++的语言，可以被编译并在 GPU 上以并行方式运行。有一些方法可以直接在 C++环境中运行 PyTorch，我们将在第 15 章中讨论这些方法。此功能的动机之一是为生产环境中部署模型提供可靠的策略。但是，大多数情况下我们都是使用 Python 来与 PyTorch 交互的，包括构建模型、训练模型以及使用训练过的模型解决实际问题等。

实际上，Python API 正是 PyTorch 在可用性以及与更广泛 Python 生态系统集成方面的亮点。让我们来看看 PyTorch 的心智模型。

正如我们前面已经提到的那样，PyTorch 的核心是一个提供多维数组（张量）以及由 torch 模块提供大量操作的库（我们将在第 3 章详细讨论）。张量及操作可以在 CPU 或 GPU 上使用。在 PyTorch 中，将运算从 CPU 转移到 GPU 不需要额外的函数调用。PyTorch 提供的第 2 个核心功能是张量的能力，它可以跟踪在张量上执行的操作，并分析和计算任何输入对应的输出的导数。该功能用于数值优化，是由张量自身提供的，通过 PyTorch 底层自动求导（autograd）引擎来调度。

通过使用张量以及张量自动求导的标准库，PyTorch 可以用于物理学、渲染、优化、仿真、建模等，而且我们很可能会看到 PyTorch 在科学应用的各个领域以创造性的方式使用。但 PyTorch 首先是一个深度学习库，因此它提供了构建和训练神经网络所需的所有构建模块。图 1.2 展示了完成一个深度学习项目的标准步骤，从加载数据到训练模型，最后将该模型部署到生产中。

用于构建神经网络的 PyTorch 核心模块位于 torch.nn 中，它提供了通用的神经网络层和其他架构组件。全连接层、卷积层、激活函数和损失函数都可以在这里找到（在本书剩余部分，我们将详细地介绍这些内容）。这些组件可用于构建和初始化图 1.2 所示的未训练的模型。为了训练模型，我们需要一些额外的东西：模型训练的数据、一个使模型适应训练数据的优化器，以及一种把模型和数据传输到硬件的方法，该硬件用于执行模型训练所需的计算。

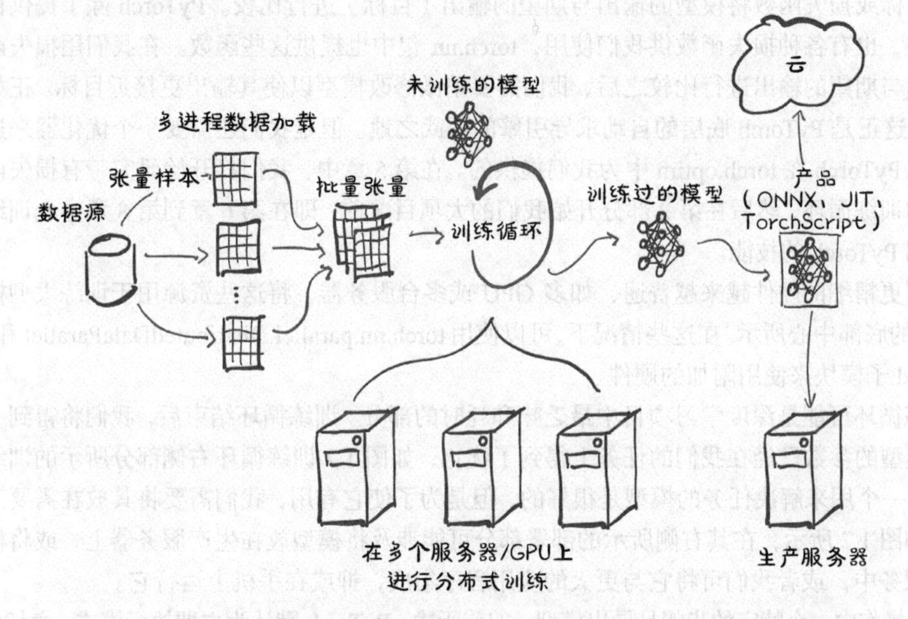

图 1.2 PyTorch 项目的基础、高级结构，包括数据加载、训练和生产部署等

在图 1.2 的左侧，我们看到训练数据在到达模型之前，需要进行大量的数据处理①。首先，我们需要从外部获取数据，通常是从作为数据源的某种存储中获取数据。然后我们需要将数据中的每个样本转换成 PyTorch 可以处理的张量。我们的自定义数据（无论它的格式是什么）和标准化的 PyTorch 张量之间的桥梁是 PyTorch 在 torch.utiCls.data 中提供的 Dataset 类。由于不同问题处理过程截然不同，因此我们需要自己定义数据源。在第 4 章中，我们将详细介绍如何将各种类型的数据表示为张量。

由于数据存储通常很慢，还存在访问延迟，因此我们希望实现数据加载并行化。但是，由于 Python 提供的许多操作都不具有简单、高效的并行处理能力，因此我们需要多个进程来加载我们

① 这只是在运行中完成的数据准备，而不是数据预处理，在实际项目中，数据预处理可能是工作量相当大的一部分工作。

的数据，以便将它们组装成批次（batches），即组装成一个包含多个样本的张量。这是相当复杂的，但由于它也是相对通用的，PyTorch 很容易在 DataLoader 类中实现这些功能。它的实例可以生成子进程在后台从数据集中加载数据，提前将数据准备就绪，一旦训练循环开始就可以立即使用。我们将在第 7 章介绍和使用 Dataset 和 DataLoader。

有了获取批量样本的机制，我们可以转向图 1.2 中心的训练循环。通常训练循环是作为一个标准的 Python for 循环来实现的。在最简单的情况下，模型在本地 CPU 或单个 GPU 上执行所需的计算，一旦训练循环获得数据，计算就可以立即开始。很可能这就是你的基本设置，也是我们在本书中假设的设置。

在训练循环的每个步骤中，我们根据从数据加载器获得的样本来评估模型。然后我们使用一些评估指标或损失函数将模型的输出与期望的输出（目标）进行比较。PyTorch 除了提供构建模型的组件，也有各种损失函数供我们使用，torch.nn 包中也提供这些函数。在我们用损失函数将实际输出与期望的输出进行比较之后，我们需要稍微修改模型以使其输出更接近目标。正如前面提到的，这正是 PyTorch 底层的自动求导引擎的用武之地。但是我们还需要一个优化器来进行更新，这是 PyTorch 在 torch.optim 中为我们提供的。在第 5 章中，我们将开始研究带有损失函数和优化器的训练循环，然后在第 2 部分开始我们的大项目之前，即在第 6 章到第 8 章中先训练一下我们使用 PyTorch 的技能。

使用更精细的硬件越来越普遍，如多 GPU 或多台服务器，将这些资源用于训练大型模型，如图 1.2 的底部中心所示。在这些情况下，可以使用 torch.nn.parallel.DistributedDataParallel 和 torch.distributed 子模块来使用附加的硬件。

训练循环可能是深度学习项目中最乏味和耗时的部分。训练循环结束后，我们将得到一个模型，该模型的参数已经在我们的任务上得到了优化，如图 1.2 训练循环右侧部分所示的训练过的模型。有一个用来解决任务的模型是很好的，但是为了使它有用，我们需要将其放在需要工作的地方。如图 1.2 所示，在其右侧所示的部署部分可能涉及将模型放在生产服务器上，或将模型导出到云服务中，或者我们可将它与更大的应用程序集成，抑或在手机上运行它。

部署操作中一个特定的步骤是导出模型。如前所述，PyTorch 默认为立即执行模式（急切模式）。每当 Python 解释器执行一个涉及 PyTorch 的指令，相应的操作就会立即被底层的 C++或 CUDA 的实现来执行。随着对张量进行操作的指令越来越多，后端实现将执行更多的操作。

PyTorch 还提供了一种通过 TorchScript 提前编译模型的方法。使用 TorchScript，PyTorch 可以将模型序列化为一组独立于 Python 调用，如在 C++程序或在移动设备上调用的指令集。我们可以把模型想象成一个具有有限指令集的虚拟机，用于特定的张量操作。这允许我们导出我们的模型，或者将其作为用于 PyTorch 运行时的 TorchScript 导出，或者将其以一种称为 ONNX 的标准格式导出。这些特性是 PyTorch 生产部署的基础，我们将在第 15 章中进行介绍。

1.5 硬件和软件要求

本书将要求编码和运行任务，涉及大量数值运算，如涉及大量矩阵的乘法。事实证明，在新数据上运行一个预训练网络几乎是当今任何笔记本计算机或台式计算机都能做到的。即使使用一个预训练网络，并对其中一小部分进行重新训练，使其专门用于一个新的数据集，也不一定需要专门的硬件。你可以使用一台当前主流配置的笔记本计算机或台式计算机来完成我们在本书第 1 部分中所有的内容。

然而，我们预计在第 2 部分完成更高级示例的完整训练，这将需要一个支持 CUDA 的 GPU。在第 2 部分中使用的默认配置参数假设 GPU 具有 8GB 的 RAM（我们建议使用 NVIDIA GTX 1070 或更高的配置），但如果硬件可用的 RAM 较少的话，这些参数可以适当调整。需要说明的是：如果你愿意等待的话，这样的硬件配置并不是硬性要求的。但是在 GPU 上运行至少可以减少一个数量级的训练时间（通常会快 40～50 倍）。单独来看，计算参数更新所需的操作在现代硬件上（如运行在笔记本计算机的 CPU 上）执行得非常快，大概为几分之一秒到几秒。但问题是训练需要反复执行这些操作，不断地更新网络参数，以减少训练误差。

中等规模的网络在配备好 GPU 的工作站上从头开始训练大型真实世界的数据集可能需要数小时到数天的时间。通过在同一台机器上使用多个 GPU，或是在有多个 GPU 的机器集群中训练，可以缩短花费的时间。由于云计算供应商提供相关服务，这些设备并不像听起来那么让人望而却步。DAWNBench 是美国斯坦福大学提出的一项有趣的倡议，旨在提供基于公共数据的、常见的深度学习任务的训练时间和云计算耗时的基准。

如果你在学习第 2 部分的时候没有 GPU，我们建议你查看各种云平台提供的产品，其中许多云平台都提供预装有 PyTorch 的、支持 GPU 的 Jupyter Notebook，且通常提供一定的免费配额。谷歌的 Colaboratory 是一个不错的选择。

最后要考虑的是操作系统。PyTorch 从发布之初就支持 Linux 和 macOS，并在 2018 年开始支持 Windows。由于目前苹果笔记本计算机没有配备支持 CUDA 的 GPU，因此 PyTorch 预编译 macOS 的软件包只支持 CPU。在本书中，我们尽量不去假设你在一个特定的操作系统中运行，尽管第 2 部分的一些脚本表明这些是在 Linux 下的 Bash 提示符下运行的，但这些脚本很容易转换为与 Windows 兼容的格式。为了方便，代码将尽可能地像在 Jupyter Notebook 上运行一样展示出来。

有关安装信息，请参阅 PyTorch 官方网站的入门指南。我们建议 Windows 用户使用 Anaconda 或 Miniconda 进行安装。用户若使用其他操作系统，如 Linux，通常有很多可行的选择，其中 pip 是 Python 最常用的软件包管理器。我们提供了一个名为 requirements.txt 的文件，pip 可以按照该文件来安装依赖项。当然，有经验的用户可以自由地采用与你首选的开发环境最兼容的方式安装软件包。

第 2 部分还对下载带宽和磁盘空间有一些要求。在第 2 部分中，癌症检测项目所需要的原始数据大约需要 60GB 的下载空间，解压后大约需要 120GB 的空间，压缩包可以在解压之后删除。另外，鉴于性能的原因一些数据需要被缓存，训练时还将需要 80GB 的空间。因此系统至少需要 200GB 的可用磁盘空间用于训练。虽然可以使用网络存储来实现此目的，但如果访问网络存储的速度慢于访问本地磁盘的速度，那么可能会对训练速度造成影响。最好使用本地的 SSD 空间来存储数据，以便快速检索。

使用 Jupyter Notebook

我们假设你已经安装了 PyTorch 和其他依赖项，并且已经验证了一切正常。在前面章节中，我们提到了跟随书中代码进行操作的可能性，在示例代码中，我们大量使用 Jupyter Notebook。Jupyter Notebook 在浏览器中显示为一个页面，通过它，我们可以交互式地运行代码。代码由内核执行，内核是一个运行在服务器上的进程，它随时准备接收要执行的代码并返回结果，在页面上呈现结果。Notebook 在内存中维护内核的状态，就像代码求值期间定义的变量一样，直到内核被终止或重新启动。我们与 Notebook 交互的基本单元是单元格：页面上的输入框。我们在这里输入代码，然后让内存对其进行执行（通过菜单中的命令或按<Shift+Enter>组合键）。我们可以在 Notebook 中添加多个单元格，新的单元格能够识别我们在之前的单元格中创建的变量。代码执行后，单元格最后一行返回的值将输出在单元格正下方，绘图也是如此。通过混合源代码、运算结果和 Markdown 格式的文本单元格，我们可以生成漂亮的交互式文档。你可以在项目网站（Jupyter 官网）上阅读关于 Jupyter Notebook 的所有信息。

此时，你需要从 GitHub 上下载的 Jupyter Notebook 代码的根目录下启动 Notebook 服务器。具体如何启动服务取决于你的操作系统以及你安装 Jupyter Notebook 的方式和位置。如果你有任何问题，可以在本书的论坛上提问[1]。一旦启动了 Jupyter Notebook，你的默认浏览器将会弹出一个本地 Notebook 文件列表。

> **注意** Jupyter Notebook 是一个通过代码来表达和研究想法的强大工具。尽管我们认为它很适合本书的用例，但它并不合适所有用例。我们认为，集中精力消除分歧和最小化认知开销是很重要的，毕竟每个人的想法都可能是不同的，在你用 PyTorch 实践时使用你喜欢的工具。

书中所有代码清单的完整代码都可以在本书网站以及 GitHub 代码仓库中找到。

1.6 练习题

1. 启动 Python 以获得交互式提示符。
   a）你使用的 Python 是什么版本呢？我们希望至少是 3.6 版本。
   b）你能执行 import torch 命令导入包吗？你使用的 PyTorch 是哪个版本呢？
   c）执行 torch.cuda.is_available()的输出结果是什么？它是否符合你所使用的硬件的期望？
2. 启动 Jupyter Notebook 服务器。
   a）Jupyter Notebook 使用的是哪个版本的 Python 呢？
   b）Jupyter Notebook 使用的 torch 库的位置是否与你从交互式提示符中导入的位置相同呢？

① Manning 出版社官方论坛的 deep-learning-with-pytorch 栏目。

1.7 本章小结

- 深度学习模型会自动从示例中学习如何将输入与期望的输出相互关联。
- PyTorch 库允许你高效地构建和训练神经网络模型。
- PyTorch 在注重灵活性和速度的同时最大限度地减少了认知开销，它还默认为急切模式。
- TorchScript 允许我们预编译模型，并且不仅可以在 Python 环境中调用它们，还可以在 C++程序和移动设备上调用它们。
- 自 2017 年初 PyTorch 发布以来，深度学习工具生态系统得到了显著巩固。
- PyTorch 提供了很多实用程序库来推动深度学习项目。

第2章 预训练网络

本章主要内容

- 运行用于图像识别的预训练模型。
- 简要介绍生成式对抗网络和循环生成式对抗网络。
- 可以为图像生成文本描述的字幕模型。
- 通过 Torch Hub 分享模型。

由于种种原因，计算机视觉无疑是受深度学习影响最大的领域之一。对自然图像的内容进行分类和解释的需求已经存在，非常大的数据集变得可用，并且发明了诸如卷积层之类的新结构，并可以在 GPU 上以前所未有的精度快速运行。所有这些因素都与互联网巨头们渴望了解数以百万计的用户用他们的移动设备拍摄并在他们的平台上托管的照片密切相关。原因太多了！

我们将通过下载和运行非常有趣的模型来学习如何使用计算机视觉领域研究人员优秀的研究成果，这些模型已经在开放的大规模数据集上训练过。我们可以把预训练的神经网络看作一个接收输入并生成输出的程序，该程序的行为是由神经网络的结构以及它在训练过程中所看到的样本所决定的，即期望的输入-输出对，或者期望输出应该满足的特性。使用现成的模型是快速启动深度学习项目的一种方法，因为它利用了设计模型的研究人员的专业知识，并节省了训练权重的计算时间。

在本章中，我们将探讨 3 种常用的预训练模型：一种可以根据内容对图像进行分类的模型，一种可以从真实图像中生成新图像的模型，还有一种可以使用合适的英语来描述图像内容的模型。我们将学习在 PyTorch 中加载和运行这些预训练模型。我们还将介绍 PyTorch Hub，它是一组工具，通过这些工具，我们将要讨论的、预训练模型就可以通过一个统一的接口轻松地获得。在此过程中，我们将讨论数据源，定义标签之类的术语，并参加斑马竞技。

如果你是从其他深度学习框架转过来学习 PyTorch 的，并且你想直接学习 PyTorch 的基本原理，那么你可以直接跳到第 3 章。本章中我们将涉及的内容更多的是趣味性而非基础性的，并且在一定程度上独立于任何给定的深度学习工具。这并不是说它们不重要！但是如果你在其他深度学习框架中使用过预训练模型，那么你应该已经知道它们是多么强大的工具。如果你对生成式对抗网络（Generative Adversarial Network，GAN）游戏很熟悉，就不需要看我们的解释了。

不过，我们希望你能继续阅读，因为本章的乐趣之下隐藏着一些重要的技能。学习使用 PyTorch 运行预训练模型是一项有用的技能。如果模型是在大型数据集上训练的，那么这一点特别有用。不管我们是否训练过模型，我们要习惯于在真实数据上获取和运行神经网络的机制，然后进行可视化和评估其输出结果。

2.1　一个识别图像主体的预训练网络

作为我们对深度学习的首次尝试，我们将运行一个非常先进的深度神经网络，该网络在物体识别任务上进行了预训练。有许多预训练网络可以通过源代码库访问。研究人员通常会在发表论文的同时发布他们的源代码，而且代码通常带有通过在参考数据集上训练模型而获得的权重。例如，使用其中一个模型就可以使我们轻松地为接下来的 Web 服务配备图像识别功能。

我们即将在这里探讨的预训练网络是已经在 ImageNet 数据集的子集上训练过的。ImageNet 是一个由斯坦福大学维护的包含 1400 多万幅图像的非常大的数据集。所有图像都用来自 WordNet 数据集的名词层次结构标记，而 WordNet 数据集又是一个大型的英语词汇数据库。

ImageNet 数据集和其他公共数据集一样，源于学术竞赛。竞赛历来是机构和公司的研究人员经常互相挑战的主要赛场。其中，ImageNet 大规模视觉识别挑战赛（ImageNet Large Scale Visual Recognition Challenge，ILSVRC）自 2010 年成立以来广受欢迎。这个特殊的竞赛基于几个任务，每年可以有所不同，如图像分类（识别图像类别）、目标定位（在图像中识别物体的位置）、目标检测（识别和标记图像中的对象）、场景分类（对图像中的情形进行分类）和场景分析（将图像分割成与语义类别相关的区域，如牛、房子、奶酪和帽子等）等。

具体来说，图像分类任务包括获取一个输入图像，并从 1000 个类别中生成 5 个标签的列表，列表按置信度排序，描述图像的内容。

ILSVRC 的训练集由 120 万幅图像组成，每幅图像用 1000 个名词中的一个来标记，如"dog"，这些名词被称为图像的类（class）。从这个意义上讲，我们将交替使用术语标签（lable）和类。在图 2.1 中，我们可以看到一些 ImageNet 图像。

我们最终能够将我们自己拍摄的图像输入到预训练模型中，如图 2.2 所示。模型将为该图像生成一个预测的标签列表，我们可以检查该列表以查看模型认为我们的图像是什么。模型对有些图像的预测很准确，有些则不准确。

输入的图像将首先被预处理成一个多维数组类 torch.Tensor 的实例。它是一个具有高度和宽度的 RGB 图像，因此这个张量将有 3 个维度：RGB 通道和 2 个特定大小的空间图像维度。我们将在第 3 章详细讨论张量是什么，但现在，可以把它想象成一个浮点数字类型的向量或矩阵。我们的模型将把处理过的输入图像传入预训练网络中，以获得每个类的分数。根据权重，最高的分数对应最可能的类。然后将每个类一对一地映射到标签上。该输出被包含在一个含有 1000 个元素的 torch.Tensor 张量中，每个元素表示与该类相关的分数。在做这些之前，我们需要先了解网络本身，看看它的底层结构，并了解如何在模型使用数据之前准备数据。

图 2.1　ImageNet 图像的一个小样本

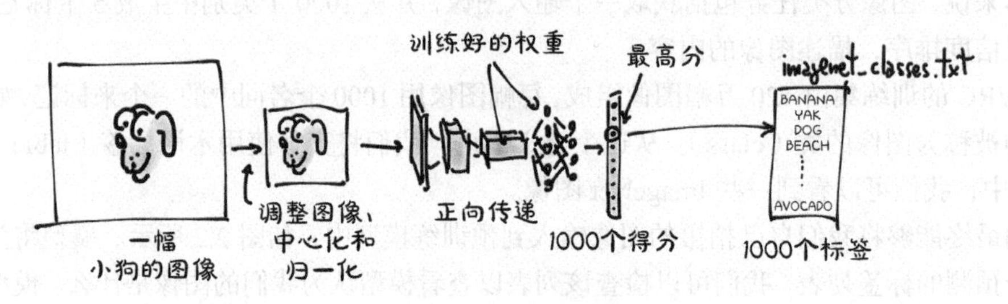

图 2.2　推理的过程

2.1.1　获取一个用于图像识别的预训练网络

如前所述，现在我们将使用在 ImageNet 上训练过的网络。首先，让我们看看 TorchVision 项目，该项目包含一些表现优异的、关于计算机视觉的神经网络架构，如 AlexNet、ResNet 和 Inception-v3 等。它还可以方便地访问像 ImageNet 这样的数据集和其他工具，以加快 PyTorch 的计算机视觉应用程序运行的速度。我们将在本书做进一步探讨。现在，让我们加载并运行这 2 个网络：首先是 AlexNet，它是在图像识别方面早期具有突破性的网络之一；然后是残差网络，简称 ResNet，它在 2015 年的 ILSVRC 中获胜。如果在第 1 章你还没有启动和运行 PyTorch，现在是时候做这些事情了。

在 torchvision.models 中可以找到预定义的模型（参见源码 code/p1ch2/2_pre_trained_networks.ipynb）:

```
# In[1]
from torchvision import models
```

我们可以看看实际的模型:

```
# In[2]
dir(models)

# Out[2]:
['AlexNet',
 'DenseNet',
 'Inception3',
 'ResNet',
 'SqueezeNet',
 'VGG',
 ...
 'alexnet',
 'densenet',
 'densenet121',
 ...
 'resnet',
 'resnet101',
 'resnet152',
 ...
 ]
```

首字母大写的名称指的是实现了许多流行模型的 Python 类，它们的结构不同，即输入和输出之间操作的编排不同。首字母小写的名称指的是一些便捷函数，它们返回这些类实例化的模型，有时使用不同的参数集。例如，resnet101 表示返回一个有 101 层网络的 ResNet 实例，resnet18 表示返回一个有 18 层网络的 ResNet 实例，以此类推。下面我们将开始介绍 AlexNet。

2.1.2 AlexNet

AlexNet 架构在 2012 年的 ILSVRC 中以较大的优势胜出，前 5 名的测试错误率（也就是说，正确的标签必须在前 5 名中）为 15.4%。相比之下，没有使用深度网络的第 2 名则以 26.2%的成绩落后。这是计算机视觉史上的一个关键时刻：此刻，社区开始意识到深度学习在视觉任务中的潜力。随之而来的是不断的改进，更现代的架构和训练方法使得前 5 名的错误率低至 3%。

按照现在的标准，与先进的模型相比，AlexNet 是一个相当小的网络。但是在我们的例子中，它非常适合作为我们学习的第一个神经网络，通过它我们可以学习如何运行一个训练好的模型处理新图像。

AlexNet 架构如图 2.3 所示，不是说我们现在已经掌握了理解它的所有要素，而是我们可以预先了解该模型的几个方面。首先每个块由一系列乘法和加法运算函数组成，以及我们将在第5章中介绍的一些其他函数。我们可以将每个块看作一个过滤器，一个接收一幅或多幅图像作为输入并生成其他图像作为输出的函数。这种做法是在训练期间，基于训练时所看到的样本和样本所期望的输出决定的。

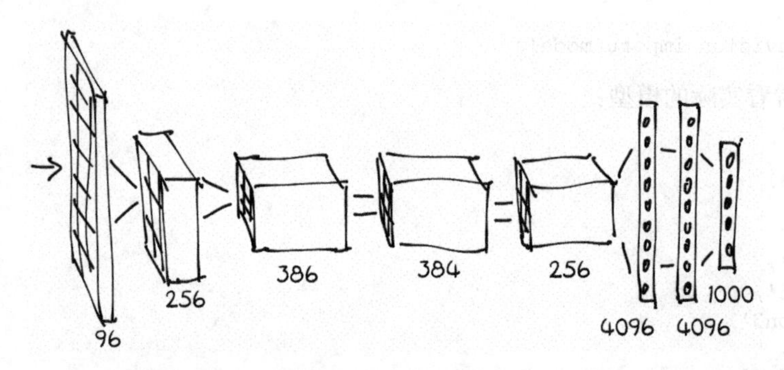

图2.3　AlexNet架构

在图2.3中，输入图像从左侧进入并依次经过5个过滤器，每个过滤器生成一些输出图像。经过每个过滤器后，图像会被缩小。在过滤器堆栈中，最后一个过滤器产生的图像被排列成一个拥有4096个元素的一维向量，并产生1000个分类类别的输出概率，每一个输出代表一个类别。

为了使用AlexNet模型产生一个输出图片，我们可以创建一个AlexNet类的实例，如下列代码所示。

```
# In[3]:
alexnet = models.AlexNet()
```

此时，alexnet是一个可以运行AlexNet架构的对象。现在，我们还不需要了解这个架构的细节。alexNet仅是一个不透明的对象，可以像函数一样调用它。通过向alexnet提供一些精确的输入数据（我们很快会看到这些输入数据应该是什么样的），我们将在网络中运行一个正向传播（forward pass）。也就是说，输入将经过一组神经元，其输出将被传递给下一组神经元，直到得到最后的输出。实际上，如果我们有一个真实类型的input对象，我们可以使用output=alexnet(input)运行正向传播。

但如果我们这样做，我们将通过整个网络提供数据，来生产垃圾数据！这是因为网络没有初始化：它的权重，即输入的相加和相乘所依据的数字没有经过任何训练。网络本身就是一块白板，或者说是随机的白板，我们现在要做的就是要么从头训练它，要么加载之前训练好的网络。

为此，我们再回到models模块。我们已经知道首字母大写的名称对应实现了许多流行模型的Python类，小写的名称是函数，用于实例化具有预定义层数和单元数的模型，可以选择性地下载和加载预训练权重。请注意，使用这些函数并不是必须的：它们只是使实例化模型的层数和单元数与预训练网络的构建方式相匹配变得方便。

2.1.3 ResNet

现在我们将使用 resnet101 来实例化一个具有 101 层的卷积神经网络。客观地说，在 2015 年 ResNet 出现之前，在如此深的网络中达到稳定的训练是极其困难的。ResNet 提出了一个技巧使之变为可能，并在这一年一举击败了好几个深度学习测试基准。

现在让我们创建一个网络实例。我们将传递一个参数，指示函数下载 resnet101 在 ImageNet 数据集上训练好的权重，该数据集包含 120 万幅图像和 1000 个类别。

```
# In[4]:
resnet = models.resnet101(pretrained=True)
```

下载期间，我们可以花点儿时间来“欣赏”一下 resnet101 的 4450 万个参数，竟有如此多的参数需要自动优化。

2.1.4 准备运行

通过前面的步骤我们获得了什么呢？出于好奇，我们来看看 resnet101 是什么样子的。我们可以通过输出返回模型的值的方式来实现这一点。它为我们提供了在图 2.3 中看到的同类信息的文本表示，并提供了关于网络结构的详细信息。目前对我们而言可能信息量有些过大，但随着我们继续阅读本书，我们将对此段代码的理解不断增强。

```
# In[5]:
resnet

# Out[5]:
ResNet(
  (conv1): Conv2d(3, 64, kernel_size=(7, 7), stride=(2, 2), padding=(3, 3),
                  bias=False)
  (bn1): BatchNorm2d(64, eps=1e-05, momentum=0.1, affine=True,
                     track_running_stats=True)
  (relu): ReLU(inplace)
  (maxpool): MaxPool2d(kernel_size=3, stride=2, padding=1, dilation=1,
                       ceil_mode=False)
  (layer1): Sequential(
    (0): Bottleneck(
...
    )
  )
  (avgpool): AvgPool2d(kernel_size=7, stride=1, padding=0)
  (fc): Linear(in_features=2048, out_features=1000, bias=True)
)
```

我们在这里看到的是许多模块（modules），每行一个。请注意，它们与 Python 模块没有任何关系：它们是独立的操作，是神经网络的构建模块。它们在其他深度学习框架中也被称为层（layers）。

如果向下滚动，我们会看到许多 Bottleneck 模块一个接一个地重复出现，总共有 101 个，包括卷积和其他模块。这是一个典型的用于计算机视觉的深度神经网络的结构：一个或多个过滤器和非线性函数顺序级联，最后一层（fc）为 1000 个输出类（out_features）中的每个类生成预测分数。

可以像调用函数一样调用 resnet 变量，将一幅或多幅图像作为输入，并为 1000 个 ImageNet 类生成对等数量的分数。然而，在此之前我们必须对输入的图像进行预处理，使其大小合适，使其值（颜色）大致处于相同的数值范围。为此，TorchVision 模块提供了 transforms 模块，它允许我们快速定义具有基本预处理功能的管道。

```
# In[6]:
from torchvision import transforms
preprocess = transforms.Compose([
        transforms.Resize(256),
        transforms.CenterCrop(224),
        transforms.ToTensor(),
        transforms.Normalize(
            mean=[0.485, 0.456, 0.406],
            std=[0.229, 0.224, 0.225]
        )])
```

在本例中，我们定义了一个预处理函数，将输入图像缩放到 256 × 256 个像素，围绕中心将图像裁剪为 224 × 224 个像素，并将其转换为一个张量，对其 RGB 分量（红色、绿色和蓝色）进行归一化处理，使其具有定义的均值和标准差。张量是一种 PyTorch 多维数组，在本例中，是一个包含颜色、高度和宽度的三维数组。如果我们想让网络产生有意义的答案，那么这些转换就需要与训练期间向网络提供的内容相匹配。在 7.1.3 小节中，当开始制作自己的图像识别模型时，我们再更深入地讨论 transforms 模块。

现在我们抓取我们非常喜欢的一幅狗的图像，如从 GitHub 代码库中下载一张名为 bobby.jpg 的图片，对其进行预处理，然后查看 ResNet 对它识别的结果。我们可以使用一个 Python 的图像操作模块 Pillow 从本地文件系统加载一幅图像。

```
# In[7]:
from PIL import Image
img = Image.open("../data/p1ch2/bobby.jpg")
```

如果我们使用的是 Jupyter Notebook，需要做以下操作来查看图像，图像将在下面的 <PIL.JpegImagePlugin…>代码之后显示。

```
# In[8]:
img
# Out[8]:
<PIL.JpegImagePlugin.JpegImageFile image mode=RGB size=1280x720 at
 0x1B1601360B8>
```

或者，我们可以调用 show()方法，它将弹出一个带有查看器的窗口，显示图 2.4 所示的图像：

```
>>> img.show()
```

图 2.4　我们非常喜欢的一幅狗的图像

接下来，我们可以通过预处理管道处理图像：

```
# In[9]:
img_t = preprocess(img)
```

然后我们可以按照网络期望的方式对输入的张量进行重塑、裁剪和归一化处理。

```
# In[10]:
import torch
batch_t = torch.unsqueeze(img_t, 0)
```

现在可以运行我们的模型了。

2.1.5　运行模型

在深度学习中，在新数据上运行训练过的模型的过程被称为推理（inference）。为了进行推理，我们需要将网络置于 eval 模式。

```
# In[11]:
resnet.eval()

# Out[11]:
ResNet(
  (conv1): Conv2d(3, 64, kernel_size=(7, 7), stride=(2, 2), padding=(3, 3),
              bias=False)
  (bn1): BatchNorm2d(64, eps=1e-05, momentum=0.1, affine=True,
                 track_running_stats=True)
  (relu): ReLU(inplace)
```

```
  (maxpool): MaxPool2d(kernel_size=3, stride=2, padding=1, dilation=1,
                       ceil_mode=False)
  (layer1): Sequential(
    (0): Bottleneck(
...
    )
  )
  (avgpool): AvgPool2d(kernel_size=7, stride=1, padding=0)
  (fc): Linear(in_features=2048, out_features=1000, bias=True)
)
```

如果我们忘记这样做，那么一些预训练模型，如批量归一化（Batch Normalization）和丢弃法（Dropout）将不会产生有意义的答案，这仅仅是因为它们内部工作的方式。现在 eval 设置好了，我们准备进行推理。

```
# In[12]:
out = resnet(batch_t)
out

# Out[12]:
tensor([[ -3.4803, -1.6618, -2.4515, -3.2662, -3.2466, -1.3611,
          -2.0465, -2.5112, -1.3043, -2.8900, -1.6862, -1.3055,
...
           2.8674, -3.7442,  1.5085, -3.2500, -2.4894, -0.3354,
           0.1286, -1.1355,  3.3969,  4.4584]])
```

刚刚完成了一组涉及 4450 万个参数的惊人操作。最终产生了一个拥有 1000 个分数的向量，每个 ImageNet 类对应一个分数，而且这个过程并没有花费多久时间。

我们现在需要找出得分高的类，这将告诉我们模型从图像中得到了什么。如果标签符合人类对图像的描述，就太棒了！这就意味着一切正常。如果不是，那么要么是在训练过程中出现了什么问题，要么是图像与模型期望的完全不同，以至于模型无法正确处理它，或是存在其他类似的问题。

要查看预测标签的列表，我们需要加载一个文本文件，其中按照训练中呈现给网络的顺序列出标签，然后我们选择在网络中产生最高分数的索引处的标签。几乎所有用于图像识别的模型的输出形式都与我们即将使用的输出形式类似。

让我们为 ImageNet 数据集类加载一个包含 1000 个标签的文件。

```
# In[13]:
with open('../data/p1ch2/imagenet_classes.txt') as f:
    labels = [line.strip() for line in f.readlines()]
```

此时，我们需要确定与我们之前获得的 out 张量中最高分对应的索引。我们可以使用 PyTorch 的 max()函数来做到这一点，它可以输出一个张量中的最大值以及最大值所在的索引。

```
# In[14]:
_, index = torch.max(out, 1)
```

现在我们可以使用索引来访问标签。在这里，索引不是一个普通的 Python 数字，而是一个拥有单元素的一维张量，如 tensor([207])。因此我们需要使用 index[0]获得实际的数字作为标签列表的索引。我们还可以使用 torch.nn.functional.softmax()将输出归一化到[0,1]，然后除以总和。这就给了我们一些大致类似于模型在其预测中的置信度，在本例中，模型有约 96%的把握认为它看到的是一只金毛猎犬。

```
# In[15]:
percentage = torch.nn.functional.softmax(out, dim=1)[0] * 100
labels[index[0]], percentage[index[0]].item()

# Out[15]:
('golden retriever', 96.29334259033203)
```

哦，哪一个好呢？

由于该模型产生了分数，我们还可以找出第 2 好、第 3 好等。为此，我们可以使用 sort()函数，它将值按升序或降序排列，并提供排序后的值在原始数组中的索引。

```
# In[16]:
_, indices = torch.sort(out, descending=True)
[(labels[idx], percentage[idx].item()) for idx in indices[0][:5]]

# Out[16]:
[('golden retriever', 96.29334259033203),
 ('Labrador retriever', 2.80812406539917),
 ('cocker spaniel, English cocker spaniel, cocker', 0.28267428278923035),
 ('redbone', 0.2086310237646103),
 ('tennis ball', 0.11621569097042084)]
```

我们看到前 4 个答案是狗，之后的结果就变得有趣起来。第 5 个答案是网球，这是因为在图片中狗的附近有很多的网球，因此模型将狗错误地识别成网球，此时，对于模型而言，它认为在这种场景中只有 0.1%的概率将网球识别为其他的东西。这是一个很好的例子，说明了人类和神经网络看待世界在方式上的根本差异，也说明了我们的数据当中很容易混入一些奇怪的、微妙的偏差。

放松一下，我们可以继续用一些随机图像来检测网络，看看它会产生什么结果。该网络成功与否在很大程度上取决于该主题是否在训练集中充分表达。如果我们提交一幅包含训练集之外的图像，网络很可能会以相当高的置信度得出错误的答案。通过实验了解模型对未知数据的反应是很有用的。

我们刚刚运行了一个网络，它在 2015 年的图像分类比赛中获胜，它学会了从包含狗及一大堆现实世界的其他物品的图像中识别出狗。现在我们将从图像生成开始，了解不同的结构如何实现其他类型的任务。

2.2　一个足以以假乱真的预训练模型

假设，我们是出售著名艺术家遗失的画作赝品的不法分子。由于我们不是画家，因此当我们画出伦勃朗和毕加索的作品时，很快就会被发现这些都是赝品，而不是真品。即使我们花了很多时间练习，直到得到一幅我们自己都辨别不出真伪的作品，当我们试图在当地的艺术品拍卖行把它转手时，也会被他们立即发现这是赝品。我们必须随机地尝试一些新东西，判断哪些东西需要稍长时间才能识别出是赝品的特征，并在我们未来的尝试中强化这些特征，这可能需要花费很长时间。

因而，我们需要找一位道德水准欠佳的艺术史学工作者来检查我们的作品，让他告诉我们到底从哪里看出这幅作品是赝品。有了这些反馈，我们就可以以清晰、直接的方式提高我们的输出，直到他们难以区分画作真伪。

虽然这种设想有点儿滑稽，但其基础技术是合理的，并可能在未来几年对人们感知到的数据的真实性产生深远影响。“照片为证”的整个概念可能会变得完全靠不住了，因为自动制作令人信服的图像和视频是多么容易的事情。生成这种以假乱真照片的关键因素是数据，现在让我们看看这个过程是如何进行的。

2.2.1 GAN 游戏

在深度学习的背景下，我们刚才所描述的过程被称为 GAN 游戏，其中有 2 个网络，一个作为画家，另一个作为艺术史学工作者，在创作和检测赝品方面互相“对抗”。GAN 是生成式对抗网络（generative adversarial network）的缩写，生成式（generative）意味着一些东西正在被创造出来，在这个例子中指的是赝品，而对抗（adversarial）意味着这 2 个网络在竞争，其中一个要比另一个更聪明，而网络意义就显而易见了。这是深度学习比较新颖的研究成果之一。

请记住，我们的首要目标是生成不能被识别为赝品的一类图像的合成示例。当与真品混杂在一起时，一个有经验的艺术史学工作者很难辨认哪些是真品，哪些是赝品。

生成器网络（generator network）在我们的场景中扮演画家的角色，负责从任意输入开始生成逼真的图像。判别器网络（discriminator network）是一个艺术史学工作者，他需要判断给定的图像是由生成器生成的还是一幅真实的图像。这种双网络设计对于大多数深度学习架构来说并不典型，但是当用于实现 GAN 游戏时，可能会产生难以置信的结果。

图 2.5 显示了上述过程的大致情况。生成器的最终目标是欺骗判别器，使其混淆真伪图像。判别器的最终目标是发现它何时被欺骗了，但它也有助于告知生成器在生成图像中可识别的错误。例如，一开始，生成器生成模糊的、3 只眼睛的怪物，看起来一点也不像伦勃朗的肖像画。此时判别器很容易把这幅画与真实的画区分开来。随着训练的推进，信息从判别器返回，而生成器使用这些信息进行改进。在训练结束时，生成器可以生成以假乱真的图像了，而判别器却不再能够识别出图像的真伪了。

请注意，无论是判别器获胜还是生成器获胜，都不应该被理解为字面意义上的获胜，因为二者之间没有明确的比赛关系。然而，2 个网络都是基于彼此网络的结果进行训练的，并推动彼此对网络参数进行优化。

这项技术已经证明，它能够使用生成器从只有噪声和调节信号的内容中生成逼真的图像，例如对于人脸而言的属性：年轻的、女性的、戴着眼镜的。换句话说，一个训练有素的生成器可以学习一个用于生成图像的模型，能生成即使人类检查时也会觉得逼真的图像。

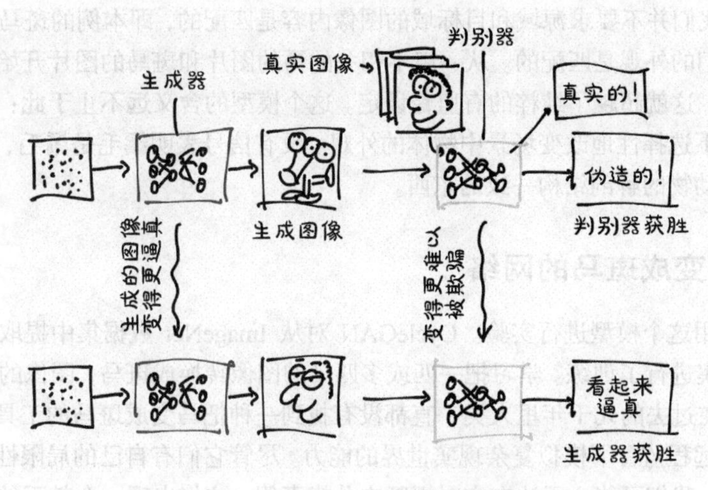

图 2.5 GAN 游戏的概念

2.2.2 CycleGAN

这个概念的一个有趣演变是 CycleGAN。CycleGAN 是循环生成式对抗网络的缩写，它可以将一个领域的图像转换为另一个领域的图像，而不需要我们在训练集中显式地提供匹配对。

在图 2.6 中，我们展示了一个 CycleGAN 工作流程，可以将一匹马的照片转换为一匹斑马的照片，反之亦然。请注意这里有 2 个独立的生成器以及 2 个不同的判别器。

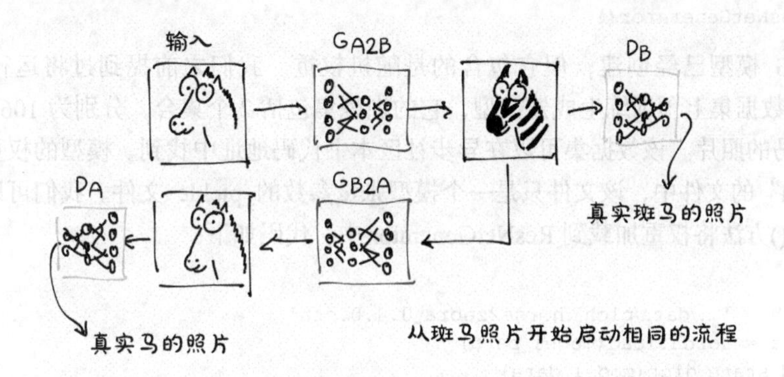

图 2.6 一个经过训练可以欺骗 2 个判别器网络的 CycleGAN

如图 2.6 所示，第 1 个生成器学习从属于不同分布域的图像（本例是马），生成符合目标域的图像（本例是斑马），使得判别器无法分辨出从马的照片中产生的图像是否真的是斑马的图像。产生的假斑马会通过另一个反向的生成器（在我们的例子中是从斑马到马的），被另一个判别器在另一端进行评估。创建这样一个循环，非常好地稳定了训练过程，这就解决了 GAN 最初存在的一个问题。

有趣的是，其实我们并不要求源域和目标域的图像内容是匹配的，即本例的斑马和马的图像内容，我们只要求它们的外观是匹配的。从一组不相关的马的图片和斑马的图片开始，生成器就可以学习它们的任务，这就超越了纯粹的有监督设定。这个模型的含义远不止于此：生成器学习如何在无监督的情况下选择性地改变场景中物体的外观。没有信号表明鬃毛是鬃毛、腿是腿，但它们被转换成与其他动物的解剖结构一致的东西。

2.2.3 一个把马变成斑马的网络

我们现在可以使用这个模型进行实验。CycleGAN 对从 ImageNet 数据集中提取的（不相关的）马和斑马的数据集进行了训练。学习把一匹或多匹马的图像转换成斑马，图像的其余部分尽可能保持不变。虽然在过去的几千年里人类一直都没有找到一种把马变成斑马的工具，但这项任务展示了这些架构在远程监督下模拟复杂现实世界的能力。尽管它们有自己的局限性，但有迹象表明，在不久的将来，我们可能会无法在实时视频中分辨真假，这将出现一个棘手的问题，我们现在就要解决这个真假难辨的问题。

使用一个预训练 CycleGAN 将使我们有机会更进一步了解网络是如何实现的，对于本例就是生成器。我们会用熟悉的 ResNet，定义一个 ResNetGenerator 类（相关代码位于 3_cyclegan.ipynb 文件第 1 个单元格中），但现在还不涉及具体实现，因为在我们获得更多 PyTorch 开发经验之前，它显得太复杂了。现在，我们关注的是它能做什么，而不是它怎么做。让我们用默认参数来实例化该类，源代码位于 code/p1ch2/3_cyclegan.ipynb 文件中。

```
# In[2]:
netG = ResNetGenerator()
```

现在 netG 模型已经创建，但它包含的是随机权重。我们之前提到过将运行一个已经在 horse2zebra 的数据集上预训练生成器模型，它的训练集包括 2 个集合，分别为 1068 张马的照片和 1335 张斑马的照片。该数据集可以在异步社区本书代码地址中找到。模型的权重保存在一个扩展名为“pth”的文件中，该文件只是一个模型张量参数的 pickle 文件。我们可以使用模型的 load_state_dict()方法将权重加载到 ResNetGenerator 中。代码如下：

```
# In[3]:
model_path = '../data/p1ch2/horse2zebra_0.4.0.pth'
model_data = torch.load(model_path)
netG.load_state_dict(model_data)
```

至此，netG 对象已经获得了它在训练中需要获得的所有知识。注意，这与我们在 2.1.3 小节提到的从 TorchVision 模块加载 resnet101 完全相同，但 torchvision.resnet101()函数对我们屏蔽了数据加载过程的细节。

让我们将网络置于 eval 模式，就像我们对 resnet101 所做的那样。

```
# In[4]:
netG.eval()
```

```
# Out[4]:
ResNetGenerator(
  (model): Sequential(
...
  )
)
```

就像我们之前所做的那样打印出模型，考虑到该模型所做的事情，我们可以发现它实际上是相当简洁的。它获取一幅图像，通过观察像素识别其中的一匹或多匹马，然后逐个修改这些像素的值，使得到的结果看起来更像一匹真的斑马。在输出中或在源代码中，我们识别不出任何类似斑马的东西，这是因为那里并没有任何类似斑马的东西。该网络就像一个脚手架，核心在于权重。

我们准备随便加载一匹马的图像，看看我们的生成器会生成什么。首先我们需要导入 PIL（Python Imaging Library，Python 图像库）和 TorchVision 模块，代码如下：

```
# In[5]:
from PIL import Image
from torchvision import transforms
```

然后我们定义一些输入变换，确保数据以正确的形状和大小进入网络，代码如下：

```
# In[6]:
preprocess = transforms.Compose([transforms.Resize(256),
                                 transforms.ToTensor()])
```

让我们打开一个马的图像文件，图像如图 2.7 所示。

```
# In[7]:
img = Image.open("../data/p1ch2/horse.jpg")
img
```

图 2.7　一个人骑在一匹马上，但马并不乐意

有个骑马的家伙，从图像来看，他学会骑马的时间不会太长。不管怎样，我们通过预处理，将其转化为一个合适形状的变量：

```
# In[8]:
img_t = preprocess(img)
batch_t = torch.unsqueeze(img_t, 0)
```

现在我们不需要关注细节，我们需要从远处着手。此时可以将 batch_t 变量传递给我们的模型：

```
# In[9]:
batch_out = netG(batch_t)
```

batch_out 变量现在表示生成器的输出，我们可以将它转换为图像。

```
# In[10]:
out_t = (batch_out.data.squeeze() + 1.0) / 2.0
out_img = transforms.ToPILImage()(out_t)
# out_img.save('../data/p1ch2/zebra.jpg')
out_img

# Out[10]:
<PIL.Image.Image image mode=RGB size=316x256 at 0x23B24634F98>
```

图 2.8 所示的图像并不完美，但考虑到这是通过神经网络学习识别出某人骑在马背上的，就这点而言还是不简单的。需要强调的是，学习过程并没有经过直接监督，即由手工描绘了成千上万种马的图片，或是通过图像处理技术绘制了数千条斑马纹的图片。这个生成器已经学会了产生一张图像，这张图像会让判别器误认为那就是一匹斑马，而且这张图片看起来也没有任何可疑之处（很明显，判别器从来没有去参观过竞技表演）。

图 2.8　一个人骑在斑马上，但斑马并不乐意

使用对抗性训练或其他方法已开发出了许多其他有趣的生成器。其中一些能够创造出可信的但不存在的人脸，另一些能够将草图转化为想象中的风景的真实图片。生成模型也被用于生成真实的音频、可信的文本和令人愉快的音乐。很可能这些模型将成为支持未来创新过程的工具的基础。

严肃地说，很难夸大这类研究的意义。例如，我们刚刚下载的工具的质量只会变得更高，应用只会变得更普遍。特别是面部交换技术，已经得到了相当多的媒体关注。在浏览器中搜索“深度伪造”将出现大量的示例内容[①]，然而我们必须注意到有相当数量的示例被标记为不安全的，就像互联网上的其他内容一样，请小心点击。

到目前为止，我们已经有机会使用一个可以看到图像的模型和一个生成新图像的模型。接下来我们将以另外一个模型结束我们的旅程，该模型涉及另一个基本要素：自然语言。

2.3　一个描述场景的预训练网络

为了获得涉及自然语言的模型的第一手经验，我们将使用预训练图像字幕模型，该模型由 Ruotian Luo 慷慨提供[②]，同时该模型是 Andrej Karpathy 的 NeuralTalk2 模型的一个实现。当提供一幅自然图像时，这个模型会生成一段关于场景的英文说明，如图 2.9 所示。该模型是在一幅巨大的图像和与之相应的英文说明的数据集上训练的，例如一只大花猫倚靠在木桌上，一只爪子放在激光鼠标上，另一只爪子放在黑色笔记本计算机上[③]。

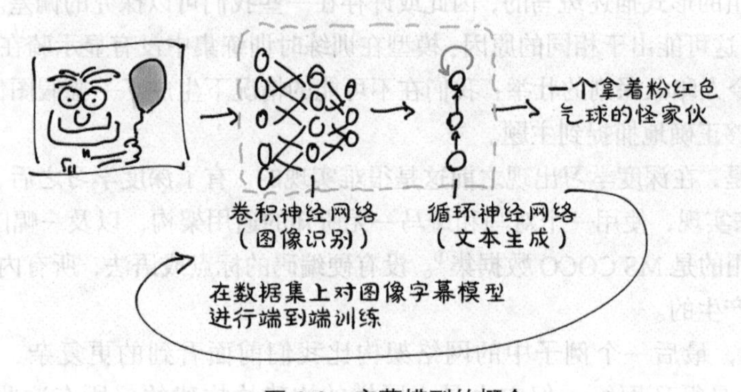

图 2.9　字幕模型的概念

这个字幕模型有 2 个相连的部分。该模型的前半部分是一个网络，它学习生成场景的“描述性”数字表征，例如本例中的大花猫、激光鼠标、爪子，然后将其作为后半部分的输入。后半部

① 一个相关的例子是在 Vox 上由 Aja Romano 撰写的一篇文章，标题为“Jordan Peele’s simulated Obama PSA is a double-edged warning against fake news”。

② 我们维护了该项目（ImageCaptioning）在 GitHub 上代码的一份副本。

③ Andrej Karpathy 和 Li Fei-Fei 的论文——“Deep Visual-Semantic Alignments for Generating Image Descriptions”。

分是一个循环神经网络，它通过将这些描述性的数字放在一起产生一个连贯的句子。该模型前后2个部分都是在数据集上对图像字幕模型进行训练。

模型的后半部分被称为循环神经网络，是因为它在随后的正向传播中生成输出，即单个单词，其中每个正向传播的输入包括前一个正向传播的输出。这将使下一个单词对前面生成的单词产生依赖性，就像我们在处理句子或处理序列时所期望的那样。

NeuralTalk2

NeuralTalk2 模型的源代码可以在 GitHub 上找到。我们可以在该项目源代码的 data 目录下放置一些图像，然后运行下面的脚本：

```
python eval.py --model ./data/FC/fc-model.pth
➥--infos_path ./data/FC/fc-infos.pkl --image_folder ./data
```

让我们先试一下 horse.jpg 图像，该模型对该图像的英文说明为“A person riding a horse on a beach.”（一个人在海滩上骑马），非常贴切。

现在，仅为了好玩，让我们看看我们的 CycleGAN 是否能够欺骗得了 NeuralTalk2 模型。我们将“zebra.jpg”图像添加到 data 目录下，模型返回：“A group of zebras are standing in a field.”（一组斑马站在田野上）。好吧，它猜对了是斑马，但是它从图像中看见了不止一匹斑马。当然模型从未见过斑马摆出这样的姿势，也从未见过骑在斑马上的骑手，即一些非斑马的图案。此外，在训练集中通常是以组的形式描述斑马的，因此或许存在一些我们可以探究的偏差。字幕网络也没有描述骑手。同样，这可能出于相同的原因：模型在训练时训练集中没有显示骑在斑马上的骑手。总之，这都是一个令人印象深刻的壮举：我们在不可能的情况下生成了一幅假图像，并且字幕网络足够灵活，它能够正确地捕捉到主题。

我们要强调的是，在深度学习出现之前这是很难实现的。有了深度学习之后，这可以用不超过 1000 行的代码来实现，使用一个对马和斑马一无所知的通用架构，以及一幅图像及其描述的语料库，本例中采用的是 MS COCO 数据集①。没有硬编码的标点或语法，所有内容，包括句子，都是从数据模式中产生的。

在某种程度上，最后一个例子中的网络架构比我们前面看到的更复杂，因为它包括 2 个网络。其中一个是循环网络，但它也是由同样的构建块构建的，所有这些都是 PyTorch 提供的。

截至撰写本书时，像这样的模型更多作为应用研究或创新项目存在，而不具有明确和具体的用途。这些模型的结果虽然还不错，但还不够好用。然而，随着时间的推移以及训练数据的扩展，我们期望这类模型能够向有视力障碍的人描述世界，从视频转述场景，以及执行其他类似的任务。

---

① MS COCO 是微软构建的数据集，MS COCO 为 Microsoft Common Objects in Context 的缩写。——译者注

2.4 Torch Hub

在深度学习早期就已经发布了一些预训练模型，但是直到 PyTorch 1.0，还没有办法确保用户有一个统一的接口来获取它们。正如我们在本章前面看到的，TorchVision 是一个规范接口的好例子，但是其他设计者，如 CycleGAN 和 NeuralTalk2 的设计者，他们选择了不同的设计。

PyTorch 在 1.0 版本中引入了 Torch Hub，它是一种机制，通过该机制作者可以在 GitHub 上发布模型，无论是否预训练过权重，都可以通过 PyTorch 可以理解的接口将其公开发布。这使得从第三方加载预训练的模型就像加载 TorchVision 模型一样简单。

作者若要通过 Torch Hub 机制发布模型，只需将一个名为 hubconf.py 的文件放在 GitHub 仓库的根目录下。该文件的结构非常简单。

代码所依赖的可选模型块列表

```
dependencies = ['torch', 'math']

def some_entry_fn(*args, **kwargs):
    model = build_some_model(*args, **kwargs)
    return model

def another_entry_fn(*args, **kwargs):
    model = build_another_model(*args, **kwargs)
    return model
```

作为仓库入口点向用户暴露一个或多个函数。这些函数应该根据参数初始化模型并将其返回

在我们寻找有趣的预训练模型时，我们现在可以搜索包含 hubconf.py 文件的 GitHub 仓库。我们马上就会知道可以使用 torch.hub 模块来加载他们。让我们看看这在实践中是如何做到的，为此，我们将回到 TorchVision，因为它提供了一个关于如何与 Torch Hub 交互的清晰示例。

在 GitHub 中访问 TorchVision 时，我们会注意到它包含一个 hubconf.py 文件。我们要做的第 1 件事就是在该文件中查找仓库的入口点，稍后我们需要指定它们。以 TorchVision 为例，有 resnet18 和 resnet50，我们已经知道它们的作用：它们分别返回 18 层和 50 层 ResNet 模型。我们还可以看到入口点函数包含参数 pretrained，该参数值如果为 true，返回的模型将使用从 ImageNet 获得的权重进行初始化，正如我们在本章前面看到的。

现在我们知道了仓库、入口点和一个有趣的关键参数，这就是我们使用 torch.hub 加载模型所需要的全部内容，我们甚至不需要复制仓库。没错，PyTorch 会帮我们处理的。代码如下：

```
import torch
from torch import hub

resnet18_model = hub.load('pytorch/vision:master',
                          'resnet18',
                          pretrained=True)
```

GitHub 仓库的名称和分支

入口点函数的名称

关键参数

以上代码将设法将 pytorch/vision 主分支的快照及其权重下载到本地目录，这里默认下载到本地的 torch/hub 目录下。然后运行 resnet18 入口点函数，该函数返回实例化的模型。根据环境

的不同，Python 可能会缺少一些模块，如 PIL。Torch Hub 不会自动安装缺少的依赖项，但会向我们报告，以便我们采取行动。

此时，我们可以使用适当的参数调用返回的模型来对其运行正向传播，方法与前面相同。令人欣慰的是，现在通过这个机制发布的每一个模型都将被我们使用同样的方式访问，这远远超出了我们的想象。

注意，入口点函数应该返回模型，但是，严格地说，这也不是必须的。例如，我们可以有一个用于转换的入口点，以及一个用于将输出概率转换为文本标签的入口点，或者我们可以有一个模型的入口点，以及包括该模型预处理和后处理步骤的另一个入口点。通过保留这些选项，PyTorch 开发人员为社区提供了足够的标准化和极大的灵活性，在这种机遇中将会产生什么样的模式，我们拭目以待。

撰写本书时 Torch Hub 还是很新的，而且只有少数几个模型是以这种方式发布的。我们可以在谷歌上搜一下 GitHub 的 hubconf.py 文件。随着越来越多的作者通过这个机制分享他们的模型，这个清单的内容有望在未来继续丰富。

2.5 总结

我们希望这是有趣的一章。我们花了一些时间使用 PyTorch 来构建模型并对其优化，以执行特定的任务。事实上，我们中比较积极的人可能已将这些模型部署在 Web 服务器上，然后开始创业，并与原作者分享利润[①]。一旦我们了解了这些模型是如何构建的，我们就能够使用在这里获得的知识来下载一个预训练模型，并在一个稍微不同的任务上快速地对其进行微调。

我们还看到了如何使用相同的构建块来构建处理不同类型数据的不同问题的模型。PyTorch 做得特别正确的一件事是以基本工具集的形式提供这些构建块。从 API 的角度来看，尤其是与其他深度学习框架相比，PyTorch 并不是很大的库。

本书并不会介绍 PyTorch 所有的 API 或回顾深度学习框架，而是介绍这些构建块的实践知识。这样你就能够在坚实的基础上使用优秀的在线文档和仓库。

从第 3 章开始，我们将开启一段新的旅程，从零开始掌握使用 PyTorch 相关操作的技能，就像我们在本章中描述的那样。我们还将了解到，当我们拥有的数据不是特别多的时候，我们可以从一个预训练网络开始，在新的数据上对它进行微调，而不是从头开始，这是解决问题的有效方法，这也是预训练网络成为深度学习实践者重要工具的另一个原因。接下来将了解第一个基础构件：张量。

2.6 练习题

1. 将金毛猎犬的图像输入马-斑马模型中。

---

① 联系模型发布者获取许可。

a）你需要对图像做什么准备工作？

b）输出是什么样的？

2. 在 GitHub 中搜索提供 hubconf.py 文件的项目。

a）返回多少仓库？

b）找一个外观有趣的带有 hubconf.py 的项目，你能从文档中了解项目的目的吗？

c）为这个项目加上标签，看完本书后再返回来，你能理解它的实现吗？

2.7 本章小结

- 预训练网络是已经在数据集上训练过的模型。这类网络通常可以在加载网络参数后立即产生有用的结果。
- 通过了解如何使用预训练模型，我们可以将神经网络集成到一个项目中，而不需要对其进行设计和训练。
- AlexNet 和 ResNet 是 2 个深度卷积神经网络，它们的发布为图像识别设定了新的基准。
- GAN 有 2 个部分，即生成器网络和判别器网络，它们协同工作以产生与真实内容雷同的输出。
- CycleGAN 使用一种支持在 2 种不同类型的图像之间来回转换的架构。
- PyTorch 为 NeuralTalk2 提供了一种使用混合模型架构来消费图像并生成图像的文本描述。
- 使用 Torch Hub 通过适当的 hubconf.py 文件从其他任何项目加载模型和权重是一种标准化操作方法。

第 3 章　从张量开始

本章主要内容

- 理解张量，它是 PyTorch 中基本的数据结构。
- 张量的索引与运算。
- 与 NumPy 多维数组交互操作。
- 将计算移动到 GPU 以提高速度。

在第 2 章中，我们介绍了深度学习支持的一些应用程序。它们总是以某种形式获取数据，如图像或文本数据，并以另一种形式生成数据，如标签、数字或更多的图像或文本。从这个角度来看，深度学习实际上需要构建一个能够将数据从一种表示转换为另一种表示的系统。这种转换是通过从论证所需映射的一系列样本中提取共性来驱动的，例如，系统可能会记录狗的一般形状和金毛猎犬的典型颜色。通过结合这 2 种图像属性，系统可以正确地将具有给定形状和颜色的图像映射到金毛猎犬标签上，而不是将图像映射成一只黑色的狗或是黄褐色的公猫。由此构成的系统可以接收大量类似的输入，并为这些输入产生有意义的输出。

该过程首先将我们的输入转换为浮点数，我们将在第 4 章中介绍图像像素到数字的转换，以及许多其他类型的数据，就像我们在图 3.1 的第 1 步看到的那样。但在此之前，在本章中，我们将学习如何使用张量来处理 PyTorch 中的所有浮点数。

3.1　实际数据转为浮点数

由于浮点数是网络处理信息的方式，因此我们需要一种方法，将我们希望处理的实际数据编码为网络可理解的数据，然后将输出解码为我们可以理解和使用的数据。

深度神经网络通常分步学习将数据从一种形式转换为另一种形式，这意味着每个阶段转换的数据可以被认为是一个中间表征序列。对于图像识别，早期表征可以是诸如边缘检测或某些纹理，如毛发。更深层次的表征可以捕捉更复杂的结构，如耳朵、鼻子或眼睛等。

一般来说，这些中间表征是一组浮点数，它们描述输入的特征，并以一种有助于描述输入映射到神经网络输出的方式捕获数据的结构。这些描述是针对当前任务的，是从相关的例子中学习到的。这些浮点数的集合以及它们的操作是现代 AI 的核心，在本书中会看到几个这样的例子。

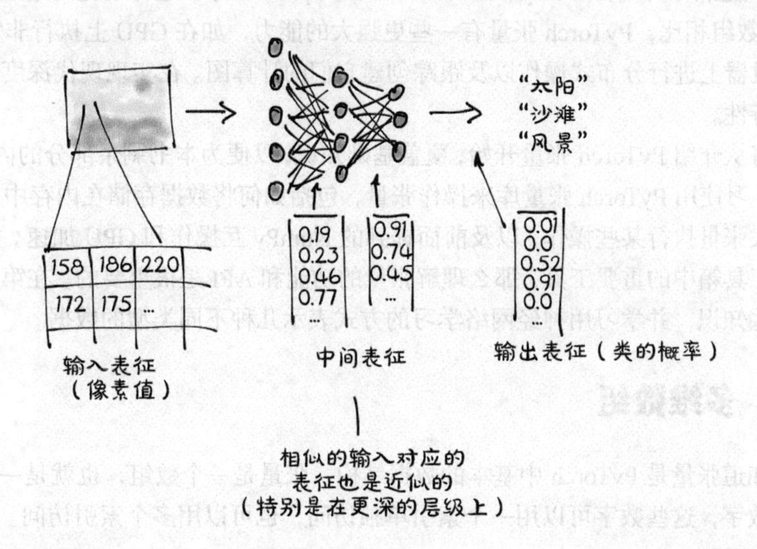

图 3.1 深度神经网络学习将输入表征转换为输出表征（注：神经元和输出数量并没有按比例计算）

请记住，这些中间表征是将输入与前一层神经元的权重结合的结果，如图 3.1 所示的第 2 步。每个中间表征对之前的输入都是唯一的。

开始将数据转换为浮点数输入之前，我们必须先对 PyTorch 如何处理和存储数据有深入的理解，诸如如何将数据处理作为输入、中间表征和输出。本章将详细讨论这一点。

为此，PyTorch 引入了一种基本的数据结构：张量（tensor）。在第 2 章中，当我们对预训练网络进行推理时，已经碰到了张量。对于那些数学、物理或工程出身的人来说，张量这个术语会与空间、参考系统以及它们之间的转换的概念捆绑在一起。不管怎样，这些概念在这里都不适用。在深度学习中，张量可以将向量和矩阵推广到任意维度，如图 3.2 所示。这个概念的另一个名称是多维数组，张量的维度与用来表示张量中标量值的索引数量一致。

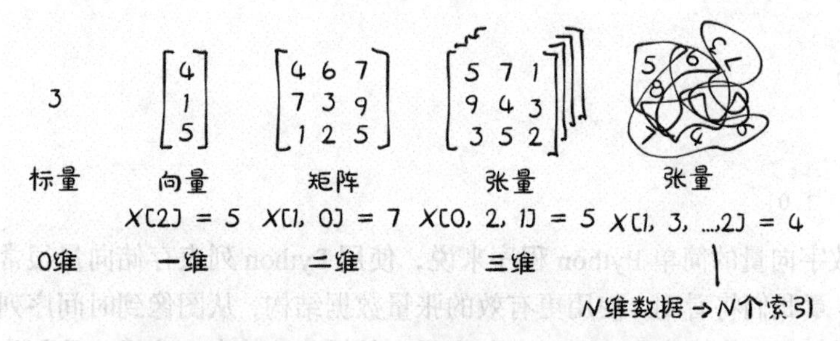

图 3.2 张量是 PyTorch 中用来表示数据的构建块

PyTorch 并不是处理多维数组的唯一库。到目前为止，NumPy 是最受欢迎的多维数组库，可以说它已成为数据科学的通用语言。PyTorch 具有与 NumPy 无缝互操作的特性，这使得它能够与 Python 中的其他科学库（如 SciPy、scikit-learn 以及 pandas 等）进行最优的集成。

与 NumPy 数组相比，PyTorch 张量有一些更强大的能力，如在 GPU 上执行非常快的操作、在多个设备或机器上进行分布式操作以及跟踪创建它们的计算图。在实现现代深度学习库时，这些都是重要的特性。

本章我们将从介绍 PyTorch 张量开始，覆盖基础知识，以便为本书剩余部分的内容做好准备。首先，我们将学习使用 PyTorch 张量库来操作张量，包括如何将数据存储在内存中，如何在常量时间内对任意大张量执行某些操作，以及前面提到的 NumPy 互操作和 GPU 加速。如果要使张量成为我们编程工具箱中的重要工具，那么理解张量的功能和 API 是很重要的。在第 4 章中，我们将充分利用这些知识，并学习用神经网络学习的方式表示几种不同类型的数据。

3.2　张量：多维数组

我们已经知道张量是 PyTorch 中基本的数据结构。张量是一个数组，也就是一种数据结构，它存储了一组数字，这些数字可以用一个索引单独访问，也可以用多个索引访问。

3.2.1　从 Python 列表到 PyTorch 张量

让我们通过实践来看一下列表索引，这样我们就可以将其与张量索引进行比较。让我们看看 Python 中由 3 个数字组成的列表，源代码见 code/p1ch3/1_tensors.ipynb，代码片段如下：

```
# In[1]:
a = [1.0, 2.0, 1.0]
```

我们可以使用对应的从 0 开始的索引来访问列表的第 1 个元素：

```
# In[2]:
a[0]

# Out[2]:
1.0

# In[3]:
a[2] = 3.0
a

# Out[3]:
[1.0, 2.0, 3.0]
```

对于处理数字向量的简单 Python 程序来说，使用 Python 列表存储向量很常见，例如二维直角坐标。在第 4 章我们将看到，使用更有效的张量数据结构，从图像到时间序列等许多类型的数据，甚至是句子都可以表示出来。通过定义张量上的操作（其中一些操作我们将在本章中进行探讨），我们甚至可以使用 Python 这样速度不是特别快的高级语言来同时高效地对数据进行切片和操作。

3.2.2 构造第 1 个张量

我们来构造第 1 个 PyTorch 张量，现在它还不是一个特别有意义的张量，一列中只有 3 个 1。

```
# In[4]:
import torch      <- 导入 torch 模块
a = torch.ones(3) <- 创建一个大小为 3 的一维张量，用 1.0 填充
a

# Out[4]:
tensor([1., 1., 1.])

# In[5]:
a[1]

# Out[5]:
tensor(1.)

# In[6]:
float(a[1])

# Out[6]:
1.0

# In[7]:
a[2] = 2.0
a

# Out[7]:
tensor([1., 1., 2.])
```

导入 torch 模块后，我们调用一个函数，用它创建一个大小为 3 的一维张量，填充值为 1.0。我们可以使用从 0 开始的索引来访问一个元素，或者给它指定一个新值。虽然表面上这个例子与数字类型的对象列表没有太大的区别，但实际上是完全不同的。

3.2.3 张量的本质

Python 列表或数字元组是在内存中单独分配的 Python 对象的集合，如图 3.3 左侧所示。另外，PyTorch 张量或 NumPy 数组通常是连续内存块的视图，这些内存块包含未装箱的 C 数字类型，而不是 Python 对象。在本例中，每个元素都是 32 位（4 字节）的浮点数，如图 3.3 右侧所示。这意味着存储 1,000,000 个浮点数的一维张量将恰好需要 4,000,000 个连续字节，再加上元数据的少量开销，如维度和数字类型。

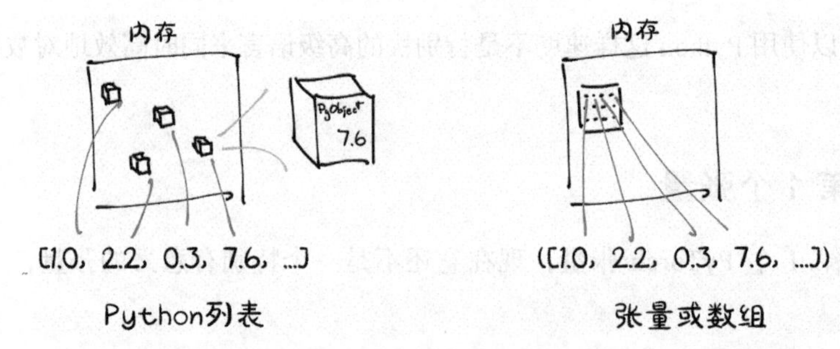

图 3.3 Python 列表（装箱）数值与张量或数组（非装箱）数值的对比

假设我们有一个坐标列表，我们想用它来表示一个几何对象：如一个二维三角形，顶点坐标为(4,1)、(5,3)和(2,1)。这个例子与深度学习并不是特别相关，但很容易理解。我们可以使用一维张量，将 x 轴坐标存储在偶数索引中，将 y 轴坐标存储在奇数索引中，而不是在 Python 列表中使用数字来表示坐标，如下所示：

```
# In[8]:
points = torch.zeros(6)    <-- 使用 zeros()函数只是获得适当大小的数组的一种方法
points[0] = 4.0            <-- 我们用我们真正想要的值来覆盖这些 0
points[1] = 1.0
points[2] = 5.0
points[3] = 3.0
points[4] = 2.0
points[5] = 1.0
```

我们还可以向构造函数传递一个 Python 列表达到同样的效果，如下所示：

```
# In[9]:
points = torch.tensor([4.0, 1.0, 5.0, 3.0, 2.0, 1.0])
points

# Out[9]:
tensor([4., 1., 5., 3., 2., 1.])
```

为了得到第 1 个点的坐标，我们执行以下操作：

```
# In[10]:
float(points[0]), float(points[1])

# Out[10]:
(4.0, 1.0)
```

尽管将第 1 个索引指向单独的二维点而不是点坐标是可行的，但对于这种情况，我们可以用一个二维张量。

```
# In[11]:
points = torch.tensor([[4.0, 1.0], [5.0, 3.0], [2.0, 1.0]])
points

# Out[11]:
tensor([[4., 1.],
```

```
        [5., 3.],
        [2., 1.]])
```

在这里，我们向构造函数传递了一个元素为列表的列表。我们可以通过以下操作查看张量的形状：

```
# In[12]:
points.shape

# Out[12]:
torch.Size([3, 2])
```

通过以上操作我们知道了每个维度上张量的大小。我们还可以使用 zeros()或 ones()函数来初始化张量，以元组的形式来指定大小。

```
# In[13]:
points = torch.zeros(3, 2)
points

# Out[13]:
tensor([[0., 0.],
        [0., 0.],
        [0., 0.]])
```

现在我们可以用 2 个索引来访问张量中的单个元素。

```
# In[14]:
points = torch.tensor([[4.0, 1.0], [5.0, 3.0], [2.0, 1.0]])
points

# Out[14]:
tensor([[4., 1.],
        [5., 3.],
        [2., 1.]])

# In[15]:
points[0, 1]

# Out[15]:
tensor(1.)
```

这将返回数据集中第 1 个点的 y 坐标。我们也可以像之前那样访问张量中的第 1 个元素，得到第 1 个点的二维坐标。

```
# In[16]:
points[0]

# Out[16]:
tensor([4., 1.])
```

输出是另一个张量，它展示了相同基础数据的不同视图。新的张量是一个大小为 2 的一维张量，引用了张量 points 中第 1 行的值。这是否意味着分配了一个新的内存块，将值复制到其中，并将新内存块封装在一个新的张量对象中返回？不，因为那样效率会很低，尤其是当我们有数百万个点的时候。当我们在 3.7 节讨论张量的视图时，我们将重新讨论张量是如何存储的。

3.3 索引张量

如果我们需要得到一个张量中除第 1 点以外的所有点呢？使用范围索引表示法很容易实现，该方法也适用于标准的 Python 列表。下面我们回忆一下：

```
# In[53]:
some_list = list(range(6))
some_list[:]
some_list[1:4]
some_list[1:]
some_list[:4]
some_list[:-1]
some_list[1:4:2]
```

列表中所有元素

从第 1 个元素（包含）到第 4 个元素（不包含）

从第 1 个元素（包含）到列表末尾的元素

从列表的开始到第 4 个元素（不包含）

从列表的开始到最后一个元素之前的所有元素

从第 1 个元素（包含）到第 4 个元素（不包含），移动步长为 2

为了达到我们的目标，我们可以对 PyTorch 张量使用相同的表示法。使用该方法的一个好处是就像在 NumPy 和其他 Python 科学库中一样，我们可以为张量的每个维度使用范围索引。

```
# In[54]:
points[1:]
points[1:, :]
points[1:, 0]
points[None]
```

第 1 行之后的所有行，隐含所有列

第 1 行之后的所有行，所有列

第 1 行之后的所有行，第 1 列

增加大小为 1 的维度，就像 unsqueeze()方法一样

除了范围索引，PyTorch 还提供了一种强大的索引形式，该形式称为高级索引，我们将在第 4 章中对其进行探讨。

3.4 命名张量

张量的维度或坐标轴通常用来表示诸如像素位置或颜色通道的信息，这意味着当我们索引一个张量时，我们需要记住维度的顺序并按此顺序编写索引。在通过多个张量转换数据时，跟踪哪个维度包含哪些数据可能容易出错。

具体来说，假设我们有一个像 2.1.4 小节中的 img_t 的三维张量，为了简单，我们将使用虚拟数据，并希望将其转换为灰度图像，我们查了颜色的典型权重得出一个单一的亮度值①。

```
# In[2]:
img_t = torch.randn(3, 5, 5) # shape [channels, rows, columns]
weights = torch.tensor([0.2126, 0.7152, 0.0722])
```

我们经常希望我们的代码具有通用性，例如，从表示为具有高度和宽度的二维张量的灰度图

① 由于感知对于常人来说很重要，因此人们提出了很多权重。

像到添加第 3 个通道（诸如 RGB）的彩色图像，或者从单幅图像到一批图像。在 2.1.4 小节中，我们介绍了在 batch_t 中增加 batch 维度的方法，这里我们假设增加的维度为 2：

```
# In[3]:
batch_t = torch.randn(2, 3, 5, 5) # shape [batch, channels, rows, columns]
```

RGB 通道有时在第 0 维，有时在第 1 维，但我们可以通过从末端开始计数来归纳：它们总是在倒数的第三维中。因此，惰性的未加权平均值可以写成如下的形式：

```
# In[4]:
img_gray_naive = img_t.mean(-3)
batch_gray_naive = batch_t.mean(-3)
img_gray_naive.shape, batch_gray_naive.shape

# Out[4]:
(torch.Size([5, 5]), torch.Size([2, 5, 5]))
```

但是现在我们有了权重。PyTorch 将允许我们对相同形状的张量进行乘法运算，也允许与给定维度中其中一个操作数大小为 1 的张量进行运算。它还会自动附加大小为 1 的前导维度，这个特性被称为广播。形状为(2,3,5,5)的 batch_t 乘以一个形状为(3,1,1)的 unsqueezed_weights 张量，得到一个形状为(2,3,5,5)的张量，由此我们可以从末端开始对第 3 个维度（RGB 通道）进行求和：

```
# In[5]:
unsqueezed_weights = weights.unsqueeze(-1).unsqueeze_(-1)
img_weights = (img_t * unsqueezed_weights)
batch_weights = (batch_t * unsqueezed_weights)
img_gray_weighted = img_weights.sum(-3)
batch_gray_weighted = batch_weights.sum(-3)
batch_weights.shape, batch_t.shape, unsqueezed_weights.shape

# Out[5]:
(torch.Size([2, 3, 5, 5]), torch.Size([2, 3, 5, 5]), torch.Size([3, 1, 1]))
```

因为这会使程序很快变得混乱，为了提高效率，PyTorch 根据 NumPy 改编的 einsum()函数指定了一种微型语言索引[①]，为这些乘积的总和的维度提供索引名。在 Python 中，广播（一种用来概括未命名事物的形式）通常使用三个点（...）来表示，但是请不要担心 einsum()，因为在下面例子中我们将不会使用它。

```
# In[6]:
img_gray_weighted_fancy = torch.einsum('...chw,c->...hw', img_t, weights)
batch_gray_weighted_fancy = torch.einsum('...chw,c->...hw', batch_t, weights)
batch_gray_weighted_fancy.shape

# Out[6]:
torch.Size([2, 5, 5])
```

正如我们所看到的，这涉及很多记录工作，很容易出错，特别是当创建和使用张量的位置在

① Tim Rocktasche 博客的一篇文章“Einsum is All You Need—Einstein Summation in Deep Learning”给出了一个很好的概述。

代码中相距很远的时候。这引起了实践者的注意，因此有人建议①给维度指定一个名称。

PyTorch 1.3 将命名张量作为试验性的特性。张量工厂函数（诸如 tensor()和 rand()函数）有一个 names 参数，该参数是一个字符串序列。

```
# In[7]:
weights_named = torch.tensor([0.2126, 0.7152, 0.0722], names=['channels'])
weights_named

# Out[7]:
tensor([0.2126, 0.7152, 0.0722], names=('channels',))
```

当我们已经有一个张量并且想要为其添加名称但不改变现有的名称时，我们可以对其调用 refine_names()方法。与索引类似，省略号（...）允许你省略任意数量的维度。使用 rename()兄弟方法，还可以覆盖或删除（通过传入 None）现有名称：

```
# In[8]:
img_named = img_t.refine_names(..., 'channels', 'rows', 'columns')
batch_named = batch_t.refine_names(..., 'channels', 'rows', 'columns')
print("img named:", img_named.shape, img_named.names)
print("batch named:", batch_named.shape, batch_named.names)
# Out[8]:
img named: torch.Size([3, 5, 5]) ('channels', 'rows', 'columns')
batch named: torch.Size([2, 3, 5, 5]) (None, 'channels', 'rows', 'columns')
```

对于有 2 个输入的操作，除了常规维度检查，即检查张量维度是否相同，以及是否一个张量维度为 1 并且可以广播到另一个张量，PyTorch 还将检查张量名称。到目前为止，它还没有提供自动维度对齐功能，因此我们需要显式地进行此操作。align_as()方法返回一个张量，其中添加了缺失的维度，并将现有的维度按正确的顺序排列：

```
# In[9]:
weights_aligned = weights_named.align_as(img_named)
weights_aligned.shape, weights_aligned.names
# Out[9]:
(torch.Size([3, 1, 1]), ('channels', 'rows', 'columns'))
```

接收维度参数的函数，例如 sum()，也接收命名维度：

```
# In[10]:
gray_named = (img_named * weights_aligned).sum('channels')
gray_named.shape, gray_named.names

# Out[10]:
(torch.Size([5, 5]), ('rows', 'columns'))
```

如果尝试将不同名称的维度组合起来，会出现一个错误：

```
gray_named = (img_named[..., :3] * weights_named).sum('channels')
```

① 参见 Sasha Rush“Tensor Considered Harmful”（哈佛大学自然语言处理研究组发表）。

```
RuntimeError: Error when
 attempting to broadcast dims ['channels', 'rows',
  'columns'] and dims ['channels']: dim 'columns' and dim 'channels'
  are at the same position from the right but do not match.
```

如果我们想在对命名的张量进行操作的函数之外使用张量，需要通过将这些张量重命名为None来删除它们的名称。下面让我们回到未命名维度的世界：

```
# In[12]:
gray_plain = gray_named.rename(None)
gray_plain.shape, gray_plain.names

# Out[12]:
(torch.Size([5, 5]), (None, None))
```

在编写本书时，考虑到这个特性的试验性质，为了避免在索引和对齐方面浪费时间，我们将在本书剩余部分依然使用未命名的张量。命名张量有消除对齐错误的潜力，对齐错误是一件令人头痛的事情，PyTorch论坛也许也有所提及。命名张量将被广泛采用，这将是一件有趣的事情。

3.5 张量的元素类型

到目前为止，我们已经讨论了张量的基本知识，但是还没有讨论我们可以在张量中存储什么类型的数字。正如我们在3.2节所提及的，使用标准Python数字类型可能不是最优的，原因如下。

- Python中的数字是对象。例如，一个浮点数在计算机上可能只需要32位来表示，而Python会通过引用计数将它转换成一个完整的Python对象，等等。如果我们需要存储少量数值，采用装箱操作并不是问题，但是如果我们需要存储数百万的数据，采用装箱操作会非常低效。
- Python中的列表属于对象的顺序集合，没有为有效地获取两个向量的点积或将向量求和而定义的操作。另外，Python列表无法优化其内容在内存中的排列，因为它们是指向Python对象的指针的可索引集合，这些对象可能是任何数据类型而不仅仅是数字。最后，Python列表是一维的，尽管我们可创建元素为列表的列表，但这同样是非常低效的。
- Python解释器与优化后的已编译的代码相比速度很慢。在大型数字类型的数据集合上执行数学运算，使用用编译过的更低级语言（如C语言）编写的优化代码可以快得多。

鉴于这些原因，数据科学库依赖于NumPy或引入专用的数据结构，如PyTorch张量，它提供了高效的数值数据结构的底层实现和相关操作，并将这些封装在一个方便的高级API中。要实现这一点，张量内的对象必须都是相同类型的数字，PyTorch必须跟踪这个数字类型。

3.5.1 使用dtype指定数字类型

张量构造函数通过dtype参数指定包含在张量中的数字数据类型，如tensor()，zeros()和ones()

函数。数据类型用于指定张量可以保存的可能值（整数与浮点数）以及每个值的字节数[①]。dtype 参数故意与同名的标准 NumPy 参数类似，以下是 dtype 参数可能的取值。

- torch.float32 或 torch.float：32 位浮点数。
- torch.float64 或 torch.double：64 位双精度浮点数。
- torch.float16 或 torch.half：16 位半精度浮点数。
- torch.int8：8 位有符号整数。
- torch.uint8：8 位无符号整数。
- torch.int16 或 torch.short：16 位有符号整数。
- torch.int32 或 torch.int：32 位有符号整数。
- torch.int64 或 torch.long：64 位有符号整数。
- torch.bool：布尔型。

张量的默认数据类型是 32 位浮点数。

3.5.2 适合任何场合的 dtype

在后文我们将看到，在神经网络中发生的计算通常是用 32 位浮点精度执行的。采用更高的精度，如 64 位，并不会提高模型精度，反而需要更多的内存和计算时间。16 位半精度浮点数的数据类型在标准 CPU 中并不存在，而是由现代 GPU 提供的。如果需要的话，可以切换到半精度来减少神经网络占用的空间，这样做对精度的影响也很小。

张量可以作为其他张量的索引，在这种情况下，PyTorch 期望索引张量为 64 位的整数。创建一个将整数作为参数的张量，例如使用 torch.tensor([2,2])，默认会创建一个 64 位的整数张量。因此，我们将把大部分时间用于处理 32 位浮点数和 64 位有符号整数。

张量间操作的谓词，如张量 points >1.0，将会产生一个布尔型的张量，张量中的每个元素表明该位置的元素是否满足大于 1.0 这个条件，这是一个较简单的数字类型的示例。

3.5.3 管理张量的 dtype 属性

为了给张量分配一个正确的数字类型，我们可以指定适当的 dtype 作为构造函数的参数，例如：

```
# In[47]:
double_points = torch.ones(10, 2, dtype=torch.double)
short_points = torch.tensor([[1, 2], [3, 4]], dtype=torch.short)
```

我们可以通过访问相应的属性来了解一个张量的 dtype 值：

```
# In[48]:
short_points.dtype
```

① 以及符号性，例如 uint8 这种类型。

```
# Out[48]:
torch.int16
```

我们还可以使用相应的转换方法将张量创建函数的输出转换为正确的类型，例如：

```
# In[49]:
double_points = torch.zeros(10, 2).double()
short_points = torch.ones(10, 2).short()
```

或者使用更方便的 to()方法：

```
# In[50]:
double_points = torch.zeros(10, 2).to(torch.double)
short_points = torch.ones(10, 2).to(dtype=torch.short)
```

在底层，to()方法会检查转换是否是必要的，如果必要，则执行转换。以 dtype 命名的类型转换方法（如 float()）是 to()的简写，但 to()方法可以接收其他参数，我们将在 3.9 节讨论这些参数。

在操作中输入多种类型时，输入会自动向较大类型转换。因此，如果我们想要进行 32 位计算，我们需要确保所有的输入最多是 32 位的。

```
# In[51]:
points_64 = torch.rand(5, dtype=torch.double)     <-- rand()方法将张量元素初始化为 0～1 的随机数
points_short = points_64.to(torch.short)
points_64 * points_short # works from PyTorch 1.3 onwards

# Out[51]:
tensor([0., 0., 0., 0., 0.], dtype=torch.float64)
```

3.6 张量的 API

至此，我们知道了什么是 PyTorch 张量以及它们在底层是如何工作的。现在我们有必要看看 PyTorch 提供的张量操作方法。将所有操作都罗列在这里没有必要，为使大家对 API 有大致的了解，我们将就如何在 PyTorch 官网在线文档中找到这些内容提供一些指引。

首先，关于张量以及张量之间的绝大多数操作（也可以称为张量对象的方法）都可以在 torch 模块中找到，如 transpose()函数。

```
# In[71]:
a = torch.ones(3, 2)
a_t = torch.transpose(a, 0, 1)

a.shape, a_t.shape

# Out[71]:
(torch.Size([3, 2]), torch.Size([2, 3]))
```

或者 transpose()函数也可以作为张量的一个方法。

```
# In[72]:
a = torch.ones(3, 2)
```

```
a_t = a.transpose(0, 1)

a.shape, a_t.shape

# Out[72]:
(torch.Size([3, 2]), torch.Size([2, 3]))
```

这 2 种形式没有区别，它们可以互换使用。

我们之前提到过的在线文档见 PyTorch 官网。该文档内容详尽，条理清晰，张量操作分门别类。

- 创建操作——用于构造张量的函数，如 ones()和 from_numpy()。
- 索引、切片、连接、转换操作——用于改变张量的形状、步长或内容的函数，如 transpose()。
- 数学操作——通过运算操作张量内容的函数：
  - 逐点操作——通过将函数分别应用于每个元素来得到一个新的张量，如 abs()和 cos()；
  - 归约操作——通过遍历张量来计算聚合值的函数，如 mean()、std()和 norm()；
  - 比较操作——在张量上进行数值比较运算的函数，如 equal()和 max()；
  - 频谱操作——在频域中进行变换和操作的函数；
  - 其他操作——作用于向量的特定函数（如 cross()），或对矩阵进行操作的函数（如 trace()）；
  - BLAS 和 LAPACK 操作——符合基本线性代数子程序（Basic Linear Algebra Subprogram，BLAS）规范的函数，用于标量、向量—向量、矩阵—向量和矩阵—矩阵操作。
- 随机采样——从概率分布中随机生成值的函数，如 randn()和 normal()。
- 序列化——保存和加载张量的函数，如 load()和 save()。
- 并行化——用于控制并行 CPU 执行的线程数的函数，如 set_num_threads()。

花点儿时间去了解张量的通用 API，本章提供了实现这种交互式探索的所有先决条件。从第 4 章开始，当我们继续阅读本书时，还会遇到一些张量运算。

3.7 张量：存储视图

现在是时候让我们更仔细地看看底层的实现了。张量中的值被分配到由 torch.Storage 实例所管理的连续内存块中。存储区是由数字数据组成的一维数组，即包含给定类型的数字的连续内存块，例如 float（代表 32 位浮点数）或 int64（代表 64 位整数）。一个 PyTorch 的 Tensor 实例就是这样一个 Storage 实例的视图，该实例能够使用偏移量和每个维度的步长对该存储区进行索引[①]。

多个张量可以索引同一存储区，即使它们索引到的数据不同。我们可以看一下图 3.4 所示的示例。事实上，当我们在 3.2 节中请求 points[0]时，我们得到的是另一个张量，它索引了与张量

① 在以后的 PyTorch 版本中可能无法直接访问存储区，但是我们在这里展示的内容仍然可以很好地说明张量是如何工作的。

points 相同的存储区，只是没有索引存储区中的所有内容，而且索引到的张量具有不同的维度，一个是一维，一个是二维。但是底层内存只分配一次，所以无论 Storage 实例管理的数据大小如何，都可以快速地创建不同的数据张量视图。

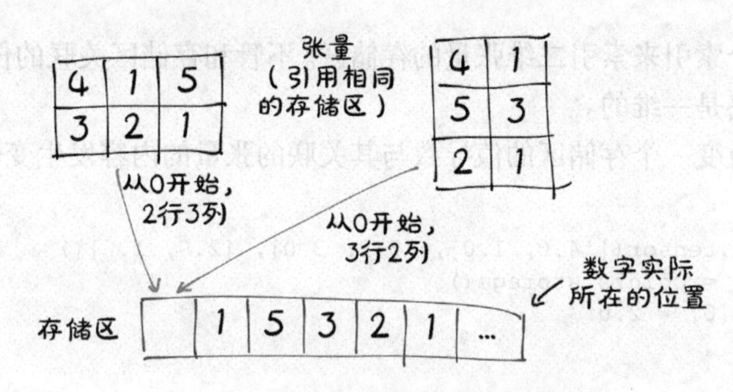

图 3.4　张量是 Storage 实例的视图

3.7.1　索引存储区

让我们看看在实际中如何使用二维点来索引存储区。可以使用 storage()访问给定张量的存储区：

```
# In[17]:
points = torch.tensor([[4.0, 1.0], [5.0, 3.0], [2.0, 1.0]])
points.storage()

# Out[17]:
 4.0
 1.0
 5.0
 3.0
 2.0
 1.0
[torch.FloatStorage of size 6]
```

尽管张量显示自己有 3 行 2 列，但底层的存储区是一个大小为 6 的连续数组。从这个意义上说，张量只知道如何将一对索引转换成存储区中的一个位置。

我们还可以手动索引存储区。例如：

```
# In[18]:
points_storage = points.storage()
points_storage[0]

# Out[18]:
4.0
```

```
# In[19]:
points.storage()[1]

# Out[19]:
1.0
```

我们不能用2个索引来索引二维张量的存储区。不管和存储区关联的任何其他张量的维度是多少，它的布局始终是一维的。

从这点来说，改变一个存储区的值导致与其关联的张量的内容发生变化就不足为怪了：

```
# In[20]:
points = torch.tensor([[4.0, 1.0], [5.0, 3.0], [2.0, 1.0]])
points_storage = points.storage()
points_storage[0] = 2.0
points

# Out[20]:
tensor([[2., 1.],
        [5., 3.],
        [2., 1.]])
```

3.7.2 修改存储值：原地操作

除了3.6节介绍的对张量的操作，还有少量操作仅作为Tensor对象的方法存在。这些操作可以从名称结尾的下画线识别出来，如zero_()，这表明该方法通过在原地（in place）修改输入张量，而不是创建一个新的输出张量，然后返回新创建的输出张量。例如，zero_()方法将输入的所有元素归零，任何不带下画线的方法都不会改变源张量，而是返回一个新的张量：

```
# In[73]:
a = torch.ones(3, 2)

# In[74]:
a.zero_()
a

# Out[74]:
tensor([[0., 0.],
        [0., 0.],
        [0., 0.]])
```

3.8 张量元数据：大小、偏移量和步长

为了在存储区中建立索引，张量依赖于一些信息，这些信息与存储区一起明确定义为张量大小（size）、偏移量（offset）和步长（stride）。图3.5显示了明确定义张量的各信息之间如何相互作用。大小（在NumPy中称之为形状shape）是一个元组，表示张量在每个维度上有多少个元素。偏移量是指存储区中某元素相对张量中的第1个元素的索引。步长是指存储区中为了获得下一个元素需要跳过的元素数量。

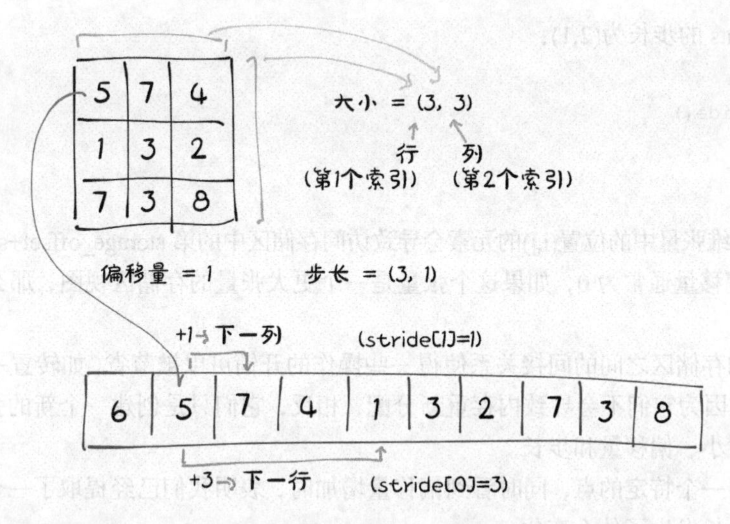

图 3.5 张量的偏移量、大小和步长之间的关系。这里的张量是一个视图，它是一个更大的存储区的一部分，比如说在创建一个更大的张量时可能已经分配了的一部分

3.8.1 另一个张量的存储视图

我们可以通过提供相应的索引来得到张量中的第 2 个点：

```
# In[21]:
points = torch.tensor([[4.0, 1.0], [5.0, 3.0], [2.0, 1.0]])
second_point = points[1]
second_point.storage_offset()

# Out[21]:
2

# In[22]:
second_point.size()

# Out[22]:
torch.Size([2])
```

得到的张量在存储区中的偏移量为 2，这是因为我们需要跳过第 1 个点，该点有两个元素。同时函数 size()是 Size 类的一个实例，因为该张量是一维的，所以它包含一个元素。需要重点注意的是，函数 size()所包含的信息与张量对象的 shape 属性所包含的信息是一样的。

```
# In[23]:
second_point.shape

# Out[23]:
torch.Size([2])
```

步长是一个元组，指示当索引在每个维度中增加 1 时在存储区中必须跳过的元素数量。例如，我们的张量 points 的步长为(2,1)：

```
# In[24]:
points.stride()

# Out[24]:
(2, 1)
```

访问一个二维张量中的位置(i,j)的元素会导致访问存储区中的第 storage_offset+stride[0]*i+stride[1]*j 个元素。偏移量通常为 0，如果这个张量是一个更大张量的存储区视图，那么偏移量可能是正值。

这种张量和存储区之间的间接关系使得一些操作的开销可以被节省，如转置一个张量或者提取一个子张量，因为它们不会导致内存重新分配，相反，它们只是创建一个新的张量对象，该张量具有不同的大小、偏移量和步长。

当我们索引一个特定的点，同时看到偏移量增加时，表明我们已经提取了一个子张量，让我们看看大小和步长发生了什么变化。

```
# In[25]:
second_point = points[1]
second_point.size()

# Out[25]:
torch.Size([2])

# In[26]:
second_point.storage_offset()

# Out[26]:
2

# In[27]:
second_point.stride()

# Out[27]:
(1,)
```

重要的是，正如我们预期的那样，子张量的维度少了一维，同时仍然索引了与原始张量 points 相同的存储区。这也意味着更改子张量会对原始张量产生影响。

```
# In[28]:
points = torch.tensor([[4.0, 1.0], [5.0, 3.0], [2.0, 1.0]])
second_point = points[1]
second_point[0] = 10.0
points

# Out[28]:
tensor([[ 4., 1.],
        [10., 3.],
        [ 2., 1.]])
```

这可能并不总是可取的，因此我们最终可以把这个子张量克隆成一个新的张量：

```
# In[29]:
points = torch.tensor([[4.0, 1.0], [5.0, 3.0], [2.0, 1.0]])
second_point = points[1].clone()
second_point[0] = 10.0
points

# Out[29]:
tensor([[4., 1.],
        [5., 3.],
        [2., 1.]])
```

3.8.2 无需复制的转置

现在让我们尝试转置。我们使用张量 points，它在行中有单独的点，在列中有 x 和 y 坐标，然后将其转置，使各个点都在列中。我们借此机会介绍 t()方法，它是用于二维张量转置的 transpose()方法的简写。

```
# In[30]:
points = torch.tensor([[4.0, 1.0], [5.0, 3.0], [2.0, 1.0]])
points

# Out[30]:
tensor([[4., 1.],
        [5., 3.],
        [2., 1.]])

# In[31]:
points_t = points.t()
points_t

# Out[31]:
tensor([[4., 5., 2.],
        [1., 3., 1.]])
```

提示 为了深入理解张量机制，当我们逐步阅读本小节的代码时，最好拿出一支笔和一张纸，然后画出图 3.5 所示的图表。

我们可以很容易地验证这 2 个张量共享同一个存储区：

```
# In[32]:
id(points.storage()) == id(points_t.storage())

# Out[32]:
True
```

它们只是在形状和步长上有所不同。

```
# In[33]:
points.stride()

# Out[33]:
(2, 1)

# In[34]:
points_t.stride()

# Out[34]:
(1, 2)
```

这告诉我们，将张量 points 的第 1 个索引增加 1，例如，从 points[0,0]到 points[1,0]，将在存储区中跳过 2 个元素，而将第 2 个索引增加 1。例如，从 points[0,0]到点 points[0,1]，将在存储区中跳过 1 个元素。换句话说，存储区按顺序逐行保存张量中的元素。

我们将张量 points 转置为 points_t，如图 3.6 所示。我们在步长中改变元素顺序后，增加的行（张量的第 1 个索引）将沿着存储区跳跃 1 个单位，就像我们沿着 points 的列移动一样。这就是转置的定义。转置不会分配新的内存，只是创建一个新 Tensor 实例，该实例具有与原始张量不同的步长顺序。

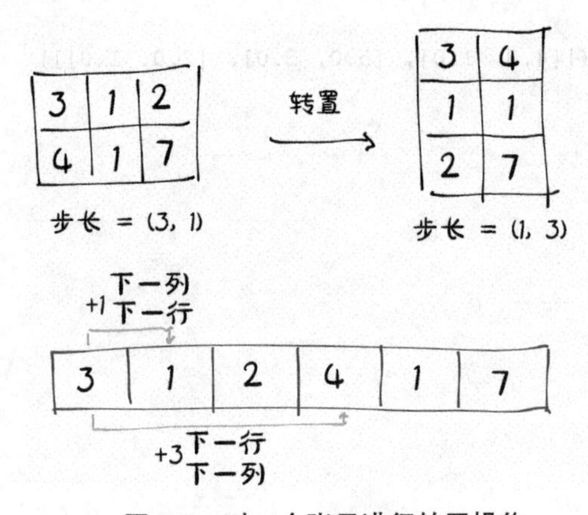

图 3.6 对一个张量进行转置操作

3.8.3 高维转置

PyTorch 中的转置不限于矩阵。我们可以通过指定 2 个维度，即翻转形状和步长，来转置一个多维数组。

```
# In[35]:
some_t = torch.ones(3, 4, 5)
transpose_t = some_t.transpose(0, 2)
some_t.shape

# Out[35]:
torch.Size([3, 4, 5])
```

```
# In[36]:
transpose_t.shape

# Out[36]:
torch.Size([5, 4, 3])

# In[37]:
some_t.stride()

# Out[37]:
(20, 5, 1)

# In[38]:
transpose_t.stride()

# Out[38]:
(1, 5, 20)
```

如果一个张量的值在对应存储区是从最右的维度开始按顺序排列的，那么这被叫作连续张量（比如二维张量，沿着行存储）。连续张量很方便，因为我们可以有效地按顺序访问它们，而不必在存储中到处跳转。虽然由于现代 CPU 上的 RAM 访问方式，通过改进数据局部性可以提高性能，但这个优势当然取决于算法访问的方式。

3.8.4 连续张量

在 PyTorch 中一些张量操作只对连续张量起作用，如我们在第 4 章中要遇到的 view()方法。如果不是连续张量，PyTorch 将抛出一个提供有用信息的异常，并要求我们显式地调用 contiguous()方法。值得注意的是，如果张量已经是连续的，那么调用 contiguous()方法不会产生任何操作，也不会影响性能。

在示例中，张量 points 是连续的，然而它的转置却不是：

```
# In[39]:
points.is_contiguous()

# Out[39]:
True

# In[40]:
points_t.is_contiguous()

# Out[40]:
False
```

利用 contiguous()方法，我们可以通过一个非连续张量得到一个新的连续张量。张量的内容是一样的，但是步长和存储发生了改变。

```
# In[41]:
points = torch.tensor([[4.0, 1.0], [5.0, 3.0], [2.0, 1.0]])
points_t = points.t()
points_t
```

```
# Out[41]:
tensor([[4., 5., 2.],
        [1., 3., 1.]])

# In[42]:
points_t.storage()

# Out[42]:
 4.0
 1.0
 5.0
 3.0
 2.0
 1.0
[torch.FloatStorage of size 6]

# In[43]:
points_t.stride()

# Out[43]:
(1, 2)

# In[44]:
points_t_cont = points_t.contiguous()
points_t_cont

# Out[44]:
tensor([[4., 5., 2.],
        [1., 3., 1.]])

# In[45]:
points_t_cont.stride()

# Out[45]:
(3, 1)

# In[46]:
points_t_cont.storage()

# Out[46]:
 4.0
 5.0
 2.0
 1.0
 3.0
 1.0
[torch.FloatStorage of size 6]
```

请注意，为了让元素在新存储区中逐行存放，存储区已经重新洗牌，步长也已改变，以反映新的布局。

作为复习，图 3.7 再次显示了我们的图表，希望大家能够很好地了解张量是如何形成的。

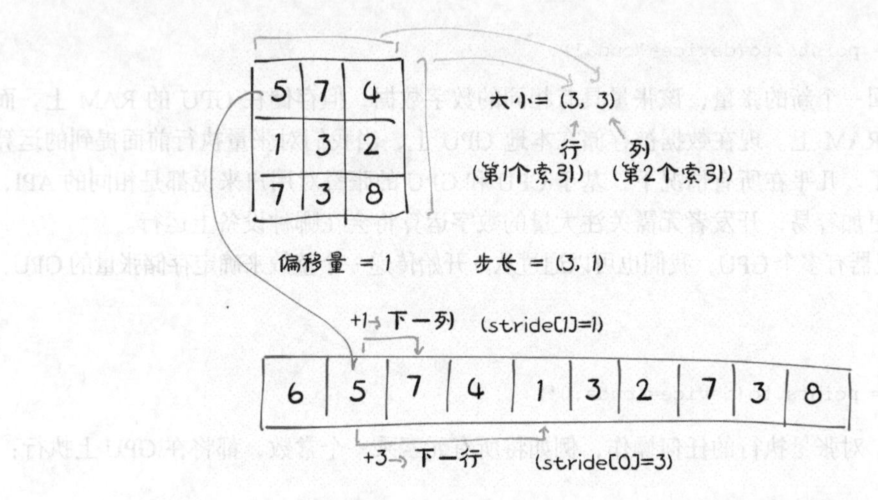

图 3.7 张量的偏移量、大小和步长之间的关系。这里的张量实例是一个更大存储区的视图，就像创建一个更大的张量时可能被分配的存储区一样

3.9 将张量存储到 GPU

到目前为止，在本章中，当我们谈到存储时，我们指的是 CPU 上的 RMA 或者存储。PyTorch 张量也可以存储在另一种处理器上：GPU。每个 PyTorch 张量都可以存储到 GPU 上，以快速进行大规模并行计算。接下来，所有在张量上执行的操作将使用 PyTorch 附带的 GPU 专用的例程来执行。

PyTorch 支持各种 GPU

到 2019 年年中，PyTorch 的主要版本只在支持 CUDA 的 GPU 上提供加速功能。PyTorch 可以运行在 AMD 的 ROCm 上（ROCm 的源代码可以在 GitHub 中找到），在 GitHub 上 PyTorch 主分支已提供了对 AMD 的支持，但到目前为止，你需要自己编译该源代码。在进行常规构建之前，你需要运行 tools/amd_build/ build_amd .py 来转换 GPU 代码。对谷歌张量处理单元（Tensor Processing Units，TPUs）的支持还在进行中（在 GitHub 中可以找到），目前在谷歌 Colab 中已经对这个概念进行了验证。在撰写本书时，谷歌还没有计划在其他 GPU 技术（如 OpenCL）上实现数据结构和内核。

管理张量的设备属性

除了 dtype，PyTorch 张量还有设备（device）的概念，即张量数据在计算机上的位置。下面我们将通过指定构造函数的相应参数在 GPU 上创建一个张量：

```
# In[64]:
points_gpu = torch.tensor([[4.0, 1.0], [5.0, 3.0], [2.0, 1.0]], device='cuda')
```

我们可以使用to()方法将在CPU上创建的张量复制到GPU上：

```
# In[65]:
points_gpu = points.to(device='cuda')
```

这样做将返回一个新的张量，该张量具有相同的数字数据，但存储在GPU的RAM上，而不是常规系统的RAM上。现在数据被存储在本地GPU上，当我们对张量执行前面提到的运算时将会看到加速了。几乎在所有情况下，基于CPU和GPU的张量对用户来说都是相同的API，这使得编写代码更加容易，开发者无需关注大量的数字运算将会在哪种设备上运行。

如果我们的机器有多个GPU，我们也可以通过从0开始传递一个整数来确定存储张量的GPU，例如：

```
# In[66]:
points_gpu = points.to(device='cuda:0')
```

在此基础上，对张量执行的任何操作，例如将所有元素乘一个常数，都将在GPU上执行：

```
# In[67]:
points = 2 * points                          <- 在CPU上执行乘法
points_gpu = 2 * points.to(device='cuda')    <- 在GPU上执行乘法
```

请注意，张量points_gpu在计算完结果后并没有返回到CPU上。以下是上述代码产生的操作：

- 张量points被复制到GPU；
- 在GPU上分配一个新的张量，用来存储乘法运算的结果；
- 返回该GPU存储的张量的句柄。

因此，如果我们给结果增加一个常数：

```
# In[68]:
points_gpu = points_gpu + 4
```

加法仍然在GPU上执行，没有信息流到CPU，除非我们输出或访问结果张量。为了将张量移回CPU，我们需要向to()方法提供一个cpu参数，例如：

```
# In[69]:
points_cpu = points_gpu.to(device='cpu')
```

我们也可以使用简写的cpu()和cuda()方法来代替to()方法实现相同的目标：

```
# In[70]:
points_gpu = points.cuda()    <- GPU索引默认为0
points_gpu = points.cuda(0)
points_cpu = points_gpu.cpu()
```

还值得一提的是，通过使用to()方法，我们可以同时通过device和dtype参数来更改位置和数据类型。

3.10 NumPy 互操作性

我们已经在很多处提到了 NumPy，虽然我们并不认为熟练使用 NumPy 是阅读本书的先决条件，但我们强烈建议你熟悉 NumPy，因为它在 Python 数据科学生态系统中无处不在。PyTorch 张量可以非常有效地转换为 NumPy 数组，反之亦然。通过这样做，我们可以利用 Python 生态系统中围绕 NumPy 数组类型构建的大量功能。之所以与 NumPy 数组实现了零拷贝互操作性是因为存储系统使用了 Python 缓冲区协议。

为了从张量 points 得到一个 NumPy 数组，我们只需要调用以下方法：

```
# In[55]:
points = torch.ones(3, 4)
points_np = points.numpy()
points_np

# Out[55]:
array([[1., 1., 1., 1.],
       [1., 1., 1., 1.],
       [1., 1., 1., 1.]], dtype=float32)
```

它将返回一个大小、形状和数字类型都与代码对应的 NumPy 多维数组。有趣的是，返回的数组与张量存储共享相同的底层缓冲区。这意味着，只要数据位于 CPU 上的 RAM 中，就可以有效地执行 numpy()方法，而且基本上不需要任何开销，还意味着修改 NumPy 数组将导致原始张量的变化。如果张量是在 GPU 上存储的，PyTorch 将把张量的内容复制到 CPU 上分配的 NumPy 数组中。

反之，我们可以用以下方法从一个 NumPy 数组中获得一个 PyTorch 张量：

```
# In[56]:
points = torch.from_numpy(points_np)
```

它将使用我们刚才描述的缓冲区共享策略。

注意 PyTorch 中默认的数字类型是 32 位浮点数，而 NumPy 默认的数据类型是 64 位的。正如在 3.5.2 小节中所讨论的，我们通常想要使用 32 位浮点数，因此我们需要确保我们的张量转换后的数据类型是 torch.float。

3.11 广义张量

就本书的目的而言，正如我们在本章中看到的那样，对于大多数应用程序，张量都是多维数组。如果我们想深入探究一下 PyTorch 的内部机制，就会发现一个细节：数据在底层的存储是如何与我们在 3.6 节中讨论的张量 API 分开的？任何满足该 API 契约的实现都可以被认为是张量！

无论我们的张量是在 CPU 上还是在 GPU 上，PyTorch 都能够调用正确的运算函数进行处理。这是通过分派机制（dispatching mechanism）实现的，该机制可以通过将面向用户的 API 连接到恰当的后端函数来满足其他类型张量的需要。当然，还有一些其他种类的张量，比如专用于特定类别的硬件设备（如谷歌 TPU）的张量，以及数据表示策略与我们目前所看到的密集数组格式不同的张量。例如，稀疏张量只存储非 0 项，以及索引信息。图 3.8 左侧的 PyTorch 分派器被设计成可扩展的，为适应图 3.8 所示的各种数字类型而进行的后续切换是需要每个后端固定实现的。

我们将在第 15 章讨论量化张量，它是另一种具有专门计算后端的张量。有时我们使用的常用张量称为密集张量或步长张量，以区别于使用其他存储布局的张量。

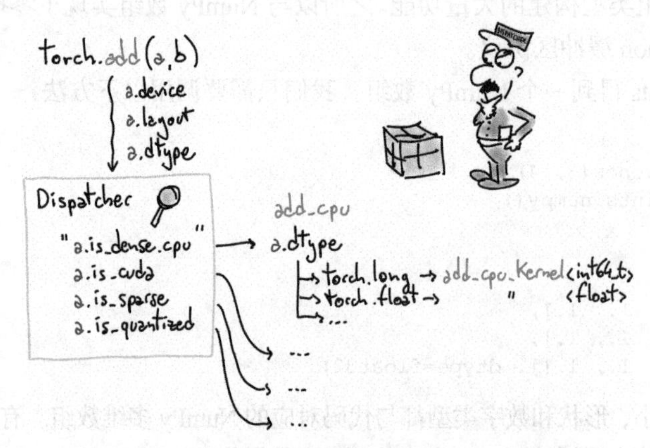

图 3.8 PyTorch 中的分派器是其关键的基础设施之一

与其他事物一样，随着 PyTorch 支持的硬件和应用程序越来越广泛，张量的种类也在增加。随着人们对 PyTorch 的表达和运算方式的探索，可以预期新的张量类型会不断地出现。

3.12 序列化张量

创建动态张量是很好的，但是如果里面的数据是有价值的，我们就希望将其保存到一个文件中，并在某个时间加载回来。毕竟，我们不希望每次运行程序时都要从头开始对模型进行训练。PyTorch 在内部使用 pickle 来序列化张量对象，并为存储添加专用的序列化代码。通过以下方法可以将张量 points 保存到 ourpoints.t 文件中：

```
# In[57]:
torch.save(points, '../data/p1ch3/ourpoints.t')
```

作为替代方法，我们可以传递一个文件描述符来代替文件名：

```
# In[58]:
with open('../data/p1ch3/ourpoints.t','wb') as f:
   torch.save(points, f)
```

加载张量 points 同样可以通过一行代码来实现：

```
# In[59]:
points = torch.load('../data/p1ch3/ourpoints.t')
```

或者通过以下代码：

```
# In[60]:
with open('../data/p1ch3/ourpoints.t','rb') as f:
   points = torch.load(f)
```

如果我们只是想用 PyTorch 加载张量的话，我们可以用这种方法快速地保存张量，但是文件格式本身是不具有互操作性的，即我们无法用除 PyTorch 之外的软件读取张量。根据用例的不同，这可能或多或少是一个限制，所以我们应该学习如何在需要的时候以一种可互操作的方式来保存张量。接下来我们将了解如何做到这一点。

用 h5py 序列化到 HDF5

每个用例都是唯一的，但我们觉得在将 PyTorch 引入已经依赖于不同库的现有系统时，需要互操作地保存张量的情况会更常见。新项目可能不需要经常这样做。

但是在有需要的情况下，可以使用 HDF5 格式和 h5py 库。HDF5 是一种可移植的、被广泛支持的格式，用于将序列化的多维数组组织在一个嵌套的键值对字典中。

Python 通过 h5py 库支持 HDF5，该库接收和返回 NumPy 数组格式的数据。

我们可以使用以下命令安装 h5py：

```
$ conda install h5py
```

现在，我们将张量 points 转换为一个 NumPy 数组（如前所述，这不会带来开销），同时将其传递给 create_dataset()函数：

```
# In[61]:
import h5py

f = h5py.File('../data/p1ch3/ourpoints.hdf5', 'w')
dset = f.create_dataset('coords',data=points.numpy())
f.close()
```

这里的“coords”是保存到 HDF5 文件的一个键，我们可以有其他键，甚至可以是嵌套的键。HDF5 的一个有趣之处在于，我们可以在磁盘上索引数据集，并只访问我们感兴趣的元素。假设我们只想加载数据集中的最后 2 个点：

```
# In[62]:
f = h5py.File('../data/p1ch3/ourpoints.hdf5', 'r')
dset = f['coords']
last_points = dset[-2:]
```

当进行打开文件或请求数据集时，不会加载数据。更确切地说，在我们请求数据集中第 2 行到最后一行数据之前，数据一直保存在磁盘上。此时，h5py 访问这两列并返回一个类似 NumPy 数组的对象，该对象将所访问的区域封装在数据集中，其行为类似于 NumPy 数组，并与其具有相同的 API。

因此我们要将返回的对象传递给 torch.from_numpy()函数直接获得张量。注意，在这种情况下，数据会被复制到张量所在的存储中：

```
# In[63]:
last_points = torch.from_numpy(dset[-2:])
f.close()
```

一旦完成数据加载，就关闭文件。关闭 HDF5 文件会使数据集失效，然后试图访问 dset 会抛出一个异常。只要我们按照以上代码的顺序进行操作，就不会有问题，就可以正常使用 last_points 张量了。

3.13 总结

现在，我们已经介绍了使用浮点数张量表示万物的一切知识点，我们还讨论了张量的其他方面，如创建张量视图、用其他张量索引张量，以及广播。广播根据需要简化了在不同大小和形状的张量之间执行元素的操作。

在第 4 章中，我们将学习如何在 PyTorch 中表示真实的数据。我们将从简单的表格数据开始，然后转到更复杂的内容。在这个过程中，我们将进一步了解张量。

3.14 练习题

1. 从 list(range(9))创建一个张量 a，预测并检查其大小、偏移量和步长。
   a）使用 b = a.view(3,3)创建一个张量，简述 view()方法的功能，检查 a 和 b 是否共享同一个存储。
   b）使用 c = b[1:,1:]创建一个张量，预测并检查其大小、偏移量和步长。
2. 选择一个数据运算（如求余弦或平方根），你能在 torch 库中找到相应的函数吗？
   a）逐元素对张量 a 进行上述运算，它为什么返回一个错误？
   b）需要使用什么操作才能使函数正常工作？
   c）你的函数有合适的版本吗？

3.15 本章小结

- 神经网络将一些浮点表征转换成其他形式的浮点表征。输入和输出表征通常是人们可以理解的，但是中间表征就不是那么好理解了。
- 这些浮点表征存储在张量中。
- 张量是多维数组，是 PyTorch 的基础数据结构。
- PyTorch 拥有一个完善的标准库，用于创建、操作和数学运算。
- 张量能够被序列化到磁盘，还能够被加载回来。
- PyTorch 中的所有张量操作都可以在 CPU 和 GPU 上执行，而不需要修改代码。
- PyTorch 用结尾以下画线标识的函数来表示该函数在张量上执行操作，如 Tensor.sqrt_。

第 4 章　使用张量表征实际数据

4

本章主要内容

- 将实际数据表示为 PyTorch 张量。
- 处理一系列数据类型。
- 从文件加载数据。
- 将数据转换为张量。
- 塑造张量，使它们作为神经网络模型的输入。

在第 3 章中，我们了解到张量是 PyTorch 中的数据的构建块，神经网络将张量作为输入，并生成张量作为输出。事实上，神经网络内部和优化过程中的所有操作都是张量之间的操作，神经网络中的所有参数都是张量，如权重和偏置。要成功地使用像 PyTorch 这样的工具，关键是要了解如何对张量执行操作并有效地索引它们。现在你已经了解了张量的基本知识，随着阅读的深入，你对它们的熟练程度会越来越高。

这里有一个我们已经可以解决的问题：我们如何获取一段数据、一段视频，或一行文本，并以一种适合训练深度学习模型的方式用张量表示它？这就是我们在本章要学习的内容。我们将介绍不同类型的数据，重点关注与本书相关的数据类型，并展示如何将这些数据表示为张量。然后我们将学习从最常见的磁盘格式加载数据，并了解这些数据类型的结构，以便了解如何为训练神经网络做好准备。通常，对于我们想要解决的问题来说原始数据可能并不是很完美的，所以我们将有机会通过一些有趣的张量运算来练习张量操作的技巧。

本章的每一节都将描述一种数据类型，并且每节都带有自己的数据集。虽然我们对本章的结构进行了调整，使每种数据类型都建立在前一节介绍的数据类型的基础之上，但是如果你想随意跳读的话也是可以的。

在本书的剩余部分中，我们将使用大量的图像和三维体数据，因为这些都是常见的数据类型，而且它们可以很好地在图书中再现。我们还将讨论表格数据、时间序列和文本，因为这些也是读者感兴趣的内容。由于“一张图片胜过千言万语”，我们将从图像数据开始。然后，我们将演示如何使用一个三维数组的医学数据，该数组将患者解剖结构表示为体数据。接下来，我们将使用关于葡萄酒的表格数据，就像我们在电子表格中看到的一样。之后，我们将转向有序的表格数据——来自共享单车的时序数据集。最后，我们将涉足简·奥斯汀的文本数据。文本数据保留了其有序性，但引入了将单词表示为数字数组的问题。

在本章的每一节中，我们都会在深度学习研究者开始的地方停下，即将数据提供给模型之前停下。我们建议你保存这些数据集，当我们在第5章学习训练神经网络模型时，它们将成为极好的材料。

4.1 处理图像

卷积神经网络的引入彻底改变了计算机视觉，基于图像的系统从此获得了一系列全新的能力。通过使用成对的输入和期望的输出样本来训练端到端网络，以往需要高度优化的算法模块复杂流程才能解决的问题，现在可以达到前所未有的性能水平。为了参与这场"革命"，我们需要以常见的图像格式加载图像，然后将数据转换为张量表示，其中图像的各个部分按照PyTorch期望的方式进行排列。

图像被表示为一个排列在具有高度和宽度的规则网格的标量集合中，其中高度和宽度以像素为单位。每个网格点（像素）可能有一个标量，它将被表示为一个灰度图像；或者每个网格点有多个标量，这时每个标量通常会呈现不同的颜色，或不同的特征，如深度相机的深度。

代表单个像素值的标量通常使用8位整数编码，就像在消费级数码相机[①]（consumer cameras）中一样。在医学、科学和工业应用中，发现更高的数字精度并不罕见，如12位或16位。当用像素对物理属性（如骨密度、温度或深度）进行编码时，这允许数值具有更大范围或更高的灵敏度。

4.1.1 添加颜色通道

有几种方法可以将颜色编码为数字[②]，最常见的方法之一是RGB，其中颜色由3个数字定义，分别代表红、绿、蓝的强度。我们可以把一个颜色通道看作一个灰度强度图，它只对应所讨论的颜色。图4.1显示了一条彩虹，其中每个RGB通道都捕获了光谱的特定部分（图4.1进行了简化，因为它省略了橙色和黄色波段，这些波段被表示为红色和绿色的组合）。

图4.1 一条彩虹，拆分成红色、绿色和蓝色通道

① 类似传统傻瓜相机的数位相机——译者注

② 这是一种保守的说法。

在图像的红色通道中，彩虹的红色带是最亮的，而在蓝色通道中，彩虹的蓝色带和天空是最亮的。还要注意的是，在这 3 个通道中，白云都很亮。

4.1.2 加载图像文件

图像有几种不同的文件格式，但幸运的是，在 Python 中有很多加载图像的方法。让我们从使用 imageio 模块加载 PNG 格式图像开始，见代码清单 4.1。

代码清单 4.1 code/p1ch4/1_image_dog.ipynb

```
# In[2]:
import imageio

img_arr = imageio.imread('../data/p1ch4/image-dog/bobby.jpg')
img_arr.shape

# Out[2]:
(720, 1280, 3)
```

注意 我们将在整章中使用 imageio，因为它使用统一的 API 处理不同的数据类型。在许多情况下，使用 TorchVision 处理图像和视频数据是一个很好的默认选择方式。这里我们使用 imageio 来更轻松地进行探索。

此时，img 是一个具有 3 个维度的类 NumPy 数组对象：2 个空间维度尺寸——宽度和高度，第 3 个维度对应红色、绿色和蓝色通道。任何输出 NumPy 数组的库都可以获得一个 PyTorch 张量，唯一需要注意的是维度布局。处理图像数据的 PyTorch 模块要求张量排列为 $C \times H \times W$（分别表示通道、高度和宽度）。

4.1.3 改变布局

我们可以用张量的 permute()方法使每个新维度的位置通过旧维度的索引来指定。给定一个已知的 $H \times W \times C$ 的输入张量，我们先布局通道 2，然后是通道 0 和通道 1，从而得到一个合适的布局：

```
# In[3]:
img = torch.from_numpy(img_arr)
out = img.permute(2, 0, 1)
```

我们已经看过这个操作了，但是请注意该操作并没有复制张量数据，而是让 out 使用与 img 相同的底层存储，并且在张量级别处理大小和步长信息。这很方便，因为该操作开销非常低。但需要注意的是，改变 img 中的像素会导致 out 也发生改变。

还要注意，其他深度学习框架使用不同的布局，例如，最初 TensorFlow 将通道维度放置在最后，结果布局为 $H \times W \times C$，现在它支持多种布局。从底层性能的角度来看，这个策略有利有弊，但就我们所关心的而言，只要我们适当地重塑张量，它就没什么影响了。

到目前为止，我们只描述了单幅图像。按照我们对早期数据类型使用的策略，创建一个多图像的数据集作为神经网络的输入，我们沿着第一维批量存储图像，以获得一个 $N \times C \times H \times W$ 的张量。

与使用 stack()构建张量相比，一个更有效的替代方法是，我们可以预先分配一个适当大小的张量，并使用从目录中加载的图像填充它，像这样：

```
# In[4]:
batch_size = 3
batch = torch.zeros(batch_size, 3, 256, 256, dtype=torch.uint8)
```

这表明我们的批处理将由 3 幅高度 256 像素、宽度 256 像素的 RGB 图像组成。请注意张量的类型：我们期望每种颜色都以 8 位整数表示，就像标准消费级数码相机的大多数摄影格式一样。我们现在可以从一个输入目录中加载所有的 PNG 图像，并将它们存储在张量中：

```
# In[5]:
import os

data_dir = '../data/p1ch4/image-cats/'
filenames = [name for name in os.listdir(data_dir)
             if os.path.splitext(name)[-1] == '.png']
for i, filename in enumerate(filenames):
    img_arr = imageio.imread(os.path.join(data_dir, filename))
    img_t = torch.from_numpy(img_arr)
    img_t = img_t.permute(2, 0, 1)
    img_t = img_t[:3]      <-
    batch[i] = img_t
```

这里我们只保留前 3 个通道，有时图像还有一个表示透明度的 alpha 通道，但我们的网络只需要 RGB 输入

4.1.4　数据归一化

我们之前提到过，神经网络通常使用浮点数张量作为输入。当输入数据的范围为 0～1 或-1～1 时，神经网络表现出最佳的训练性能，这是由其构建块的定义方式所决定的。

我们要做的一件典型的事情就是将张量转换为浮点数并对像素的值进行归一化。将张量强制转换为浮点数很容易，但是归一化就比较棘手了，因为这取决于输入范围（0～1 或-1～1）。其中一种归一化方法是将像素值除以 255（8 位无符号二进制数可表示的最大数字）：

```
# In[6]:
batch = batch.float()
batch /= 255.0
```

数据归一化的另一种方法是计算输入数据的均值和标准差，并对其进行缩放，使每个通道的均值为 0，标准差为 1：

```
# In[7]:
n_channels = batch.shape[1]
for c in range(n_channels):
    mean = torch.mean(batch[:, c])
    std = torch.std(batch[:, c])
    batch[:, c] = (batch[:, c] - mean) / std
```

注意 在这里，我们只对单个批次的图像进行归一化，因为我们还不知道如何对整个数据集进行操作。处理图像时，预先计算所有训练数据的均值和标准差，然后用这些固定的、重新计算的量进行相减和相除操作。我们在 2.1.4 小节中看到了这一点。

我们还可以对输入执行其他操作，如旋转、缩放和裁剪等。这些可能有助于训练，也可能使任意输入符合网络的输入要求，如图像的大小。在 12.6 节中，我们将会遇到很多这样的策略。现在，只需记住你有可选的图像处理方法。

4.2 三维图像：体数据

我们已经学会了加载和表示二维图像，这些图像就像是我们用相机拍摄的一样。在某些情况下，例如涉及 CT 的医学成像应用程序，我们通常需要处理从头到脚的大量图像序列，每个序列对应人体的一个“切片”。在 CT 扫描中，强度代表身体不同部位脂肪、水、肌肉和骨骼的密度，当 CT 扫描显示在临床工作站上时，其密度按从暗到亮的顺序递增。每个点的密度是根据穿过人体后到达探测器的 X 射线量计算出来的，通过一些复杂的数学运算将原始传感器数据反卷积到整个体积中。

CT 只有一个单一的强度通道，类似于灰度图像。这意味着通道维度通常在原生数据格式中被忽略，因此与 4.1 节类似，原生数据通常有 3 个维度。通过将单个的二维切片堆叠成一个三维张量，我们可以构建表示一个物体的三维解剖结构的体数据。与我们在图 4.1 中看到的不同，图 4.2 中的额外维度表示物理空间中的偏移量，而不是可见光谱的特定波段。

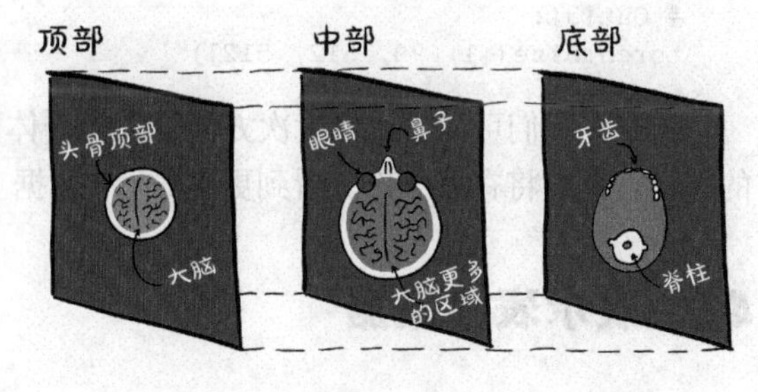

图 4.2 从头顶到下颌的 CT 扫描切片

本书的第 2 部分将致力于解决现实世界中的医学成像问题，因此在这里我们先不深入讨论医学成像数据格式的细节。现在，可以说存储体数据的张量和图像数据没有根本区别。在通道维度之后，我们有一个额外的维度，即深度，从而得到一个 5 维的张量，形状为 $N \times C \times D \times H \times W$。

加载特定格式

让我们使用 imageio 模块中的 volread()函数加载一个 CT 扫描样本，该函数接受一个样本的目录路径参数，并将所有医学数字成像和通信（Digital Imaging and Communication in Medicine，DICOM）文件[①]汇编为一个 NumPy 三维数组，见代码清单 4.2。

① 从癌症影像档案（Cancer Imaging Archive）的 CPTAC-LSCC 收集。

代码清单 4.2 code/p1ch4/2_volumetric_ct.ipynb

```
# In[2]:
import imageio

dir_path = "../data/p1ch4/volumetric-dicom/2-LUNG 3.0 B70f-04083"
vol_arr = imageio.volread(dir_path, 'DICOM')
vol_arr.shape

# Out[2]:
Reading DICOM (examining files): 1/99 files (1.0%99/99 files (100.0%)
  Found 1 correct series.
Reading DICOM (loading data): 31/99 (31.392/99 (92.999/99 (100.0%)

(99, 512, 512)
```

正如 4.1.3 小节所述，由于没有通道信息，布局与 PyTorch 期望的不同。所以我们必须使用 unsqueeze()为通道维度留出空间。

```
# In[3]:
vol = torch.from_numpy(vol_arr).float()
vol = torch.unsqueeze(vol, 0)

vol.shape

# Out[3]:
torch.Size([1, 99, 512, 512])
```

此时，我们可以通过沿批次方向堆叠多个体数据来组装 5 维数据集，就像我们在 4.1 节所做的那样。我们将在第 2 部分看到更多的 CT 数据。

4.3 表示表格数据

我们在机器学习作业中遇到的最简单的数据形式是电子表格、CSV 文件或数据库。无论介质是什么，它都是一张表，每行包含一个样本或记录，其中的列包含关于样本的一部分信息。

首先，我们将假定样本在表中的出现顺序没有意义，这样的表是独立样本的集合，不像时间序列那样（在时间序列中，样本是由时间维度关联的）。

列可以包含数字，如特定位置的温度或者标签，以及表示样本属性的字符串（如“blue”），因此，表格数据通常是异构数据：不同的列具有不同的类型。我们可以用一列显示苹果的重量，在另一列编码苹果的颜色。

另外，PyTorch 张量是齐次的。虽然整数和布尔型也支持，但 PyTorch 中的信息通常被编码为浮点数。这种数字编码是经过深思熟虑的，因为神经网络是一种数学实体，它以实数为输入，通过连续应用矩阵乘法和非线性函数产生实数作为输出。

4.3.1 使用真实的数据集

作为深度学习的实践者，我们的第 1 项工作是将实际的异构数据编码为浮点数表示的张量，以供神经网络使用。在互联网上可以免费获得大量的表格数据集，例如从 GitHub 中获取 awesome-public-datasets 的数据集。让我们从一些有趣的事情开始：葡萄酒！葡萄酒质量数据集是一个免费的表格数据集，它包含葡萄牙北部葡萄酒的化学特征以及感官质量评分。白葡萄酒的数据集可以从网上下载，为了方便，我们也在 Git 仓库中复制了该数据集，存储于 data/p1ch4/ tabular-wine 路径下。

该文件包含以逗号分隔的值集合，这些值组织在 12 个列中，前面有包含列名的标题行。前 11 列包含与化学特征相关的变量的值，最后一列包含从 0（非常糟糕）到 10（优秀）的感官质量评分。以下是列名在数据集中的显示顺序：

```
fixed acidity
volatile acidity
citric acid
residual sugar
chlorides
free sulfur dioxide
total sulfur dioxide
density
pH
sulphates
alcohol
quality
```

在这个数据集上，一个可能的机器学习任务是根据化学特征预测质量评分。不过，别担心，机器学习不会在短时间内替代品酒师。我们必须从某个地方得到训练数据！如图 4.3 所示，我们希望找到数据中的化学特征列和质量评分列之间的关系。在这里，我们预计随着硫含量的减少，质量会提高。

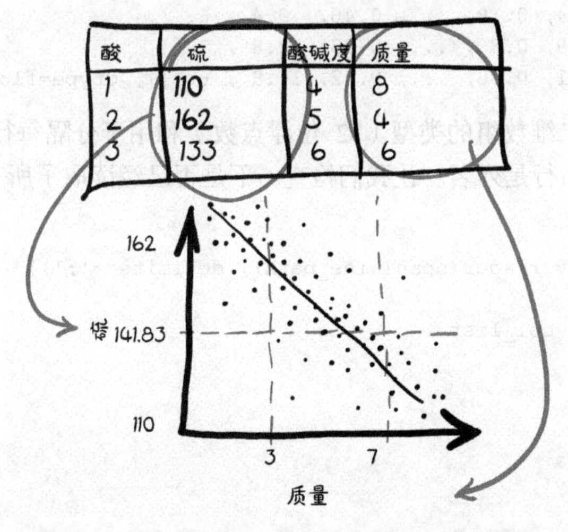

图 4.3 我们希望的硫含量与葡萄酒质量之间的关系

4.3.2　加载葡萄酒数据张量

然而，在开始之前，我们需要一种比在文本编辑器中打开文件更有用的检查数据的方法。让我们看看如何使用 Python 加载数据，然后将其转换为 PyTorch 张量。PyTorch 提供了几种可选的加载 CSV 文件的方法，以下 3 种为较受欢迎的方法。

- Python 自带的 csv 模块。
- NumPy。
- pandas。

第 3 种方法最节省时间和内存。然而，我们将避免在我们的学习轨迹中仅仅因为需要加载一个文件而引入一个额外的库的情形。我们已经在第 3 章中介绍了 NumPy，而且 PyTorch 具有出色的 NumPy 互操作性，在这里我们将继续讨论这个问题。让我们加载文件，并将生成的 NumPy 数组转换为 PyTorch 张量，见代码清单 4.3。

代码清单 4.3　code/p1ch4/3_tabular_wine.ipynb

```
# In[2]:
import csv
wine_path = "../data/p1ch4/tabular-wine/winequality-white.csv"
wineq_numpy = np.loadtxt(wine_path, dtype=np.float32, delimiter=";",
                         skiprows=1)
wineq_numpy

# Out[2]:
array([[ 7.  , 0.27, 0.36, ..., 0.45,  8.8 , 6. ],
       [ 6.3 , 0.3 , 0.34, ..., 0.49,  9.5 , 6. ],
       [ 8.1 , 0.28, 0.4 , ..., 0.44, 10.1 , 6. ],
       ...,
       [ 6.5 , 0.24, 0.19, ..., 0.46,  9.4 , 6. ],
       [ 5.5 , 0.29, 0.3 , ..., 0.38, 12.8 , 7. ],
       [ 6.  , 0.21, 0.38, ..., 0.32, 11.8 , 6. ]], dtype=float32)
```

这里我们只规定了二维数组的类型（32 位浮点数）和用于分隔每行数据的分隔符，并约定不读取第 1 行，因为第 1 行是列名。让我们检查一下是否已经读取了所有数据：

```
# In[3]:
col_list = next(csv.reader(open(wine_path), delimiter=';'))

wineq_numpy.shape, col_list

# Out[3]:
((4898, 12),
 ['fixed acidity',
  'volatile acidity',
  'citric acid',
  'residual sugar',
```

```
    'chlorides',
    'free sulfur dioxide',
    'total sulfur dioxide',
    'density',
    'pH',
    'sulphates',
    'alcohol',
    'quality'])
```

继续将 NumPy 数组转换为 PyTorch 张量。

```
# In[4]:
wineq = torch.from_numpy(wineq_numpy)

wineq.shape, wineq.dtype

# Out[4]:
(torch.Size([4898, 12]), torch.float32)
```

至此，我们有了一个浮点数的 torch.Tensor 对象，它包含所有的列，也包括最后一列，即质量评分。

连续值、序数值和分类值

当我们试图理解数据时，应该意识到有 3 种不同的数值。第 1 种是连续值，用数字表示是最直观的，它们是严格有序的，不同值之间的差异具有严格的意义。无论 A 包裹的质量是 3 千克还是 10 千克，或者 B 包裹是来自 200 英里（1 英里约合 1.61 千米）还是 2000 英里之外，说 A 包裹比 B 包裹重 2 千克，或者说 B 包裹比 A 包裹的距离远 100 英里都是有固定意义的。如果你用单位来计算或测量某物，它可能是一个连续的值。文献实际上进一步划分了连续值：在前面的例子中，可以说某个物体的质量或距离是另一个物体的 2 倍或 3 倍，这些值被称为比例尺度。另一方面，一天中的时间确实有差异，但声称 6:00 是 3:00 的 2 倍是不合理的，因此一天中的时间只提供了一个区间尺度。

第 2 种是序数值。我们对连续值的严格排序仍然存在，但值之间的固定关系不再适用。一个很好的例子就是点一份小杯、中杯或大杯的饮料，将小杯映射为 1、中杯为 2、大杯为 3。大杯饮料比中杯大，就像 3 比 2 大一样，但它没有告诉我们大了多少。如果我们将 1、2、3 转换为实际体积，如 8、12 和 24 液体盎司（1 液体盎司约合 29.57 毫升），那么它们将转换为区间值。重要的是要记住，除了对这些值进行排序，我们无法对它们进行“数学运算”，试图将大杯等于 3、小杯等于 1 的平均值计算不会得到中杯饮料的体积。

第 3 种是分类值，分类值对其值既没有排序意义，也没有数字意义，通常只是分配任意数字的可能性的枚举。将水设定为 1、咖啡设定为 2、苏打水设定为 3、牛奶设定为 4，就是一个很好的例子。把水放在前面，把牛奶放在最后，这并没有什么逻辑可言，只是需要不同的值来区分它们。我们可以将咖啡设定为 10，牛奶设定为-3，并不会有明显变化（尽管在 0～N-1 的范围内赋值对独热编码和我们将在 4.5.4 小节讨论的嵌入有好处）。因为分类数值没有意义，所以它们也被称为名义尺度。

4.3.3　表征分数

我们可以将分数视为一个连续变量，把它当作一个实数，然后执行回归任务，或者将其视为一个标签，并尝试在分类任务中根据化学特征分析猜测标签。在这 2 种方式中，我们通常会从输入数据的张量中删除分数，并将其保存在单独的张量中，这样我们就可以将分数作为目标有效值，而不必将其输入模型中：

```
# In[5]:
data = wineq[:, :-1]        <-- 选择所有行和除最后一列以外的所有列
data, data.shape

# Out[5]:
(tensor([[ 7.00, 0.27, ..., 0.45, 8.80],
         [ 6.30, 0.30, ..., 0.49, 9.50],
         ...,
         [ 5.50, 0.29, ..., 0.38, 12.80],
         [ 6.00, 0.21, ..., 0.32, 11.80]]), torch.Size([4898, 11]))

# In[6]:
target = wineq[:, -1]       <-- 选择所有行和最后一列
target, target.shape

# Out[6]:
(tensor([6., 6., ..., 7., 6.]), torch.Size([4898]))
```

如果我们想要将 target 张量转换为标签张量，我们有 2 种方法，这取决于我们使用分类数据的策略或目的。一种是简单地将标签视为分数的整数向量：

```
# In[7]:
target = wineq[:, -1].long()
target

# Out[7]:
tensor([6, 6, ..., 7, 6])
```

如果目标张量是字符串标签，如葡萄酒的颜色，那么给每个字符串分配一个整数，可以采用下面的方法。

4.3.4　独热编码

另一种方法是构建分数的独热编码（one-hot encoding），即将 10 个得分中的每个分数分别编码到一个由 10 个元素组成的向量中，除了其中一个元素设置为 1，其他所有元素都设置为 0，每个分数都有一个不同的索引。这样，分数为 1 就可以映射为向量(1,0,0,0,0,0,0,0,0,0)，分数为 5 就可以映射为向量(0,0,0,0,1,0,0,0,0,0)，依此类推。请注意，分数对应非 0 元素的索引这一事实纯属偶然：我们可以打乱赋值，从分类的角度来看不会有任何改变。

这两种方法有明显的区别。将葡萄酒质量评分保存在一个整数向量中，可以对分数进行排

序，在这种场景下，这种做法可能是完全合适的，因为 1 分比 4 分低。它还会让分数之间产生某种距离：也就是说，1 到 3 之间的距离与 2 到 4 之间的距离相同。如果我们的分数符合这种情景，那么采用这种方式就很好。换句话说，如果分数是完全离散的，比如葡萄酒的品种，那么采用独热编码更合适，因为没有隐含的顺序和距离。独热编码也适用于分数介于整数分数之间的定量分数，像分数 2.4 一样，即当分数为两个值中的某一个值时对应用程序毫无影响的时候。

我们可以使用 scatter_()方法获得一个独热编码，该方法将沿着参数提供的索引方向将源张量的值填充到输入张量中。

```
# In[8]:
target_onehot = torch.zeros(target.shape[0], 10)

target_onehot.scatter_(1, target.unsqueeze(1), 1.0)

# Out[8]:
tensor([[0., 0., ..., 0., 0.],
        [0., 0., ..., 0., 0.],
        ...,
        [0., 0., ..., 0., 0.],
        [0., 0., ..., 0., 0.]])
```

让我们来看看 scatter_()执行了什么操作。首先，我们注意到它的名字以下画线结尾。正如你在第 3 章了解到的，这是 PyTorch 中的一个约定，它表明该方法不会返回一个新的张量，而是在适当的位置修改张量。关于 scatter_()参数的介绍如下。

- 指定以下 2 个参数的维度。
- 一个列张量，表示要映射的元素的索引张量。
- 包含要映射的元素的张量，或要映射的单个标量（在这种情况下为 1.0）。

换句话说，前面的调用可以这样解读：对于每一行，取目标标签的索引（在我们的例子中索引与分数一致），并将其用作列索引，将值设置为 1.0。最终得到一个对分类信息进行编码的张量。

scatter_()方法的第 2 个参数——索引张量，要求与我们映射到的元素的张量具有相同的维度。因为 target_onehot 只有 2 个维度，即 4898×10，我们需要使用 unsqueeze()为 target 添加一个额外的虚拟维度。

```
# In[9]:
target_unsqueezed = target.unsqueeze(1)
target_unsqueezed

# Out[9]:
tensor([[6],
        [6],
        ...,
        [7],
        [6]])
```

调用 unsqueeze()会在 4898 个元素的一维张量中添加一个维度，将其变为一个大小为 4898×1 的二维张量，并不改变其内容，即不添加额外的元素，只是使用一个额外的索引来访问元素。也就是说，我们通过 target[0]访问 target 的第 1 个元素，通过 target_unsqueezed[0,0]来访问与之对应的扩充张量。

PyTorch 允许我们在训练神经网络时直接将类索引作为目标。然而，如果我们想将分数作为网络的分类输入，就必须把它转换成一个独热编码张量。

4.3.5 何时分类

现在我们已经看到了处理连续数据和分类数据的方法，你可能想知道前面附注讨论的有序数据是如何处理的。处理这类数据没有通用的方法，最常见的是将这些数据视为分类数据（损失了排序部分，如果我们只有几个类别，并希望在训练时获取它们）或连续数据（引入了一个任意的距离概念）。我们在图 4.4 所示的流程图中总结了数据映射过程。对于后文图 4.5 所示的天气状况，我们将选择后者。

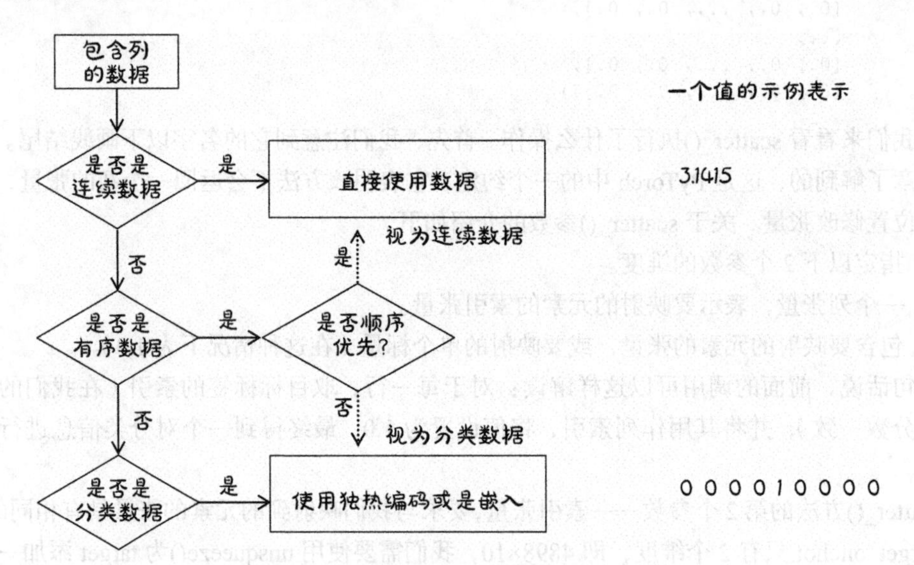

图 4.4　如何处理连续、有序和分类数据列

让我们回到张量 data，它包含与化学特征分析相关的 11 个变量。我们可以使用 PyTorch 张量 API 中的函数来处理张量表格数据。让我们首先获得每列的平均值和标准差：

```
# In[10]:
data_mean = torch.mean(data, dim=0)
data_mean

# Out[10]:
tensor([6.85e+00, 2.78e-01, 3.34e-01, 6.39e+00, 4.58e-02, 3.53e+01,
```

```
        1.38e+02, 9.94e-01, 3.19e+00, 4.90e-01, 1.05e+01])

# In[11]:
data_var = torch.var(data, dim=0)
data_var

# Out[11]:
tensor([7.12e-01, 1.02e-02, 1.46e-02, 2.57e+01, 4.77e-04, 2.89e+02,
        1.81e+03, 8.95e-06, 2.28e-02, 1.30e-02, 1.51e+00])
```

在本例中，dim=0 表示沿维度 0 执行缩减。此时，我们可以通过减去平均值并除以标准差来对数据进行归一化，这有助于学习过程（我们将在 5.4.4 小节中更详细地讨论这一点）：

```
# In[12]:
data_normalized = (data - data_mean) / torch.sqrt(data_var)
data_normalized

# Out[12]:
tensor([[ 1.72e-01, -8.18e-02, ..., -3.49e-01, -1.39e+00],
        [-6.57e-01,  2.16e-01, ...,  1.35e-03, -8.24e-01],
        ...,
        [-1.61e+00,  1.17e-01, ..., -9.63e-01,  1.86e+00],
        [-1.01e+00, -6.77e-01, ..., -1.49e+00,  1.04e+00]])
```

4.3.6 寻找阈值

接下来，让我们先分析一下数据，看看是否有一种简单的方法可以快速分辨出好酒和劣质酒。首先，我们要确定 target 中哪些行对应的分数小于或等于 3：

```
# In[13]:
bad_indexes = target <= 3    <-- PyTorch 还提供比较函数，这里可以用 torch.le(target,3)，但使用操作符似乎更标准些
bad_indexes.shape, bad_indexes.dtype, bad_indexes.sum()

# Out[13]:
(torch.Size([4898]), torch.bool, tensor(20))
```

注意，只有 20 个 bad_indexes 记录项被设置为 True，通过使用 PyTorch 高级索引的功能，我们可以使用一个数据类型为 torch.bool 的张量来索引张量 data。这实际上是过滤张量 data，使其仅包含索引张量中与 True 对应的项或行。张量 bad_indexes 与张量 target 具有相同的形状，其值为 True 还是 False 取决于我们的阈值与原始张量 target 的比较结果。

```
# In[14]:
bad_data = data[bad_indexes]
bad_data.shape

# Out[14]:
torch.Size([20, 11])
```

注意，新的张量 bad_data 有 20 行，与张量 bad_indexes 中为 True 的行数相等，它保留了所有列。现在我们可以开始把葡萄酒分为好酒、中等酒和劣质酒 3 类。让我们对每一列使用 mean()函数：

```
# In[15]:
bad_data = data[target <= 3]
mid_data = data[(target > 3) & (target < 7)]
good_data = data[target >= 7]

bad_mean = torch.mean(bad_data, dim=0)
mid_mean = torch.mean(mid_data, dim=0)
good_mean = torch.mean(good_data, dim=0)

for i, args in enumerate(zip(col_list, bad_mean, mid_mean, good_mean)):
    print('{:2} {:20} {:6.2f} {:6.2f} {:6.2f}'.format(i, *args))
```

对于布尔型 NumPy 数组和 PyTorch 张量，&操作符执行逻辑与操作

```
# Out[15]:
 0 fixed acidity          7.60   6.89   6.73
 1 volatile acidity       0.33   0.28   0.27
 2 citric acid            0.34   0.34   0.33
 3 residual sugar         6.39   6.71   5.26
 4 chlorides              0.05   0.05   0.04
 5 free sulfur dioxide   53.33  35.42  34.55
 6 total sulfur dioxide 170.60 141.83 125.25
 7 density                0.99   0.99   0.99
 8 pH                     3.19   3.18   3.22
 9 sulphates              0.47   0.49   0.50
10 alcohol               10.34  10.26  11.42
```

这里我们似乎发现一些问题：乍一看，劣质葡萄酒的二氧化硫的含量似乎更高。我们可以用二氧化硫总量的阈值作为区分好酒和劣质酒的粗略标准。让我们来看看二氧化硫总量低于我们之前计算的平均值的索引：

```
# In[16]:
total_sulfur_threshold = 141.83
total_sulfur_data = data[:,6]
predicted_indexes = torch.lt(total_sulfur_data, total_sulfur_threshold)

predicted_indexes.shape, predicted_indexes.dtype, predicted_indexes.sum()

# Out[16]:
(torch.Size([4898]), torch.bool, tensor(2727))
```

这意味着通过阈值预测超过一半的葡萄酒是高品质的，接下来，我们需要得到真正好酒的索引：

```
# In[17]:
actual_indexes = target > 5

actual_indexes.shape, actual_indexes.dtype, actual_indexes.sum()

# Out[17]:
(torch.Size([4898]), torch.bool, tensor(3258))
```

实际上优质葡萄酒的数量要比通过阈值预测的数量多出约 500 瓶，我们已经有了确凿的证据，证明这种预测模型并不完美。现在我们需要看看我们的预测与实际排名是否相符。我们将在预测索引和实际好酒索引之间执行逻辑与操作（记住，每个索引都只是一个 0 和 1 的数组），通过使用二者的交集来判断我们做得怎么样：

```
# In[18]:
n_matches = torch.sum(actual_indexes & predicted_indexes).item()
n_predicted = torch.sum(predicted_indexes).item()
n_actual = torch.sum(actual_indexes).item()

n_matches, n_matches / n_predicted, n_matches / n_actual

# Out[18]:
(2018, 0.74000733406674, 0.6193984039287906)
```

结果预测正确的大约 2000 瓶葡萄酒，由于我们共预测了 2700 瓶葡萄酒，所以如果我们预测一瓶葡萄酒是高品质的，那么它确实是高品质的概率是 74%。不幸的是，整个数据集中好酒有 3200 瓶，而我们只识别出约 61%，好吧！虽然我们得到所预期的，但这比“随机”的结果好得多！当然，这一切都太简单了。我们很清楚葡萄酒质量是由多种变量决定的，以及这些变量值与结果（它可能是实际分数，而不是它的二值化版本）之间的关系可能比单个值上的简单阈值更复杂。

实际上，简单的神经网络就可以克服这些限制，就像许多其他基本的机器学习方法一样。在接下来的第 5 章和第 6 章中，我们将用工具来解决这个问题，学习从头开始构建我们的第 1 个神经网络。我们还将在第 12 章重新讨论如何更好地为我们的结果评分。现在让我们继续讨论其他数据类型。

4.4 处理时间序列

在 4.3 节中，我们讨论了如何表示平面表格中的数据。正如我们所注意到的，表中的每一行都是独立于其他行的，它们的顺序并不重要。换句话说，没有一列能够编码哪些行在前，哪些行在后的信息。

回到葡萄酒数据集，我们可以设置一个“年份”列，以观察葡萄酒的质量是如何逐年变化的。不幸的是，我们手头没有这样的数据，但我们正在努力人工收集这些数据样本（这可能是本书第 2 版的内容）。现在，我们将开始讨论另一个有趣的数据集：来自华盛顿特区的自行车共享系统的数据集，包括 2011—2012 年华盛顿自行车共享系统每小时的自行车租赁数量，以及天气和季节信息。我们的目标是将一个平面的二维数据集转换为三维数据集，如图 4.5 所示。

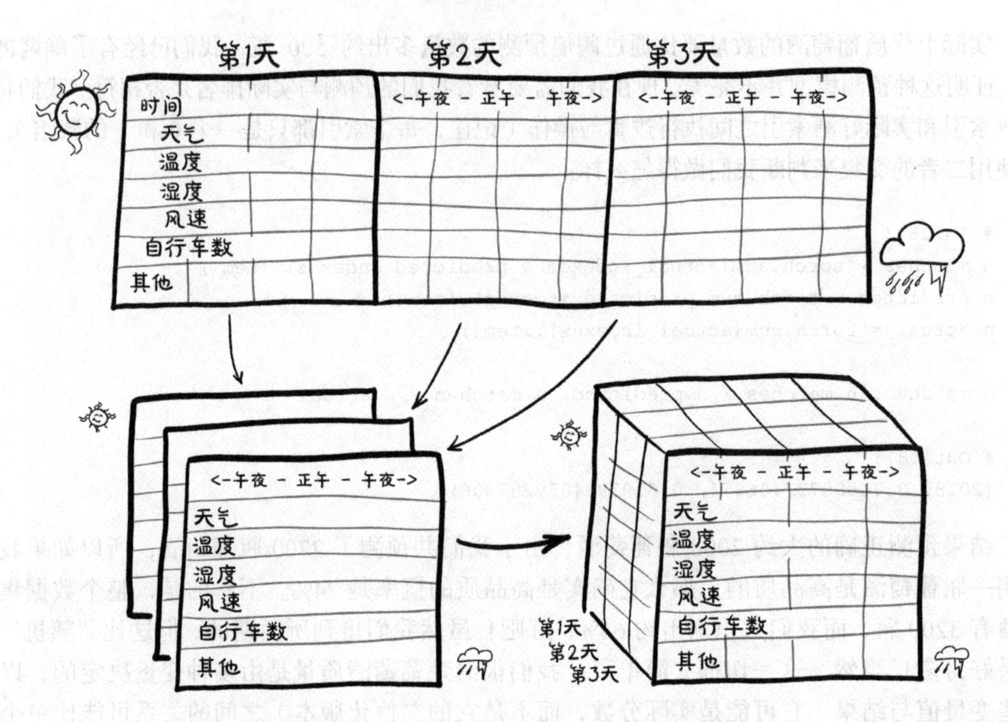

图4.5　通过将每个样本的日期和时间分离为单独的轴，将一维多通道数据集转换为二维多通道数据集

4.4.1　增加时间维度

在源数据中，每一行都是单独的一小时数据，图4.5显示了一个转置后的版本，以便更好地适应输出界面。我们想改变以每小时为一行的数据组织方式，使第1个轴以日期为索引递增，第2个轴表示一天中的小时，独立于日期，第3个轴表示不同的数据列，包括天气、温度等。

现在我们加载数据，见代码清单4.4。

代码清单4.4　code/p1ch4/4_time_series_bikes.ipynb

```
# In[2]:
bikes_numpy = np.loadtxt(
    "../data/p1ch4/bike-sharing-dataset/hour-fixed.csv",
    dtype=np.float32,
    delimiter=",",
    skiprows=1,
    converters={1: lambda x: float(x[8:10])})   <-- 将日期字符串转换为与第1列中的月和日对应的数字
bikes = torch.from_numpy(bikes_numpy)
bikes

# Out[2]:
tensor([[1.0000e+00, 1.0000e+00, ..., 1.3000e+01, 1.6000e+01],
        [2.0000e+00, 1.0000e+00, ..., 3.2000e+01, 4.0000e+01],
```

```
...,
[1.7378e+04, 3.1000e+01, ..., 4.8000e+01, 6.1000e+01],
[1.7379e+04, 3.1000e+01, ..., 3.7000e+01, 4.9000e+01]])
```

对于每一个小时，数据集统计了以下信息。

- 记录的索引：instant。
- 日期：day。
- 季节：season（1 表示春季，2 表示夏季，3 表示秋季，4 表示冬季）。
- 年份：yr（0 表示 2011 年，1 表示 2012 年）。
- 月份：mnth（1～12）。
- 小时：hr（0～23）。
- 节假日：holiday。
- 工作日：weekday。
- 工作日状态：workingday。
- 天气状况：weathersit（1 表示晴天，2 表示雾，3 表示小雨/小雪，4 表示大雨/大雪）。
- 摄氏温度（℃）：temp。
- 感知温度（℃）：atemp。
- 湿度：hum。
- 风速：windspeed。
- 临时用户数：casual。
- 注册用户数：registered。
- 租赁自行车数量：cnt。

在这样的时间序列数据集中，行表示连续的时间点：有一个维度可以对它们进行排序。当然，我们可以将每行独立来看，并试着根据一天中的某个特定时间来预测自行车的数量，而不管之前发生了什么。然而，顺序的存在使我们有机会去利用跨越时间的因果关系。例如，它可以让我们根据早些时候下雨的事实来预测某个时间的自行车的骑行情况。目前，我们将专注于学习如何将共享单车的数据集转换成神经网络能够理解的固定大小的数据块。

这个神经网络需要知道每个不同信息量的序列数值，例如乘车次数、当日时间、温度和天气状况：*N* 个大小为 *C* 的对比序列。其中在神经网络的标准中，*C* 代表通道，和我们这里的一维数据的列一样。*N* 维表示时间轴，这里是每小时一个条目。

4.4.2 按时间段调整数据

我们可能想要把 2 年的数据集分成更细的观察周期，如按天划分，这样我们就有了序列长度为 *L*、样本数量为 *N* 的集合 *C*。换句话说，我们的时间序列数据集将是一个维度为 3、形状为 $N \times C \times L$ 的张量。*C* 依然是 17，而 *L* 则是 24，表示一天中的 24 小时。尽管一般的日常规律可能给我们的预测提供一些模式，但对于为什么我们必须使用 24 小时的时间段并没有什么特别原因。

如果我们愿意，也可以按周划分块。当然，这些都取决于数据集的大小，行数必须是 24 或 168（7×24 = 168）的倍数，此外，为了使这些有意义，时间序列中不能有间隙。

让我们回到共享单车数据集。第 1 列是索引，它按全局数据排序；第 2 列是日期；第 6 列是一天的时间。现在我们已经有了创建一个每日骑行次数序列以及其他外生变量数据集所需的一切。我们的数据集已排好序，但如果没有排序，可以使用 torch.sort()来对数据集进行排序。

注意 我们使用的 hour-fixed.csv 文件的版本已经做了一些处理，包括原始数据集中缺失的行，我们假定在这段时间里（通常是在清晨）自行车没有被使用。

为了获得每日小时数据集，我们所要做的就是以 24 小时为单位来查看同一个张量。让我们看看 bikes 张量的形状和步长：

```
# In[3]:
bikes.shape, bikes.stride()

# Out[3]:
(torch.Size([17520, 17]), (17, 1))
```

它有 17520 小时，17 列。现在我们重新调整数据，让它有 3 个轴，即日、小时，然后是 17 列：

```
# In[4]:
daily_bikes = bikes.view(-1, 24, bikes.shape[1])
daily_bikes.shape, daily_bikes.stride()

# Out[4]:
(torch.Size([730, 24, 17]), (408, 17, 1))
```

这里发生了什么？首先，bikes.shape[1]是 17，即 bikes 张量的列的数量。但这段代码的关键是对 view()的调用，这非常重要：它会改变张量查看存储的相同数据的方式。

正如你在第 3 章学到的，在一个张量上调用 view()会返回一个新的张量，该张量会在不改变存储的情况下改变维度和步长信息。这意味着我们可以在零成本的情况下重新排列张量，因为没有数据会被复制。对 view()的调用要求我们为返回的张量提供新的形状。我们使用-1 作为占位符，表示在根据给定的维度和原始元素数量进行自动调整，而不用管还剩下多少索引。

还记得上一章提到的存储区是一个连续的线性数字容器（本例中为浮点数）吗？我们的张量 bikes 将每一行依次存储在相应的存储中。前面调用 bike.stride()的输出确认了这一点。

对于张量 daily_bikes 来说，其步长告诉我们沿着小时维度（第 2 个维度）前进 1 需要在存储（或一组列）中前进 17 个位置，而沿着日维度（第 1 个维度）前进需要我们前进一定数量的元素，这个长度等于存储中的一行的长度乘 24，这里长度为 408，即 17×24。

我们可以看到，最右边的维度是原始数据集中的列数。然后，中间的维度为时间，并将其分割成连续的 24 小时。换句话说，有 C 个通道，N 个序列，一天中的 L 个小时。为得到我们想要的 $N \times C \times L$ 次序，我们需要转置张量：

```
# In[5]:
daily_bikes = daily_bikes.transpose(1, 2)
daily_bikes.shape, daily_bikes.stride()

# Out[5]:
(torch.Size([730, 17, 24]), (408, 1, 17))
```

现在让我们将之前学到的一些技术应用到这个数据集中。

4.4.3 准备训练

天气状况变量是有序的，它有 4 个级别：1 表示晴天，4 表示大雨/大雪。我们可以把这个变量视为分类变量，将级别解释为标签，或看成连续变量。如果我们决定使用分类变量，那么将变量转换为独热编码的向量，并将列与数据集连接起来[①]。

为了更容易地呈现数据，我们暂时只关注第一天的数据。我们初始化一个零填充矩阵，其行数等于一天中的小时数，列数等于天气状况级别数。

```
# In[6]:
first_day = bikes[:24].long()
weather_onehot = torch.zeros(first_day.shape[0], 4)
first_day[:,9]

# Out[6]:
tensor([1, 1, 1, 1, 1, 2, 1, 1, 1, 1, 1, 1, 1, 2, 2, 2, 2, 2, 3, 3, 2, 2,
        2, 2])
```

然后根据每行对应的级别将 1 映射到矩阵中。还记得在前文中使用 unsqueeze()添加单列维度吗?

```
# In[7]:
weather_onehot.scatter_(
dim=1,
    index=first_day[:,9].unsqueeze(1).long() - 1,  <-- 值减 1 是由于天气状况的级别为 1～4，而索引是从 0 开始的。
    value=1.0)

# Out[7]:
tensor([[1., 0., 0., 0.],
        [1., 0., 0., 0.],
        ...,
        [0., 1., 0., 0.],
        [0., 1., 0., 0.]])
```

我们一天的天气从“1”开始，以“2”结束，所以这似乎是对的。

最后，我们使用 cat()函数将矩阵连接到原始数据集。让我们看看第 1 个结果：

① 在这种情况下，独僻新径是有益处的。理论上来说，我们也可以尝试像分类的那样反映，但更直接的方法是通过独热编码的方式将这 4 个类别中的第 i 类映射到一个在 0 到 i 位置上是 1，其他位置上为 0 的向量。或者，类似于我们在 4.5.4 小节中讨论的嵌入，我们可以取嵌入的部分和，在这种情况下，让它们为正是有意义的。正如我们在实际中工作中处理许多事情的方法类似，一种较好的方法是先借鉴一些他人行之有效的方法，然后再系统地进行实验。

```
# In[8]:
torch.cat((bikes[:24], weather_onehot), 1)[:1]

# Out[8]:
tensor([[ 1.0000,  1.0000,  1.0000, 0.0000, 1.0000, 0.0000, 0.0000,
          6.0000,  0.0000,  1.0000, 0.2400, 0.2879, 0.8100, 0.0000,
          3.0000, 13.0000, 16.0000, 1.0000, 0.0000, 0.0000, 0.0000]])
```

在这里，我们规定将原始自行车数据集和我们的独热编码的“天气状况”矩阵沿着列维度（即维度 1）连接。换句话说，将 2 个数据集的列堆叠在一起，或者将新的独热编码列追加到原始数据集。为了使 cat()执行成功，张量必须在其他维度上具有相同的大小，对于本例即为行维度。请注意，得到的新的最后 4 列的值是 1、0、0、0，这与天气状况值为 1 时的结果完全一样。

我们也可以对重塑的张量 daily_bikes 做同样的操作，它的形状记为(B, C, L)，其中 $L = 24$。我们首先创建一个零张量，其具有相同的 B 和 L，但是附加列数为 C：

```
# In[9]:
daily_weather_onehot = torch.zeros(daily_bikes.shape[0], 4,
                                   daily_bikes.shape[2])
daily_weather_onehot.shape

# Out[9]:
torch.Size([730, 4, 24])
```

然后我们将独热编码映射到 C 维张量中，因为这个操作是在就地进行的，所有只有张量的内容会改变：

```
# In[10]:
daily_weather_onehot.scatter_(
    1, daily_bikes[:,9,:].long().unsqueeze(1) - 1, 1.0)
daily_weather_onehot.shape

# Out[10]:
torch.Size([730, 4, 24])
```

我们沿着 C 维进行连接：

```
# In[11]:
daily_bikes = torch.cat((daily_bikes, daily_weather_onehot), dim=1)
```

我们在前面提到，这并不是处理“天气状况”变量的唯一方法。事实上，它的标签是有顺序关系的，所以我们可以假设它们是连续变量的特殊值。我们只需转换变量，使其范围是 0.0 到 1.0。

```
# In[12]:
daily_bikes[:, 9, :] = (daily_bikes[:, 9, :] - 1.0) / 3.0
```

将变量重新调整到[0.0,1.0]或[−1.0,1.0]是我们对所有变量都要做的事情，如温度（数据集中的第 10 列）。稍后我们将了解这样做的原因，现在，我们只说这对训练过程是有益的。

对变量进行重新调整有多种可能。我们可以将它们的范围映射到[0.0,1.0]：

```
# In[13]:
temp = daily_bikes[:, 10, :]
```

```
temp_min = torch.min(temp)
temp_max = torch.max(temp)
daily_bikes[:, 10, :] = ((daily_bikes[:, 10, :] - temp_min)
                         / (temp_max - temp_min))
```

或者减去均值再除以标准差：

```
# In[14]:
temp = daily_bikes[:, 10, :]
daily_bikes[:, 10, :] = ((daily_bikes[:, 10, :] - torch.mean(temp))
                         / torch.std(temp))
```

在后一种情况下，变量的均值为 0，标准差为 1，如果我们的变量来自高斯分布，约 68%的样本将位于[−1.0,1.0]。

现在，我们已经建立了另一个很好的数据集，并且已经看到了如何处理时间序列数据。对于这趟旅程，重要的是我们知道了时间序列是如何排列的，以及我们如何以网络能够理解的形式对数据进行整理。

其他类型的数据看起来类似时间序列，因为它们都有一个严格的顺序。比较典型的两类时间序列数据：文本和音频。接下来我们看一下文本。

4.5　表示文本

深度学习在自然语言处理（Natural Language Processing，NLP）领域取得了巨大的成功，特别是使用那些反复使用新输入和以前模型输出的组合的模型，这些模型被称为循环神经网络（Recurrent Neural Network，RNN)），它们已经成功地应用于文本分类、文本生成和自动翻译系统。近年来（2017 年）出现了一种叫作 transformers 的网络，能以更灵活的方式整合过去的信息，引起了轰动。以前的 NLP 工作负载的特点是复杂的多级管道，其中包括编码语言语法的规则①。现在，使用最先进的技术在大型语料库上从头开始训练网络，可以让这些规则从数据中浮现出来。在过去的几年里，互联网上最常用的自动翻译系统都是基于深度学习实现的。

本节的目标是将文本转化为神经网络可以处理的内容——数字张量，与之前的例子一样。如果我们能做到这一点，然后为文本处理工作选择正确的架构，我们就可以用 PyTorch 来实现 NLP 了。我们马上会看到这一切有多么强大：我们只需要将问题以正确的形式呈现出来，就可以使用相同的 PyTorch 工具在不同领域的许多任务上实现最好的性能。这项工作的第 1 部分是重塑数据。

4.5.1　将文本转化为数字

网络对文本的操作有 2 个特别直观的层次：在字符级，一次处理一个字符；在单词级，单个单词是网络可以看到的最细粒度的实体。我们将文本信息编码为张量形式的技术无论是在字符级别还是在单词级别上都是一样的。而且它也不是什么魔法，在之前的内容中已经探讨过：独热编码。

---

① Nadkarni 等人的 *Natural Language Processing: An Introduction*（JAMIA），另请参阅维基百科。

让我们从字符级的一个示例开始。首先，让我们来处理一些文本。这里有一个很棒的资源是“古登堡计划”（Project Gutenberg），这是一个致力于将文学作品数字化和归档的志愿者活动，其中资源以开放格式免费提供，包括纯文本文件。如果我们的目标是更大规模的语料库，那么维基百科语料库非常不错：它是维基百科文章的完整集合，包括 19 亿字和 440 多万篇文章。其他语料库可以在英语语料库网站上找到。让我们从古登堡计划的网站下载简 ·奥斯汀的《傲慢与偏见》，保存文件并读取该文件，见代码清单 4.5。

代码清单 4.5 code/p1ch4/5_text_jane_austen.ipynb

```
# In[2]:
with open('../data/p1ch4/jane-austen/1342-0.txt', encoding='utf8') as f:
    text = f.read()
```

4.5.2 独热编码字符

在继续之前，还有一个细节需要处理：编码。这是一个相当大的话题，我们只简单地讨论一下。每个字符都由一个代码表示：一个长度适当的比特序列，以便于每个字符都能够被唯一标识。最简单的编码之一是 ASCII（American Standard Code for Information Interchange，美国信息交换标准代码），它可以追溯到 20 世纪 60 年代。ASCII 使用 128 个整数编码 128 个字符。例如，字母 a 对应二进制 1100001 或十进制 97，字母 b 对应二进制 1100010 或十进制 98，依此类推。这种编码适用于 8 位数字能够表示的范围，这在 1965 年时很方便。

注意 128 个字符显然不足以解释在英语以外的语言中正确表示书面文本所需的所有符号、重音符号、连接符等。为此，研究人员已经设计了许多编码，它们使用更多位数作为更多字符的代码。更大范围的字符被标准化为 Unicode，它将所有已知字符映射到数字，由特定编码提供的这些数字的位数表示。比较流行的编码是 UTF-8、UTF-16 和 UTF-32，其中的数字分别表示 8 位、16 位或 32 位整数序列。在 Python 3.x 中的字符串是 Unicode 字符串。

我们将对字符进行独热编码，将独热编码限制在有用于分析的文本字符集中非常重要。在本例中，由于我们加载的是英文文本，因此使用 ASCII 编码是安全的。我们还可以将字符都转化为小写，以减少编码中不同字符的数量。类似地，我们可以剔除标点、数字或其他与我们期望的文本类型无关的字符。这可能会对神经网络产生实际影响，也可能不会，具体取决于手头的任务。

此时，我们需要解析文本中的字符，并为每个字符提供独热编码。每个字符将由一个长度等于编码中不同字符数的向量表示。该向量除了与编码中字符位置对应的索引为 1，其他都为 0。

我们首先将文本分割成行，然后选择任意一行进行探讨：

```
# In[3]:
lines = text.split('\n')
line = lines[200]
line
```

```
# Out[3]:
'"Impossible, Mr. Bennet, impossible, when I am not acquainted with him'
```

让我们创建一个张量，它能够容纳整行字符的独热编码的总数：

```
# In[4]:
letter_t = torch.zeros(len(line), 128)  <-- 这里硬编码为 128 是由于 ASCII 的限制
letter_t.shape

# Out[4]:
torch.Size([70, 128])
```

注意　letter_t 用于保存每行字符的独热编码。现在我们只需要在每一行的正确位置上设置一个 1，以便每一行都代表正确的字符，必须设置为 1 的索引对应编码中字符的索引：

```
# In[5]:
for i, letter in enumerate(line.lower().strip()):
    letter_index = ord(letter) if ord(letter) < 128 else 0  <-- 文本使用定向型双引号①，这不是有效的 ASCII，所以我们在这里将它们屏蔽掉
    letter_t[i][letter_index] = 1
```

4.5.3　独热编码整个词

我们将句子用独热编码的方法转换成神经网络可以理解的形式。单词级编码也可以沿着词序列，即我们的行张量，建立一个词汇表和一个独热编码句子。因为词汇表有很多单词，这将产生非常宽的编码向量，可能不实用。我们将在 4.5.4 小节中看到有一种更有效的方法来表示单词级别的文本，即嵌入（embedding）。现在，我们还是使用独热编码。

我们定义 clean_words()函数，它接收文本并以小写字符形式返回，同时去掉标点符号。当我们调用该函数并传入文本行"Impossible, Mr. Bennet"时，我们得到以下内容：

```
# In[6]:
def clean_words(input_str):
    punctuation = '.,;:"!?"_-'
    word_list = input_str.lower().replace('\n',' ').split()
    word_list = [word.strip(punctuation) for word in word_list]
    return word_list

words_in_line = clean_words(line)
line, words_in_line

# Out[6]:
('"Impossible, Mr. Bennet, impossible, when I am not acquainted with him',
 ['impossible',
  'mr',
  'bennet',
  'impossible',
  'when',
  'i',
  'am',
  'not',
```

① 英文引号是朝同一个方向，中文引号是朝两个方向。——译者注

```
 'acquainted',
 'with',
 'him'])
```

接下来，让我们在编码中建立一个单词到索引的映射：

```
# In[7]:
word_list = sorted(set(clean_words(text)))
word2index_dict = {word: i for (i, word) in enumerate(word_list)}

len(word2index_dict), word2index_dict['impossible']

# Out[7]:
(7261, 3394)
```

注意，word2index_dict 现在是一个字典，单词为键，整数为值。我们将使用它来高效地找到一个单词的索引，因为我们对它进行了独热编码。现在让我们关注我们的句子：我们把它分解成单词，然后进行独热编码。也就是说，我们用每个单词的一个独热编码的向量填充张量。我们创建一个空向量，并为句子中的单词分配一个独热编码的值：

```
# In[8]:
word_t = torch.zeros(len(words_in_line), len(word2index_dict))
for i, word in enumerate(words_in_line):
    word_index = word2index_dict[word]
    word_t[i][word_index] = 1
    print('{:2} {:4} {}'.format(i, word_index, word))

print(word_t.shape)

# Out[8]:
 0 3394 impossible
 1 4305 mr
 2  813 bennet
 3 3394 impossible
 4 7078 when
 5 3315 i
 6  415 am
 7 4436 not
 8  239 acquainted
 9 7148 with
10 3215 him
torch.Size([11, 7261])
```

此时，张量表示一个长度为 11 的句子，编码空间大小为 7261（字典中的单词数）。图 4.6 详细比较了拆分文本 3 种方式中 2 种方式的要点（嵌入方式我们将在 4.5.4 小节讨论）。

在字符级和单词级编码之间需要我们进行权衡。在许多语言中，字符比单词要少得多：表示字符时，我们只需要几个类别，而表示单词时则需要很多的类别，并且在一些实际应用中，还要处理字典中没有的单词。另外，单词表达的意思要比单个字多得多，因此单词表示本身就能够提供更多的信息。考虑到这 2 种选择的反差鲜明，人们寻求、建立并成功地应用中间方法也就不足为奇了。例如，字节对编码方法①从单个字母的字典开始，迭代地将观察到的最频繁的字节对添加到字典中，直到它达到指定的字典大小。我们的示例句子可能会被分割成如下格式②：

```
?Im|pos|s|ible|,|?Mr|.|?B|en|net|,|?impossible|,|?when|?I|?am|?not|➥
?acquainted|?with|?him
```

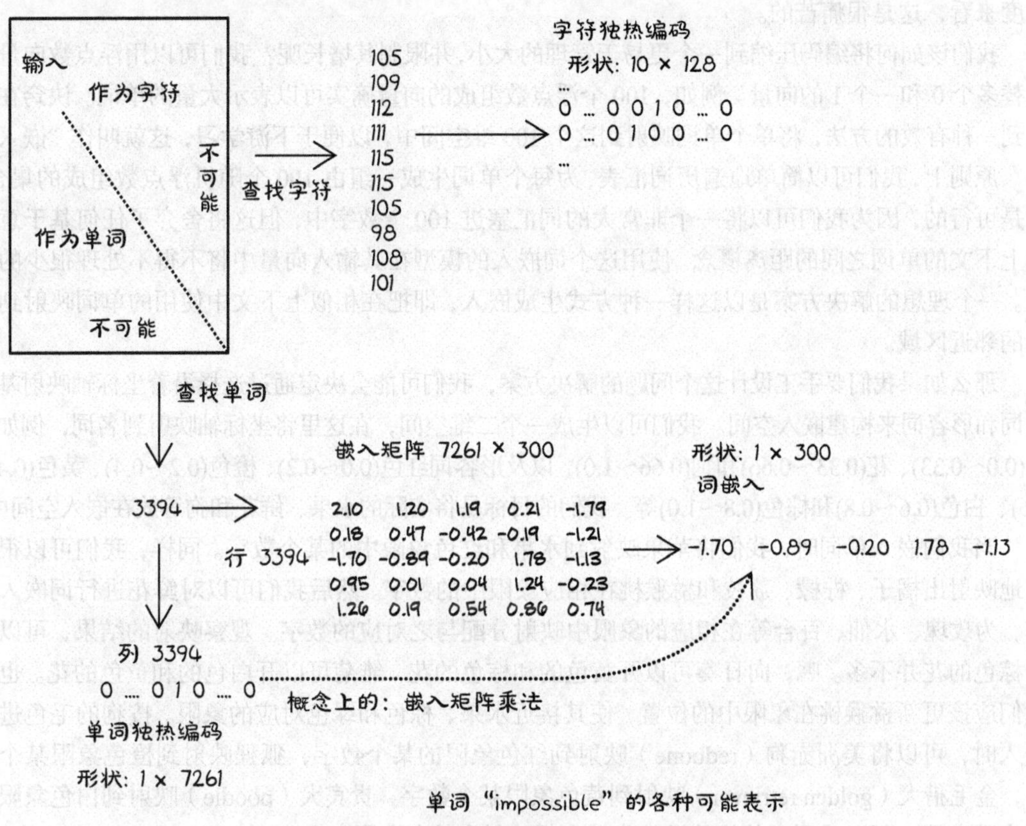

图 4.6 编码一个单词的 3 种方法中的 2 种方法

大多数情况下，我们的映射只是基于单词分割，但是在极少数情况下，如首字母大写的 Impossible 以及名字 Bennet 是由子单元构成的。

4.5.4 文本嵌入

独热编码是一种在张量中表示分类数据非常有用的技术，然而，正如我们所预期那样，当要编码的数据量很大（就像语料库中的单词一样）时，独热编码就无能为力了。仅仅在一本书中就

① 最常用的实现是 subword-nmt 和 SentencePiece 库。概念上的缺点是字符序列的表示不再唯一。

② 这是 SentencePiece 分词器在一个机器翻译的数据集上训练过的。

有超过7000个单词！

我们当然可以做一些工作，如删除重复的单词、压缩替代拼写、将过去和将来的时态压缩成一个标记等。尽管如此，通用的英语编码将是巨大的。更糟糕的是，我们每遇到一个新词，就要给向量添加一个新的列，这意味着要为模型添加一组新的权重，以解释新的词汇条目。从训练的角度来看，这是很痛苦的。

我们该如何将编码压缩到一个更易于管理的大小，并限制其增长呢？我们可以用浮点数向量来代替多个0和一个1的向量。例如，100个浮点数组成的向量确实可以表示大量的单词。诀窍在于找到一种有效的方法，将单个单词映射到这个100维空间中，以便于下游学习，这就叫作“嵌入”。

原则上，我们可以简单地遍历词汇表，为每个单词生成一组由100个随机浮点数组成的集合。这是可行的，因为我们可以将一个非常大的词汇塞进100个数字中，但这将舍弃了任何基于意义或上下文的单词之间的距离概念。使用这个词嵌入的模型在其输入向量中将不得不处理很少的结构。一个理想的解决方案是以这样一种方式生成嵌入，即把在相似上下文中使用的单词映射到嵌入的邻近区域。

那么如果我们要手工设计这个问题的解决方案，我们可能会决定通过选择沿着坐标轴映射基本名词和形容词来构建嵌入空间。我们可以生成一个二维空间，在这里将坐标轴映射到名词，例如水果(0.0～0.33)、花(0.33～0.66)和狗(0.66～1.0)，以及形容词红色(0.0～0.2)、橙色(0.2～0.4)、黄色(0.4～0.6)、白色(0.6～0.8)和棕色(0.8～1.0)等。我们的目标是将实际的水果、鲜花和狗等放在嵌入空间中。

当我们嵌入单词时，我们将苹果映射到水果和红色象限中的某个数字。同样，我们可以很容易地映射出橘子、柠檬、荔枝和猕猴桃在相应象限中的数字。然后我们可以对鲜花进行词嵌入操作，为玫瑰、水仙、百合等在相应的象限中映射分配与之对应的数字。观察映射的结果，可以看到棕色的花并不多。嗯，向日葵可以开黄色的和棕色的花，雏菊可以开白色的和黄色的花。也许我们应该更新猕猴桃在象限中的位置，使其接近水果、棕色和绿色对应的象限。按狗的毛色进行嵌入时，可以将美洲赤狗（redbone）映射到红色象限的某个数字，狐狸映射到橙色象限某个数字，金毛猎犬（golden retriever）映射到黄色象限某个数字，贵宾犬（poodle）映射到白色象限中某个数字等。可以看到，其他种类的狗大多都映射在棕色象限[①]。

现在我们的嵌入如图4.7所示。虽然手工操作对于大型语料库来说并不可行，但请注意，虽然我们的嵌入大小为2，但除了基准的8个单词，我们还描述了15个不同的单词，如果我们花点儿时间对其创造的话，可能还可以填充更多的单词。

你可能已经猜到了，这种工作是可以自动化的。通过处理大量的有机文本语料库，可以生成与我们刚才讨论的类似的嵌入。主要的区别在于嵌入向量中有100到1000个元素，并且轴不直接映射到概念。相反，概念上相似的词映射到嵌入空间的相邻区域，其轴是任意浮点维数。

虽然所使用的具体算法[②]有点儿超出了我们想要关注的范围，但我们想要指出的是嵌入通常

① 实际上，在我们的一维颜色视图中，这是不可能的，因为向日葵的黄色和棕色平均起来会是白色，但你知道的，它在高维空间中确实更适用。

② 一个例子是word2Vec。

是使用神经网络生成的，它试图从句子中的邻近单词（上下文）中预测一个单词。在这种情况下，我们可以从一个独热编码的单词开始，并使用（通常相当浅的）神经网络来生成嵌入。一旦嵌入可用，我们就可以将其用于下游任务。

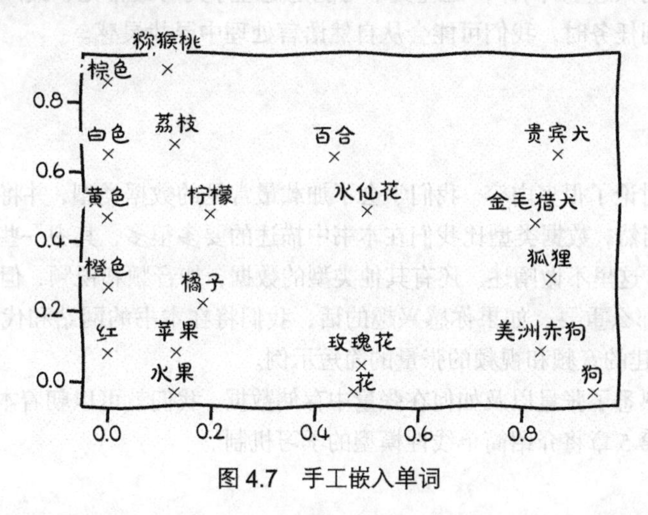

图 4.7　手工嵌入单词

由此产生的嵌入一个有趣的方面是，相似的单词最终不仅聚集在一起，而且还与其他单词具有一致的空间关系。例如如果我们拿苹果的嵌入向量，然后用其他单词的向量与该向量执行加法或减法操作，如执行苹果−红−甜+黄+酸这种向量加减操作，最后将得到的向量与柠檬的向量非常相似。

更现代的嵌入模型 BERT 和 GPT-2 非常火，它们更加复杂，并且对上下文敏感。也就是说，词汇表中的单词到向量的映射不是固定的，而是取决于周围的句子。但是它们的使用方法通常与我们在这里提及的、简单的经典嵌入一样。

4.5.5　文本嵌入作为蓝本

当词汇表中的大量条目必须用数字向量表示时，嵌入是必不可少的工具。但我们不会在本书中使用文本和文本嵌入，所以你可能想知道我们为什么在这里介绍它们。我们认为，文本的表示和处理方式也可以看作处理分类数据的一个例子。在独热编码变得麻烦的地方，嵌入很有用。实际上，在前面的描述中，文本和文本嵌入是表示独热编码的有效方法，紧接着与包含嵌入向量的矩阵相乘。

在非文本应用中，我们通常不具备预先构造嵌入的能力，但是我们将从我们先前摈弃的随机数开始，并考虑在学习问题中改进它们。这是一种非常标准的技术，因此对于任何分类的数据，嵌入都是一种重要的、替代独热编码的方法。另一方面，当我们处理文本时，在解决手头问题的同时改进预先学习的嵌入已经成为一种常见的做法①。

① 这就是所谓的微调。

当我们对观察值的共现感兴趣时，我们之前看到的词嵌入可以作为一种蓝本。例如，推荐系统——喜欢我们的书的顾客也购买了×××（使用顾客已经接触过的商品作为上下文来预测还有什么东西会引起顾客的兴趣）。同样，处理文本可能是处理序列时最常见、最广泛研究的任务。例如，在处理时间序列任务时，我们可能会从自然语言处理中寻找灵感。

4.6 总结

我们在本章中讨论了很多内容。我们学会了加载最常见的数据类型，并将它们塑造成神经网络可理解的形状。当然，数据类型比我们在本书中描述的要多很多，其中一些数据格式，比如医疗记录，太复杂了，这里不做阐述。还有其他类型的数据，如音频和视频，但这些类型的数据对本书内容讲解并不那么重要。如果你感兴趣的话，我们将在本书的网站和代码仓库中提供使用 Jupyter Notebook 创建的音频和视频的张量的简短示例。

既然我们已经熟悉了张量以及如何在张量中存储数据，我们就可以朝着本书的目标迈进：训练深度神经网络！第 5 章将介绍简单线性模型的学习机制。

4.7 练习题

1. 用手机或数码相机拍摄几张红色、蓝色和绿色物品的照片（如果没有相机，也可以从网上下载）。
   a）加载所有图像，并将其转换为张量。
   b）对于每个图像张量，使用.mean()函数来了解图像的亮度。
   c）取图像中每个通道的平均值。你能仅仅从通道平均值中识别出红色、绿色和蓝色的图像吗？
2. 选择一个包含 Python 源代码的相对较大的文件。
   a）为源文件中的所有单词建立一个索引（词切分方法采用简单方式还是复杂方式取决于你自己，但我们建议用空格替换 r " [^a-zA-Z0-9_]+ "）？
   b）将你的索引和我们为《傲慢与偏见》做的索引相比较，哪个大？
   c）为源代码文件创建独热编码。
   d）这种编码丢失了哪些信息？这些信息与《傲慢与偏见》编码中丢失的信息相比如何？

4.8 本章小结

- 神经网络要求数据用多维数值（通常是 32 位浮点数）张量表示。
- 一般来说，PyTorch 希望数据按照模型架构沿着特定的维度进行布局，如卷积和循环。我们可以用 PyTorch 张量 API 有效地重塑数据。

- 由于 PyTorch 库与 Python 标准库和周围生态系统的交互方式，加载最常见的数据类型并将它们转换为 PyTorch 张量非常方便。
- 图像可以有一个或多个通道，最常见的是典型数码照片的 RGB 通道。
- 许多图像每个通道的深度为 8 位，但通道深度为 12 位和 16 位也很常见。这些位深度都可以存储在 32 位的浮点数中，而不会损失精度。
- 单通道数据格式有时会省略一个显式的通道维度。
- 体数据类似于二维图像数据，只是增加了第 3 个维度（深度）。
- 将电子表格转换为张量非常简单。对分类值和序数值的列的处理方式应该与对区间值的列的处理方式不同。
- 通过使用字典，可以将文本或分类数据用独热编码表示。嵌入通常会给出好的、有效的表示。

第 5 章　学习的机制

本章主要内容

- 理解算法如何从数据中学习。
- 通过参数估计，使用微分和梯度下降重新定义学习。
- 剖析一个简单的学习算法。
- 了解 PyTorch 如何使用自动求导支持学习。

随着机器学习在过去 10 年的蓬勃发展，机器从经验中学习的概念已经成为技术界和新闻界的主流主题。那么，机器究竟是如何学习的呢？这个过程的机制是什么，或者说，它背后的算法是什么？从观察者的角度来看，机器学习提出了一种输入数据与期望输出配对的学习算法。一旦学习发生，当向算法输入与训练时的输入数据足够相似的新数据时，该算法将能够产生正确的输出。有了深度学习，即使输入数据和期望的输出数据相差甚远时，就像人们在第 2 章中看到的图像及描述该图像的句子一样，在这种情况下学习算法也能工作。

5.1　永恒的建模经验

构建有助于我们解释输入输出关系的模型至少可以追溯到几个世纪以前。早在 17 世纪初，德国数学天文学家 Johannes Kepler（约翰尼斯·开普勒，1571—1630）就根据导师 Tycho Brahe 用肉眼观察（没错，用肉眼观察并写在一张纸上）收集的数据，提出了行星运动的三大定律。由于没有牛顿万有引力定律（事实上，是牛顿利用开普勒的工作成果来解决问题），开普勒推理出最简单的几何模型来拟合数据。顺便说一句，他花了 6 年时间研究那些对他来说毫无意义的数据，再加上不断的实验，最终形成了这些定律①。我们可以在图 5.1 中看到这个过程。

开普勒第一定律写道："每颗行星的轨道都是一个椭圆，太阳处在椭圆的一个焦点上。"他不知道是什么导致了椭圆轨道，但给出了一个行星（或像木星这样的大行星的卫星）的一组观测结

① 正如物理学家 Michael Fowler 所描述的那样。

果，他可以从中估计出椭圆的形状（离心率）和大小（半通径）。通过从数据中计算出这 2 个参数，他可以判断出这颗行星在天空中可能的位置。当他发现了第二条定律，即“太阳和运动中的行星的连线在相等的时间间隔内扫过相等的面积”，他还可以根据时间的观察，判断行星何时会出现在空间中的某个特定点[①]。

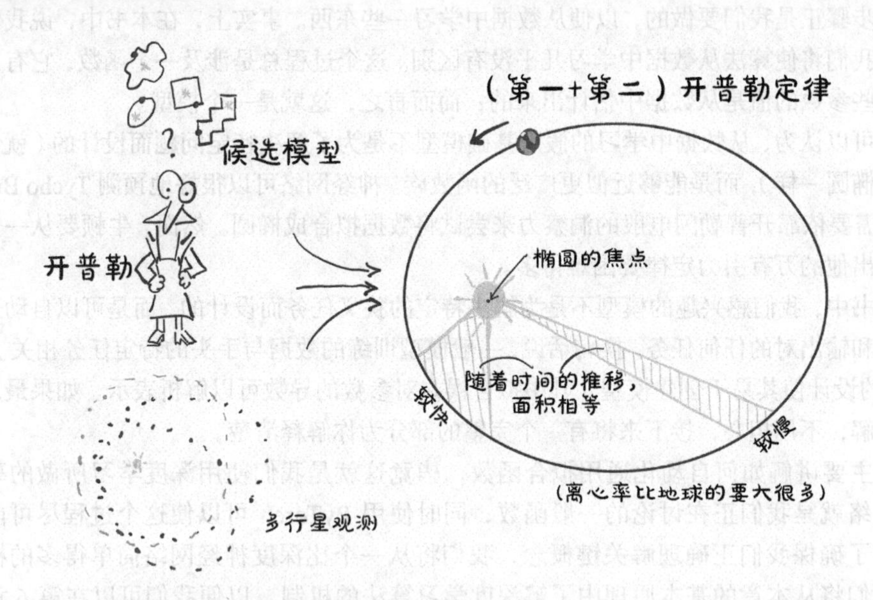

图 5.1 开普勒考虑了多个可能符合手头数据的候选模型，最终确定为一个椭圆

那么，开普勒是如何在没有计算机、袖珍计算器，甚至没有微积分的情况下估算出椭圆的离心率和半通径的呢？我们可以从开普勒自己的回忆录，从他的 *New Astronomy* 书中，或者从 J. V. Field 的系列文章“The origins of proof”中了解。

> 实质上开普勒必须尝试不同的形状，使用一定数量的观察值来找到曲线，然后利用曲线找到更多的位置，当他有观测数据的时候，检查这些计算出的位置是否与观察到的位置一致。
>
> ——J. V. Field

让我们对开普勒 6 年的经历做一个总结。

- 从他的朋友 Brahe 那里得到了很多好的数据（并非一帆风顺）。
- 他试着想象出其中的奥妙，因为他觉得有什么可疑的事情在发生。
- 选择有机会拟合数据的最简单的模型（椭圆）。
- 将数据分割，这样他就可以对部分数据进行处理，并保留独立的数据集进行验证。
- 从椭圆的一个暂定的离心率和大小开始，反复迭代，直到模型符合观测值。

① 理解这一章并不需要了解开普勒定律的细节，但你可以查看维基百科以找到更多信息。

- 从独立的观测结果中验证他的模型。
- 持怀疑的态度回顾过去。

有一本关于从 1609 年开始的数据科学手册，该手册记录的科学史就是建立在以上 7 个步骤之上的。几个世纪以来，我们已经认识到背离这些步骤可能会导致灾难[①]。

上述步骤正是我们要做的，以便从数据中学习一些东西。事实上，在本书中，说我们将拟合数据和说我们将使算法从数据中学习几乎没有区别。这个过程总是涉及一个函数，它有许多未知参数，这些参数的值是从数据中估计出来的：简而言之，这就是一个模型。

我们可以认为，从数据中学习的假定基础模型不是为了解决特定问题而设计的（就像开普勒研究中的椭圆一样），而是能够近似更广泛的函数族。神经网络可以很好地预测 Tycho Brahe 的轨迹，而不需要依靠开普勒闪电般的洞察力来尝试将数据拟合成椭圆。然而，牛顿要从一个普通模型中推导出他的万有引力定律要困难得多。

在本书中，我们感兴趣的模型不是为解决特定的狭义任务而设计的，而是可以自动适应处理相似输入和输出对的任何任务。换句话说，一般模型训练的数据与手头的特定任务相关。特别是，PyTorch 的设计使其易于创建模型，其中拟合误差对参数的导数可以解析表示。如果最后一句话你没有理解，不用担心，接下来将有一个完整的部分为你解释清楚。

本章主要讲解如何自动化通用拟合函数，毕竟这就是我们使用深度学习所做的事情，深度神经网络就是我们正在讨论的一般函数，同时使用 PyTorch 可以使这个过程尽可能简单和透明。为了确保我们正确理解关键概念，我们将从一个比深度神经网络简单得多的模型开始学习。我们将从本章的基本原理中了解深度学习算法的机制，以便我们可以在第 6 章学习更复杂的模型。

5.2 学习就是参数估计

在本节中，我们将学习获取数据、选择模型并估计模型的参数，以便它能够对新数据做出良好的预测。为了做到这一点，我们将抛开纷繁难懂的行星运动，把注意力转移到物理学中第 2 难的问题上：校准仪器。

图 5.2 是对本章结束时我们将要实现的内容的高度概括。给定输入数据和相应的期望输出（实际数据），以及权重的初始值，给模型输入数据（正向传播），并通过对输出结果与实际数据进行比较来评估误差。为了优化模型参数，即它的权重，权重单位变化后的误差变化（误差相对参数的梯度）是使用复合函数的导数的链式法则计算的（反向传播）。然后，在使误差减小的方向上更新权重值。重复该过程，直到根据未知的数据评估的误差降到可接受的水平。我们刚才说的可能听上去晦涩难懂，后文会有整整一章来解释相关内容，等看完那一章，所有的内容都会清楚了，那时你就会发现这段话非常有意义。

---

① 除非你是理论物理学家。

我们现在要处理一个关于有噪声的数据集的问题，建立一个模型，并为它实现一个学习算法。开始时我们所有的操作都是通过人工完成的，但是到了本章结尾，我们会将所有的“重担”交给 PyTorch 来处理。当我们读完这一章时，我们将涵盖训练深度神经网络的许多基本概念，尽管我们的引导示例非常简单，我们的模型实际上也还不是神经网络（现在还不是）。

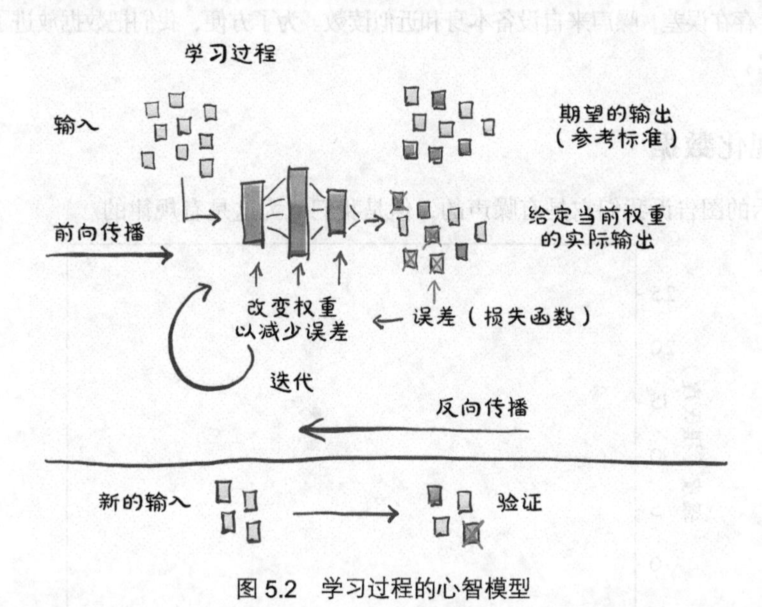

图 5.2　学习过程的心智模型

5.2.1　一个热点问题

我们刚从一个地方旅游回来，带回了一个别致的壁挂式模拟温度计。它看起来很棒，而且非常适合我们的客厅。它唯一的缺点是不显示单位。不用担心，我们已经有了一个计划：我们将建立一个数据集，以我们选择的单位来表示刻度值和相应的温度值，选择一个模型，迭代地调整它的权重，直到测量到的误差足够低，最终能够以我们选择的单位来解释新的刻度值①。

让我们试试开普勒用过的方法。在这个过程中，我们将使用他从未使用过的工具：PyTorch。

5.2.2　收集一些数据

我们先用旧的摄氏温度②记录下温度数据，再用新的温度计测量，然后记录下来。几周之后，得到以下数据（code/p1ch5/1_parameter_estimation.ipynb）：

① 该任务（将拟合模型输出为连续数据的任务）属于回归问题。在第 7 章和第 2 部分中，我们将讨论分类问题。

② 本章作者是意大利人，请原谅他使用了他们实际中常用的单位。

```
# In[2]:
t_c = [0.5,  14.0, 15.0, 28.0, 11.0,  8.0,  3.0, -4.0,  6.0, 13.0, 21.0]
t_u = [35.7, 55.9, 58.2, 81.9, 56.3, 48.9, 33.9, 21.8, 48.4, 60.4, 68.4]
t_c = torch.tensor(t_c)
t_u = torch.tensor(t_u)
```

在这里，t_c 值是以摄氏度为单位的温度，而 t_u 值是我们未知的单位。我们可以预期在对两个温度计的测量中都会存在误差，噪声来自设备本身和近似读数。为了方便，我们把数据放进了张量中，我们马上就会用到它。

5.2.3　可视化数据

图 5.3 所示的图告诉我们它是有噪声的，但是我们认为这是有规律的。

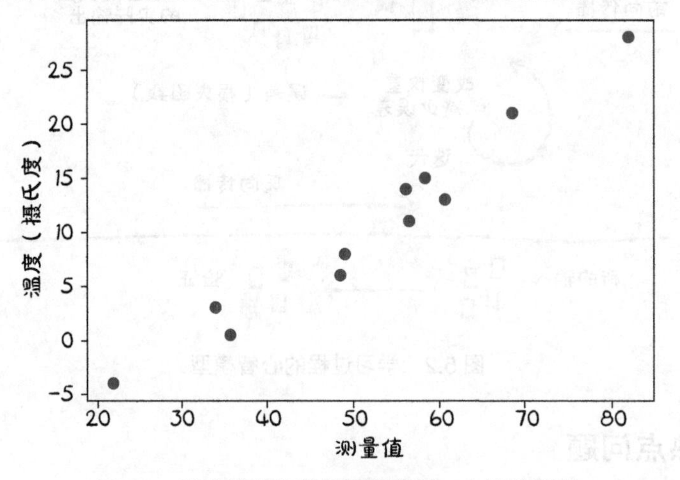

图 5.3　我们的未知数据可能遵循一个线性模型

注意　我们知道线性模型是正确的，因为问题和数据都是捏造的，但请容忍我们。这是一个用于引导的例子，有助于我们理解 PyTorch 在底层做了什么。

5.2.4　选择线性模型首试

在缺乏进一步了解的情况下，我们假设了一个用于 2 组测量数据转换的最简单的模型，就像开普勒所做的那样。这 2 个测量数据集可能是线性相关的——也就是说，将 t_u 乘一个因子，再加一个常数，我们可以得到摄氏温度（忽略一定的误差）。

```
t_c = w * t_u + b
```

这个假设合理吗？可能合理吧，我们将看看最终模型的表现如何。我们将权重和偏置分别命名为 w 和 b，这是线性缩放和附加常数的 2 个常见术语，我们经常会碰到[①]。

① 权重告诉我们给定的输入对输出的影响有多大。偏置是所有输入为零时的输出。

好了，现在我们基于现有的数据来评估模型中的 w 和 b 参数。我们必须这样做，这样我们通过运行模型得到的未知温度 t_u 就会接近我们实际测量的摄氏温度。这听起来像是通过一组测量值来拟合一条直线，是的，这正是我们所做的。我们将使用 PyTorch 来完成这个简单的例子，同时我们也意识到训练神经网络本质上是使用几个或一些参数将一个模型变换为更加复杂的模型。

让我们再补充一下：我们有一个带有一些未知参数的模型，我们需要估计这些参数以使输出的预测值和测量值之间的误差尽可能小。我们注意到，我们仍然需要精确地定义误差的程度，这种程度通过损失函数来定义。如果误差很大，则说明损失函数的值大了，理想情况下应该尽可能使损失函数的值较小，这样预测值和测量值二者可以完美地匹配。因此，我们的优化过程应该以找到 w 和 b 为目标，使损失函数的值处于最小值。

5.3 减少损失是我们想要的

损失函数（或代价函数）是一个计算单个数值的函数，学习过程将试图使其值最小化。损失的计算通常涉及获取一些训练样本的期望输出与输入这些样本时模型实际产生的输出之间的差值。在我们的例子中，它将是模型输出的预测温度 t_p 与实际测量值之间的差值，即 t_p−t_c。

我们需要确保损失函数在 t_p 大于或小于真正的 t_c 时损失都为正，因为我们的目标是让 t_p 匹配 t_c。我们有几个选择，最直接的是|t_p−t_c|和$(t_p-t_c)^2$。根据选择的数学表达式，可以强调或忽略某些误差。从概念上讲，损失函数是一种对训练样本中要修正的错误进行优先处理的方法，因此参数更新会对高权重样本的输出进行调整，而不是对损失较小的其他样本的输出进行调整。

这 2 个损失函数在零点处都有一个明显的最小值，并且随着预测值在 2 个方向上远离真实值而单调递增。因为增长的陡度也从最小值开始逐渐增加，所以它们都是凸函数。由于我们的模型是线性的，因此作为损失函数的 w 和 b 也是凸的[①]。当损失是模型参数的凸函数时，通常很容易处理，因为我们可以通过专门的算法非常有效地找到最小值。然而，我们将在本章中使用功能较弱但更普遍适用的方法。我们这样做是因为对于我们最终感兴趣的深度神经网络，损失不是输入的凸函数。

对于我们的 2 个损失函数，如图 5.4 所示，我们注意到误差的平方在最小值附近表现得更好：当 t_p = t_c 时，误差平方损失对 t_p 的导数为 0。另外，绝对值在我们要收敛的地方有一个不明确的导数。这在实际中并不是一个看起来那么严重的问题，但我们目前还是坚持使用误差的平方。

值得注意的是，平方差比绝对差对错误结果的惩罚更大。通常，有更多轻微错误的结果比有少量严重错误的结果要好，并且平方差有助于根据需要优先处理相关问题。

---

① 将其与图 5.6 所示的非凸函数进行对比。

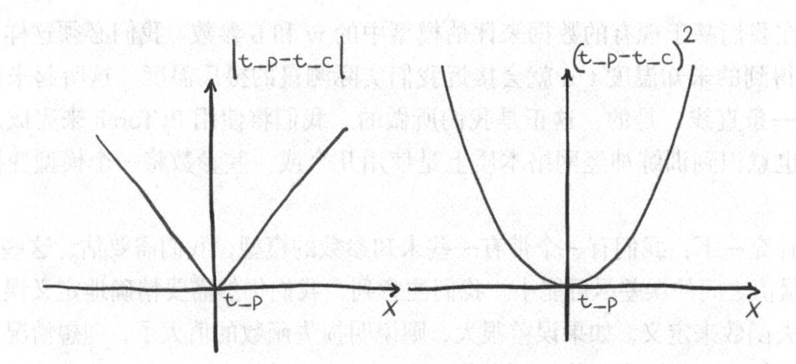

图 5.4　绝对差和差的平方进行对比

从问题回到 PyTorch

我们对图 5.2 所示的高级部分很好地进行了分析，现在已经明白了模型和损失函数。接下来我们需要启动学习过程，并为其提供实际数据。还有，数学符号已经学够了，让我们切换到 PyTorch 吧，毕竟这是我们学习的主要内容。

我们已经创建了数据张量，现在让我们把模型写成 Python 函数：

```
# In[3]:
def model(t_u, w, b):
    return w * t_u + b
```

我们期望 t_u、w 和 b 分别作为输入张量、权重参数和偏置参数。在我们的模型中，参数将是 PyTorch 标量（也称为 0 维张量），通过乘积运算和广播来生成返回的张量。不管怎样，是时候确定我们的损失函数了：

```
# In[4]:
def loss_fn(t_p, t_c):
    squared_diffs = (t_p - t_c)**2
    return squared_diffs.mean()
```

请注意，我们正在构建一个差分张量，先对其平方元素进行处理，最后通过对得到的张量中的所有元素求平均值得到一个标量损失函数，即均方损失函数。

我们现在可以初始化参数，调用模型：

```
# In[5]:
w = torch.ones(())
b = torch.zeros(())

t_p = model(t_u, w, b)
t_p

# Out[5]:
tensor([35.7000, 55.9000, 58.2000, 81.9000, 56.3000, 48.9000, 33.9000,
        21.8000, 48.4000, 60.4000, 68.4000])
```

并检查损失的值：

```
# In[6]:
loss = loss_fn(t_p, t_c)
loss

# Out[6]:
tensor(1763.8846)
```

我们在本节中实现了模型和损失函数，终于要谈到这个例子的要点：如何估计 w 和 b，以使损失达到最小？我们首先手动解决问题，然后学习使用 PyTorch 的超强能力，以一种更通用、现成的方式来解决同样的问题。

广播

我们在第 3 章提到了广播，并承诺在需要的时候会更仔细地研究它。在例子中，我们有两个标量（0 维张量）w 和 b，我们将它们与长度为 b 的向量（一维张量）相乘并将它们相加。

通常，在 PyTorch 早期版本中也是如此，我们只能对相同形状的参数使用基于元素的二元运算，如加、减、乘、除。在每个张量中匹配位置的项将被用来计算与结果张量中相应的项。

广播机制在 NumPy 中很流行，PyTorch 也采用了它，对大多数二元运算放宽了一些假定条件。它使用以下规则来匹配张量元素。

- 对于每个索引维度（从后向前数），如果有一个操作数在该维度上大小为 1，那么 PyTorch 将使用该维度上的单个项与另一个张量沿该维度上的每一项进行运算。
- 如果两个维度大小都大于 1，则它们的维度大小必须相同，并使用自然匹配。
- 如果一个张量的维度大于另一个张量的维度，那么另一个张量上的所有项将和这些维度上的每一项进行运算。

这听起来很复杂，如果我们不密切关注，很容易出错，这就是我们命名张量维度的原因。但通常情况下，我们既可以写下张量维度来查看发生了什么，也可以使用空间维度来显示广播，以描绘发生了什么，如下图所示。

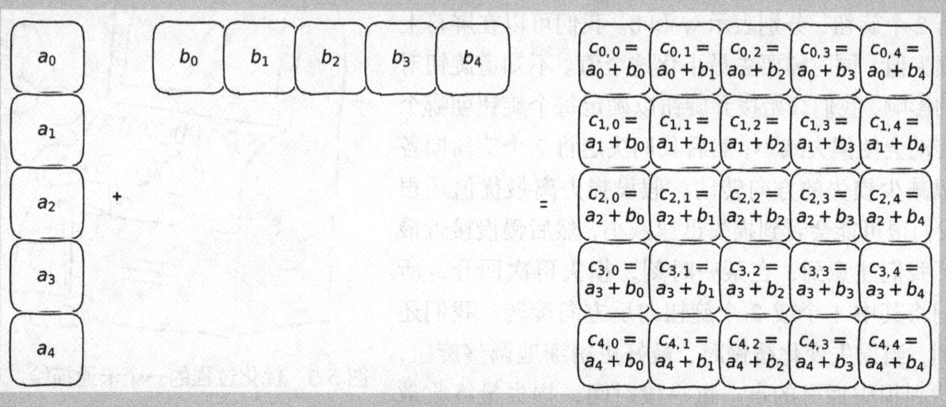

当然，如果没有代码示例，这些都只是理论：

```
# In[7]:
x = torch.ones(())
y = torch.ones(3,1)
z = torch.ones(1,3)
a = torch.ones(2, 1, 1)
print(f"shapes: x: {x.shape}, y: {y.shape}")


print(f"        z: {z.shape}, a: {a.shape}")
print("x * y:", (x * y).shape)
print("y * z:", (y * z).shape)
print("y * z * a:", (y * z * a).shape)

# Out[7]:

shapes: x: torch.Size([]), y: torch.Size([3, 1])
        z: torch.Size([1, 3]), a: torch.Size([2, 1, 1])
x * y: torch.Size([3, 1])

y * z: torch.Size([3, 3])
y * z * a: torch.Size([2, 3, 3])
```

5.4 沿着梯度下降

我们将根据参数使用梯度下降法来优化损失函数。在本节中，我们将从基本原理了解梯度下降是如何工作的，这对我们会有很大帮助。正如我们提到的，有一些方法可以更有效地解决示例中的问题，但这些方法并不适用于大多数深度学习任务。梯度下降实际上是一个非常简单的概念，它可以很好地扩展到具有数百万个参数的大型神经网络模型。

让我们从一幅心智图像开始（我们在图 5.5 中方便地勾勒出了这幅图像）。假设我们在一台机器前面，机器上有 2 个旋钮，分别表示 w 和 b。我们可以在屏幕上看到损失值，同时需要去最小化这个值。不知道旋钮对损失的影响，我们开始拨弄旋钮以确定每个旋钮朝哪个方向转动会使损失减小，然后我们决定将 2 个旋钮向各自可以减少损失的方向转动。假设损失离最优值还很远：我们很可能会看到损失迅速减小，然后慢慢接近最小值。我们注意到，在某一时刻，损失再次回升，所以我们将其中 1 个或 2 个旋钮向反方向旋转。我们还了解到，当损失变化缓慢时，最好更精细地调整旋钮，以免达到损失回升的点。过一段时间，损失最终收敛到最小值。

图 5.5　优化过程的一个卡通描绘，一个人旋转 w 和 b 旋钮，寻找使损失减小的方向

5.4.1 减小损失

梯度下降和我们描述的情况没有什么不同。其思想是计算各参数的损失变化率，并在减小损失变化率的方向上修改各参数。就像我们拨弄旋钮一样，我们可以通过在 w 和 b 上加上一个小数字来估计损失变化率，然后看看损失在这附近的变化有多大。

```
# In[8]:
delta = 0.1

loss_rate_of_change_w = \
    (loss_fn(model(t_u, w + delta, b), t_c) -
     loss_fn(model(t_u, w - delta, b), t_c)) / (2.0 * delta)
```

也就是说，在 w 和 b 的当前值附近，w 的增加会导致损失的一些变化。如果变化是负的，那么我们需要增加 w 来最小化损失，而如果变化是正的，我们需要减小 w 的值。那么值具体增加或减小多少呢？对 w 应用一个与损失变化率成比例的变化是一个好主意，特别是当损失有多个参数时：我们将一个变化应用于那些可以使损失产生重大变化的参数。一般来说，缓慢地改变参数也是明智的，因为在距离当前 w 值的邻域很远的地方，改变的速率可能会有显著的不同。因此，我们通常应该用一个小的比例因子来衡量变化率。这个比例因子有很多名称，我们在机器学习中称为学习率（learning_rate）：

```
# In[9]:
learning_rate = 1e-2

w = w - learning_rate * loss_rate_of_change_w
```

我们可以对 b 采用与 w 相同的处理方式：

```
# In[10]:
loss_rate_of_change_b = \
    (loss_fn(model(t_u, w, b + delta), t_c) -
     loss_fn(model(t_u, w, b - delta), t_c)) / (2.0 * delta)

b = b - learning_rate * loss_rate_of_change_b
```

以上操作表示梯度下降基本参数的更新步骤。通过重复以上评估步骤（只要我们选择一个足够小的学习率），我们将收敛到在给定数据上使损失最小的参数的最优值。我们将很快展示完整的迭代过程，但是我们刚刚计算变化率的方法相当粗糙，在我们继续学习之前需要进行升级。让我们看看原因和方法。

5.4.2 进行分析

通过对模型和损失的重复评估来探测损失函数在 w 和 b 邻域的行为，计算变化率，这在参数较多的模型中不太适合。此外，我们也不总是清楚领域有多大。在 5.4.1 小节中，我们选择 delta 等于 0.1，但这完全取决于由 w 和 b 构成的损失函数的形状。如果与 delta 相比，损失变化太快，我们就无法很好地知道损失在哪个方向上减小得最快。

如果我们可以使邻域无限小，如图 5.6 所示呢？这正是我们分析所得到的损失对参数的导数时所发生的。在一个有 2 个或 2 个以上参数的模型中，我们计算每个参数的损失导数，并将它们放入一个导数向量中，即梯度。

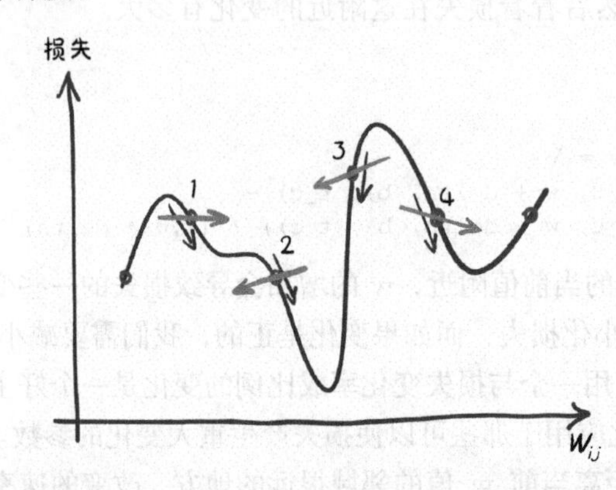

图 5.6　当在离散的位置进行评估与对比分析时，估计下降方向的差异

1. 计算导数

为了计算损失对一个参数的导数，我们可以应用链式法则，先计算损失对于其输入（模型的输出）的导数，再乘模型对参数的导数。

```
d loss_fn / d w = (d loss_fn / d t_p) * (d t_p / d w)
```

回想一下，我们的模型是线性函数，损失是平方和。我们据此来算出导数的表达式。回顾一下损失函数的表达式：

```
# In[4]:
def loss_fn(t_p, t_c):
    squared_diffs = (t_p - t_c)**2
    return squared_diffs.mean()
```

由 $dx^2 / dx = 2x$ 我们得到：

```
# In[11]:
def dloss_fn(t_p, t_c):
    dsq_diffs = 2 * (t_p - t_c) / t_p.size(0)    <- 这个除法来自均值的导数
    return dsq_diffs
```

2. 将导数应用到模型中

回想一下我们的模型：

```
# In[3]:
def model(t_u, w, b):
    return w * t_u + b
```

我们得到了这些导数：

```
# In[12]:
def dmodel_dw(t_u, w, b):
    return t_u

# In[13]:
def dmodel_db(t_u, w, b):
    return 1.0
```

3. 定义梯度函数

把所有这些放在一起，返回关于 w 和 b 的损失梯度的函数：

```
# In[14]:
def grad_fn(t_u, t_c, t_p, w, b):
    dloss_dtp = dloss_fn(t_p, t_c)
    dloss_dw = dloss_dtp * dmodel_dw(t_u, w, b)
    dloss_db = dloss_dtp * dmodel_db(t_u, w, b)
    return torch.stack([dloss_dw.sum(), dloss_db.sum()])
```

将参数应用于模型中的整个输入向量并求和后，结果与我们隐式执行的广播相反

用数学符号表示的相同思想如图 5.7 所示。同样，我们对所有数据点取平均值（求和后除以一个常数），得到损失的每个偏导数的单个标量。

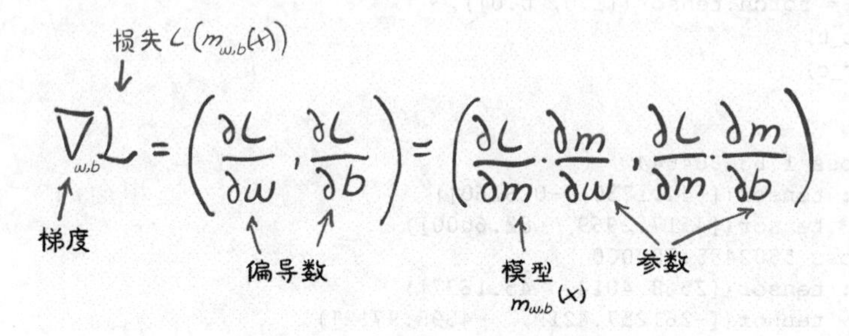

图 5.7 损失函数对权重值的导数

5.4.3 迭代以适应模型

现在我们已经做好了优化参数的准备。从某参数的假定值开始，我们可以对它应用更新，进行固定次数的迭代，或者直到 w 和 b 停止变化为止。有一些让迭代停止的条件，这里我们还是采用固定次数的迭代。

1. 循环训练

既然说到这里，让我们介绍另一个术语。我们称训练迭代为一个迭代周期（epoch），在这个迭代周期，我们更新所有训练样本的参数。

完整的训练循环如下所示（code/p1ch5/1_parameter_estimation.ipynb）：

```
# In[15]:
def training_loop(n_epochs, learning_rate, params, t_u, t_c):
    for epoch in range(1, n_epochs + 1):
        w, b = params

        t_p = model(t_u, w, b)                     <—— 正向传播
        loss = loss_fn(t_p, t_c)
        grad = grad_fn(t_u, t_c, t_p, w, b)             <—— 反向传播

        params = params - learning_rate * grad

        print('Epoch %d, Loss %f' % (epoch, float(loss)))    <—— 这个日志可能非常冗长

    return params
```

实际输出的日志逻辑更加复杂（可参见本章 Jupyter Notebook 文件中的第 15 单元格中的内容），但这些区别对于理解本章的核心概念并不重要。

现在，让我们调用训练循环：

```
# In[17]:
training_loop(
    n_epochs = 100,
    learning_rate = 1e-2,
    params = torch.tensor([1.0, 0.0]),
    t_u = t_u,
    t_c = t_c)

# Out[17]:
Epoch 1, Loss 1763.884644
    Params: tensor([-44.1730, -0.8260])
    Grad:   tensor([4517.2969,  82.6000])
Epoch 2, Loss 5802485.500000
    Params: tensor([2568.4014,  45.1637])
    Grad:   tensor([-261257.4219,  -4598.9712])
Epoch 3, Loss 19408035840.000000
    Params: tensor([-148527.7344,  -2616.3933])
    Grad:   tensor([15109614.0000,  266155.7188])
...
Epoch 10, Loss 90901154706620645225508955521810432.000000
    Params: tensor([3.2144e+17, 5.6621e+15])
    Grad:   tensor([-3.2700e+19, -5.7600e+17])
Epoch 11, Loss inf
    Params: tensor([-1.8590e+19, -3.2746e+17])
    Grad:   tensor([1.8912e+21, 3.3313e+19])

tensor([-1.8590e+19, -3.2746e+17])
```

2. 过度训练

现在发生了什么事？我们的训练过程完全崩溃了，导致损失变成了无穷。这是一个明显的信号，参数接收到的更新太大了，它们的值开始来回波动，因为每次更新修正过度，就会导致下一

次更新更加过度。优化过程是不稳定的：它发散而不是收敛到最小值。我们希望看到参数的更新越来越小，而不是越来越大，如图 5.8 所示。

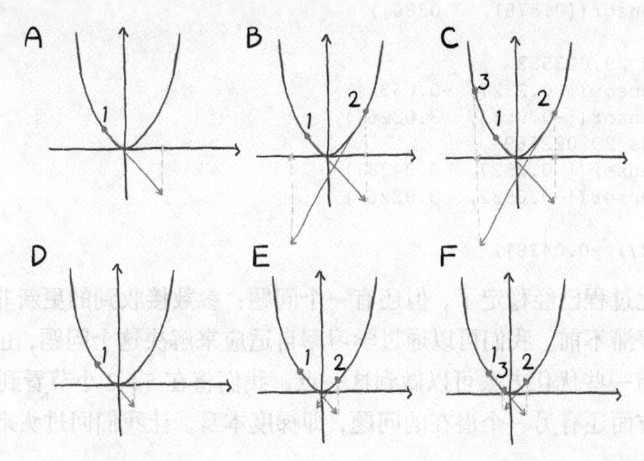

图 5.8 顶部：由于大步幅而对凸函数（类抛物线）进行发散优化。底部：用小步幅进行收敛优化

我们怎样才能限制 learning_rate*grad 的大小呢？看起来很简单。我们可以简单地选择一个小的学习率。事实上，当训练进行得不像我们希望的那样好时，我们通常会改变学习率①，所以我们可以尝试使用 1e-3 或 1e-4，这会以数量级减少更新的次数。现在我们使用 1e-4，看看它是如何工作的：

```
# In[18]:
training_loop(
    n_epochs = 100,
    learning_rate = 1e-4,
    params = torch.tensor([1.0, 0.0]),
    t_u = t_u,
    t_c = t_c)

# Out[18]:
Epoch 1, Loss 1763.884644
    Params: tensor([ 0.5483, -0.0083])
    Grad:   tensor([4517.2969, 82.6000])
Epoch 2, Loss 323.090546
    Params: tensor([ 0.3623, -0.0118])
    Grad:   tensor([1859.5493, 35.7843])
Epoch 3, Loss 78.929634
    Params: tensor([ 0.2858, -0.0135])
    Grad:   tensor([765.4667, 16.5122])
...
Epoch 10, Loss 29.105242
    Params: tensor([ 0.2324, -0.0166])
```

① 改变学习率的方法有一个有趣的名字叫超参数调优。超参数是指我们训练模型的参数，但是超参数控制训练的进展。通常这些参数或多或少是手动设置的。特别地，它们不能是同一优化的一部分。

```
    Grad:   tensor([1.4803, 3.0544])
Epoch 11, Loss 29.104168
    Params: tensor([ 0.2323, -0.0169])
    Grad:   tensor([0.5781, 3.0384])
...
Epoch 99, Loss 29.023582
    Params: tensor([ 0.2327, -0.0435])
    Grad:   tensor([-0.0533,  3.0226])
Epoch 100, Loss 29.022669
    Params: tensor([ 0.2327, -0.0438])
    Grad:   tensor([-0.0532,  3.0226])

tensor([ 0.2327, -0.0438])
```

很好，现在优化过程已经稳定了，但还有一个问题：参数接收到的更新非常小，所以损失下降得非常慢，最终停滞不前。我们可以通过学习率自适应来解决这个问题，也就是说，根据更新的大小进行更改。有一些优化方案可以做到这一点，我们将在5.5.2小节看到。

然而，在更新方面还有另一个潜在的问题，即梯度本身。让我们回过头来看看优化过程中第1个迭代周期的梯度。

5.4.4 归一化输入

我们可以看到，在第1个迭代周期，权重的梯度大约是偏置梯度的50倍。这意味着权重和偏置存在于不同的比例空间中，在这种情况下，如果学习率足够大，能够有效更新其中一个参数，那么对于另一个参数来说，学习率就会变得不稳定，而一个只适合于另一个参数的学习率也不足以有意义地改变前者。这意味着我们无法更新参数，除非我们改变模型的公式。每个参数可以有各自的学习率，但是对于有很多参数的模型，这太麻烦了，我们不喜欢这种“保姆式”的方式。

可以用一种更简单的方法来控制一切：改变输入，这样梯度就不会有太大的不同。粗略地说，我们可以确保输入的范围不会偏离-1.0～1.0太远。在我们的例子中，我们可以通过简单地将t_u乘0.1得到一个足够接近的结果：

```
# In[19]:
t_un = 0.1 * t_u
```

在这里，我们通过在变量名后面附加一个n来表示t_u的归一化版本。现在，我们可以对归一化的输入运行训练循环了：

```
# In[20]:
training_loop(
    n_epochs = 100,
    learning_rate = 1e-2,
    params = torch.tensor([1.0, 0.0]),
    t_u = t_un,      <-- 我们已经将t_u更新为新的、重新标定的t_un
    t_c = t_c)

# Out[20]:
```

```
Epoch 1, Loss 80.364342
    Params: tensor([1.7761, 0.1064])
    Grad:   tensor([-77.6140, -10.6400])
Epoch 2, Loss 37.574917
    Params: tensor([2.0848, 0.1303])
    Grad:   tensor([-30.8623,  -2.3864])
Epoch 3, Loss 30.871077
    Params: tensor([2.2094, 0.1217])
    Grad:   tensor([-12.4631,   0.8587])
...
Epoch 10, Loss 29.030487
    Params: tensor([ 2.3232, -0.0710])
    Grad:   tensor([-0.5355,  2.9295])
Epoch 11, Loss 28.941875
    Params: tensor([ 2.3284, -0.1003])
    Grad:   tensor([-0.5240,  2.9264])
...
Epoch 99, Loss 22.214186
    Params: tensor([ 2.7508, -2.4910])
    Grad:   tensor([-0.4453,  2.5208])
Epoch 100, Loss 22.148710
    Params: tensor([ 2.7553, -2.5162])
    Grad:   tensor([-0.4446,  2.5165])

tensor([ 2.7553, -2.5162])
```

即使我们将学习率调回到 1e-2，参数也不会在迭代更新中“爆炸”。让我们来看看梯度：它们的大小相似，所以对 2 个参数使用一个学习率就可以了。也许我们可以采用更好的方法来进行归一化操作而不是简单地按 10 倍的比例缩放，但是既然这样做已经足够满足我们的需求，我们就继续使用它。

注意 这里的归一化确实有助于训练网络，但是你可以认为，对于这个特殊的问题，并不需要严格地优化参数。这个问题很小，有很多方法可以解决。然而，对于更大、更复杂的问题，使用归一化可以简单而有效地改进模型的收敛性。

让我们运行循环进行足够的迭代，以查看参数中的变化是否越来越小。我们将把 n_epochs 改为 5000：

```
# In[21]:
params = training_loop(
    n_epochs = 5000,
    learning_rate = 1e-2,
    params = torch.tensor([1.0, 0.0]),
    t_u = t_un,
    t_c = t_c,
    print_params = False)

params

# Out[21]:
```

```
Epoch 1, Loss 80.364342
Epoch 2, Loss 37.574917
Epoch 3, Loss 30.871077
...
Epoch 10, Loss 29.030487
Epoch 11, Loss 28.941875
...
Epoch 99, Loss 22.214186
Epoch 100, Loss 22.148710
...
Epoch 4000, Loss 2.927680
Epoch 5000, Loss 2.927648

tensor([ 5.3671, -17.3012])
```

当我们沿着梯度下降的方向改变参数时，我们的损失减小了。它不会完全趋近于 0，这可能意味着迭代次数不足以使其收敛到 0，或者数据点不完全在一条线上。正如我们预期的那样，我们的测量不是完全准确的，或者读数中有噪声。

但是，请注意：w 和 b 的值看起来非常像我们将摄氏温度转换为华氏温度所需要用到的数字（在考虑了之前的归一化之后，我们将输入值乘 0.1）。确切的值应该是 w=5.5556、b=－17.7778。我们特制的温度计一直在显示华氏温度，除了我们的梯度优化过程有效，并没有什么大发现！

5.4.5 再次可视化数据

让我们回顾一开始我们所做的事情：绘制数据。说真的，这是做数据科学的人应该做的第 1 件事：

```
# In[22]:
%matplotlib inline
from matplotlib import pyplot as plt

t_p = model(t_un, *params)

fig = plt.figure(dpi=600)
plt.xlabel("Temperature (°Fahrenheit)")
plt.ylabel("Temperature (°Celsius)")
plt.plot(t_u.numpy(), t_p.detach().numpy())
plt.plot(t_u.numpy(), t_c.numpy(), 'o')
```

记住，我们正在对归一化的未知部分进行训练。我们也使用参数解包

但是我们画的是原始的未知数

我们在这里使用了一个 Python 技巧，称为参数解包：*params 表示将 params 的元素作为单独的参数传递。在 Python 中，这通常是通过列表或元组来完成的，但是我们也可以使用 PyTorch 张量来进行参数解包，这种参数是沿着第一个维度被拆分的。这里，model(t_un,*params)等价于 model(t_un,params[0],params[1])。

此代码生成的图如图 5.9 所示。我们的线性模型似乎是一个很好的数据模型，但测量结果似乎有些不稳定。我们要么打电话给验光师换一副新眼镜，要么考虑把我们漂亮的温度计退回去。

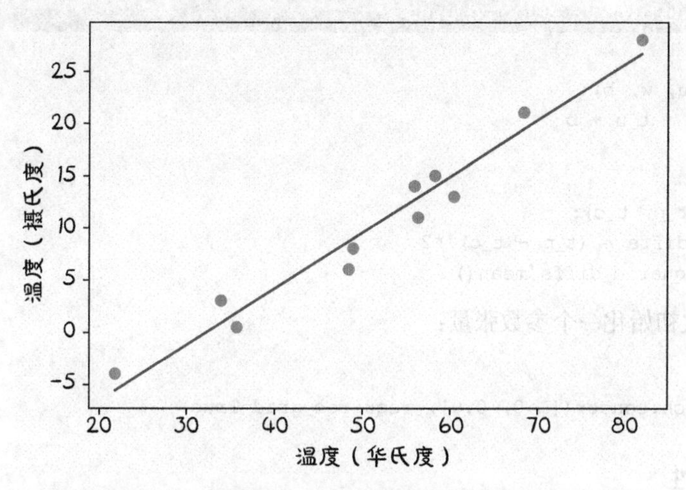

图 5.9 线性拟合模型（实线）与输入数据（圆点）的曲线

5.5 PyTorch 自动求导：反向传播的一切

在之前的介绍中，我们看到了一个简单的反向传播的例子：通过使用链式规则反向传播导数，我们计算了模型和损失的复合函数关于其内部参数 w 和 b 的梯度。这里的基本要求是我们处理的所有函数都是可微的。如果是这种情况，我们可以在一次扫描中计算相对于参数的梯度，即我们早期所称的“损失变化率”。

即使我们有一个包含数百万个参数的复杂模型，只要我们的模型是可微的，计算关于参数的损失梯度就是写出导数的解析表达式并计算一次。当然，写一个非常深的线性和非线性函数的导数的解析表达式并不是很有趣，同时该表达式运行得也不会特别快。

5.5.1 自动计算梯度

这时 PyTorch 张量就会发挥作用（使用名为 autograd 的 PyTorch 组件）。第 3 章全面介绍了张量以及我们可以调用的相关函数。然而，我们忽略了非常有趣的一点：PyTorch 张量可以记住它们自己从何而来，根据产生它们的操作和父张量，它们可以根据输入自动提供这些操作的导数链。这意味着我们不需要手动推导模型，给定一个前向表达式，无论嵌套方式如何，PyTorch 都会自动提供表达式相对其输入参数的梯度。

1. 应用自动求导

此时，最好的方法之一是重写我们的温度计校准代码，这次使用自动求导，看看会发生什么。首先，我们回顾一下我们的模型和损失函数，见代码清单 5.1。

代码清单 5.1 code/p1ch5/2_autograd.ipynb

```
# In[3]:
def model(t_u, w, b):
    return w * t_u + b

# In[4]:
def loss_fn(t_p, t_c):
    squared_diffs = (t_p - t_c)**2
    return squared_diffs.mean()
```

让我们再一次初始化一个参数张量：

```
# In[5]:
params = torch.tensor([1.0, 0.0], requires_grad=True)
```

2. 使用 grad 属性

注意到张量构造函数的 requires_grad=True 参数了吗？这个参数告诉 PyTorch 跟踪由对 params 张量进行操作后产生的张量的整个系谱树。换句话说，任何将 params 作为祖先的张量都可以访问从 params 到那个张量调用的函数链。如果这些函数是可微的（大多数 PyTorch 张量操作都是可微的），导数的值将自动填充为 params 张量的 grad 属性。

通常，所有 PyTorch 张量都有一个名为 grad 的属性。通常情况下，该属性值为 None：

```
# In[6]:
params.grad is None

# Out[6]:
True
```

我们所要做的就是从一个 requires_grad 为 True 的张量开始，调用模型并计算损失，然后反向调用损失张量：

```
# In[7]:
loss = loss_fn(model(t_u, *params), t_c)
loss.backward()

params.grad

# Out[7]:
tensor([4517.2969, 82.6000])
```

此时，params 的 grad 属性包含关于 params 的每个元素的损失的导数。

当我们计算损失时，参数 w 和 b 需要计算梯度。除了执行实际的计算外，PyTorch 还创建了以操作（黑色圆圈）为节点的自动求导图，如图 5.10 上部所示。当我们调用 loss.backward()时，PyTorch 将反向遍历此图以计算梯度，如图 5.10 下部所示。

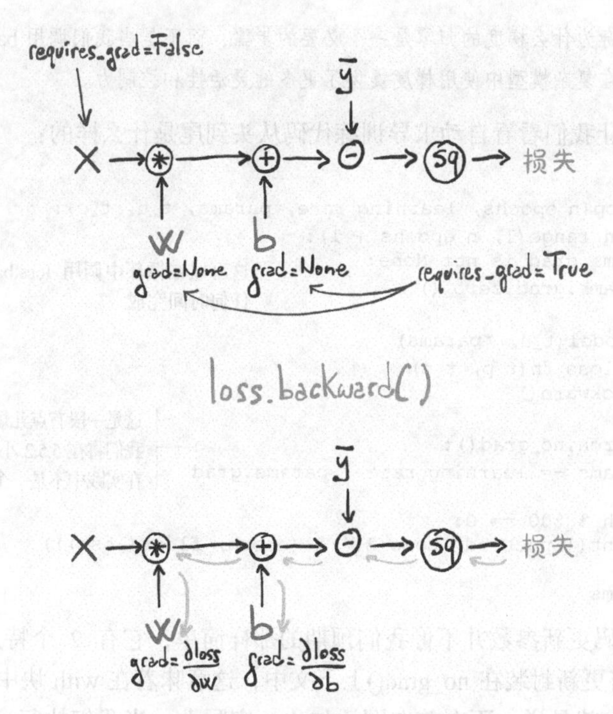

图 5.10 执行自动求导计算得到模型的前向图和反向图

3. 累加梯度函数

我们可以有任意数量的 requires_grad 为 True 的张量和任意组合的函数。在这种情况下，PyTorch 将计算整个函数链（计算图）中损失的导数，并将它们的值累加到这些张量的 grad 属性中（图的叶节点）。

注意，这是许多 PyTorch 初学者以及一些有经验的人经常会弄错的，我们在这里要强调的是导数是累加存储到 grad 属性中的。

注意 调用 backward()将导致导数在叶节点上累加。使用梯度进行参数更新后，我们需要显式地将梯度归零。

让我们一起复述一遍：调用 backward()将导致导数在叶节点上累加，因此如果提前调用 backward()，则会再次计算损失，再次调用 backward()（就像在任何训练循环中一样），每个叶节点上的梯度将在上一次迭代中计算的梯度之上累加（求和），这会导致梯度计算不正确。

为了防止这种情况发生，我们需要在每次迭代时明确地将梯度归零。我们可以就地使用 zero()_方法轻松地完成这一任务：

```
# In[8]:
if params.grad is not None:
    params.grad.zero_()
```

注意 你可能会好奇为什么梯度的归零是一个必要的步骤，而不是当我们调用 backward()时自动进行归零。这样做为在复杂模型中使用梯度提供了更多的灵活性和控制力。

有了这些提醒，让我们看看自动求导训练代码从头到尾是什么样的：

```
# In[9]:
def training_loop(n_epochs, learning_rate, params, t_u, t_c):
    for epoch in range(1, n_epochs + 1):
        if params.grad is not None:
            params.grad.zero_()

        t_p = model(t_u, *params)
        loss = loss_fn(t_p, t_c)
        loss.backward()

        with torch.no_grad():
            params -= learning_rate * params.grad

        if epoch % 500 == 0:
            print('Epoch %d, Loss %f' % (epoch, float(loss)))

    return params
```

这可以在循环中调用 loss.backward()之前的任何时间完成

这是一段有点儿烦琐的代码，但是正如我们将在 5.5.2 小节中看到的那样，这在实践中不是一个问题

注意，我们的代码更新参数并不像我们预期的那样简单，它有 2 个特点。首先，我们使用 Python 的 with 语句将更新封装在 no_grad()上下文中，这意味着在 with 块中，PyTorch 自动求导机制将不起作用[①]：也就是说，不向前向图添加边。实际上，当我们执行这段代码时，PyTorch 记录的前向图在我们调用 backward()时被消费掉，留下 params 叶节点。但是现在我们想在叶节点建立一个新的前向图之前改变它。虽然这个例子通常被封装在我们在 5.5.2 小节所讨论的优化器中，但是当我们在 5.5.4 小节中看到 no_grad()的另一种常见用法时我们还会做进一步讨论。

其次，我们在适当的地方更新 params 张量，这意味着我们保持相同的 params 张量但从中减去更新。当使用自动求导时，我们通常避免就地更新，因为 PyTorch 的自动求导引擎可能需要我们修改反向传播的值。然而，在这里，我们没有自动求导操作，保持 params 张量是有益的。当我们在 5.5.2 小节中向优化器注册参数时，不通过为其变量名分配新的张量来替换参数将变得至关重要。

让我们看看它是否有效：

```
# In[10]:
training_loop(
    n_epochs = 5000,
    learning_rate = 1e-2,
    params = torch.tensor([1.0, 0.0], requires_grad=True),
    t_u = t_un,
    t_c = t_c)

# Out[10]:
Epoch 500, Loss 7.860116
```

添加 requires_grad=True 是关键

同样，我们用的是归一化的 t_un，而不是 t_u

① 实际上，它将使用原地（inplace）操作跟踪更改参数的情况。

```
Epoch 1000, Loss 3.828538
Epoch 1500, Loss 3.092191
Epoch 2000, Loss 2.957697
Epoch 2500, Loss 2.933134
Epoch 3000, Loss 2.928648
Epoch 3500, Loss 2.927830
Epoch 4000, Loss 2.927679
Epoch 4500, Loss 2.927652
Epoch 5000, Loss 2.927647

tensor([  5.3671, -17.3012], requires_grad=True)
```

结果和我们之前得到的是一样的。这意味着，虽然我们有能力手动计算导数，但我们不再需要这样做。

5.5.2 优化器

在示例代码中，我们使用了批量梯度下降（vanilla[①]）进行优化，这在我们的简单例子中运行良好。毋庸置疑，有一些优化策略和技巧可以帮助收敛，特别是当模型变得复杂时。

我们将在后文深入探讨这个主题，但是现在是时候介绍 PyTorch 从用户代码中提取优化策略的方法了（也就是我们检查过的训练循环），这就避免了我们必须自己更新模型中的每个参数的烦琐工作。

torch 模块有一个 optim 子模块，我们可以在其中找到实现不同优化算法的类。以下是一个简要列表（code/p1ch5/ 3_optimizers.ipynb）：

```
# In[5]:
import torch.optim as optim

dir(optim)

# Out[5]:
['ASGD',
 'Adadelta',
 'Adagrad',
 'Adam',
 'Adamax',
 'LBFGS',
 'Optimizer',
 'RMSprop',
 'Rprop',
 'SGD',
 'SparseAdam',
 ...
]
```

每个优化器构造函数都接收一个参数列表（又称 PyTorch 张量，通常将 requires_grad 设置为

① vanilla 是一个机器学习 Python 程序库的名字，也就是大家所熟知的批量梯度下降。——译者注

True）作为第 1 个输入。传递给优化器的所有参数都保留在优化器对象中，这样优化器就可以更新它们的值并访问它们的 grad 属性，如图 5.11 所示。

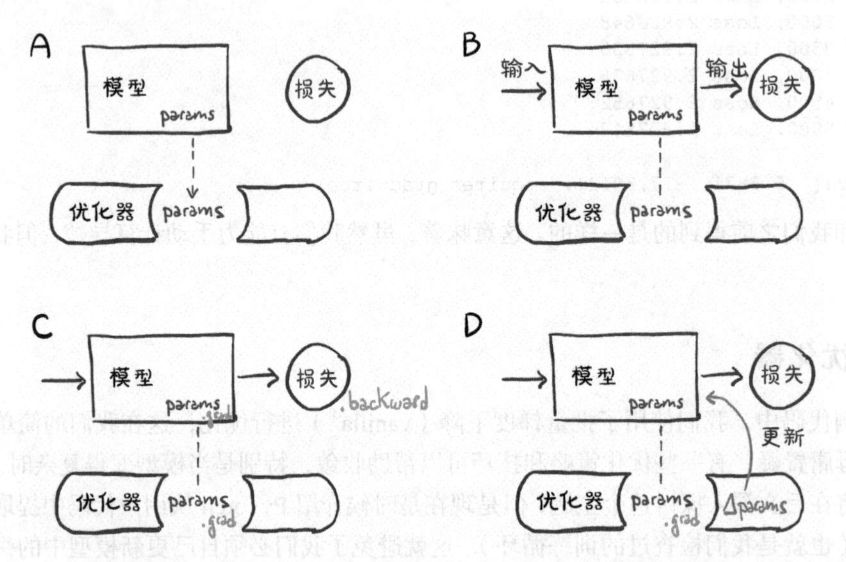

图 5.11 （A）优化器如何保持对参数引用的概念表示；（B）从输入中计算出损失后；（C）调用.backward 导致.grad 被填充到参数中；（D）此时，优化器可以访问.grad 并计算参数更新

每个优化器公开 2 个方法：zero_grad()和 step.zero_grad()，在构造函数中将传递给优化器的所有参数的 grad 属性归零。step()根据特定优化器实现的优化策略更新这些参数的值。

1．使用一个梯度下降优化器

让我们创建 params 张量并实例化一个梯度下降优化器：

```
# In[6]:
params = torch.tensor([1.0, 0.0], requires_grad=True)
learning_rate = 1e-5
optimizer = optim.SGD([params], lr=learning_rate)
```

这里 SGD 代表随机梯度下降。实际上，优化器本身就是一个标准的梯度下降法（只要将 momentum 参数设置为 0.0，这是默认值）。“随机”一词来自这样一个事实，即梯度通常是通过对所有输入样本的一个随机子集（称为小批量）取平均值而得到的。然而，优化器不知道损失是在所有样本（批量）上评估的，还是在它们的随机子集（随机）上评估的，所以在这 2 种情况下，算法实际上是相同的。

不管怎样，让我们来看看我们的新优化器：

```
# In[7]:
t_p = model(t_u, *params)
loss = loss_fn(t_p, t_c)
```

```
loss.backward()

optimizer.step()

params

# Out[7]:
tensor([ 9.5483e-01, -8.2600e-04], requires_grad=True)
```

params 的值在调用 step()时更新，而不需要我们自己去操作！即优化器会查看 params.grad 并更新 params，从中减去学习率乘梯度，就像我们以前手动编写的代码一样。

在将这段代码放入一个训练循环之前，我们需要把梯度归零。

如果我们在一个循环中调用前面的代码，梯度就会在每次调用 backward()时在叶节点中累加，那么我们的梯度下降就会遍布整个循环区域！下面是准备循环的代码，在适当的位置即在调用 backward()之前对 zero_grad()的调用。

```
# In[8]:
params = torch.tensor([1.0, 0.0], requires_grad=True)
learning_rate = 1e-2
optimizer = optim.SGD([params], lr=learning_rate)

t_p = model(t_un, *params)
loss = loss_fn(t_p, t_c)

optimizer.zero_grad()    <- 与前面一样，这个调用有些随意，它也可能是在循环的早期被调用
loss.backward()
optimizer.step()

params

# Out[8]:
tensor([1.7761, 0.1064], requires_grad=True)
```

完美！看看 optim 模块如何帮助我们抽象出特定的优化方案？我们所要做的就是向它提供一个参数列表（这个列表可能非常长，这是深度神经网络模型所需要的）。

让我们相应地更新我们的训练循环：

```
# In[9]:
def training_loop(n_epochs, optimizer, params, t_u, t_c):
    for epoch in range(1, n_epochs + 1):
        t_p = model(t_u, *params)
        loss = loss_fn(t_p, t_c)

        optimizer.zero_grad()
        loss.backward()
        optimizer.step()

        if epoch % 500 == 0:
            print('Epoch %d, Loss %f' % (epoch, float(loss)))

    return params
```

```
# In[10]:
params = torch.tensor([1.0, 0.0], requires_grad=True)
learning_rate = 1e-2
optimizer = optim.SGD([params], lr=learning_rate)

training_loop(
    n_epochs = 5000,
    optimizer = optimizer,
    params = params,
    t_u = t_un,
    t_c = t_c)

# Out[10]:
Epoch 500, Loss 7.860118
Epoch 1000, Loss 3.828538
Epoch 1500, Loss 3.092191
Epoch 2000, Loss 2.957697
Epoch 2500, Loss 2.933134
Epoch 3000, Loss 2.928648
Epoch 3500, Loss 2.927830
Epoch 4000, Loss 2.927680
Epoch 4500, Loss 2.927651
Epoch 5000, Loss 2.927648

tensor([  5.3671, -17.3012], requires_grad=True)
```

2 个 params 都是同一个对象很重要，否则优化器不知道模型使用了什么参数

同样，我们得到了和之前一样的结果。这进一步证实了虽然我们知道如何手动降低梯度，但我们不再需要这样做。

2. 测试其他优化器

为了测试其他优化器，我们所要做的就是实例化一个不同的优化器，如 Adam 替换 SGD。代码的其余部分保持原样。

关于 Adam 优化器，我们将不介绍过多细节。它是一个更复杂的优化器，其中学习率是自适应设置的。此外，它对参数的缩放不太敏感——以至于我们可以使用原始的（非归一化的）输入 t_u，甚至可以将学习率提高到 1e-1。

```
# In[11]:
params = torch.tensor([1.0, 0.0], requires_grad=True)
learning_rate = 1e-1
optimizer = optim.Adam([params], lr=learning_rate)

training_loop(
    n_epochs = 2000,
    optimizer = optimizer,
    params = params,
    t_u = t_u,
    t_c = t_c)
```

新的优化器类

我们使用原始的输入 t_u

```
# Out[11]:
Epoch 500, Loss 7.612903
Epoch 1000, Loss 3.086700
Epoch 1500, Loss 2.928578
Epoch 2000, Loss 2.927646

tensor([   0.5367, -17.3021], requires_grad=True)
```

优化器不是我们训练循环中唯一灵活的部分，现在让我们把注意力转向模型。为了在相同的数据和相同的损失上训练神经网络，我们只需要改变模型函数。在这种情况下，这样做并没有什么特别的意义，因为我们知道，将摄氏温度转换为华氏温度等于一个线性变换，但我们还是会在第 6 章中这样做。我们很快就会看到，神经网络可以取代我们对应该近似的函数形状的任意假设。即便如此，我们还是要看看神经网络是如何被训练的，即使其基础过程是高度非线性的（如用一句话描述图像，就像我们在第 2 章看到的那样）。

我们已经触及了许多基本概念，这些概念将使我们能够训练复杂的深度学习模型，同时了解底层是如何运行的：反向传播估计梯度、自动求导，以及使用梯度下降或其他优化器优化模型的权重，其余的主要是填补空白。

接下来，我们将顺便提一下如何分割我们的样本，因为这为学习更好地控制自动求导建立了一个“完美”的用例。

5.5.3 训练、验证和过拟合

开普勒告诉了我们一件我们还没有讨论的事情，还记得吗？他把部分数据放在一边，以便从独立的观测结果中验证他的模型。这是一件非常重要的事情，尤其是当我们采用的模型（如神经网络）可以潜在地逼近任何形状的函数时。换句话说，一个具有高度适应性的模型将倾向于使用它的许多参数来确保在数据点的损失最小，但是我们不能保证模型远离数据点后或在数据点之间运行良好。毕竟，这就是我们要求优化器做的事情：最小化数据点的损失。可以肯定的是，如果我们有独立的数据点，我们不会将其用来评估我们的损失或沿着它的负梯度下降，因为我们很快会发现，评估这些独立数据点的损失将产生比预期更高的损失。我们已经提到过这种现象，叫作过拟合。

我们应对过拟合的第 1 个行动就是认识到它可能会发生。为了做到这一点，开普勒在 1600 年就指出了，我们必须从我们的数据集（验证集）中取出一些数据点，并且只在剩下的数据点（训练集）上拟合我们的模型，如图 5.12 所示。然后，当我们拟合模型时，我们可以评估训练集和验证集上的损失。当我们试图决定我们是否已经很好地将模型与数据拟合时，我们必须同时考虑二者！

1. 评估训练损失

训练损失会告诉我们，我们的模型是否能够完全拟合训练集，换句话说，我们的模型是否有足够的能力处理数据中的相关信息。如果我们的温度计以某种方式使用对数刻度来测量温度，那么我们的线性模型就没有机会拟合这些测量值，也不能为我们提供一个合理的摄氏温度转换值。在这种情况下，我们的训练损失（我们在训练循环中输出的损失）将在接近 0 的时候停止下降。

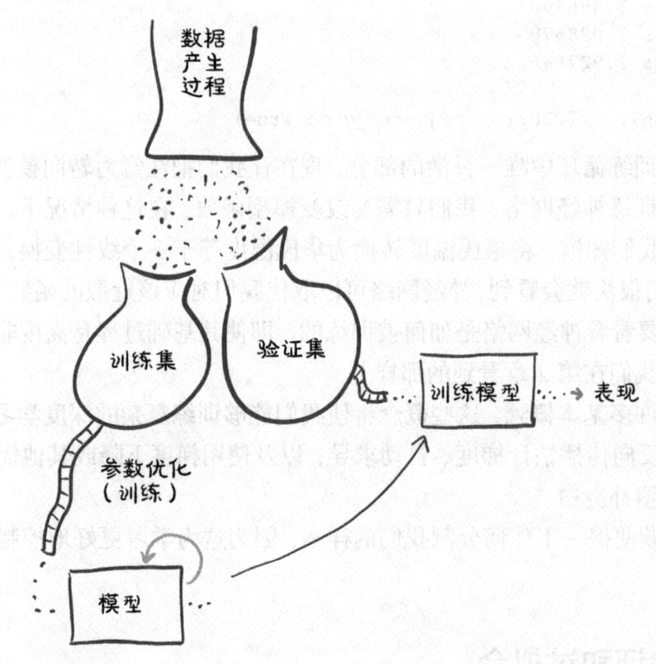

图 5.12 数据产生过程、收集和使用训练数据以及独立验证数据的概念表示

深度神经网络可以潜在地近似复杂的函数，前提是神经元的数量和参数足够多。参数的数目越少，我们的网络所能近似的函数的形状就越简单。所以，规则 1：如果训练损失没有减少，一种可能是因为模型对数据来说太简单了。训练损失没有减少的另一种可能性是我们的数据没有有意义的信息以让模型对输出做出解释，如果商店里的店员卖给我们一个气压计而不是温度计，即使我们使用魁北克最新的神经网络结构，也几乎不可能仅仅通过气压来预测摄氏温度。

2．推广到验证集

对于验证集呢？如果在验证集中评估的损失没有随着训练集的增加而减少，这意味着我们的模型正在改进它在训练过程中看到的样本的拟合度，但是它不能推广到这个精确数据集之外的样本。一旦我们在新的、先前未见的点上评估模型，损失函数的值就会很差。规则 2：如果训练损失和验证损失发散，则表明出现了过拟合现象。

让我们稍微研究一下这个现象。回到温度计的例子，我们决定用一个更复杂的函数来拟合数据，如分段多项式或者一个非常大的神经网络。它可以生成一个蜿蜒通过数据点的模型，如图 5.13 所示，因为它将损失降到非常接近于 0 的水平。由于函数远离数据点的行为不会增加损失，因此没有什么可以让模型检查训练数据点以外的输入。

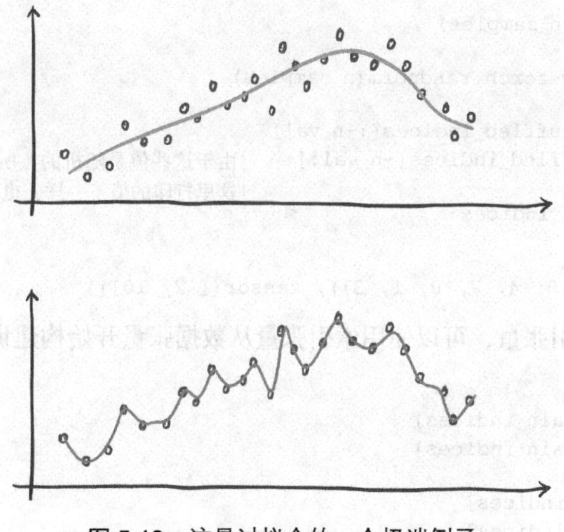

图 5.13 这是过拟合的一个极端例子

那么有什么好的解决办法呢？从我们刚才说的来看，过拟合看起来确实是一个问题，它要确保模型在数据点之间的行为对我们试图近似的过程是合理的。首先，我们应该确保我们有足够的数据用于这个过程。如果我们从正弦曲线上采集数据，定期以低频率采样，我们很难拟合一个模型。

如果我们有足够的数据点，我们应该确保能够拟合训练数据的模型在数据点之间尽可能有规律。有几种方法可以实现这一点。一种方法是在损失函数中添加惩罚项，这种简单的方式使其表现更平稳、变化更缓慢（在一定程度上）。另一种方法是在输入样本中添加噪声，人为地在训练数据样本之间创建新的数据点，并迫使模型也试图拟合这些数据点。还有其他几种方法，它们都与这两种方法有某种关系。但我们能做的最好的事情是让我们的模型更简单，至少能做的第一步是这样的。从直观的角度来看，一个更简单的模型可能不能像一个更复杂的模型那样完美地拟合训练数据，但它可能在数据点之间表现得更有规律。

我们有一些很好的折衷方法。一方面，我们需要模型有足够的能力来拟合训练集。另一方面，我们需要避免模型过拟合。因此，为神经网络模型选择合适的参数的过程分为 2 步：增大参数直到拟合，然后缩小参数直到停止过拟合。

我们在第 12 章将会看到更多拟合和过拟合的情况，我们会发现我们的模型是在拟合和过拟合之间寻求平衡。现在回到我们的例子，看看我们如何把数据分割成一个训练集和一个验证集。我们将通过同样的方式打乱 t_u 和 t_c，然后把打乱后的张量分割成两部分。

3．分割数据集

把一个张量的元素打乱，就等于找到一种方法将其元素索引重排列，randperm()函数就是这样做的：

```
# In[12]:
n_samples = t_u.shape[0]
```

```
n_val = int(0.2 * n_samples)

shuffled_indices = torch.randperm(n_samples)

train_indices = shuffled_indices[:-n_val]
val_indices = shuffled_indices[-n_val:]

train_indices, val_indices

# Out[12]:
(tensor([9, 6, 5, 8, 4, 7, 0, 1, 3]), tensor([ 2, 10]))
```

由于这些值是随机的，所以如果你得到的值与这里打印的值不一样，也不要感到惊讶

我们刚刚得到了索引张量，可以使用索引张量从数据张量开始构建训练集和验证集：

```
# In[13]:
train_t_u = t_u[train_indices]
train_t_c = t_c[train_indices]

val_t_u = t_u[val_indices]
val_t_c = t_c[val_indices]

train_t_un = 0.1 * train_t_u
val_t_un = 0.1 * val_t_u
```

我们的训练循环实际上并没有改变。我们只是想额外评估每个迭代周期的验证损失，以便有机会认识到我们是否过拟合：

```
# In[14]:
def training_loop(n_epochs, optimizer, params, train_t_u, val_t_u,
                  train_t_c, val_t_c):
    for epoch in range(1, n_epochs + 1):
        train_t_p = model(train_t_u, *params)
        train_loss = loss_fn(train_t_p, train_t_c)

        val_t_p = model(val_t_u, *params)
        val_loss = loss_fn(val_t_p, val_t_c)

        optimizer.zero_grad()
        train_loss.backward()
        optimizer.step()

        if epoch <= 3 or epoch % 500 == 0:
            print(f"Epoch {epoch}, Training loss {train_loss.item():.4f},"
                  f" Validation loss {val_loss.item():.4f}")

    return params
```

除了 train_*和 val_*，这 2 行代码是相同的

注意，这里没有 val_loss.backward()，因为我们不想在验证集上训练模型

```
# In[15]:
params = torch.tensor([1.0, 0.0], requires_grad=True)
learning_rate = 1e-2
optimizer = optim.SGD([params], lr=learning_rate)

training_loop(
```

```
    n_epochs = 3000,
    optimizer = optimizer,
    params = params,
    train_t_u = train_t_un,
    val_t_u = val_t_un,
    train_t_c = train_t_c,
    val_t_c = val_t_c)

# Out[15]:
Epoch 1, Training loss 66.5811, Validation loss 142.3890
Epoch 2, Training loss 38.8626, Validation loss 64.0434
Epoch 3, Training loss 33.3475, Validation loss 39.4590
Epoch 500, Training loss 7.1454, Validation loss 9.1252
Epoch 1000, Training loss 3.5940, Validation loss 5.3110
Epoch 1500, Training loss 3.0942, Validation loss 4.1611
Epoch 2000, Training loss 3.0238, Validation loss 3.7693
Epoch 2500, Training loss 3.0139, Validation loss 3.6279
Epoch 3000, Training loss 3.0125, Validation loss 3.5756

tensor([  5.1964, -16.7512], requires_grad=True)
```

由于我们再次使用 SGD，我们又回到了使用归一化输入

在这里，我们对模型的处理并不是很公平。因为验证集很小，所以验证损失也只有在一定程度上才有意义。在任何情况下，我们注意到验证损失比训练损失要高，尽管不是一个数量级。我们期望模型在训练集上表现得更好，因为模型参数是由训练集塑造的。我们的主要目标是同时减少训练损失和验证损失。虽然在理想情况下，两种损失的值应大致相同，但只要验证损失与训练损失接近程度合理，我们就知道我们的模型在继续学习关于数据集的一般性知识。在图 5.14 中，C 模型是理想的，D 模型是可以接受的，而 A 模型根本不学习，B 模型存在过拟合。我们将在第 12 章中看到更多关于过拟合的有意义的例子。

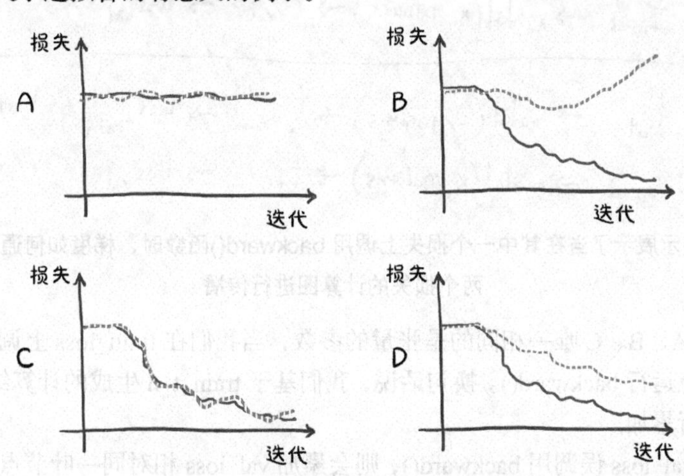

图 5.14 查看训练（实线）和验证（虚线）损失时出现的过拟合场景。（A）由于数据中没有信息或模型没有足够的能力，导致训练损失和验证损失没有减少。（B）训练损失减少，而验证损失增加：过拟合。（C）训练损失和验证损失同步减少，当模型不处于过拟合的极限时，性能可以进一步提高。（D）训练损失和验证损失的绝对值不同，但趋势相似：过拟合得到控制

5.5.4 自动求导更新及关闭

从前面的训练循环中，我们可以了解到我们只对 train_loss 调用了 backward()，因此，误差只会在训练集上反向传播。验证集用于提供一份独立的模型评估，评估模型对未用于训练的数据的输出的准确性。

好奇的读者此时会有一个小小的疑问，那就是对模型进行了 2 次评估，一次在 train_t_u 上，一次在 val_t_u 上，然后才调用 backward()，这难道不会让自动求导“迷惑”吗？难道 backward() 不会受到在验证集上传递时生成的值的影响吗？

幸运的是，情况并非如此。训练循环中的第 1 行对 train_t_u 上的模型进行评估，以生成 train_t_p，然后从 train_t_p 评估 train_loss。这将创建一个计算图，将 train_t_u、train_t_p 和 train_loss 连接起来。当模型再次在 val_t_u 上求值时，将生成 val_t_p 和 val_loss。在本例中，将创建一个单独的计算图，将 val_t_u、val_t_p 和 val_loss 连接起来。将单独的张量经过相同的函数，即 model 和 loss_fn()运算，得到单独的计算图，如图 5.15 所示。

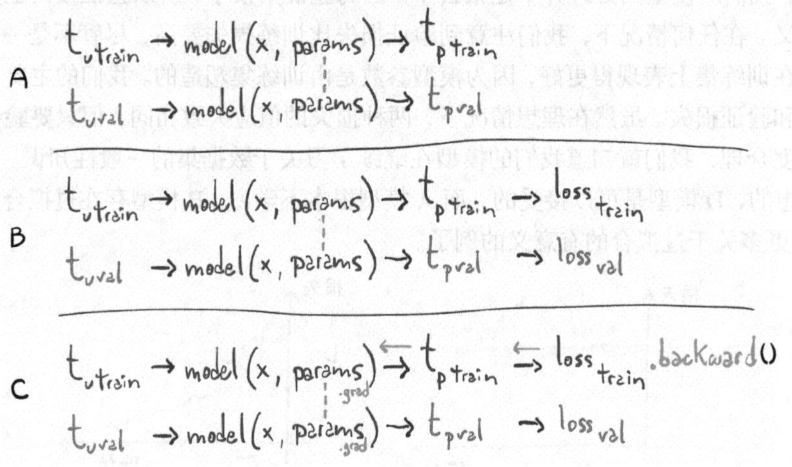

图 5.15　图示展示了当在其中一个损失上调用.backward()函数时，梯度如何通过一个包含两个损失的计算图进行传播

图 5.15 中的 A、B、C 唯一相同的是张量的参数，当我们在 train_loss 上调用 backward()时，我们在第 1 张图上运行 backward()。换句话说，我们基于 train_t_u 生成的计算结果，将 train_loss 对参数的导数进行累加。

如果我们对 val_loss 误调用 backward()，则会累加 val_loss 相对同一叶节点上的参数的导数。还记得 zero_grad()吗？每次调用 backward()时，梯度都是相互累加的，除非我们显式地将梯度归零。嗯，这里会发生一些非常相似的事情：在 val_loss 上调用 backward()，在 train_loss.backward() 调用生成的结果之上，将导致梯度在 params 张量中累加。在这种情况下，我们将在整个数据集上（训练集和验证集）有效地训练我们的模型，因为梯度将依赖于这二者，非常有趣。

这里还有一个需要讨论的因素，既然我们从来没有在 val_loss 上调用 backward()，那么为什么要首先构建这个图呢？实际上，我们可以只将 model()和 loss_fn()作为普通函数调用，而不用跟踪计算结果。无论如何优化，构建自动求导图都会带来额外的开销，在验证过程中我们完全可以放弃这些开销，特别是当模型有数百万个参数时。为了解决这个问题，PyTorch 允许我们在不需要的时候关闭自动求导，使用上下文管理器 torch.no_grad()[①]。在这个小问题上，我们并不会看到构建自动求导图在速度或内存开销方面有任何有意义的优势。不过，对于更大的模型，这些差异会累加起来。我们可以通过检查 val_loss 张量上的 requires_grad 属性的值来确保这是否有效：

```
# In[16]:
def training_loop(n_epochs, optimizer, params, train_t_u, val_t_u,
                  train_t_c, val_t_c):
    for epoch in range(1, n_epochs + 1):
        train_t_p = model(train_t_u, *params)
        train_loss = loss_fn(train_t_p, train_t_c)

        with torch.no_grad():
            val_t_p = model(val_t_u, *params)
            val_loss = loss_fn(val_t_p, val_t_c)
            assert val_loss.requires_grad == False

        optimizer.zero_grad()
        train_loss.backward()
        optimizer.step()
```

这里是上下文管理器

检查在此块中输出的 requires_grad 属性的值是否被强制设为 False

使用相关的 set_grad_enabled()，我们还可以根据一个布尔表达式设定代码运行时启用或禁用自动求导的条件，典型的条件是我们是在训练模式还是推理模式下运行。例如，我们可以定义一个 calc_forward()方法，它接收数据作为输入，根据一个布尔类型的参数决定 model()和 loss_fn()是否会进行自动求导。

```
# In[17]:
def calc_forward(t_u, t_c, is_train):
    with torch.set_grad_enabled(is_train):
        t_p = model(t_u, *params)
        loss = loss_fn(t_p, t_c)
    return loss
```

5.6 总结

本章以一个大问题开始：机器是如何从例子中学习的？我们在本章的其余部分描述了优化模型以拟合数据的机制，我们选择一种简单的模型，以便看到所有运行的部分，而不会带来一些不必要的复杂性。

---

① 我们不应该认为使用 torch.no_grad()必然意味着输出不需要梯度。在一些特殊情况下（包括视图，如 3.8.1 小节所讨论的），在这种场景下即使是在 no_grad 上下文中创建，也不需要将 requires_grad 设置为 False，如果需要，我们最好使用 detach()函数。

现在我们已经尝过了“开胃菜”，在第 6 章我们将最终进入“主菜”：使用神经网络来拟合我们的数据。我们将使用 torch.nn 模块提供的强大工具来解决同样的问题（温度转换），采用同样的方式，利用这个小问题来说明 PyTorch 的更大用途。该问题不需要神经网络来解决，但它会让我们对训练神经网络需要什么有一个更简单的理解。

5.7 练习题

将模型重新定义为 w2 * t_u ** 2 + w1 * t_u + b。

a）为了适应这种重新定义，训练循环的哪些部分需要修改，以及还需要修改哪些？

b）对于替换模型，哪些部分是未知的？

c）训练后的损失是高还是低？

d）实际结果是更好还是更差？

5.8 本章小结

- 线性模型是用于拟合数据的最简单、最合理的模型。
- 凸优化技术可以用于线性模型，但不能推广到神经网络，所以我们使用随机梯度下降来进行参数估计。
- 深度学习可以用于一般的模型，这些模型不是为了解决特定的任务而设计的，而是可以自动调整，使自己专注于手头的问题。
- 学习算法的本质是根据观测结果来优化模型参数。损失函数是执行任务时对误差的度量，例如预测输出值和测量值之间的误差，其目标是使损失函数的值尽可能低。
- 损失函数相对模型参数的变化率可以用于将这些参数朝着减小损失函数的方向进行更新。
- PyTorch 中的 optim 模块提供了一组随时可用的优化器，用于更新参数和最小化损失函数的值。
- 优化器使用 PyTorch 的自动求导特性来计算每个参数的梯度，这取决于该参数对最终输出的贡献。这允许用户在复杂的正向传播过程中依赖动态计算图。
- 像 torch.no_grad()这样的上下文管理器，可以用来控制自动求导的行为。
- 数据通常被分成训练样本和验证样本 2 组，这让我们可以根据没有受过训练的数据来评估模型。
- 当模型在训练集上的性能持续提高而在验证集上的性能下降时，就会发生过拟合。这通常是由于模型没有进行泛化，而只记住了训练集的期望输出。

第6章 使用神经网络拟合数据

本章主要内容

- 神经网络与线性模型相比，非线性激活函数是主要的差异。
- 使用 PyTorch 的 nn 模块。
- 用神经网络求解线性拟合问题。

到目前为止，我们仔细研究了线性模型是如何学习的，以及如何在 PyTorch 中实现。我们关注的是一个非常简单的回归问题，它使用了一个只有一个输入和一个输出的线性模型。这样一个简单的例子允许我们剖析一个学习模型的机制，而不会因为模型本身的实现而过度分心。正如我们在图 5.2 中看到的那样（在这里重复展示，见图 6.1），对于理解训练模型的高级流程来说模型的精确的细节并不重要。将误差反向传播到参数，然后通过损失梯度来更新这些参数，不管基础模型是什么，流程都是一样的。

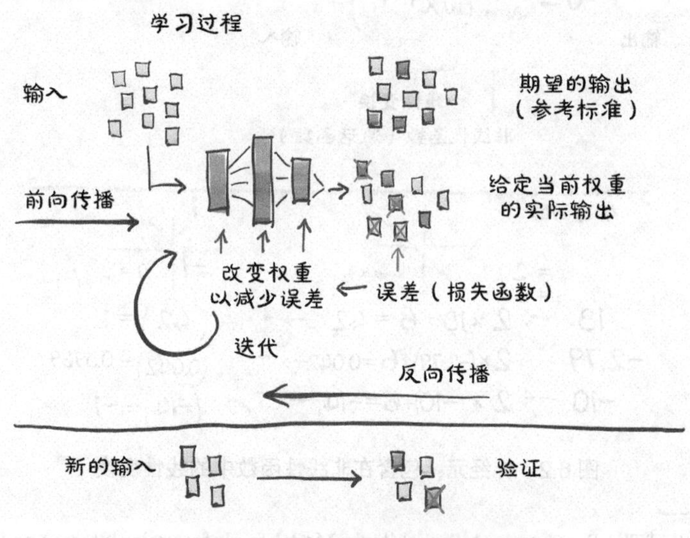

图 6.1　学习过程的心智模型

在本章中，我们将对我们的模型架构进行修改：我们将实现一个完整的人工神经网络来解决温度转换问题。我们将继续使用第 5 章的训练循环，以及将华氏温度和摄氏温度的样本拆分为训练集和验证集。我们将开始使用二次模型：将模型改写为输入的二次函数，例如，y=a*x**2+b*x+c。由于这样的模型是可微的，PyTorch 将负责计算梯度，而训练循环将像往常一样工作。然而这对我们来说不是很有趣，因为我们仍然是在固定函数的形状。

在本章中，我们开始把我们已经投入的基础工作和你在项目中使用的 PyTorch 特性联系在一起。你将了解 PyTorch API 底层的实现，掀开其神秘的面纱。不过，在开始实现新模型之前，让我们先介绍一下人工神经网络的含义。

6.1　人工神经元

深度学习的核心是神经网络：一种能够通过简单函数的组合来表示复杂函数的数学实体。神经网络这个术语显然与我们大脑的工作方式有关。事实上，尽管最初的模型受到神经科学的启发[①]，但现代人工神经网络与大脑中神经元的机制只有一点相似之处。人工神经网络和生理神经网络似乎都使用模糊相似的数学策略来逼近复杂的函数，因为这类策略非常有效。

注意　我们将放弃“人工”，从这里开始把这些构造称为“神经网络”。

这些复杂函数的基本构件是神经元，如图 6.2 所示。其核心就是输入的线性变换（例如，将输入乘以一个数字[权重]，加上一个常数[偏置]），然后应用一个固定的非线性函数，即激活函数。

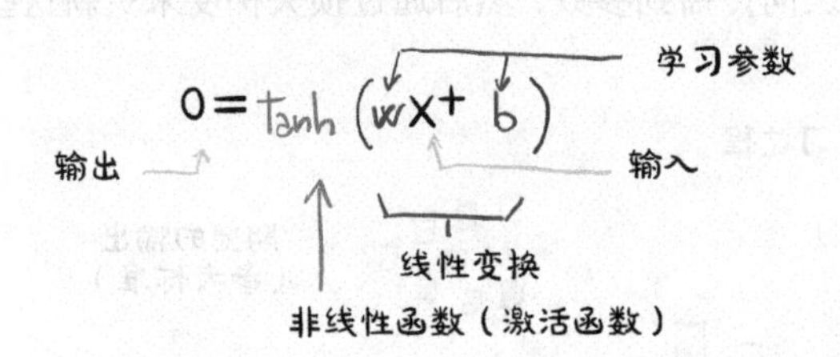

图 6.2　神经元：包含在非线性函数中的线性变换

① 参见 F Rosenblatt，“The Perceptron: A Probabilistic Model for Information Storage and Organization in the Brain”，*Psychological Review* 65(6)，386-408 (1958)。

从数学上讲，我们可以把它写成 $o = f(wx + b)$，其中 x 是输入，w 是权重或比例因子，b 是偏置或偏移量，f 是激活函数，设为双曲正切，这里是 tanh 函数。通常，x 和 o 可以是简单的标量，或向量值（意思是保留许多标量值）。类似地，w 可以是单个标量或矩阵，而 b 是标量或向量（输入的维度和权重必须匹配）。在后一种情况下，前面的表达式被称为一层神经元，因为它通过多维权重和偏置来表示许多神经元。

6.1.1 组成一个多层网络

如图 6.3 所示，一个多层神经网络由我们刚刚讨论过的那些函数组成：

```
x_1 = f(w_0 * x + b_0)
x_2 = f(w_1 * x_1 + b_1)
...
y = f(w_n * x_n + b_n)
```

其中前一层神经元的输出被用作后一层神经元的输入。记住 w_0 是一个矩阵，而 x 是一个向量！使用向量可以让 w_0 承载整个神经元层，而不是单一的权重。

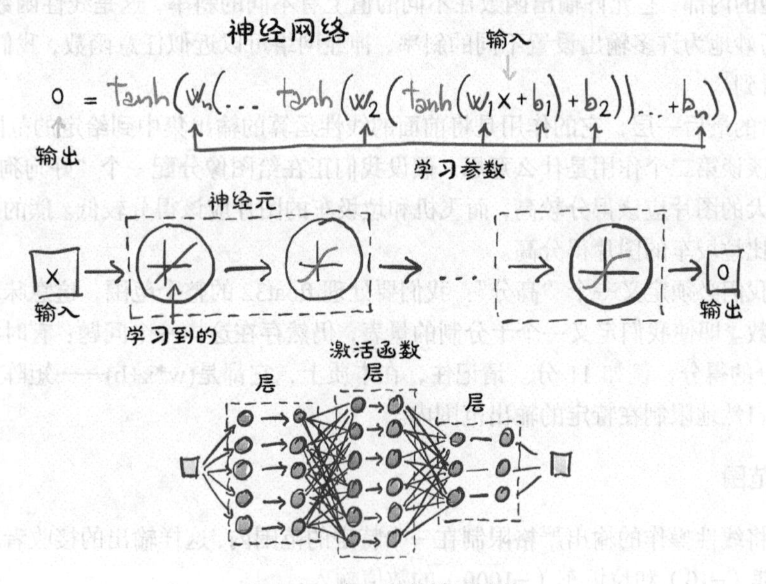

图 6.3 有 3 层的神经网络

6.1.2 理解误差函数

我们之前的线性模型和我们将实际用于深度学习的模型之间的一个重要区别是误差函数的形状。我们的线性模型和误差平方损失函数有一条凸误差曲线，它有一个奇异的、明确定义的最小值。如果采用其他方法，则可以自动、确定地求出使误差函数的值最小的参数，这意味着我们的参数更新试图尽可能估计那个奇异的正确答案。

即使使用相同的误差平方损失函数，神经网络也不具有与凸误差曲面相同的特性！对于我们试图近似的每一个参数都没有唯一的正确答案。相反，我们试图让所有的参数，当协同作用时，产生一个有用的输出。由于这个有用的输出只是接近事实，所以会有一定程度的不完美。不完美在哪里以及如何表现是有些随意的，由此可见，控制输出的参数（以及因此而产生的不完美）也是有些随意的。这使得神经网络训练从力学角度看非常像参数估计，但我们必须记住，理论基础是相当不同的。

神经网络具有非凸误差曲面的很大一部分原因是激活函数。一组神经元能够近似广泛有用函数的能力取决于每个神经元固有的线性和非线性行为的组合。

6.1.3 我们需要的只是激活函数

正如我们所看到的，在（深度）神经网络中，最简单的单元是线性运算（缩放+偏移），然后是激活函数。我们在最新的模型中已经有了线性运算，线性运算就是整个模型。激活函数有2个重要作用。

- 在模型的内部，它允许输出函数在不同的值上有不同的斜率，这是线性函数无法做到的。通过巧妙地为许多输出设置不同的斜率，神经网络可以近似任意函数，我们将在6.1.6小节中看到[①]。
- 在网络的最后一层，它的作用是将前面的线性运算的输出集中到给定的范围内。

让我们来谈谈第二个作用是什么意思。假设我们正在给图像分配一个“好狗狗”分数。巡回犬和西班牙猎犬的图片应该得分较高，而飞机和垃圾车的图片应该得分较低。熊的图片得分也应该很低，虽然比垃圾车的图片得分高。

问题是，我们必须定义一个“高分”：我们要处理float32的整个范围，这意味着我们可能得到相当高的分数。即使我们定义一个十分制的量表，仍然存在这样一个问题：有时我们的模型会产生超过10分的得分，例如11分。请记住，在本质上，它都是(w*x+b)——矩阵乘法的和，而这些乘法不会自然地限制在特定的输出范围内。

1. 限制输出范围

我们希望将线性操作的输出严格限制在一个特定的范围内，这样输出的接收者就不必处理小狗（12/10）、熊（−10）和垃圾车（−1000）的数值输入。

一种可能是对输出值设置上限：低于0的值设置为0，高于10的值设置为10。这涉及一个

① 为了直观地了解这种通用近似特性，你可以从图6.5中选择一个函数，然后根据激活函数的缩放(包括乘上负数)和平移副本构建一个构建块函数，该函数在大多数情况下几乎为零，在 $x = 0$ 附近为正。通过缩放、平移和扩展（沿 x 轴压缩）此构建块函数的副本，你可以近似任何（连续）函数。在图6.6中，中间行最右边的函数就是通过缩放、平移和扩展构建块函数的副本来近似的连续函数。Michael Nielsen在他的在线图书 *Neural Networksand Deep Learning* 中有一个交互式的演示。

叫作 torch.nn.Hardtanh()的简单激活函数（但是注意默认范围是−1 到 1）。

2. 压缩输出范围

另一类运行良好的函数是 troch.nn.Sigmoid()，包括 1 / (1 + e ** -x)、torch.tanh()以及我们即将看到的其他函数。这些函数的曲线在 x 趋于负无穷大时逐渐接近 0 或−1，随着 x 逐渐接近 1，函数在 x==0 时具有基本恒定的斜率。从概念上讲，以这种方式形成的函数工作得很好，因为在线性函数输出的中间有一块区域，我们的神经元（同样，它只是一个随后被激活的线性函数）对它很敏感，而其他所有东西都集中在边界值旁边。正如我们在图 6.4 中看到的，垃圾车的图片得分为−0.97，而熊的图片的得分在−0.3～0.3。

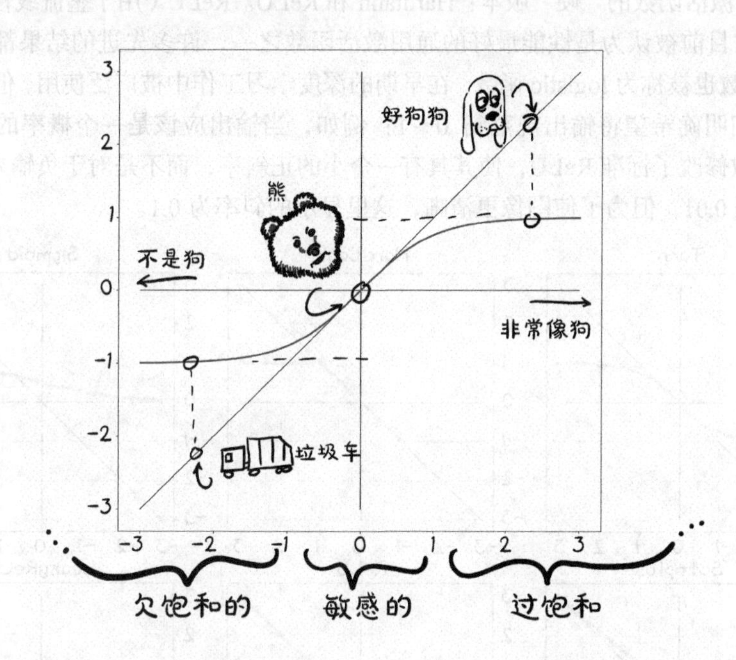

图 6.4 狗、熊和垃圾车通过 tanh 激活函数被映射成像狗的程度

结果，垃圾车的图片被标记为“不是狗”，好狗狗的图片被标记为“显然是狗”，而熊的图片则被标记为介于这二者之间的某个地方。在代码中，我们可以看到确切的值：

```
>>> import math
>>> math.tanh(-2.2)          <—— 垃圾车
-0.9757431300314515
>>> math.tanh(0.1)           <—— 熊
0.09966799462495582
>>> math.tanh(2.5)           <—— 好狗狗
0.9866142981514303
```

当熊的图片在敏感范围内时，对熊的图片的微小改变将导致结果的显著变化。例如，我们可以从熊切换到北极熊（北极熊有一张模糊的、更类似犬科的脸），当我们滑向图中“非常像狗”的一端时，可以看到 y 轴就会向上跳。相反，树袋熊会表现得不像狗，我们会看到激活函数输出结果的下降。我们没办法把垃圾车弄得看起来像狗，因为即使有剧烈的变化，我们可能也只能看到从-0.97 到-0.8 左右的变化。

6.1.4 更多激活函数

有相当多的激活函数，其中一些函数如图 6.5 所示。第 1 列中包含平滑函数 tanh 和 Softplus，而第 2 列左侧有激活函数的“硬”版本：Hardtanh 和 ReLU。ReLU（用于整流线性单元）值得特别注意，因为它目前被认为是性能最好的通用激活函数之一，许多先进的结果都使用它得出。Sigmoid 激活函数也被称为 logistic 函数，在早期的深度学习工作中被广泛使用，但现在已经不常用了。除非我们明确希望将输出规范到 0～1：例如，当输出应该是一个概率的时候。最后，LeakyReLU 函数修改了标准 ReLU，使其具有一个小的正斜率，而不是对于负输入严格地归零，通常这个斜率是 0.01，但为了使图像更清晰，这里显示的斜率为 0.1。

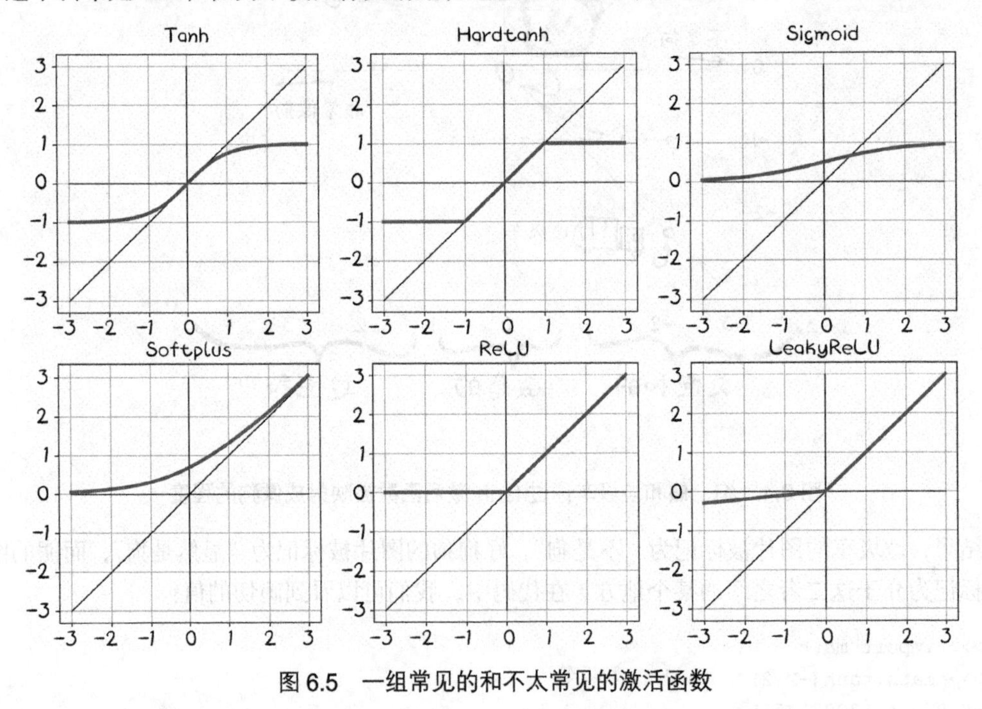

图 6.5 一组常见的和不太常见的激活函数

6.1.5 选择最佳激活函数

激活函数是很奇怪的，因为有这么多被证明是成功的函数（比图 6.5 所示的要多得多），这说明对这些函数几乎没有什么严格的要求。因此，我们将讨论一些关于激活函数的一般性问题，这些问题可能在特定情况下被简单地证明是错误的。也就是说，根据定义[①]，激活函数有如下特性。

- 激活函数是非线性的。在没有激活函数的情况下，重复应用(w*x+b)会导致相同线性形式（仿射线性）的函数。非线性使得整个网络能够逼近更复杂的函数。
- 激活函数是可微的，因此可以通过它们计算梯度。正如我们在 Hardtanh 或 ReLU 中所看到的，点不连续性是可接受的。

没有这些特性，网络要么退回到线性模型，要么变得难以训练。

以下是函数的真实情况。

- 它们至少有一个敏感范围，在这个范围内，对输入的变化会导致输出产生相应的变化，这是训练所需要的。
- 它们包含许多不敏感（或饱和）的范围，即输入的变化导致输出的变化很小或没有变化。

举例来说，通过结合不同权重和输入偏置的敏感范围，可以很容易地使用 Hardtanh 对一个函数进行分段线性逼近。

通常情况下（但并非普遍如此），激活函数至少有以下一种特征。

- 当输入到负无穷大时，接近（或满足）一个下限。
- 一个类似但相反的正无穷上界。

想想反向传播的工作原理，我们可以发现当输入在响应范围内时，错误会通过激活函数更有效地向后传播，而不会对输入饱和的神经元产生很大影响（由于输出周围的平坦区域，梯度将接近于 0）。

综合起来，所有这些组成了一个非常强大的机制：在一个由线性+激活单元构成的网络中，当不同的输入呈现给网络时，不同的单元会对相同的输入在不同范围内响应；与这些输入相关的错误将主要影响在敏感区域工作的神经元，使其他单元不受学习过程的影响。此外，由于在敏感范围内，激活对其输入的导数通常接近于 1，因此通过梯度下降估计在该范围内运行的单元的线性变换参数将与我们之前看到的线性拟合非常相似。

我们开始对如何并行地加入许多线性+激活单元并将它们一个接一个地叠加，从而得到一个能够近似复杂函数的数学对象有了更深的理解。不同的单元组合会对不同范围的输入进行响应，这些单元的参数相对容易通过梯度下降来优化，因为在输出饱和之前，学习将表现得很像线性函数。

6.1.6 学习对于神经网络意味着什么

通过一系列线性变换和可微激活建立模型，可以得到近似高度非线性过程的模型，并且通过梯度下降可以很好地估计其参数。即使在处理具有数百万个参数的模型时，这一点仍然适用。深度神经网络之所以如此吸引人，是因为它使我们不必过于担心代表数据的确切函数，不管它是二次函数、分段多项式函数还是其他函数。对于深度神经网络模型，我们有一个通用逼近器和一种

① 当然，这些陈述也不总是正确的。参见 Jakob Foerster，“Nonlinear Computation in Deep Linear Networks”，OpenAI，2019。

估计其参数的方法。这个逼近器可以根据我们的需求进行定制，就模型容量和建模复杂输入输出关系的能力而言，只需组合简单的构建块。我们可以在图 6.6 中看到一些例子。

图 6.6 左上角的 4 张图显示了 4 个神经元——A、B、C 和 D——每个神经元都有自己的（任意选择的）权重和偏置。每个神经元使用 tanh 激活函数，最小值为-1，最大值为 1。不同的权重和偏置会移动中心点，并改变从最小值到最大值过渡的剧烈程度，但它们显然都具有相同的总体形状。右边的列显示 2 对神经元相加（A + B，然后 C + D）。这里，我们开始看到一些有趣的特性，它们模拟了单个神经元层。A + B 显示出一个轻微的 S 曲线，极值接近于 0，但在中间同时有一个正凸起和一个负凸起。相反，C + D 只有一个较大的正凸起，其峰值高于我们的单神经元最大值 1。

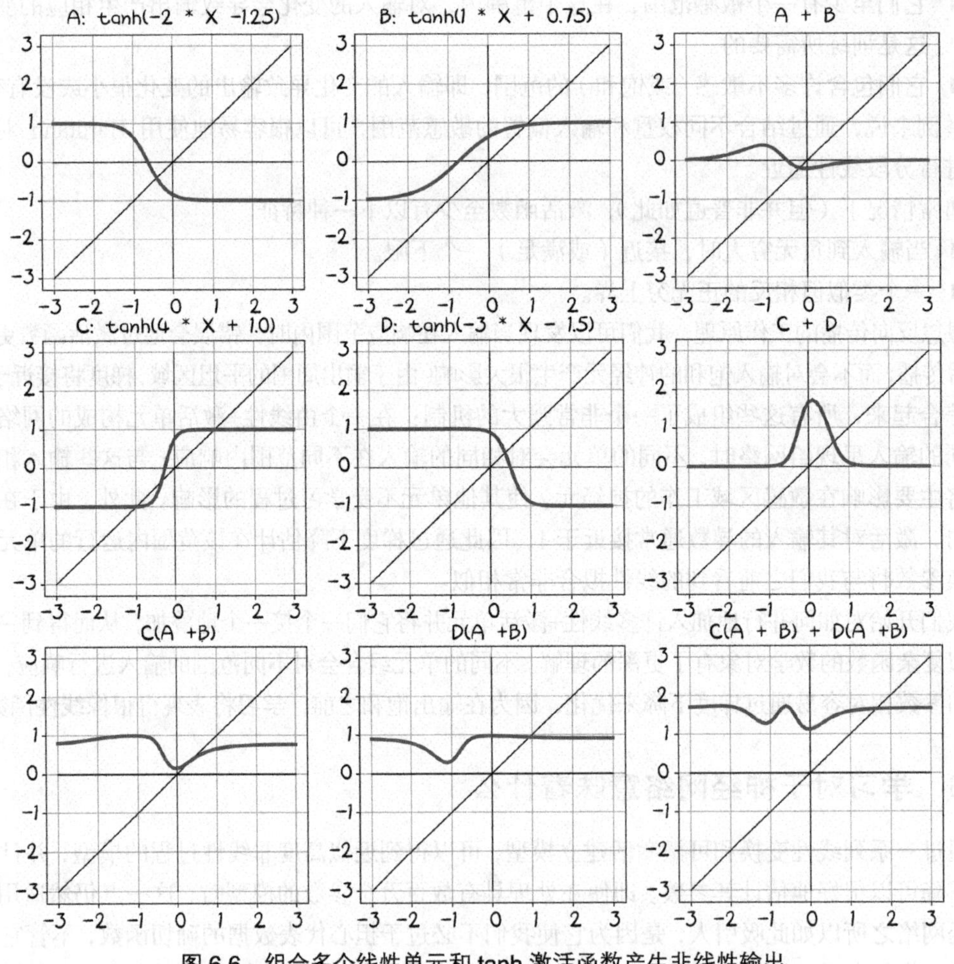

图 6.6 组合多个线性单元和 tanh 激活函数产生非线性输出

在第 3 行，我们开始组合神经元，就像 2 层网络一样。C(A + B)和 D(A + B)与 A + B 所显示的正凸起和负凸起相同，但正峰更为微妙。C(A + B) + D(A + B)的组合显示出一种新的性质：在主要感兴趣区域的左边，有 2 个明显的负凸点，可能还有非常微妙的第 2 个正峰。所有这些只有

2层4个神经元！

同样，选择这些神经元的参数只是为了得到一个视觉上有趣的结果。训练的目的是找到这些权重和偏置的可接受值，以便生成的网络正确地执行任务，例如根据地理坐标和一年中的时间预测可能的温度。成功地执行一项任务，意味着在与训练数据相同的数据生成过程中生成的不可见数据上获得正确的输出。一个成功训练的网络，能通过它的权重和偏置捕捉数据的内在结构，以有意义的数值表示的形式正确地处理以前未见过的数据。

让我们进一步了解学习的机制：深度神经网络使我们能够在没有明确模型的情况下近似处理高度非线性的问题。相反，从一个通用的、未经训练的模型开始，我们通过为它提供一组输入和输出以及一个可以反向传播的损失函数，使它专门处理某项任务。使用样本将一个通用模型专门化为一个任务就是我们所说的学习。因为模型并不是为特定的任务而构建的，即模型没有描述该任务的工作规则。

以温度计的示例为例，我们假设2个温度计线性地测量温度。这个假设就是我们为任务隐式编码的规则：硬编码输入输出函数的形状。除了直线上的数据点，我们无法近似其他东西。随着问题维度的增长，即多输入和多输出，输入输出关系变得复杂（假设输入输出函数的形状不太可能起作用）。物理学家或应用数学家的工作往往是从第一原理出发，对一种现象进行功能性描述，然后从测量中估计未知的参数，从而得到一个精确的、真实世界的模型。另一方面，深度神经网络是一组函数，能够近似出大范围的输入输出关系，而不需要我们对某一现象构建解释模型。在某种程度上，我们放弃解释，以换取解决日益复杂的问题的可能性。换句话说，我们有时缺乏能力、信息或计算资源来为我们所呈现的事物建立一个明确的模型，所以数据驱动是我们前进的唯一途径。

6.2 PyTorch nn 模块

所有这些关于神经网络的讨论可能会让你对用 PyTorch 从头构建一个神经网络感到好奇。第1步是用神经网络单元替换线性模型。从正确性的角度来看，这将是一种无用的倒退，因为我们已经验证了我们的校准只需要一个线性函数，但对于解决非常简单的问题以及以后的扩展，它仍然是很有帮助的。

PyTorch 有一个专门用于神经网络的子模块，叫作 torch.nn，它包含创建各种神经网络结构所需的构建块。按照 PyTorch 的说法，这些构建块称为模块（在其他框架中，这样的构建块通常称为层）。PyTorch 模块派生自基类 nn.Module，一个模块可以有一个或多个参数实例作为属性，这些参数实例是张量，它们的值在训练过程中得到了优化（想想线性模型中的 w 和 b）。一个模块还可以有一个或多个子模块（nn.Module 的子类）作为属性，并且它还能够跟踪它们的参数。

注意 子模块必须是顶级属性，而不是隐藏在列表或 dict 实例中，否则，优化器将无法定位子模块以及它们的参数。对于模型需要一列或一组子模块的情况，PyTorch 提供了 nn.ModuleList 和 nn.ModuleDict。

不出所料，我们可以找到 nn.Module 的一个子类，该子类称为 nn.Linear，它通过参数属性、权重和偏置对输入应用仿射变换，它等价于我们之前在温度计示例中实现的。现在将从我们中断的地方开始，将前面的代码转换为使用 nn。

6.2.1　使用__call__()而不是 forward()

PyTorch 提供的所有 nn.Module 的子类都定义了它们的__call__()方法。这允许我们实例化一个 nn.Linear，并像调用函数一样调用它，例如（code/p1ch6/1_neural_networks.ipynb）：

```
# In[5]:
import torch.nn as nn
                                          稍后我们将研究构造函数参数
linear_model = nn.Linear(1, 1)    <--
linear_model(t_un_val)

# Out[5]:
tensor([[0.6018],
        [0.2877]], grad_fn=<AddmmBackward>)
```

使用一组参数调用 nn.Module 的实例，最后使用相同的参数调用名为 forward 的方法。forward()方法执行前向计算，__call__()方法在调用 forward()之前和之后执行其他重要的事情。因此，直接调用 forward()方法在技术上是可行的，它将与__call__()方法产生相同的输出，但不能在用户编码中这样做：

```
y = model(x)            <-- 正确！
y = model.forward(x)    <-- 这行代码会导致静默错误，不要这样做啊！
```

下面是 Module._call_()方法的实现（我们省略了与 JIT 编译器相关的部分，并进行了一些简化，以使其更清晰，torch/nn/modules/module.py，483 行，类：Module）：

```
def __call__(self, *input, **kwargs):
    for hook in self._forward_pre_hooks.values():
        hook(self, input)

    result = self.forward(*input, **kwargs)

    for hook in self._forward_hooks.values():
        hook_result = hook(self, input, result)

        # ...

    for hook in self._backward_hooks.values():
        # ...

    return result
```

正如我们所看到的，如果直接使用 forward()，会有很多钩子函数（hook()）不能被正确调用。

6.2.2 回到线性模型

回到我们的线性模型，构造函数 nn.Linear 接收 3 个参数：输入特征的数量、输出特征的数量，以及线性模型是否包含偏置（这里默认是 True）。

```
# In[5]:
import torch.nn as nn

linear_model = nn.Linear(1, 1)
linear_model(t_un_val)

# Out[5]:
tensor([[0.6018],
        [0.2877]], grad_fn=<AddmmBackward>)
```

参数是输入张量的大小、输出张量的大小和默认为 True 的偏置

在我们例子中的特征数量是指模块输入和输出张量的大小，因此都是 1。例如，如果我们同时将温度和气压作为输入，我们就会有 2 个输入特征和 1 个输出特征。正如我们将看到的，对于具有多个中间模块的更复杂的模型，特征的数量将与模型的容量相关联。

我们有一个 nn.Linear 实例，具有一个输入和一个输出特征。这只需要一个权重和一个偏置：

```
# In[6]:
linear_model.weight

# Out[6]:
Parameter containing:
tensor([[-0.0674]], requires_grad=True)
# In[7]:
linear_model.bias

# Out[7]:
Parameter containing:
tensor([0.7488], requires_grad=True)
```

我们可以通过一些输入调用模块：

```
# In[8]:
x = torch.ones(1)
linear_model(x)

# Out[8]:
tensor([0.6814], grad_fn=<AddBackward0>)
```

尽管 PyTorch 让我们侥幸成功，但我们实际上并没有提供正确维度的输入。我们有一个接收一个输入并产生一个输出的模型，但是 PyTorch 的 nn.Module 及其子类被设计同时在多个样本上执行此操作。

为了容纳多个样本，模块希望输入的第 0 维是批次中的样本数。我们在第 4 章中遇到了这个概念，当时我们学习了将实际的数据排列成张量。

1. 批量输入

nn 中的所有模块都被编写为可以同时为多个输入产生输出。因此，假设我们需要在 10 个样本上运行 nn.Linear，我们可以创建一个大小为 B×Nin 的输入张量，其中 B 是批次的大小，Nin 为输入特征的数量，并在模型上运行一次。例如：

```
# In[9]:
x = torch.ones(10, 1)
linear_model(x)

# Out[9]:
tensor([[0.6814],
        [0.6814],
        [0.6814],
        [0.6814],
        [0.6814],
        [0.6814],
        [0.6814],
        [0.6814],
        [0.6814],
        [0.6814]], grad_fn=<AddmmBackward>)
```

让我们深入了解一下这里发生了什么，图 6.7 显示了批处理图像数据的类似情况。我们输入的是 B×C×H×W，批次大小为 3（例如，狗、鸟和汽车的图像）、3 个通道维度（红、绿、蓝），高度和宽度的像素数量未指定的图像。我们可以看到，输出是一个大小为 B×Nout 的张量，其中 Nout 是输出特征的数量：在本例中为 4。

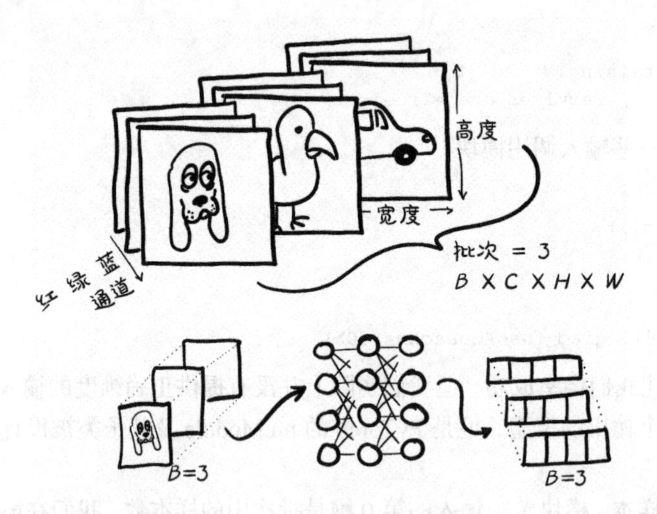

图 6.7　3 张 RGB 图像被批量处理并送入神经网络。输出是由 3 个大小为 4 的向量组成的张量

2. 优化批次

我们要进行批处理的原因是多方面的。一个很大的目的是确保我们要求的计算足够大，以让我们正在使用的计算资源充分利用。特别是 GPU 是高度并行化的，因此一个小模型上的单个输入将使大部分单元处于空闲状态。通过提供批量输入，计算可以映射到其他空闲的单元中，这就意味着批量的结果返回的速度与单个结果返回的速度一样快。另一个目的是，一些高级模型使用来自整个批处理的统计信息，并且随着批处理大小的增加，这些统计信息会变得更好。

回到我们的温度计数据，t_u 和 t_c 是 2 个大小为 *B* 的一维张量。多亏了广播，我们可以把线性模型写成 w * x + b，其中 w 和 b 是 2 个标量参数。这是可行的，因为我们只有一个输入特征：如果我们有两个输入特征，我们就需要增加一个额外的维度，把一维张量变成一个矩阵，其中行表示样本，列表示特征。

这正是我们切换到 nn.Linear 所需要做的。我们将 *B* 的输入重塑为 *B*×Nin，其中 Nin=1。这通过 unsqueeze()很容易完成。

```
# In[2]:
t_c = [0.5,  14.0, 15.0, 28.0, 11.0,  8.0,  3.0, -4.0,  6.0, 13.0, 21.0]
t_u = [35.7, 55.9, 58.2, 81.9, 56.3, 48.9, 33.9, 21.8, 48.4, 60.4, 68.4]
t_c = torch.tensor(t_c).unsqueeze(1)     在轴 1 处添加额外的维度
t_u = torch.tensor(t_u).unsqueeze(1)

t_u.shape

# Out[2]:
torch.Size([11, 1])
```

我们已经完成了，让我们更新我们的训练代码。首先，我们使用 nn.Linear(1,1)代替手动构造模型，然后将线性模型参数传递给优化器。

```
# In[10]:                                   这只是先前的一个重新定义
linear_model = nn.Linear(1, 1)          <-
optimizer = optim.SGD(
    linear_model.parameters(),          <-  此方法调用将替换[params]
    lr=1e-2)
```

之前，我们负责创建参数并将它们作为第 1 个参数传递给 optim.SGD。现在我们可以使用 parameters()方法来访问任何 nn.Module 或它的子模块拥有的参数列表：

```
# In[11]:
linear_model.parameters()

# Out[11]:
<generator object Module.parameters at 0x7f94b4a8a750>

# In[12]:
list(linear_model.parameters())

# Out[12]:
[Parameter containing:
```

```
tensor([[0.7398]], requires_grad=True), Parameter containing:
tensor([0.7974], requires_grad=True)]
```

此调用会递归到模块的构造函数__init__()定义的子模块中，并返回遇到的所有参数的简单列表，以便我们可以像前面那样方便地将其传递给优化器构造函数。

我们已经知道在训练循环中发生了什么。优化器提供了一个用 requires_grad=True 定义的张量列表，所有参数都是这样定义的，因为它们需要通过梯度下降进行优化。在调用 training_loss.backward()时，grad 在图的叶节点上累加，叶节点正是传递给优化器的参数。

至此，SGD 优化器拥有它需要的一切。当调用 optimizer.step()时，它将遍历每个参数，并按其 grad 属性中存储的内容的比例对其进行更改。

现在让我们看一下训练循环：

```
# In[13]:
def training_loop(n_epochs, optimizer, model, loss_fn, t_u_train, t_u_val,
                  t_c_train, t_c_val):
    for epoch in range(1, n_epochs + 1):
        t_p_train = model(t_u_train)                     <-- 现在传入的是模型，
        loss_train = loss_fn(t_p_train, t_c_train)           而不是单个参数

        t_p_val = model(t_u_val)
        loss_val = loss_fn(t_p_val, t_c_val)

        optimizer.zero_grad()
        loss_train.backward()          <-- 损失函数也会传入，我们稍后会用到它
        optimizer.step()

        if epoch == 1 or epoch % 1000 == 0:
            print(f"Epoch {epoch}, Training loss {loss_train.item():.4f},"
                  f" Validation loss {loss_val.item():.4f}")
```

代码实际上并没有变化，只是现在不需要显式地将参数传递给模型，因为模型本身在内部拥有它的参数。

最后一点，我们可以利用来自 torch.nn 的损失。实际上，nn 包含几个常见的损失函数，其中包括 nn.MSELoss()（MSE 代表均方误差），这正是我们之前定义的 loss_fn()。nn 中的损失函数仍然是 nn.Module 的子类，因此我们将创建一个实例并将其作为函数调用。在本例中，我们去掉了自定义的 loss_fn()函数，并用 nn.MSELoss()替换了它。

```
# In[15]:
linear_model = nn.Linear(1, 1)
optimizer = optim.SGD(linear_model.parameters(), lr=1e-2)

training_loop(
    n_epochs = 3000,
    optimizer = optimizer,
    model = linear_model,                   我们将不再使用自定义的损失函数
    loss_fn = nn.MSELoss(),           <--
    t_u_train = t_un_train,
```

```
        t_u_val = t_un_val,
        t_c_train = t_c_train,
        t_c_val = t_c_val)

    print()
    print(linear_model.weight)
    print(linear_model.bias)

    # Out[15]:
    Epoch 1, Training loss 134.9599, Validation loss 183.1707
    Epoch 1000, Training loss 4.8053, Validation loss 4.7307
    Epoch 2000, Training loss 3.0285, Validation loss 3.0889
    Epoch 3000, Training loss 2.8569, Validation loss 3.9105

    Parameter containing:
    tensor([[5.4319]], requires_grad=True)
    Parameter containing:
    tensor([-17.9693], requires_grad=True)
```

其他输入到训练循环中的东西都保持不变，甚至结果也和以前一样。当然，得到相同的结果是意料之中的，因为不同的结果意味着 2 个实现中有一个存在 bug。

6.3　最终完成一个神经网络

这是一个漫长的旅程，对于我们定义和训练一个模型所需要的 20 多行代码，我们有很多需要探索的地方。希望现在你掌握了模型训练相关奥秘，这也为工程师们留下了自我发挥的空间。到目前为止，通过我们所学到的知识，我们将拥有自己编写的代码，而不是在事情变得更复杂时不知所措。

还有最后一步要做：用神经网络代替我们的线性模型作为逼近函数。我们之前说过，使用神经网络不会产生更高质量的模型，因为校准问题的基础过程基本上是线性的。然而，在受控的环境中从线性网络过渡到神经网络是很好的。

6.3.1　替换线性模型

我们将保持其他一切不变，包括损失函数，只重新定义模型。让我们构建一个最简单的神经网络：一个线性模块，然后是一个激活函数，输入到另一个线性模块。

由于历史原因，第 1 个线性模型+激活层通常被称为隐藏层，因为它的输出并不是直接能够观察到的，而是被输入到下一层。而输入和输出模型的大小都为 1（它们有一个输入特征和一个输出特征），第 1 个线性模块的输出大小通常大于 1。回想一下我们之前对激活作用的解释——可以导致不同的单元对不同范围的输入做出响应，增加模型的容量。最后的线性层将获取激活的输出，并将它们进行线性组合以产生输出值。

目前还没有描述神经网络的标准方法。图 6.8 显示了 2 种典型的描述方式：左侧显示了我们的网络在基本介绍中可能的描述方式，而右侧类似的网格通常用于更高级的文献和研究论文当中。常见的做法是使图块大致对应于PyTorch提供的神经网络模块（尽管有时像tanh激活层这样的东西并没有明确地显示出来）。请注意，图 6.8 所示的两种方式有一些细微的区别，即左侧的图形以圆圈作为输入和（中间）结果，而在右侧的网格中计算步骤更加突出。

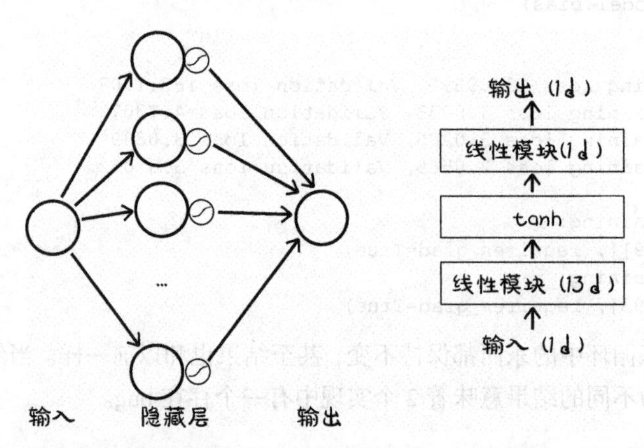

图6.8 描述简单的神经网络的2种方式。左图：初学者版。右图：高级版

nn提供了一种通过nn.Sequential容器来连接模型的方式：

```
# In[16]:
seq_model = nn.Sequential(
            nn.Linear(1, 13),
            nn.Tanh(),
            nn.Linear(13, 1))
seq_model

# Out[16]:
Sequential(
  (0): Linear(in_features=1, out_features=13, bias=True)
  (1): Tanh()
  (2): Linear(in_features=13, out_features=1, bias=True)
)
```

我们随便指定输出张量的大小为 13，我们是想该张量的大小与其他张量的形状大小不一样。

这里的张量形状大小值 13 必须与前一个模块输出张量的大小相等。

最终的结果是一个模型，它将第1个模块所期望的输入指定为nn.Sequential的一个参数，将中间输出传递给后续模块，并产生最后一个模块返回的输出。该模型从1个输入特征得到13个隐藏特征，通过tanh激活函数传递它们，并将得到的13个数字线性组合成1个输出特征。

6.3.2 检查参数

调用model.parameters()将从第1个和第2个线性模块收集权重和偏置。在这种情况下，通过输出参数的形状来检查参数是有指导意义的：

```
# In[17]:
[param.shape for param in seq_model.parameters()]

# Out[17]:
[torch.Size([13, 1]), torch.Size([13]), torch.Size([1, 13]), torch.Size([1])]
```

这些是优化器将得到的张量。同样，在我们调用 model.backward()之后，所有参数都填充了它们的梯度，然后优化器在调用 optimizer.step()期间相应地更新它们的值，和我们之前的线性模型没有什么不同。毕竟，它们都是可微模型，可以用梯度下降来训练。

nn.Modules 参数的几点注意事项。当检查由几个子模块组成的模型的参数时，通过名称识别参数是很方便的。named_parameters()方法可以实现该功能：

```
# In[18]:
for name, param in seq_model.named_parameters():
    print(name, param.shape)

# Out[18]:
0.weight torch.Size([13, 1])
0.bias torch.Size([13])
2.weight torch.Size([1, 13])
2.bias torch.Size([1])
```

Sequential 中每个模块的名称就是模块在参数中出现的序号。有趣的是，Sequential 也接受 OrderedDict[①]，我们可以用它来命名传递给 Sequential 的每个模块：

```
# In[19]:
from collections import OrderedDict

seq_model = nn.Sequential(OrderedDict([
    ('hidden_linear', nn.Linear(1, 8)),
    ('hidden_activation', nn.Tanh()),
    ('output_linear', nn.Linear(8, 1))
]))

seq_model

# Out[19]:
Sequential(
  (hidden_linear): Linear(in_features=1, out_features=8, bias=True)
  (hidden_activation): Tanh()
  (output_linear): Linear(in_features=8, out_features=1, bias=True)
)
```

这允许我们为子模块获取更具解释性名称：

```
# In[20]:
for name, param in seq_model.named_parameters():
    print(name, param.shape)

# Out[20]:
```

① 并不是所有版本的 Python 都为 dict 指定迭代顺序，所以我们在这里使用 OrderedDict 来确保层的顺序，并强调层的顺序很重要。

```
hidden_linear.weight torch.Size([8, 1])
hidden_linear.bias torch.Size([8])
output_linear.weight torch.Size([1, 8])
output_linear.bias torch.Size([1])
```

这个更具描述性，但是它并没有为数据流通过网络提供更高的灵活性，而仍然是纯粹的顺序传递，nn.Sequential 这个名字很贴切。我们将在第 8 章了解如何通过子类化 nn.Module 来完全控制输入数据的处理过程。

我们也可以通过将子模块作为属性来访问一个特定的参数：

```
# In[21]:
seq_model.output_linear.bias

# Out[21]:
Parameter containing:
tensor([-0.0173], requires_grad=True)
```

这对于检查参数或它们的梯度非常有用。例如，在训练期间监控梯度，就像我们在本章开始时所做的那样。假设我们想输出隐藏层的线性部分的梯度权重，我们可以为新的神经网络模型运行训练循环，然后看看最后一个迭代周期之后的梯度结果：

```
# In[22]:
optimizer = optim.SGD(seq_model.parameters(), lr=1e-3)   <-- 为了提高稳定性，我们降低了学习率

training_loop(
    n_epochs = 5000,
    optimizer = optimizer,
    model = seq_model,
    loss_fn = nn.MSELoss(),
    t_u_train = t_un_train,
    t_u_val = t_un_val,
    t_c_train = t_c_train,
    t_c_val = t_c_val)

print('output', seq_model(t_un_val))
print('answer', t_c_val)
print('hidden', seq_model.hidden_linear.weight.grad)

# Out[22]:
Epoch 1, Training loss 182.9724, Validation loss 231.8708
Epoch 1000, Training loss 6.6642, Validation loss 3.7330
Epoch 2000, Training loss 5.1502, Validation loss 0.1406
Epoch 3000, Training loss 2.9653, Validation loss 1.0005
Epoch 4000, Training loss 2.2839, Validation loss 1.6580
Epoch 5000, Training loss 2.1141, Validation loss 2.0215
output tensor([[-1.9930],
        [20.8729]], grad_fn=<AddmmBackward>)
answer tensor([[-4.],
        [21.]])
hidden tensor([[ 0.0272],
        [ 0.0139],
```

```
[ 0.1692],
[ 0.1735],
[-0.1697],
[ 0.1455],
[-0.0136],
[-0.0554]])
```

6.3.3　与线性模型对比

我们还可以根据所有数据评估模型，看看它与线性模型有何不同：

```
# In[23]:
from matplotlib import pyplot as plt

t_range = torch.arange(20., 90.).unsqueeze(1)

fig = plt.figure(dpi=600)
plt.xlabel("Fahrenheit")
plt.ylabel("Celsius")
plt.plot(t_u.numpy(), t_c.numpy(), 'o')
plt.plot(t_range.numpy(), seq_model(0.1 * t_range).detach().numpy(), 'c-')
plt.plot(t_u.numpy(), seq_model(0.1 * t_u).detach().numpy(), 'kx')
```

结果如图 6.9 所示。正如我们在第 5 章讨论的那样，我们可以看到神经网络有过拟合的倾向。因为它试图跟踪测量值，包括有噪声的测量值。即使我们的神经网络很小，但还是有太多的参数来适应我们仅有的几个测量值。不过，总的来说，它做得还不错。

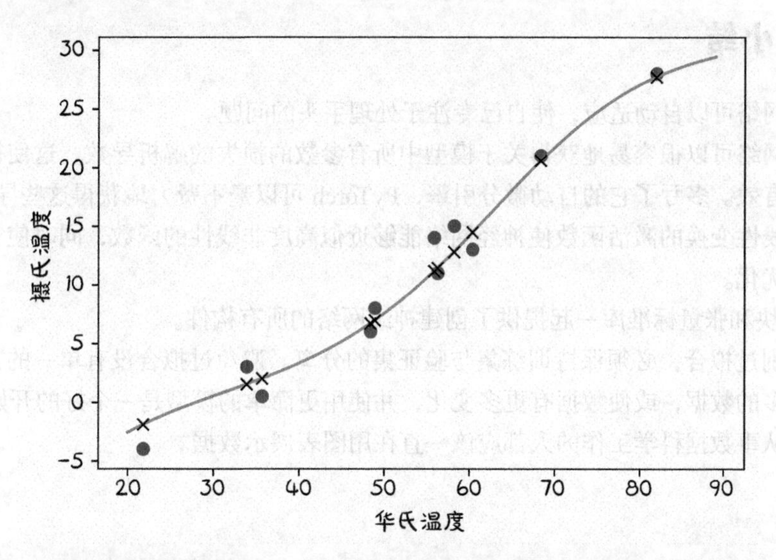

图 6.9　我们神经网络模型的图，输入数据（用圆圈表示）和模型输出（用 X 表示）。连续的线显示了样本之间的行为

6.4　总结

我们在第 5 章和第 6 章中讨论了很多内容，尽管我们一直在处理一个非常简单的问题。我们介绍了可微模型的建立和使用梯度下降训练模型，首先使用原始自动求导，然后依赖于 nn。到目前为止，你应对理解模型训练底层发生的事情很有信心了，希望 PyTorch 的体验让你对深度学习的兴趣大增！

6.5　练习题

1. 在简单的神经网络模型中实验隐藏神经元的数量，以及学习率。
   a）什么变化会导致模型的输出更线性？
   b）你能让模型明显地过拟合数据吗？
   c）训练后的损失是高还是低？
2. 加载第 4 章中的葡萄酒数据集，并使用适当数量的输入参数创建一个新模型。
   a）与我们使用的温度数据相比，需要多长时间来训练？
   b）你能解释一下影响训练时间的因素吗？
   c）在对这个数据集进行训练时，你能减小损失吗？
   d）你将如何绘制此数据集的图形？

6.6　本章小结

- 神经网络可以自动适应，使自己专注于处理手头的问题。
- 神经网络可以很容易地获得关于模型中所有参数的损失的解析导数，这使得参数的演化非常有效。多亏了它的自动微分引擎，PyTorch 可以毫不费力地获得这些导数。
- 围绕线性变换的激活函数使神经网络能够近似高度非线性的函数，同时使它们足够简单以便优化。
- nn 模块和张量标准库一起提供了创建神经网络的所有构件。
- 要识别过拟合，必须保持训练集与验证集的分离。避免过拟合没有单一的方法，但是获取更多的数据，或使数据有更多变化，并使用更简单的模型是一个好的开始。
- 任何从事数据科学工作的人都应该一直在用图表展示数据。

第 7 章　区分鸟和飞机：从图像学习

本章主要内容

■ 构建前馈神经网络。

■ 使用 Dataset 和 DataLoader 加载数据。

■ 了解分类损失。

第 6 章让我们有机会通过梯度下降深入了解学习的内在机制，以及 PyTorch 提供的构建模型和优化模型的工具。我们使用一个输入和一个输出的简单回归模型来深入了解学习的内在机制，这让我们可以一目了然地看到一切，但不可否认的是这还不足以让人太兴奋。

在本章中，我们将继续构建神经网络。这一次，我们将把注意力转向图像。图像识别可以说是一项让大众认识到深度学习潜力的任务。

我们将从一个简单的神经网络开始，如同我们在第 6 章定义的神经网络一样，逐步地解决一个简单的图像识别问题。这一次，我们将不再使用数字的小数据集，而是使用更广泛的小图像数据集。让我们先下载数据集，然后准备使用它。

7.1 微小图像数据集

没有什么比对一个主题的直观理解更重要的了，也没有什么比处理简单的数据更能实现这一点的了。图像识别最基本的数据集之一是手写数字识别数据集——MNIST。在这里，我们将使用另一个与之类似的、简单但更有趣的数据集，它被称为 CIFAR-10。它和它的兄弟数据集 CIFAR-100 一样，10 年来一直是计算机视觉领域的经典之作。

CIFAR-10 由 60000 张微小的（32 像素×32 像素）RGB 图像组成，每张图的类别标签都用 1～10 中的一个数字来表示，其中数字和类别的对应关系如下：飞机（0）、汽车（1）、鸟（2）、猫（3）、鹿

（4）、狗（5）、青蛙（6）、马（7）、船（8）和卡车（9）[①]。如今，CIFAR-10 被认为过于简单，无法应用于开发或验证新的研究。但它很好地满足了我们的学习目的。我们将使用 TorchVision 模块自动下载数据集，并将其作为一组 PyTorch 张量加载。图 7.1 向我们展示了 CIFAR-10 的一个简单示例。

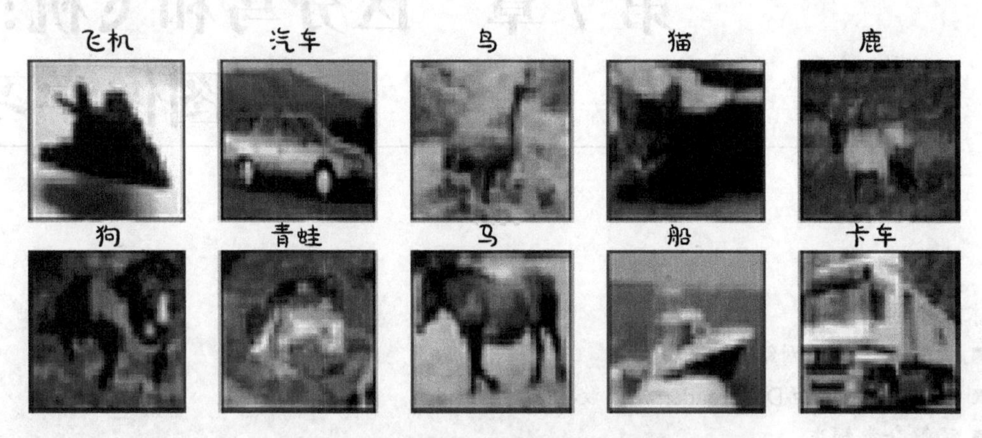

图 7.1 来自 CIFAR-10 所有类别的图像样本

7.1.1 下载 CIFAR-10

正如我们预期的那样，让我们导入 TorchVision 模块并使用 datasets 模块下载 CIFAR-10 数据。

实例化一个数据集用于训练数据，如果数据集不存在，则 TorchVision 将下载该数据集

使用 train=False，获取一个数据集用于验证数据，并在需要时再次下载该数据集

```
# In[2]:
from torchvision import datasets
data_path = '../data-unversioned/p1ch7/'
cifar10 = datasets.CIFAR10(data_path, train=True, download=True)
cifar10_val = datasets.CIFAR10(data_path, train=False, download=True)
```

我们提供给 CIFAR10()函数的第 1 个参数是数据的下载位置；第 2 个参数指定我们加载的是训练集还是验证集；第 3 个参数表示如果在第 1 个参数指定的位置找不到数据，我们是否允许 PyTorch 下载数据。

就像 CIFAR-10 一样，datasets 子模块为我们提供了对最流行的计算机视觉数据集的下载访问，如 MNIST、Fashion-MNIST、CIFAR-100、SVHN、COCO 和 Omniglot 等。你下载的任何一个数据集都作为 torch.utils.data.Dataset 的子类返回。我们可以看到，实例 cifar10 的方法解析顺序中包含了它的父类：

---

① 这些图像是由加拿大高级研究所（Canadian Institute For Advanced Research，CIFAR）的 Krizhevsky、Nair 和 Hinton 收集和标记的，并从一个更大的未标记的 32 像素 × 32 像素 RGB 图像集合中提取：来自麻省理工学院计算机科学与人工智能实验室（Computer Science and Artificial Intelligence Laboratory，CSAIL）的“8000 万微小图像数据集”。

```
# In[4]:
type(cifar10).__mro__

# Out[4]:
(torchvision.datasets.cifar.CIFAR10,
 torchvision.datasets.vision.VisionDataset,
 torch.utils.data.dataset.Dataset,
 object)
```

7.1.2 Dataset 类

现在是了解作为 torch.utils.data.Dataset 的子类在实践中意味着什么的好时机。查看图 7.2，我们可以看到 Dataset 的全部内容，Dataset 对象至少需要实现两个方法：__len__()和__getitem__()，前者返回数据数量，后者返回带有标签的实际数据。[①]

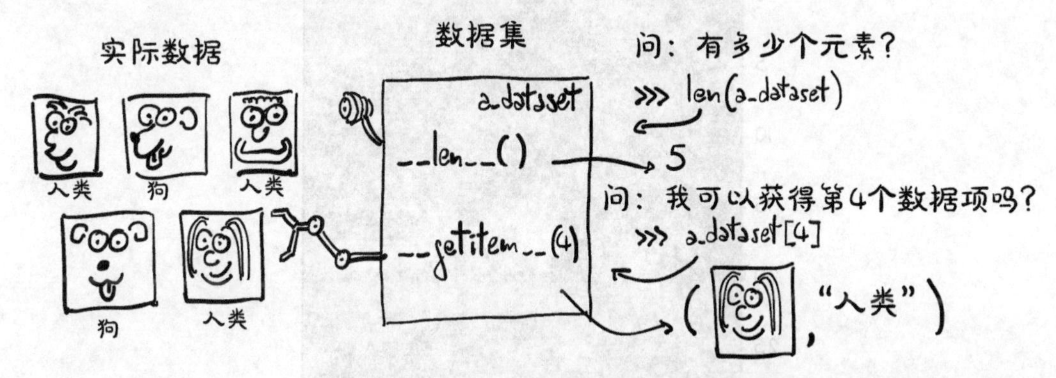

图 7.2 PyTorch Dataset 对象的概念：它并不实际存储数据，但是它提供了对其进行统一访问的函数__len__()和__getitem__()

在实践中，当 Python 对象配备了__len__()函数时，我们可以将其作为参数传递给 Python 的内置函数 len()：

```
# In[5]:
len(cifar10)

# Out[5]:
50000
```

类似地，由于数据集配备了__getitem__()函数，我们可以使用标准索引对元组和列表进行索引，以访问单个数据项。这里，我们得到一个 PIL 图像，就像我们所期待的那样，它也输出了一个整数 1，也就是“汽车”类别：

---

① 对于一些高级用途，PyTorch 还提供了 IterableDataset。这可以用于数据集，在这种情况下，对数据的随机访问开销非常大，甚至没有意义：例如，数据是动态生成的。

```
# In[6]:
img, label = cifar10[99]
img, label, class_names[label]

# Out[6]:
(<PIL.Image.Image image mode=RGB size=32x32 at 0x7FB383657390>,
 1,
 'automobile')
```

那么，data.CIFAR10 中的样本都是一个 RGB PIL 图像实例，我们马上就可以画出来：

```
# In[7]:
plt.imshow(img)
plt.show()
```

这将产生图 7.3 所示的输出——一辆红色的汽车！[①]

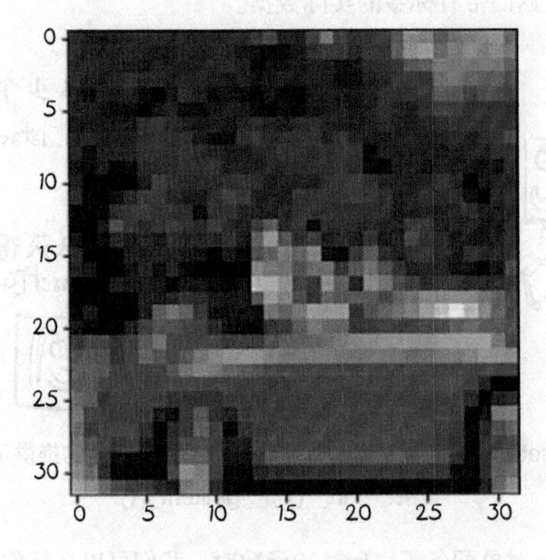

图 7.3 来自 CIFAR-10 数据集的第 99 幅图像：一辆汽车

7.1.3 Dataset 变换

我们需要一种方法来将 PIL 图像变换为 PyTorch 张量，然后才能使用它做别的事情，因此引入了 torchvision.transforms 模块。这个模块定义了一组可组合的、类似函数的对象，它可以作为参数传递到 TorchVision 模块的数据集，诸如 datasets.CIFAR10(...)，在数据加载之后，在 __getitem__()返回之前对数据进行变换。我们可以看到可用对象的列表如下所示：

```
# In[8]:
from torchvision import transforms
dir(transforms)
```

① 打印出来不好看，还不如直接从电子书或 Jupyter Notebook 中查看。

```
# Out[8]:
['CenterCrop',
 'ColorJitter',
...
 'Normalize',
 'Pad',
 'RandomAffine',
...
 'RandomResizedCrop',
 'RandomRotation',
 'RandomSizedCrop',
...
 'TenCrop',
 'ToPILImage',
 'ToTensor',
 ...
]
```

在这些变换对象中，我们可以看到 ToTensor 对象，它将 NumPy 数组和 PIL 图像变换为张量。它还将输出张量的尺寸设置为 $C \times H \times W$（通道、高度、宽度；正如我们在第 4 章中所描述的）。

我们来试试 ToTensor 变换，一旦 ToTensor 被实例化，就可以像调用函数一样调用它，以 PIL 图像作为参数，返回一个张量作为输出：

```
# In[9]:
from torchvision import transforms

to_tensor = transforms.ToTensor()
img_t = to_tensor(img)
img_t.shape

# Out[9]:
torch.Size([3, 32, 32])
```

图像已变换为 3×32×32 的张量，即一个有 3 个通道（RGB）的 32×32 的图像。注意，标签没有发生任何变化，它仍然是一个整数。

正如我们期望的那样，我们可以将变换直接作为参数传递给 dataset.CIFAR10：

```
# In[10]:
tensor_cifar10 = datasets.CIFAR10(data_path, train=True, download=False,
                                  transform=transforms.ToTensor())
```

此时，访问数据集的元素将返回一个张量，而不是 PIL 图像：

```
# In[11]:
img_t, _ = tensor_cifar10[99]
type(img_t)

# Out[11]:
torch.Tensor
```

正如预期的那样，形状的第 1 个维度是通道，而标量类型是 float32：

```
# In[12]:
img_t.shape, img_t.dtype

# Out[12]:
(torch.Size([3, 32, 32]), torch.float32)
```

原始 PIL 图像中的值为 0～255（每个通道用 8 比特位表示），而 ToTensor 变换将数据变换为每个通道的 32 位浮点数，将值缩小为 0.0～1.0。让我们来验证一下：

```
# In[13]:
img_t.min(), img_t.max()

# Out[13]:
(tensor(0.), tensor(1.))
```

我们来验证一下得到的图像是否相同：

```
# In[14]:
plt.imshow(img_t.permute(1, 2, 0))    <-- 将轴的顺序由 C×H×W 改为 H×W×C
plt.show()

# Out[14]:
<Figure size 432x288 with 1 Axes>
```

正如我们在图 7.4 中看到的，我们得到了与之前相同的输出。

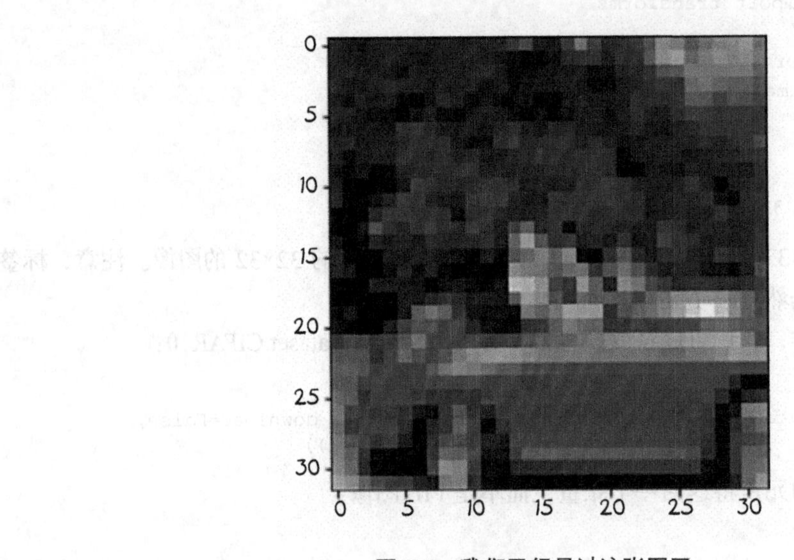

图 7.4　我们已经见过这张图了

已验证得到的图像是相同的。请留意我们是如何使用 permute()将坐标轴的顺序从 $C×H×W$ 更改为 $H×W×C$，来适配 Matplotlib 需要的输入形式。

7.1.4 数据归一化

变换非常方便，因为我们可以使用 transforms.Compose()将它们连接起来，然后在数据加载器中直接透明地进行数据归一化和数据增强操作。例如，一种好的做法是对数据进行归一化，使每个通道的均值为 0，标准差为 1。我们在第 4 章中提到过这一点，但是现在，经过第 5 章的学习，我们也对为什么要选择在 0 加减 1（或 2）附近呈线性的激活函数有了直观的理解，将数据保持在相同的范围内意味着神经元更有可能具有非零梯度，因此，可以更快地学习。同时，对每个通道进行归一化，使其具有相同的分布，可以保证在相同的学习率下，通过梯度下降实现通道信息的混合和更新。这就像 5.4.4 小节中我们将权重重新调整为与温度转换模型中的偏置相同量级的情况。

为了使每个通道的均值为 0、标准差为 1，我们可以应用以下转换来计算数据集中每个通道的平均值和标准差：v_n[c] = (v[c] - mean[c]) /stdev[c]。这正是 transforms.Normalize()所做的。mean 和 stdev 的值必须离线计算（它们不是通过变换计算的）。现在让我们计算 CIFAR-10 训练集的平均值和标准差。

由于 CIFAR-10 数据集很小，我们将完全能够在内存中操作它。让我们将数据集返回的所有张量沿着一个额外的维度进行堆叠：

```
# In[15]:
imgs = torch.stack([img_t for img_t, _ in tensor_cifar10], dim=3)
imgs.shape

# Out[15]:
torch.Size([3, 32, 32, 50000])
```

现在我们可以很容易地计算出每个信道的平均值：

```
# In[16]:
imgs.view(3, -1).mean(dim=1)

# Out[16]:
tensor([0.4915, 0.4823, 0.4468])
```

回想一下，view(3,–1)保留了 3 个通道，并将剩余的所有维度合并为一个维度，从而计算出适当的尺寸大小。这里我们的 3×32×32 的图像被转换成一个 3×1024 的向量，然后对每个通道的 1024 个元素取平均值

计算标准差也是类似的：

```
# In[17]:
imgs.view(3, -1).std(dim=1)

# Out[17]:
tensor([0.2470, 0.2435, 0.2616])
```

有了这些数字，我们就可以初始化 Normalize 变换了：

```
# In[18]:
transforms.Normalize((0.4915, 0.4823, 0.4468), (0.2470, 0.2435, 0.2616))

# Out[18]:
Normalize(mean=(0.4915, 0.4823, 0.4468), std=(0.247, 0.2435, 0.2616))
```

并将其连接到 ToTensor 变换：

```
# In[19]:
transformed_cifar10 = datasets.CIFAR10(
    data_path, train=True, download=False,
transform=transforms.Compose([
    transforms.ToTensor(),
    transforms.Normalize((0.4915, 0.4823, 0.4468),
                         (0.2470, 0.2435, 0.2616))
]))
```

注意，此时，从数据集绘制的图像不能为我们提供实际图像的真实表示：

```
# In[21]:
img_t, _ = transformed_cifar10[99]

plt.imshow(img_t.permute(1, 2, 0))
plt.show()
```

我们重新归一化后得到的红色汽车图像如图 7.5 所示。这是因为归一化对 RGB 超出 0.0～1.0 的数据进行了转化，并且调整了通道的总体大小，所有的数据仍然存在，只是 Matplotlib 将其渲染为黑色。我们暂时记住这一点。

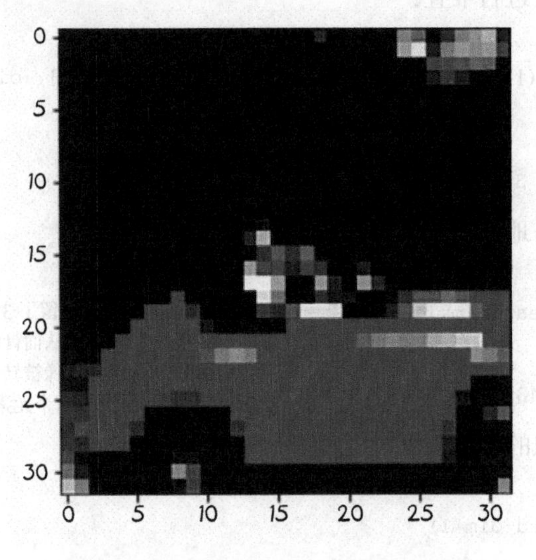

图 7.5　归一化后的随机 CIFAR-10 图像

不过，我们已经加载了一个包含数万张图像的精美数据集！这很方便，因为我们需要的是和它完全一样的东西。

7.2　区分鸟和飞机

我们在观鸟俱乐部的朋友 Jane，在机场南面的树林里布置了一组相机。当有东西进入镜头画面时，这些相机会拍摄并保存照片，将其上传到俱乐部的实时观鸟博客上。问题是很多飞机进出机场都会触发摄像头拍照，所以 Jane 花了很多时间从博客上删除飞机照片。她需要的是一个如图 7.6 所示的自动化系统。她需要的不是人工删除，而是一个神经网络，依靠人工智能实现立刻自动剔除飞机的照片。

图 7.6　现在的问题是：我们将帮助我们的朋友在她的博客上区分鸟和飞机，通过训练神经网络来完成这项工作

别担心，我们会解决这个问题，因为我们得到了完美的数据集（多么巧合啊！[①]）。我们将从 CIFAR-10 数据集中选出所有的鸟和飞机，并建立一个神经网络来区分鸟和飞机。

7.2.1　构建数据集

第 1 步是获得正确形状的数据。我们可以创建一个只包含鸟和飞机的数据集子类。但是，数据集很小，我们只需要索引和 len()函数就可以处理数据集。实际上并不一定需要是 torch.utils.data.dataset.Dataset 的子类。那么，为什么不采取快捷方式，在 cifar10 中过滤数据，重新映射标签，使它们是连续的呢？方法如下：

```
# In[5]:
label_map = {0: 0, 2: 1}
class_names = ['airplane', 'bird']
cifar2 = [(img, label_map[label])
          for img, label in cifar10
          if label in [0, 2]]
cifar2_val = [(img, label_map[label])
              for img, label in cifar10_val
              if label in [0, 2]]
```

① 之所以说巧合，是因为 CIFAR-10 数据集中刚好包括鸟和飞机的图像数据集。——译者注

cifar2 对象已满足了 Dataset 的基本要求，即已定义了__len__()和__getitem__()函数，因此我们将准备使用它。但是，我们也应该意识到，这只是一个精巧的快捷方式，如果遇到了一些限制，我们可能还是希望实现一个适当的 Dateset 的子类。①

现在我们已经有了一个数据集，下一步我们需要一个模型并将该数据集提供给它。

7.2.2 一个全连接模型

我们在第 5 章学习了构建神经网络，我们知道它包括一个特征输入张量和一个特征输出张量。毕竟，图像只是一组在空间结构中排列的数字。我们现在还不知道如何处理空间结构部分，但理论上如果我们把图像像素拉成一个长的一维向量，就可以把这些数字当作输入特征，如图 7.7 所示。

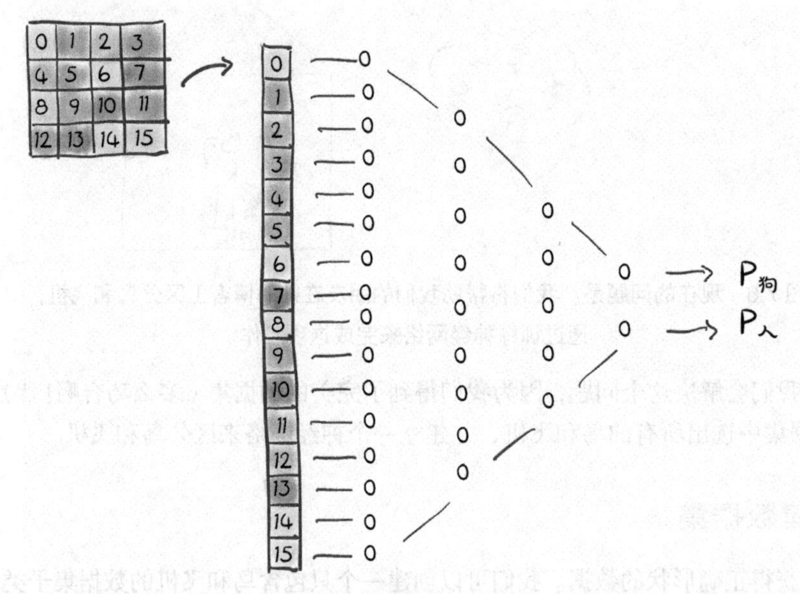

图 7.7 把我们的图像当作一个长的一维向量，在它上面训练一个完全连通的分类器

让我们试试，每个样本有多少个特征呢？32×32×3，也就是说，每个样本有 3072 个特征。从我们在第 5 章构建的模型开始，我们的新模型将是一个线性模型（nn.Linear），它有 3072 个输入特征和一些隐藏的特征，接着是一个激活函数，然后另一个线性模型使网络的输出特征逐渐减少到适当的数量（对本例来说，输出特征数量为 2）。

```
# In[6]:
import torch.nn as nn
```

① 在这里，我们手动构建了新的数据集，并希望重新映射类。在某些情况下，取给定数据集索引的子集就足够了。这可以通过使用 torch.utils.data.Subset 类来完成。类似地，ConcatDataset 可以将数据集（相容的数据项）连接为更大的数据集。对于可迭代数据集，ChainDataset 提供了一个更大的可迭代数据集。

```
n_out = 2

model = nn.Sequential(
            nn.Linear(
                3072,       ← 输入特征
                512,        ← 隐藏层的大小
            ),
            nn.Tanh(),
            nn.Linear(
                512,        ← 隐藏层的大小
                n_out,      ← 输出类
            )
        )
```

我们任意选择 512 个隐藏特征。为了能够像我们在 6.3 节中讨论的那样学习任意函数，一个神经网络至少需要一个隐藏层（激活层，也就是两个模块），否则它将只是一个线性模型。隐藏的特征表示经由权重矩阵编码的输入之间的（学习的）关系。因此，模型可能学会“比较”向量元素 176 和 208，但它不会先验地关注它们，因为它在结构上并不知道这些确实是(第 5 行,像素 16)和(第 6 行,像素 16)，从而是相邻的。

我们有一个模型了，接下来，我们将讨论模型输出应该是什么。

7.2.3　分类器的输出

在第 6 章中，网络将预测温度（一个具有定量意义的数字）作为输出。我们可以在这里做一些类似的事情：使我们的网络输出一个单一的标量值（因此 n_out=1），将标签转换成 float 类型（0.0 表示飞机，1.0 表示鸟），并将这些作为 MSELoss()的目标。这样做，我们将把这个问题变成一个回归问题。然而，更仔细地看，我们现在正在处理一些本质上有点儿不同的事情[①]。

我们需要认识到输出是分类的：它要么是一只鸟，要么是一架飞机（如果我们拥有所有原始类别的话，也可以是其他的东西）。正如我们在第 4 章中学到的，当我们必须表示一个分类变量时，我们应该用该变量的独热编码表示，如对于飞机使用[1,0]，对于鸟使用[0,1]，顺序任意。如果我们有 10 个类，就像在完整的 CIFAR-10 数据集中一样，该方法仍然有效，我们只需要一个长度为 10 的向量[②]。

理想情况下，网络将为飞机输出 torch.tensor([1.0,0.0])，为鸟输出 torch.tensor([0.0,1.0])。实际上，由于我们的分类器并不是很完美的，我们可以期望网络输出介于二者之间的结果。在这种情况下，关键的实现是我们可以将输出解释为概率：第 1 项是“飞机”的概率，第 2 项是“鸟”的

---

① 在“概率”向量上使用距离比在分类数字上使用 MSELoss()好得多。回想一下我们在第 4 章的附注所讨论的数据类型，这对分类没有任何意义，而且在实践中也起不到作用。同时 MSELoss()也不适用于分类问题。

② 对于特殊的二分类情况，使用两个值是多余的，因为其中一个值总是 1 减去另一个值。实际上 PyTorch 只允许神经网络输出一个概率，使用模型末尾的 nn.Sigmoid()激活函数来得到一个概率和二进制交叉熵损失函数 nn.BCELoss()。使用 nn.BCELossWithLogits()函数合并这两个步骤。

概率。

用概率的方式来描述这个问题，对我们网络的输出施加了一些额外的约束。

- 输出的每个元素必须在[0.0,1.0]的范围内（结果的概率不能小于 0 或大于 1）。
- 输出元素的总和必须为 1.0（我们确信这 2 种结果中的一种将发生）。

这听起来是一个很难用可微的方式对数字向量进行限制的问题，但是有一个非常有用的函数可以做到这一点，而且该函数是可微分的：它叫 Softmax。

7.2.4　用概率表示输出

Softmax 是一个函数，它获取一个值向量并生成另一个相同维度的向量，其中的值满足我们刚刚列出的表示概率的约束条件。Softmax 的表达式如图 7.8 所示。

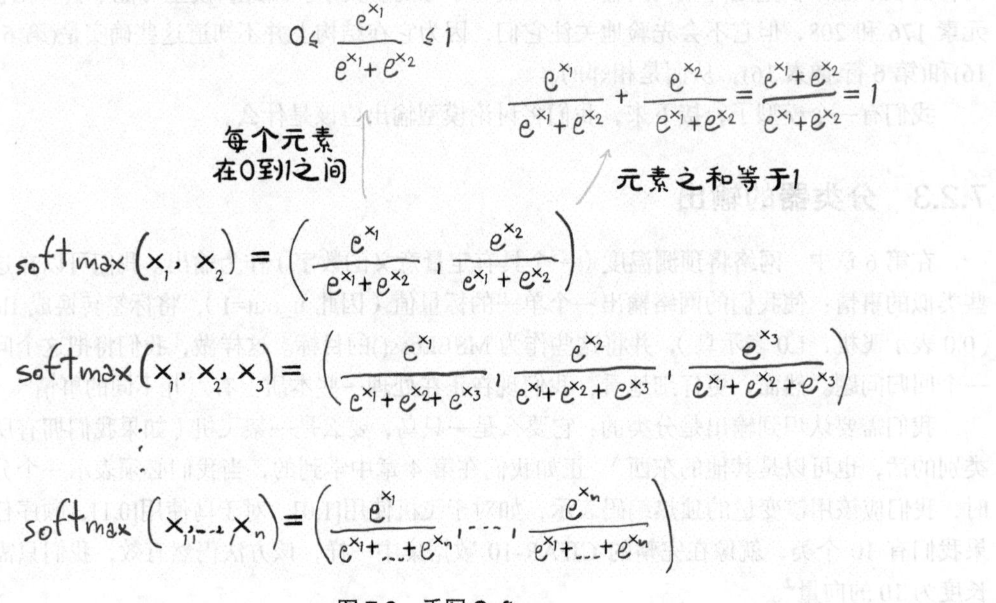

$$0 \leq \frac{e^{x_1}}{e^{x_1}+e^{x_2}} \leq 1$$

$$\frac{e^{x_1}}{e^{x_1}+e^{x_2}} + \frac{e^{x_2}}{e^{x_1}+e^{x_2}} = \frac{e^{x_1}+e^{x_2}}{e^{x_1}+e^{x_2}} = 1$$

每个元素在0到1之间

元素之和等于1

$$\mathrm{softmax}(x_1, x_2) = \left(\frac{e^{x_1}}{e^{x_1}+e^{x_2}}, \frac{e^{x_2}}{e^{x_1}+e^{x_2}}\right)$$

$$\mathrm{softmax}(x_1, x_2, x_3) = \left(\frac{e^{x_1}}{e^{x_1}+e^{x_2}+e^{x_3}}, \frac{e^{x_2}}{e^{x_1}+e^{x_2}+e^{x_3}}, \frac{e^{x_3}}{e^{x_1}+e^{x_2}+e^{x_3}}\right)$$

$$\vdots$$

$$\mathrm{softmax}(x_1, \ldots, x_n) = \left(\frac{e^{x_1}}{e^{x_1}+\ldots+e^{x_n}}, \ldots, \frac{e^{x_n}}{e^{x_1}+\ldots+e^{x_n}}\right)$$

图 7.8　手写 Softmax

也就是说，我们取向量的元素，计算元素指数，然后将每个元素除以指数之和。代码如下：

```
# In[7]:
def softmax(x):
    return torch.exp(x) / torch.exp(x).sum()
```

让我们在一个输入向量上测试它：

```
# In[8]:
x = torch.tensor([1.0, 2.0, 3.0])

softmax(x)
```

```
# Out[8]:
tensor([0.0900, 0.2447, 0.6652])
```

正如预期的那样，它满足概率的约束条件：

```
# In[9]:
softmax(x).sum()

# Out[9]:
tensor(1.)
```

Softmax 是一个单调函数，因为输入中的较小值对应输出中的较小值。但是，它并不是尺度不变的，因为值之间的比率没有被保留。实际上，输入的第 1 个元素和第 2 个元素的比值是 0.5，而输出中的相同元素的比值是 0.3678。这不是一个真正的问题，因为学习过程将驱动模型的参数，使其值具有适当的比率。

nn 模块将 Softmax 函数作为一个模块提供。因为，通常情况下，输入张量可能有额外的第 0 维，或者有一个沿其编码概率的维度和其他维度。nn.Softmax()要求我们指定用来编码概率的维度：

```
# In[10]:
softmax = nn.Softmax(dim=1)

x = torch.tensor([[1.0, 2.0, 3.0],
                  [1.0, 2.0, 3.0]])
softmax(x)

# Out[10]:
tensor([[0.0900, 0.2447, 0.6652],
        [0.0900, 0.2447, 0.6652]])
```

在本例中，我们在 2 行中有 2 个输入向量（就像我们处理批处理时一样），所以我们初始化 nn.Softmax()沿第一维度进行操作。

现在我们可以在模型的末尾添加一个 nn.Softmax()，这样我们的网络就可以产生概率了。

```
# In[11]:
model = nn.Sequential(
            nn.Linear(3072, 512),
            nn.Tanh(),
            nn.Linear(512, 2),
            nn.Softmax(dim=1))
```

我们甚至可以在训练模型之前尝试运行它，看看会得到什么。我们首先构建一幅图像，鸟的图像如图 7.9 所示。

```
# In[12]:
img, _ = cifar2[0]

plt.imshow(img.permute(1, 2, 0))
plt.show()
```

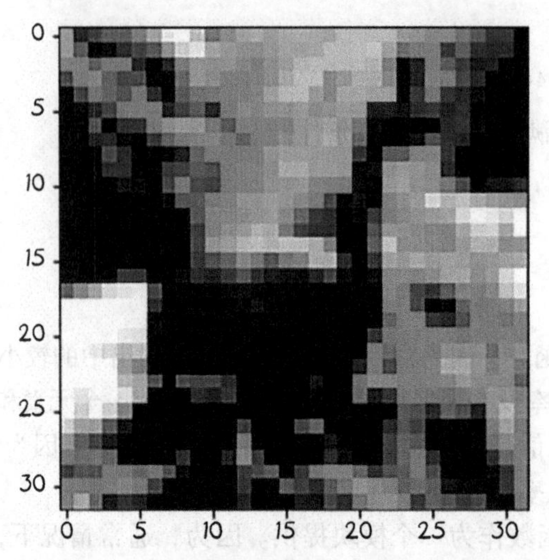

图 7.9　来自 CIFAR-10 数据集的随机的一幅鸟的图像（归一化后）

为了调用模型，我们需要使输入具有正确的维度。回想一下，我们的模型在输入中期望有 3072 个特征，而 nn 处理的是沿着第 0 维成批组织的数据。所以我们需要把 3×32×32 的图像变成一个一维张量，然后在第 0 个位置增加一个维度，我们在第 3 章学习了如何做到这一点：

```
# In[13]:
img_batch = img.view(-1).unsqueeze(0)
```

现在，我们准备调用模型：

```
# In[14]:
out = model(img_batch)
out

# Out[14]:
tensor([[0.4784, 0.5216]], grad_fn=<SoftmaxBackward>)
```

我们得到了概率，但不要太兴奋，因为线性层的权重和偏置还没有训练过。它们的元素由 PyTorch 随机生成的-1.0～1.0 的数据来初始化。有趣的是，我们看到输出中的 grad_fn 属性，它处于反向计算图的顶端（当我们需要反向传播时使用它）[1]。

此外，虽然我们知道输出概率应该是多少（回想一下 class_name），但我们的网络却没有这方面的指示。第 1 项是“飞机”，第 2 项是“鸟”，还是相反？网络在这个时候甚至无法分辨这一点。损失函数在反向传播之后将这两个数字与含义相关联。如果所提供的标签将“飞机”的索引设置为 0，将“鸟”的索引设置为 1，那么这就是导出的输出的顺序。因此，训练之后，我们将能够通过计算输出概率的 argmax 来获得作为索引的标签，即获得最大概率的索引。方便的是，

① 虽然原则上可以说，这里的模型是不确定的（因为它将 48%和 52%的概率分配给了这两个类别），但事实证明，典型的训练会导致模型过于自信。贝叶斯神经网络可以提供一些补救措施，但它们超出了本书的范围。

当提供一个维度时，torch.max()返回该维度上的最大元素以及该值出现的索引。在我们的例子中，我们需要沿着概率向量取最大值（而不是跨批次），因此维度为 1：

```
# In[15]:
_, index = torch.max(out, dim=1)

index

# Out[15]:
tensor([1])
```

以上模型将图像识别为鸟，这纯粹是靠运气。但是我们已经调整模型输出，让它输出概率，以适应当前的分类任务。我们还针对输入图像运行了我们的模型，并验证了我们的管道可以正常工作。现在是时候接受训练了，和前 2 章一样，我们需要在训练过程中尽量减小损失。

7.2.5 分类的损失

我们刚刚提到损失是赋予概率意义的东西。在第 5 章和第 6 章中，我们使用 MSE 作为损失，现在我们仍然可以使用 MSE，使我们的输出概率收敛到[0.0,1.0]和[1.0,0.0]。然而，仔细想想，我们并不是真的对精确地再现这些值感兴趣。回头看看我们用来提取预测类索引的 argmax 操作，我们真正感兴趣的是，对于飞机来说，第 1 个概率高于第 2 个，对于鸟类来说，则正好相反。换句话说，我们希望惩罚错误分类，而不是煞费苦心地惩罚那些看起来不完全像 0.0 或 1.0 的东西。

在这种情况下，我们需要最大化的是与正确的类 out[class_index]相关的概率，其中 out 是 softmax 的输出，class_index 是一个向量，对于每个样本，“飞机”为 0，“鸟”为 1。这个值，即与正确的类别相关的概率，被称为我们的模型给定参数的似然[①]。换句话说，我们想要一个损失函数，当概率很低的时候，损失非常高：低到其他选择都有比它更高的概率。相反，当概率高于其他选择时，损失应该很低，而且我们并不是真的专注于将概率提高到 1。

有一个损失函数是这样的，它被称为负对数似然（Negative Log Likelihood，NLL）。它的表达式是 NLL =-sum(log(out_i[c_i]))，其中 sum()用于对 N 个样本求和，而 c_i 是样本 i 的目标类别。让我们看一看图 7.10，它显示了 NLL 作为预测概率的函数。

图 7.10 显示，当预测目标类别的概率较低时，NLL 会增长到无穷大，而当预测目标类别概率大于 0.5 时，NLL 的下降速度非常慢。请记住 NLL 把概率作为输入，所以，随着预测目标类别概率的增加，其他的概率必然会减少。

综上所述，对于批次中的每个样本，我们的分类损失可以按如下步骤计算。

（1）运行正向传播，并从最后的线性层获得输出值。

（2）计算它们的 Softmax，并获得概率。

① 有关术语的简明定义，请参阅 David MacKay 的 *Information Theory, Inference, and Learning Algorithms*（剑桥大学出版社，2003 年），2.3 节。

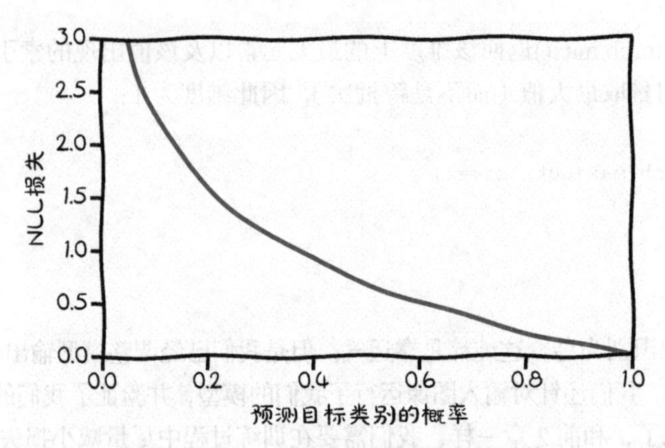

图 7.10　NLL 损失作为预测概率的函数

（3）取与目标类别对应的预测概率（参数的似然值）。请注意，我们知道目标类别是什么，这是一个有监督的问题，这是基本事实。

（4）计算它的对数，在它前面加上一个负号，再添加到损失中。

那么，在 PyTorch 中我们该怎么做呢？PyTorch 有一个 nn.NLLLoss 类，但是与你期望的不同，它没有取概率而是取对数概率张量作为输入。然后在给定一批数据的情况下计算模型的 NLL，输入约定背后的原因是当概率接近 0 时，取概率的对数是很棘手的事情。解决方法是使用 nn.LogSoftmax()而不是使用 nn.Softmax()，以确保计算在数值上稳定。

我们现在可以修改模型，使用 nn.LogSoftmax()作为输出模块：

```
model = nn.Sequential(
            nn.Linear(3072, 512),
            nn.Tanh(),
            nn.Linear(512, 2),
            nn.LogSoftmax(dim=1))
```

然后我们实例化 NLL 损失：

```
loss = nn.NLLLoss()
```

该损失函数将一个批次的 nn.LogSoftmax()的输出作为第 1 个参数，将类别索引的张量（在我们的例子中是 0 和 1）作为第 2 个参数。我们现在可以用鸟来测试它。

```
img, label = cifar2[0]

out = model(img.view(-1).unsqueeze(0))

loss(out, torch.tensor([label]))

tensor(0.6509, grad_fn=<NllLossBackward>)
```

我们来看看如何使用交叉熵损失来改进 MSE 以结束我们对损失的研究。在图 7.11 中，我们可以看到，当预测偏离目标时，交叉熵损失有一定的斜率（在低损失角落，目标类别的预测概率约为 99.97%），而我们最初否定的 MSE 则很早就到达了饱和，并且在非常错误的预测时也是如此。根本原因是 MSE 的斜率太低，无法补偿 Softmax 函数对于错误预测的平坦度。这就是为什么 MSE 不适合分类工作。

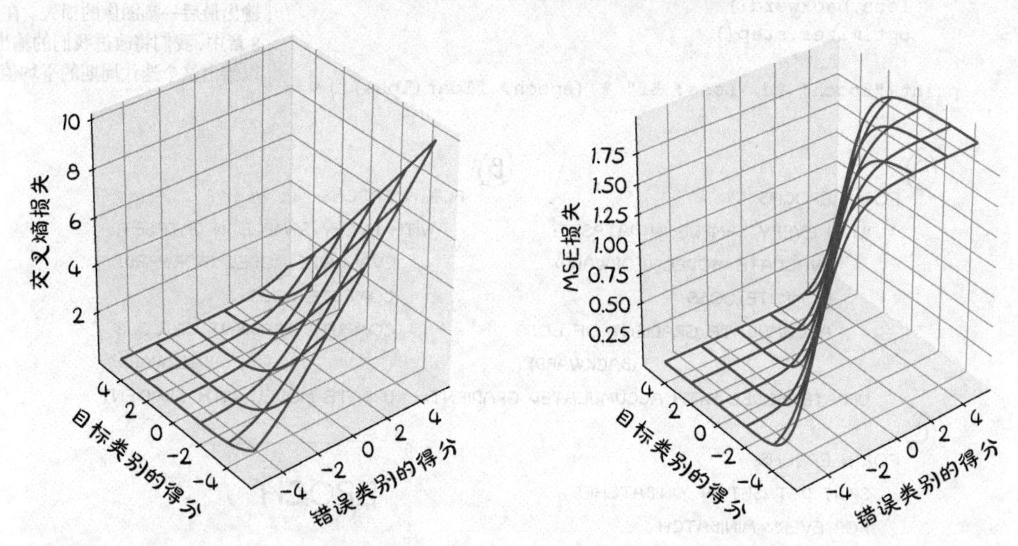

图 7.11　预测概率与目标概率向量之间的交叉熵（左）和 MSE 作为预测分数的函数（右），也即 Softmax 之前取负对数

7.2.6　训练分类器

我们准备回到第 5 章中编写的训练循环，看看它是如何训练的，训练过程如图 7.12 所示。

```
import torch
import torch.nn as nn

model = nn.Sequential(
            nn.Linear(3072, 512),
            nn.Tanh(),
            nn.Linear(512, 2),
            nn.LogSoftmax(dim=1))

learning_rate = 1e-2

optimizer = optim.SGD(model.parameters(), lr=learning_rate)

loss_fn = nn.NLLLoss()

n_epochs = 100

for epoch in range(n_epochs):
    for img, label in cifar2:
```

```
        out = model(img.view(-1).unsqueeze(0))
        loss = loss_fn(out, torch.tensor([label]))

        optimizer.zero_grad()
        loss.backward()
        optimizer.step()

    print("Epoch: %d, Loss: %f" % (epoch, float(loss)))
```

输出最后一幅图像的损失。在第 8 章中，我们将改进我们的输出，以给出整个迭代周期的平均值

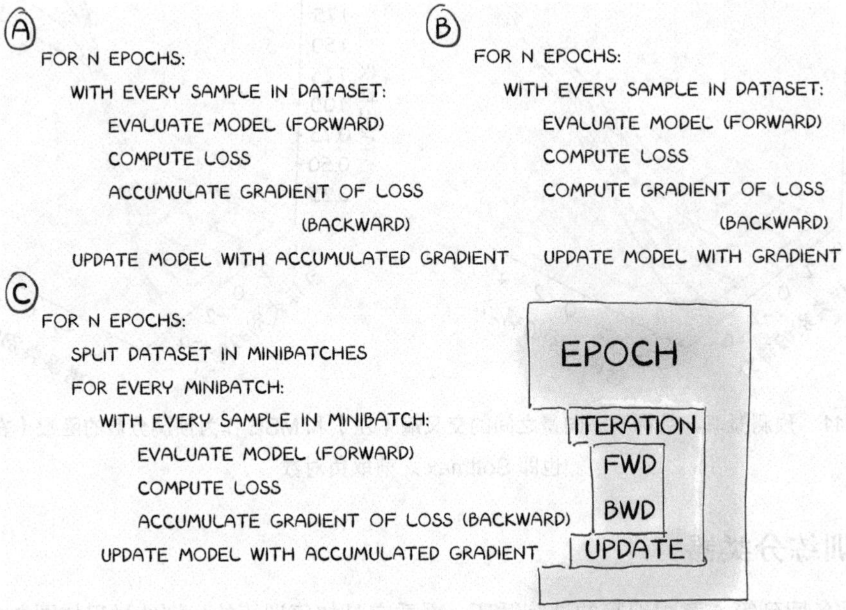

A

FOR N EPOCHS:
WITH EVERY SAMPLE IN DATASET:
EVALUATE MODEL (FORWARD)
COMPUTE LOSS
ACCUMULATE GRADIENT OF LOSS (BACKWARD)
UPDATE MODEL WITH ACCUMULATED GRADIENT

B

FOR N EPOCHS:
WITH EVERY SAMPLE IN DATASET:
EVALUATE MODEL (FORWARD)
COMPUTE LOSS
COMPUTE GRADIENT OF LOSS (BACKWARD)
UPDATE MODEL WITH GRADIENT

C

FOR N EPOCHS:
SPLIT DATASET IN MINIBATCHES
FOR EVERY MINIBATCH:
WITH EVERY SAMPLE IN MINIBATCH:
EVALUATE MODEL (FORWARD)
COMPUTE LOSS
ACCUMULATE GRADIENT OF LOSS (BACKWARD)
UPDATE MODEL WITH ACCUMULATED GRADIENT

EPOCH
ITERATION
FWD
BWD
UPDATE

图 7.12　训练循环：（A）对整个数据集进行平均更新；（B）更新每个样本的模型；（C）在小批量上平均更新

仔细观察，我们对训练循环做了一个小小的更改。在第 5 章中，我们只有一个循环：回想一下，在各个迭代周期中当训练集中的所有样本都被评估时，一个迭代周期就结束了。我们认为在一个批处理中评估 10000 幅图像太多了，所以我们决定进行一个内部循环，每次评估一个样本，然后在单个样本上反向传播。

在第 1 种情况下，梯度在应用之前是在所有样本上累加的，在本实例中，我们将根据对单个样本的梯度的部分估计对参数进行更改。然而，基于一个样本的减小损失的好方向对其他样本可能不是好方向。通过在每个迭代周期上变换样本并一次估计一个或几个样本的梯度（为了稳定性更高），我们在梯度下降中有效地引入了随机性。还记得 SGD 吗？它表示随机梯度下降（stochastic gradient descent），S 的含义就是处理小批量的（又名 minibatch）、打乱的数据。事实证明，在小批量上估计的梯度（这是整个数据集中估计的较差的梯度近似值）有助于收敛，并防止优化过程在训练过程中陷入局部极小值。如图 7.13 所示，小批量上的梯度随机偏离理想轨迹，这也是我们

要使用一个相当小的学习率的部分原因。在每个迭代周期重新打乱数据集有助于确保在小批量上估计的梯度序列代表在整个数据集上估计的梯度。

通常，小批量是一个固定的大小，需要我们在训练之前设置，就像学习率一样。这些被称为超参数，以区别于模型的参数。

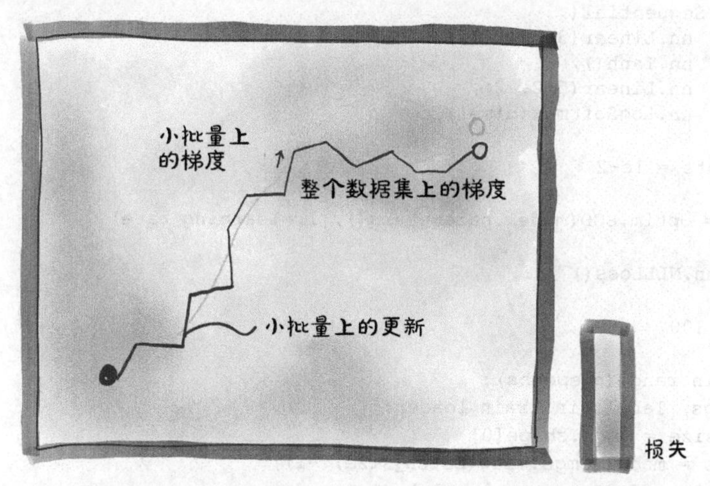

图 7.13　在整个数据集（浅色路径）上估计的平均梯度下降与随机梯度下降对比，其中随机梯度是在随机选取的小批量上估计的

在训练代码中，我们选择大小为 1 的小批量，即每次从数据集中选择一项。torch.utils.data 模块有一个 DataLoader 类，该类有助于打乱数据和组织数据。数据加载器的工作是从数据集中采样小批量，这使我们能够灵活地选择不同的采样策略。一种非常常见的策略是在每个迭代周期洗牌后进行均匀采样。图 7.14 显示了数据加载器对它从数据集获得的索引进行洗牌的过程。

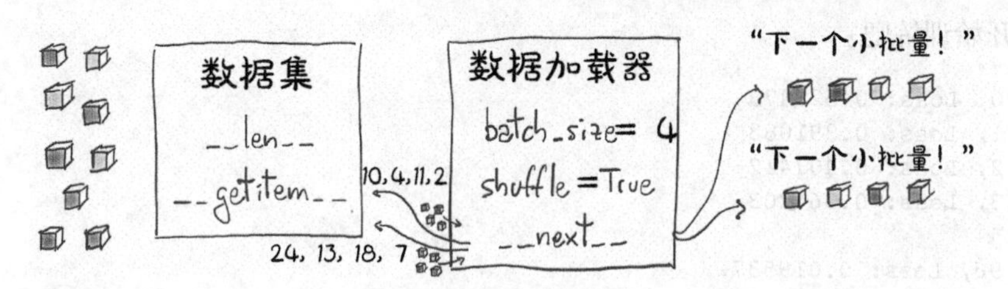

图 7.14　一种数据加载器，通过使用数据集对单个数据项进行取样来分配小批量

让我们看看这是怎么做的。DataLoader()构造函数至少接收一个数据集对象作为输入，以及 batch_size 和一个 shuffle 布尔值，该布尔值指示数据是否需要在每个迭代周期开始时被重新打乱：

```
train_loader = torch.utils.data.DataLoader(cifar2, batch_size=64,
                                           shuffle=True)
```

DataLoader 可以被迭代，因此我们可以直接在新训练代码的内部循环中使用它：

```
import torch
import torch.nn as nn

train_loader = torch.utils.data.DataLoader(cifar2, batch_size=64,
                                           shuffle=True)

model = nn.Sequential(
            nn.Linear(3072, 512),
            nn.Tanh(),
            nn.Linear(512, 2),
            nn.LogSoftmax(dim=1))

learning_rate = 1e-2

optimizer = optim.SGD(model.parameters(), lr=learning_rate)

loss_fn = nn.NLLLoss()

n_epochs = 100

for epoch in range(n_epochs):
    for imgs, labels in train_loader:
    batch_size = imgs.shape[0]
    outputs = model(imgs.view(batch_size, -1))
    loss = loss_fn(outputs, labels)

    optimizer.zero_grad()
    loss.backward()
    optimizer.step()

print("Epoch: %d, Loss: %f" % (epoch, float(loss)))
```

由于重新打乱数据，这里将输出随机批处理的损失，这是我们在第 8 章中想要改进的

在每个内部迭代中，imgs 是一个 64×3×32×32 的张量，也就是 64 个 32×32 的 RGB 图像的小批量，而 labels 是一个包含标签索引的、大小为 64 的张量。

让我们开始训练吧：

```
Epoch: 0, Loss: 0.523478
Epoch: 1, Loss: 0.391083
Epoch: 2, Loss: 0.407412
Epoch: 3, Loss: 0.364203
...
Epoch: 96, Loss: 0.019537
Epoch: 97, Loss: 0.008973
Epoch: 98, Loss: 0.002607
Epoch: 99, Loss: 0.026200
```

我们看到损失以某种方式减少了，但我们不知道它是否足够低。由于我们的目标是正确地为图像分配类别，并且最好是在独立数据集上这样做，我们可以根据总分类的正确数量来计算验证集上模型的准确性。

```
val_loader = torch.utils.data.DataLoader(cifar2_val, batch_size=64,
                                         shuffle=False)
```

```
correct = 0
total = 0

with torch.no_grad():
    for imgs, labels in val_loader:
        batch_size = imgs.shape[0]
        outputs = model(imgs.view(batch_size, -1))
        _, predicted = torch.max(outputs, dim=1)
        total += labels.shape[0]
        correct += int((predicted == labels).sum())

print("Accuracy: %f", correct / total)

Accuracy: 0.794000
```

性能不是很好，但比随机要好得多。解释一下，我们的模型是一个非常浅的分类器，但它竟然起作用了。之所以如此，是因为我们的数据集非常简单。这 2 个类中的很多样本可能存在系统性差异，如背景颜色，这有助于模型根据几个像素区分鸟和飞机。

当然，我们可以通过添加更多的隐藏层来增加模型的深度和容量。一种随意的做法可能是：

```
model = nn.Sequential(
            nn.Linear(3072, 1024),
            nn.Tanh(),
            nn.Linear(1024, 512),
            nn.Tanh(),
            nn.Linear(512, 128),
            nn.Tanh(),
            nn.Linear(128, 2),
            nn.LogSoftmax(dim=1))
```

在这里，我们试图更温和地减少特征数量，以期中间层更好地将信息压缩，使得中间层输出越来越短。

nn.LogSoftmax()和 nn.NLLLoss()的组合相当于使用 nn.CrossEntropyLoss()。交叉熵损失函数是 PyTorch 的一个特性，实际上 nn.NLLLoss()计算的是交叉熵，但将对数概率预测作为输入，其中 nn.CrossEntropyLoss()用于计算分数（有时称为 logits）。从技术上讲，nn.NLLLoss()计算的是把所有质量放在目标上的狄拉克分布和由对数概率输入给出的预测分布之间的交叉熵。

更让人困惑的是，在信息论中，按样本大小归一化，这种交叉熵可以解释为预测分布在目标分布下的负对数似然作为结果。因此，当我们的模型预测（Softmax 应用）概率时，这 2 个损失都是给定数据的模型参数的负对数似然。在本书中，我们不会依赖这些细节，但当你看到文献中使用的术语时，不要被 PyTorch 的命名所迷惑。

从神经网络中丢弃最后一个 nn.LogSoftmax()，转而使用 nn.CrossEntropyLoss()是很常见的。让我们试试：

```
model = nn.Sequential(
            nn.Linear(3072, 1024),
            nn.Tanh(),
            nn.Linear(1024, 512),
            nn.Tanh(),
            nn.Linear(512, 128),
            nn.Tanh(),
            nn.Linear(128, 2))

loss_fn = nn.CrossEntropyLoss()
```

请注意，当使用 nn.LogSoftmax()和 nn.NLLLoss()时神经网络层数完全一样，但一次完成所有操作更方便，唯一的问题是模型的输出不能解释为概率或对数概率，我们需要通过 Softmax 显式地传递输出来获得概率。

训练这个模型并在验证集上评估模型的准确率为 0.802000，这让我们意识到更大的模型为我们带来了更高的准确率，但并没有提高很多。模型在训练集上的准确率几乎是完美的，为 0.998100，这告诉了我们什么呢？这说明在这 2 种情况下，模型都过拟合了。我们的全连接模型通过记忆训练集找到了一种方法来区分训练集上的鸟和飞机，但在验证集上的性能并不是那么好，即使我们选择一个更大的模型。

PyTorch 的 nn.Model 的 parameters()方法提供了一种快速确定模型有多个参数的方法，该方法与我们向优化器提供参数的方法相同。要找出每个张量实例中有多少个元素，我们可以调用 numel()方法，把各分量的元素加起来就得到张量元素的总数。根据我们的用例，计算参数可能要求我们检查参数是否将 requires_grad 设置为 True。我们可能想要从整个模型的大小中区分可训练参数的数量。让我们看看现在我们有什么：

```
# In[7]:
numel_list = [p.numel()
              for p in connected_model.parameters()
              if p.requires_grad == True]
sum(numel_list), numel_list

# Out[7]:
(3737474, [3145728, 1024, 524288, 512, 65536, 128, 256, 2])
```

哇，约 370 万个参数，对于这么小的输入图像，神经网络居然这么大。其实我们构建的第 1 个神经网络也非常大：

```
# In[9]:
numel_list = [p.numel() for p in first_model.parameters()]
sum(numel_list), numel_list

# Out[9]:
(1574402, [1572864, 512, 1024, 2])
```

第 1 个模型中的参数数量大约是最新模型的一半。好了，从单个参数大小的列表中，我们开始了解其中原因：第 1 个模块有约 150 万个参数，在整个神经网络中，我们有 1024 个输出特征，这导致第 1 个线性模块有约 300 万个参数。这应该是意料之中的：我们知道一个线性层的计算公式为 y=weight*x+bias，那么如果 x 的长度为 3072（为了简单，不考虑批处理维度），y 的长度必须为 1024，那么权重张量的大小为 1024*3072，偏置大小一定为 1024。那么 1024*3072+1024=3146,752，与我们前面看到的相同。我们可以直接验证这些值：

```
# In[10]:
linear = nn.Linear(3072, 1024)

linear.weight.shape, linear.bias.shape

# Out[10]:
(torch.Size([1024, 3072]), torch.Size([1024]))
```

这告诉我们什么？我们的神经网络无法很好地随像素的数量缩放。如果我们有一个 1024×1024 的 RGB 图像会怎么样？也就是有约 310 万个输入值。即使突然出现 1024 个隐藏特征（这对我们的分类器来说是行不通的），我们也会有超过 30 亿个参数。使用 32 位浮点数，我们就已经需要 12 GB 的内存，更不用说计算和存储梯度了，现在的大多数 GPU 都不能满足。

7.2.7 全连接网络的局限

让我们来思考一下在图像的一维视图中使用线性模块会发生什么。图 7.15 显示出发生了什么。首先获取每个输入值，也就是 RGB 图像中的每一个分量，然后计算它与每个输出特征的所有其他值的线性组合。一方面，我们允许将图像中的任何像素与可能和我们的任务相关的其他像素进行组合。另一方面，我们没有利用相邻或远处像素的相对位置，因为我们把图像当作一个大的数字向量。

在 32×32 的图像中拍摄到的一架在空中飞行的飞机很可能呈现为蓝色背景下的一个黑色的十字形状。如图 7.16 所示的全连接网络需要知道，当像素(0,1)变暗时，像素(1,1)也变暗，以此类推，这些迹象很好地表明了是一架飞机，如图 7.16 上半部分所示。但是，将同一架飞机移动一个或多个像素（就像图 7.16 下半部分所示的那样），将必须从头开始重新学习像素之间的关系：这一次，可能是像素(0,1)是暗的，像素(1,2)是暗的，以此类推。用更专业的术语来说，一个全连接网络并不是平移不变的。这意味着，一个经过训练能够从位置(4,4)开始识别喷火式战斗机的网络，将无法识别与之完全相同但位置是从(8,8)开始的战斗机。我们必须增强数据集，也就是说，在训练过程中对图像应用随机变换，这样神经网络就有机会在整幅图像上看到喷火式飞机，我们需要对数据集中的每幅图像执行此操作，准确起见，我们可以连接一个 torchvision.transforms 透明地完成此操作。但是，这种数据增强策略是有代价的：隐藏特征（参数）的数量必须足够大，以存储所有已转换副本的信息。

那么，在本章的最后，我们有一个数据集、一个模型和一个训练循环，我们的模型能够学习。然而，由于我们的问题和网络结构不匹配，模型在训练集上过拟合了，而不是学习我们想要模型检测的一般特征。

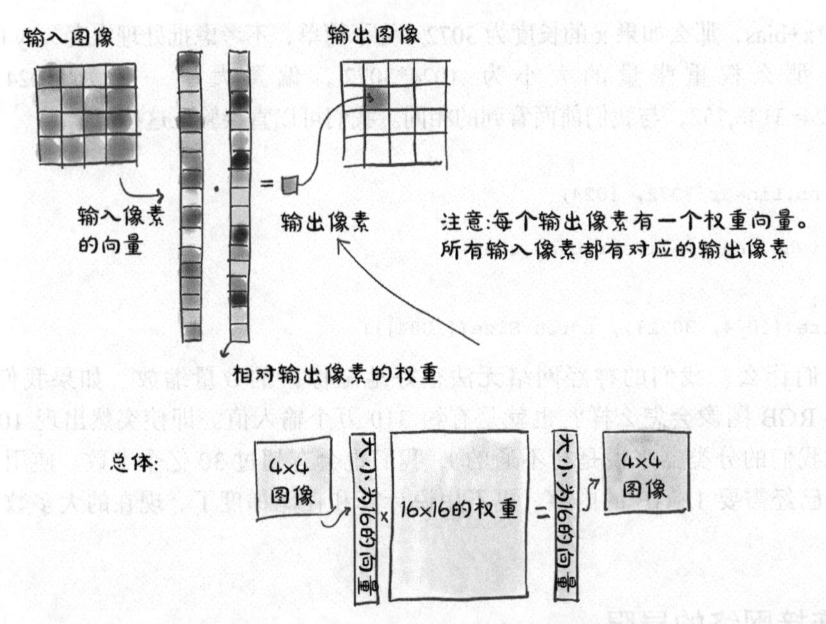

图 7.15　使用与输入图像全连接的模块：每个输入像素与其他像素结合，产生输出中的每个元素

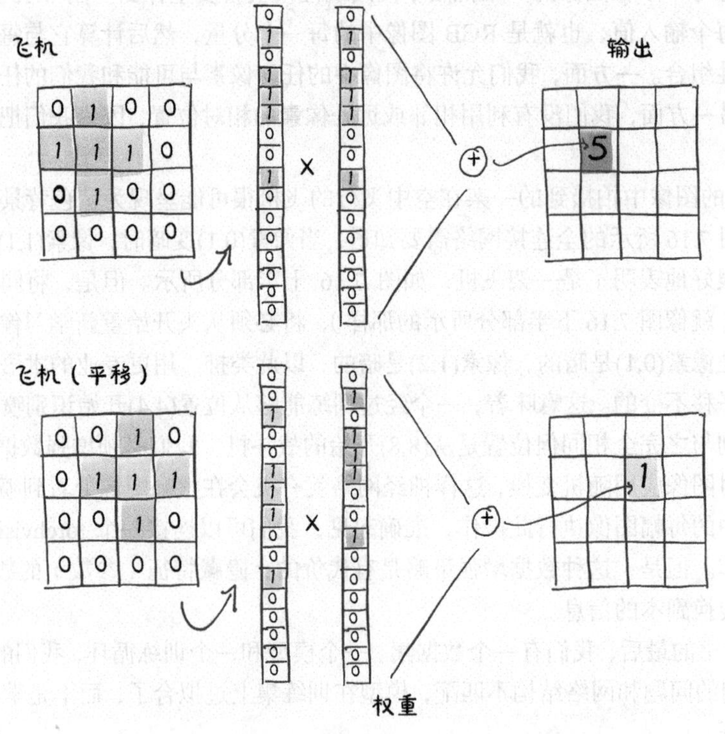

图 7.16　具有平移不变性或缺乏平移不变性的全连接层示意

我们已经创建了一个模型，它允许将图像中的每个像素与其他像素关联起来，而不管它们的空间布局如何。不过，我们有一个合理的假设，即像素越接近，理论上像素之间的相关度就越高。

这意味着我们训练的分类器不是平移不变的，因此如果我们希望在验证集上做得好，我们就不得不使用大量的精力来学习平移的副本。

当然，对于这样一本书，大多数这样的问题都是些带有修辞性的话，点到为止。解决我们当前面临的一系列问题的方法是改变我们的模型——使用卷积层，我们将在第 8 章讨论这意味着什么。

7.3 总结

在本章中，我们已经解决了一个简单的分类问题，从数据集到模型，在训练循环中尽量减小损失。所有这些都是 PyTorch 自带的标准工具，而这些需要使用的技能在 PyTorch 使用期间非常有用。

我们还发现了我们构建的模型的一个严重缺陷：我们一直将二维图像当作一维来处理。此外，我们没有一个自然的方法来整合全连接层的平移不变性。在第 8 章中，我们将学习利用图像数据的二维特性来获得更好的结果①。

我们可以立即使用我们学到的知识处理不具备这种平移不变性的数据。例如，将所学的数据知识用于表格数据或我们在第 4 章中遇到的时间序列数据，我们可能已经可以做很多事情了。在某种程度上，也可以在适当表示的文本数据上使用学到的数据处理知识②。

7.4 练习题

1. 使用 TorchVision 模块实现数据的随机裁剪。
    a）得到的图像与未裁剪的原始图像有什么不同？
    b）当你第 2 次请求相同的图像时会发生什么？
    c）使用随机裁剪的图像进行训练的结果是什么？
    d）实际结果是更好还是更差？
2. 变换损失函数，如 MSE。
    训练行为改变了吗？
3. 有没有可能通过降低网络的容量，使其停止过拟合？
    这样做时，模型在验证集上是如何执行的？

---

① 关于平移不变性的警告也适用于纯一维数据：即使要分类的声音提前或延迟十分之一秒，音频分类器也可能产生相同的输出。

② 词袋模型只能实现普通的词嵌入，可以通过本章设计的网络进行处理。更现代的模型考虑了词语的位置，因此需要更高级的模型。

7.5 本章小结

- 计算机视觉领域是深度学习应用最广泛的领域之一。
- 一些用来标注图像的数据集是公开可用的，其中很多都可以通过 TorchVision 模块访问。
- Dataset 和 DataLoader 为加载和采样数据集提供了一个简单而有效的抽象。
- 对于分类任务，在网络输出上使用 Softmax 函数产生的值满足被解释为概率的要求。在这种情况下，用 Softmax 的输出作为非负对数似然函数的输入，可得到理想的分类损失函数。在 PyTorch 中，将 Softmax 和这种损失的结合称为交叉熵。
- 没有什么能阻止我们将图像当作像素值的向量来处理，使用一个全连接网络来处理它们，就像处理任何数字数据一样。但是这样做会使利用数据中的空间关系变得更加困难。
- 使用 nn.Sequential 可以创建简单的模型。

第 8 章 使用卷积进行泛化

本章主要内容

- 理解什么是卷积。
- 构建卷积神经网络。
- 创建自定义的 nn.Module 的子类。
- 模块和函数式 API 之间的区别。
- 神经网络的设计选择。

在第 7 章中，我们构建了一个简单的神经网络，它可以拟合（或过拟合）数据，这要归功于线性层中可用于优化的许多参数。然而，我们的模型存在问题，因为它在记忆训练集方面比在泛化鸟类和飞机的特性方面做得更好。基于我们的模型架构，我们猜测了出现该问题的原因。由于全连接设置需要检测图像中鸟或飞机各种可能的平移，所以会有太多的参数以便于模型更容易记住训练集，同时由于位置没有独立性就会使其更难进行泛化。正如我们在第 7 章所讨论的，我们可以通过使用各种各样的重新剪裁的图像来增强我们的训练数据，试图强制泛化，但这不能解决参数太多的问题。

有一个更好的方法！用一个不同的线性操作来替换神经网络单元中稠密的、全连接的仿射变换——卷积。

8.1 卷积介绍

接下来让我们深入了解卷积，以及如何在神经网络中使用它们。我们正在寻找区别鸟和飞机的方法，我们的朋友还在等我们的解决方案，但这是值得花费额外时间的。我们先对计算机视觉这个基本概念有一个直观的认识，然后再回到我们的问题上。

在本节中，我们将了解卷积如何提供局部性和平移不变性。我们将通过仔细研究定义卷积的公式并用笔和纸将重点画出来，但是别担心，要点都会画在纸上，而不是放在公式本身上。

我们之前说过，取输入图像的一维视图，然后将其乘 n_output_features×n_input_features 的权重矩阵，就和 nn.Linear 所做的那样，这意味着对于图像中的每个通道，计算所有像素乘一组权重的加权和，每个输出特征对应一个权重。

我们还说过，如果我们想要识别出与物体相对应的图案，如天空中的一架飞机，我们可能需要看看附近的像素是如何排列的，但我们对那些彼此相距很远的组合的像素是如何出现的并不那么感兴趣。事实上，喷火式战斗机的图像角落里有没有树、云或风筝并不重要。

为了将这种直觉转化为数学形式，我们可以计算一个像素与其相邻像素的加权和，而不是与图像中其他像素的加权和。这相当于构建权重矩阵，每个输出特征和输出像素位置都有一个权重矩阵，其中距离中心像素一定距离以外的所有权重都为 0。这仍然是一个加权和，即线性运算。

卷积有什么作用

我们在前面提到了另一个需要的特性：我们希望这些局部模式对输出有影响，而不管它们在图像中的位置，也就是说希望神经网络具有平移不变性。为了实现我们在第 7 章中使用的将图像作为矢量矩阵的目标，需要实现一个相当复杂的权重模式。大多数权重矩阵将为 0，因为相对于与输入像素对应的项，由于距离输出像素太远而不会产生影响。对于其他权重矩阵，我们必须找到一种方法使这些项保持同步，使它们对应于输入和输出像素的相同相对位置。这意味着我们需要将它们初始化为相同的值，并确保在训练期间网络更新时所有绑定权重保持不变。这样，我们就可以确保权重在邻域中操作以响应局部模式，并且无论局部模式出现在图像的哪个位置，都可以被识别出来。

当然，这种方法实操性不强。幸运的是，在图像上有一个现成的、局部的、平移不变的线性操作：卷积。我们可以对卷积进行更简洁的描述，但我们要描述的就是我们刚刚描述的，只是从不同的角度进行描述。

卷积，或者更准确地说，离散卷积[①]（有一种类似的连续卷积，我们不在这里讲），被定义为二维图像的权重矩阵的标量积，即核函数与输入中的每个邻域的标量积。将一个 3×3 的内核（在深度学习中，我们通常使用小内核，稍后会看到为什么）作为一个二维张量：

```
weight = torch.tensor([[w00, w01, w02],
                       [w10, w11, w12],
                       [w20, w21, w22]])
```

以及一个一维的通道，$M \times N$ 的图像：

```
image = torch.tensor([[i00, i01, i02, i03, ..., i0N],
                      [i10, i11, i12, i13, ..., i1N],
                      [i20, i21, i22, i23, ..., i2N],
                      [i30, i31, i32, i33, ..., i3N],
                      ...
                      [iM0, iM1m iM2, iM3, ..., iMN]])
```

我们可以计算输出图像的一个元素（无偏置），如下所示：

① PyTorch 卷积和数学卷积之间有一个微妙的区别：一个参数的符号被翻转了。如果我们有“学究气”，我们可以把 PyTorch 的卷积称为离散交叉相关。

```
o11 = i11 * w00 + i12 * w01 + i13 * w02 +
      i21 * w10 + i22 * w11 + i23 * w12 +
      i31 * w20 + i32 * w21 + i33 * w22
```

图 8.1 显示了上述计算的具体情况。

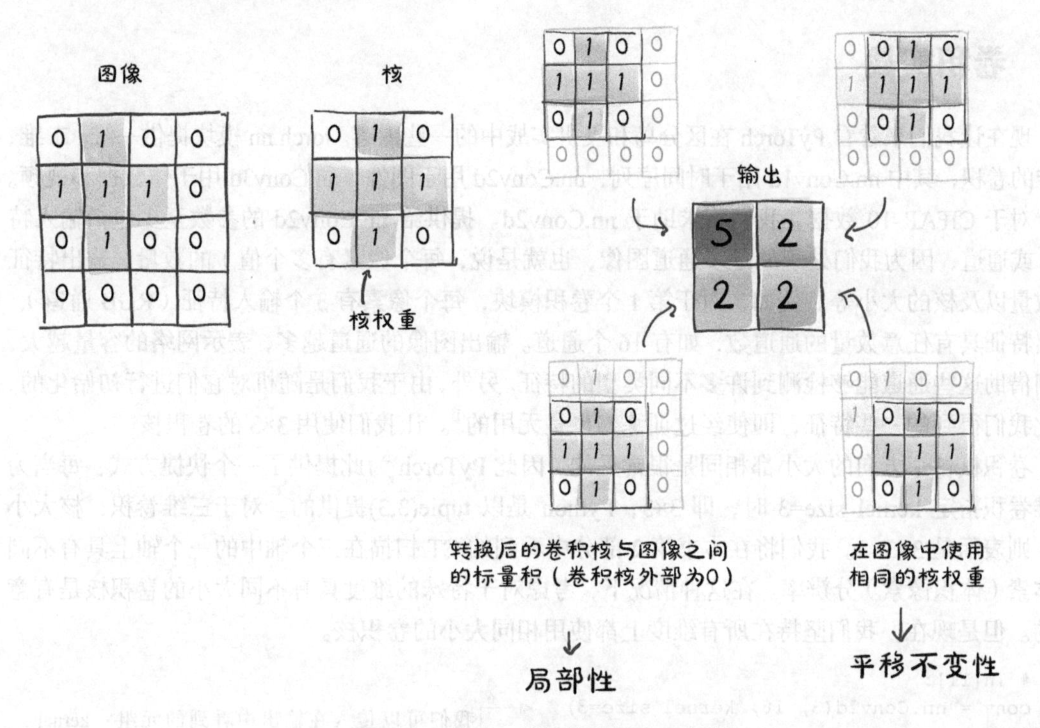

图 8.1 卷积：局部性和平移不变性

也就是说，我们“平移”输入图像 i11 位置上的核函数，然后将每个权重乘输入图像在相应位置上的值。因此，通过平移所有输入位置上的卷积核并执行加权和来创建输出图像。对于多通道图像，如 RGB 图像，权重矩阵将是一个 3×3×3 的矩阵：每个通道有一组权重，它们共同作用于输出值。

注意，就像 nn.Linear 权重矩阵中的元素一样，核中的权重是事先不知道的，但它们是随机初始化的，并通过反向传播进行更新。还要注意，相同的核以及核中的每个权重在整幅图像中被重用。回想一下自动求导，这意味着每个权重的使用都有一个跨越整个图像的历史值。因此，关于卷积权值的损失的导数包括来自整个图像的贡献。

现在我们可以看到它与我们之前提到的内容的联系了：卷积等价于进行多重线性操作，它们的权重几乎在除个别像素外的任何地方都为 0，并且在训练期间接收相同的更新。

综上所述，通过切换到卷积，我们得到以下特征。

- 邻域的局部操作。
- 平移不变性。
- 模型的参数大幅减少。

第3点的关键在于，对于卷积层，参数的数量不取决于图像中像素的数量（就像在全连接模型中的情况一样），而取决于卷积核的大小（3×3、5×5等）以及我们决定在模型中使用卷积过滤器（或输出通道）的个数。

8.2 卷积实战

现在让我们来看看PyTorch在区分鸟和飞机实战中的一些内容。torch.nn模块提供一维、二维、三维的卷积，其中nn.Conv1d用于时间序列，nn.Conv2d用于图像，nn.Conv3d用于体数据和视频。

对于CIFAR-10数据，我们将求助于nn.Conv2d。提供给nn.Conv2d的参数至少包括输入特征（或通道，因为我们处理的是多通道图像，也就是说，每个像素有多个值）的数量、输出特征的数量以及核的大小等。例如，对于第1个卷积模块，每个像素有3个输入特征（RGB通道），输出特征具有任意数量的通道数，如有16个通道。输出图像的通道越多，表示网络的容量越大，我们借助这些通道能够检测到许多不同类型的特征。另外，由于我们是随机对它们进行初始化的，因此我们得到的一些特征，即使经过训练，也是无用的[①]。让我们使用3×3的卷积核。

卷积核各个方向的大小都相同是很常见的，因此PyTorch为此提供了一个快捷方式：每当为二维卷积指定kernel_size=3时，即3×3，Python是以tuple(3,3)提供的。对于三维卷积，核大小为3则表示是3×3×3。我们将在本书第2部分中看到的CT扫描在三个轴中的一个轴上具有不同的体素（体积像素）分辨率。在这种情况下，考虑对于特殊的维度具有不同大小的卷积核是有意义的。但是现在，我们坚持在所有维度上都使用相同大小的卷积核。

```
# In[11]:
conv = nn.Conv2d(3, 16, kernel_size=3)
conv
```

我们可以传入在输出中看到的元组：kernel_size=(3,3)，而不使用快捷方式kernel_size=3

```
# Out[11]:
Conv2d(3, 16, kernel_size=(3, 3), stride=(1, 1))
```

权重张量的形状应该是什么样的呢？卷积核的大小为3×3，所以我们希望权重由3×3个部分组成。对于单个输出像素值，我们的卷积核考虑有in_ch=3个输入通道，因此对于单个输出像素值，其权重分量（平移整个输出通道的不变量）为in_ch×3×3。最后，我们有和输出通道一样多的通道，这里输出通道有16个，所以完整的权重张量是out_ch×in_ch×3×3，在我们的例子中是16×3×3×3。偏置张量的大小为16，为了简单，我们暂时还没有讨论过偏置，但是就像线性模块的情况一样，它是我们添加到输出图像的每个通道上的一个常量值。让我们验证一下我们的假设：

```
# In[12]:
conv.weight.shape, conv.bias.shape

# Out[12]:
(torch.Size([16, 3, 3, 3]), torch.Size([16]))
```

---

① 这是彩票假设的一部分：许多核和没有中的彩票一样有用。参见Jonathan Frankle和Michael Carbin的“The Lottery Ticket Hypothesis:Finding Sparse,Trainable Neural Network”，2019年。

我们可以看到使用卷积从图像中学习是多么方便、实用的一种选择。我们用更小的模型寻找局部模式，这些模式的权重在整幅图像中都得到了优化。

一个二维卷积产生一个二维图像并将其作为输出，它的像素是输入图像邻域的加权和。在我们的例子中，核权重和偏置都是随机初始化的，因此输出的图像不会特别有意义。和往常一样，如果我们想用一个输入图像调用 conv 模块，我们需要通过 unsqueeze()添加第 0 维批处理维度，因为 nn.Conv2d()期望输入一个 $B \times C \times H \times W$ 的张量：

```
# In[13]:
img, _ = cifar2[0]
output = conv(img.unsqueeze(0))
img.unsqueeze(0).shape, output.shape

# Out[13]:
(torch.Size([1, 3, 32, 32]), torch.Size([1, 16, 30, 30]))
```

显示输入如图 8.2 所示。

```
# In[15]:
plt.imshow(output[0, 0].detach(), cmap='gray')
plt.show()
```

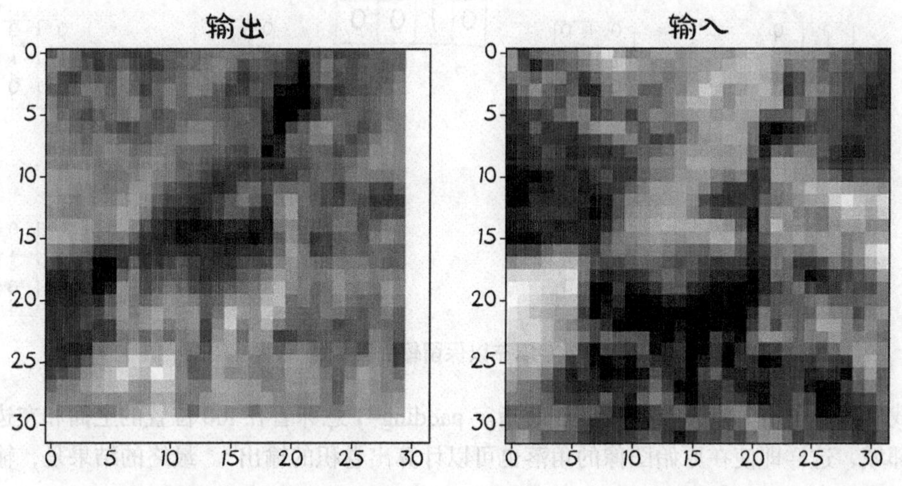

图 8.2　经过随机卷积处理过的鸟的图像（为了显示输入，我们在代码上做了一点儿“手脚”）

等一下，让我们看看输出的大小：torch.Size([1,16,30,30])。在这个过程中我们丢失了一些像素，这是怎么发生的呢?

8.2.1　填充边界

事实上，我们的输出图像比输入图像小，这一事实是决定处理图像所导致的副作用。将卷积核应用为 3×3 邻域中像素的加权和，要求其在所有方向上都有邻域。如果在 i00 的位置，那么我们只有卷积核右侧和下侧的像素。默认情况下，PyTorch 将在输入图像中滑动卷积核，得到 width−kernel_width + 1 个水平和垂直位置。对于奇数大小的卷积核，这将导致图像的宽度是卷积核宽度的一半（在我们的例子中，3//2 = 1），这就解释了为什么我们在每个维度上都少了 2 个像素。

然而，PyTorch 为我们提供了一种填充图像的可能性——通过在边界周围创建重影像素（ghost pixel）来填充图像。就卷积而言，这些重影像素的值为 0。图 8.3 显示了填充操作。

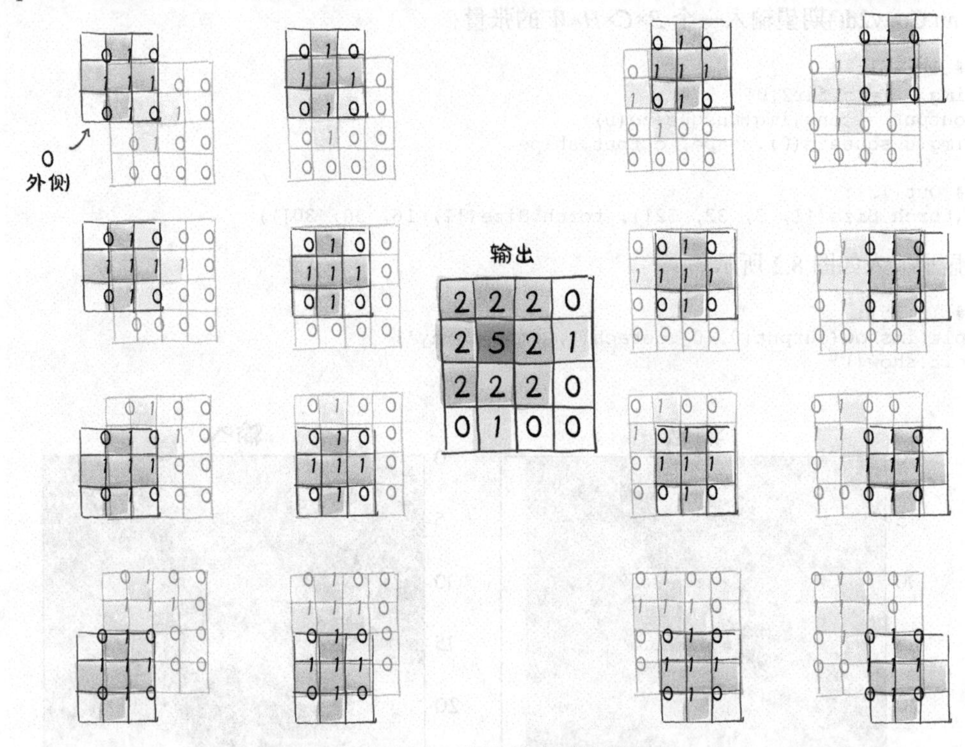

图 8.3　零填充以保留输出图像的大小

在我们的例子中，当 kernel_size=3 时指定 padding=1 意味着在 i00 位置的上面和左边有一组额外的邻域，这样即使在原始图像的角落也可以计算出卷积的输出[①]。最终的结果是，输出图像与输入图像的大小完全相同：

```
# In[16]:
conv = nn.Conv2d(3, 1, kernel_size=3, padding=1)     <—— 现在开始填充
output = conv(img.unsqueeze(0))
img.unsqueeze(0).shape, output.shape

# Out[16]:
(torch.Size([1, 3, 32, 32]), torch.Size([1, 1, 32, 32]))
```

① 对于偶数大小的卷积核，我们需要在左右以及上下填充不同的数字。PyTorch 并没有在卷积中提供相关操作，但是 torch.nn.functional.pad()函数可以处理它。最好使用奇数大小的卷积核，偶数大小的卷积核有些怪。

注意 无论是否使用填充，权重和偏置的大小都不会改变。

填充卷积主要有 2 个原因。首先，这样做可以帮助我们分离卷积和改变图像大小，这样我们就少了一件要记住的事情。其次，当我们有更复杂的结构，例如将在 8.5.3 小节中讨论的跳跃连接或我们将在第 2 部分中讨论的 U-Net 时，我们希望在卷积之前和之后，张量的大小是一致的，这样我们就可以将它们相加或者取差值。

8.2.2 用卷积检测特征

我们之前说过权重和偏置是通过反向传播学习的参数，正如 nn.Linear 中的权重和偏置一样。然而，我们可以通过手动设置权重来处理卷积，看看会发生什么。

为了消除所有干扰因素，让我们首先将偏置归零，然后将权重设置为一个常数值，这样输出中的每个像素都能得到其相邻像素的均值。对每个 3×3 的邻域：

```
# In[17]:
with torch.no_grad():
    conv.bias.zero_()

with torch.no_grad():
    conv.weight.fill_(1.0 / 9.0)
```

我们可以使用 conv.weight.one_()，这会导致输出中的每个像素都是邻域内像素的和。差别不大，只是使输出图像中的值放大 9 倍。

不管怎样，让我们看看它对 CIFAR 图像的影响：

```
# In[18]:
output = conv(img.unsqueeze(0))
plt.imshow(output[0, 0].detach(), cmap='gray')
plt.show()
```

正如我们所预测的，过滤器会产生模糊的图像，如图 8.4 所示。毕竟，输出的每个像素都是输入邻域的平均值，因此输出中的像素都是相关的，并且变化更加平滑。

接下来，让我们尝试一些不同的东西。下面的内核乍一看可能有点儿费解：

```
# In[19]:
conv = nn.Conv2d(3, 1, kernel_size=3, padding=1)

with torch.no_grad():
    conv.weight[:] = torch.tensor([[-1.0, 0.0, 1.0],
                                   [-1.0, 0.0, 1.0],
                                   [-1.0, 0.0, 1.0]])
    conv.bias.zero_()
```

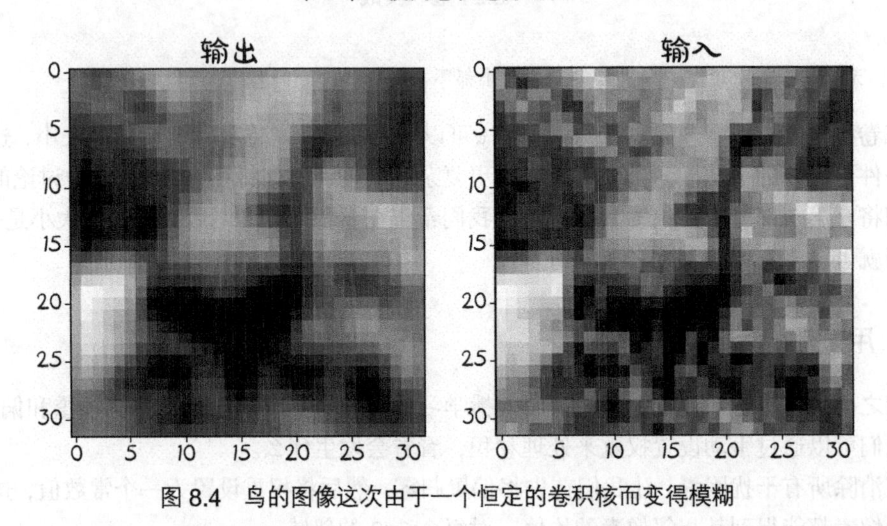

图 8.4　鸟的图像这次由于一个恒定的卷积核而变得模糊

计算位置(2,2)处任意像素的加权和，就像我们之前对一般卷积核所做的那样，我们得到：

```
o22 = i13 - i11 +
      i23 - i21 +
      i33 - i31
```

它将 i22 右边的所有像素减去 i22 左边的像素得到差，如果将卷积核作用在 2 个不同强度、相邻区域的垂直边界上，则 o22 的值较高。如果将卷积核应用于均匀强度的区域，o22 将为 0。它是一个边缘检测核：卷积核突出显示 2 个水平相邻区域的垂直边缘。

将卷积核应用于我们的图像，可看到图 8.5 所示的结果。正如预期的那样，卷积核增强了垂直边缘。我们可以构建更复杂的过滤器，例如检测水平或对角线边缘、十字或棋盘图案，其中“检测”意味着输出具有较高的峰值（high magnitude）。事实上，计算机视觉专家的工作一直以来就是设计出最有效的过滤器组合，使图像中突出的某些特征和物体能够被识别出来。

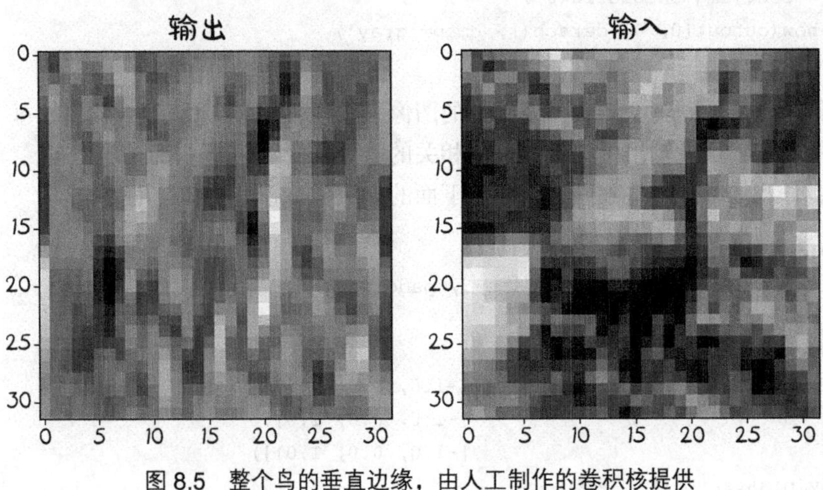

图 8.5　整个鸟的垂直边缘，由人工制作的卷积核提供

通过深度学习，我们让核函数从数据中估计，以辨别最有效的方式：例如，在最小化输出与我们在 7.2.5 小节中介绍的实际数据之间的负交叉熵损失。从这个角度来看，卷积神经网络的工作是估计连续层中的一组过滤器的卷积核，这些过滤器将把一个多通道图像转换成另一个多通道图像，其中不同的通道对应不同的特征，例如一个通道代表平均值，一个通道代表垂直边缘，等等。图 8.6 显示了卷积学习的过程。

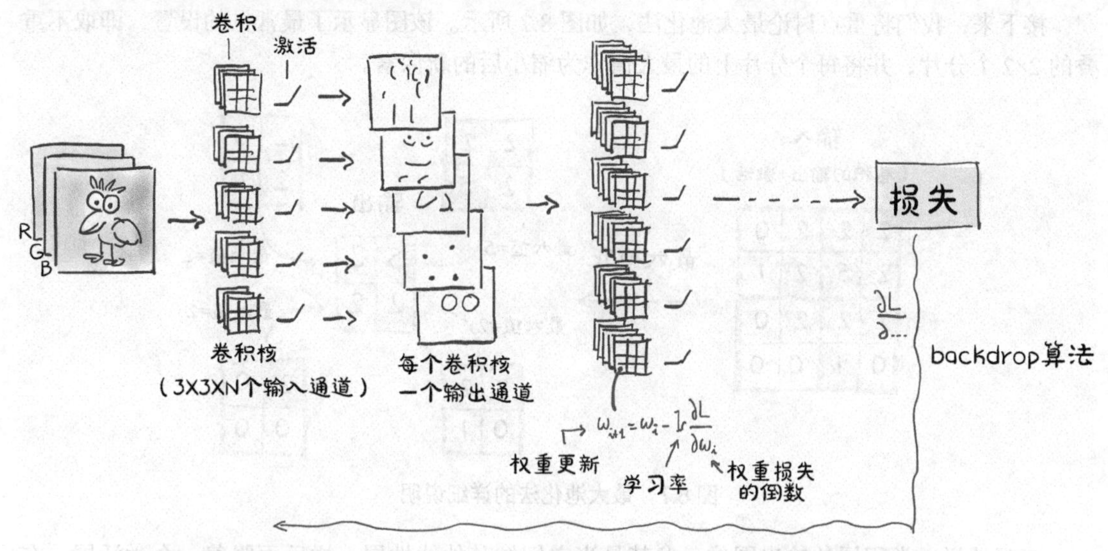

图 8.6　卷积学习的过程：估计卷积核权重的梯度，并分别更新它们以优化损失

8.2.3　使用深度和池化技术进一步研究

这一切看起来都很好，但其实还有一些问题。我们都很兴奋，因为通过从全连接层移动到卷积，我们实现了局部性和平移不变性。然后我们建议使用小卷积核，如 3×3 或 5×5，以实现峰值局部性。整体情况如何呢？我们如何知道图像中的所有结构是 3 像素还是 5 像素宽呢？我们没办法知道，因为它们也不是。如果它们不是，那么我们的网络将如何设置以看到更大范围的图像呢？如果我们想有效地识别鸟和飞机，那么这正是我们真正需要解决的问题，因为尽管 CIFAR-10 图像很小，但仍有对象跨越几个像素，如翅膀或机翼。

一种方法是使用大的卷积核。当然，对于一个 32×32 的图像，我们最大可以使用 32×32 的卷积核，但这就和全连接仿射变换差不多了，同时失去了卷积所有优良性质。卷积神经网络中使用的另一种方法是在一个卷积之后堆叠另一个卷积，同时在连续卷积之间对图像进行下采样。

1. 从大到小：下采样

原则上，下采样可以以不同的方式进行。将图像缩放一半相当于取 4 个相邻像素作为输入，产生一个像素作为输出。我们如何根据输入值计算输出值取决于我们自己。我们可选择的操作如下。

- 取 4 个像素的平均值。这种平均池化在早期是一种常见的方法，但现在已经不受欢迎了。
- 取 4 个像素的最大值。这种方法称为最大池化（max pooling），是目前最常用的方法之一，但它有丢弃剩余四分之三的数据的缺点。
- 使用带步长的卷积。该方法只将每第 N 个像素纳入计算。步长为 2 的 3×4 卷积仍然包含来自前一层所有像素的输入。文献显示了这种方法的前景，但它还没有取代最大池化法。

接下来，我们将重点讨论最大池化法，如图 8.7 所示。该图显示了最常见的设置，即取不重叠的 2×2 个分片，并将每个分片上的最大值作为缩小后的新像素。

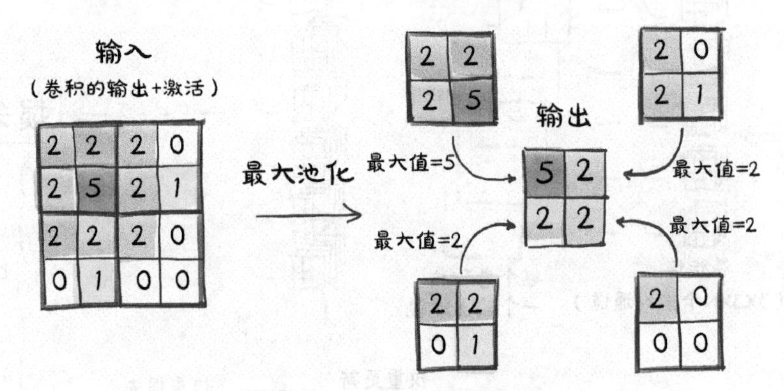

图 8.7　最大池化法的详细说明

直观地说，卷积层的输出图像，尤其是当它们像其他线性层一样后面跟着一个激活层，在检测到与估计核对应的某些特征（例如垂直线）时，往往具有很高的幅值。通过保持 2×2 邻域中的最大值作为下采样输出，我们确保所发现的特征在下采样之后仍然存在，而以较弱的响应为代价。

最大池化由 nn.MaxPool2d 模块提供，与卷积一样，也有一维和三维数据的版本。它将池化操作的邻域的大小作为输入。如果我们想把图像缩小一半，我们让核大小为 2。让我们验证一下它在我们的输入图像上是否按预期工作：

```
# In[21]:
pool = nn.MaxPool2d(2)
output = pool(img.unsqueeze(0))

img.unsqueeze(0).shape, output.shape

# Out[21]:
(torch.Size([1, 3, 32, 32]), torch.Size([1, 3, 16, 16]))
```

2. 将卷积和下采样结合起来效果很好

现在让我们看看卷积和下采样是如何帮助我们识别更大的结构的。在图 8.8 中，我们首先在 8×8 的图像上应用一组 3×3 的核，得到相同大小的多通道输出图像。然后我们将输出图像缩小一半，得到一个 4×4 的图像，并对其应用另一组 3×3 的核。第 2 组卷积核操作的是缩小了一半的 3×3 的邻域，因此它有效地映射回输入的 8×8 的邻域。此外，第 2 组卷积核获取第 1 组卷积核的输出（像平均值、边缘等特征），并在这些输出的基础上提取额外的特征。

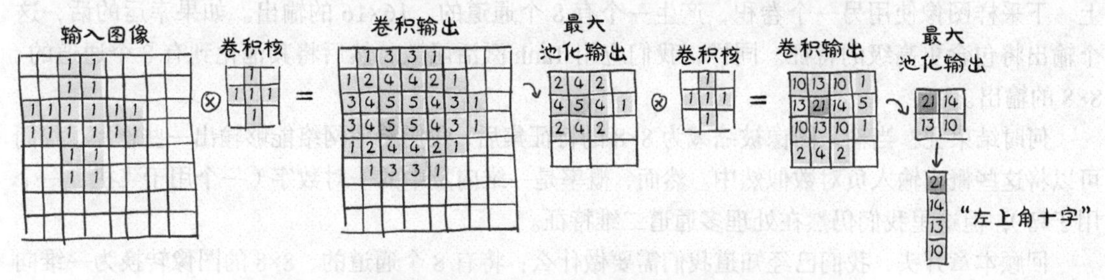

图 8.8 手工绘制更多卷积，显示堆叠卷积和下采样的效果：使用 2 个小的十字形卷积核和最大池突出显示一个大的十字

因此，第 1 组卷积核对一阶、低级特征的小邻域进行操作，而第 2 组卷积核则有效地对更宽的邻域进行操作，生成由先前特征组成的特征。这是一种非常强大的机制，它提供了能够看到非常复杂场景的卷积神经网络——比我们从 CIFAR-10 数据集获得的 32×32 的图像要复杂得多。

输出像素的感受野（receptive field）

当第 2 个 3×3 的卷积核在其卷积输出中产生 21 时，如图 8.8 所示，这是基于第 1 个最大池化输出的左上角 3×3 个像素。它们依次对应第 1 个卷积输出中左上角的 6×6 个像素，而 6×6 个像素又由左上角 7×7 个像素的第 1 次卷积计算而来。因此，第 2 个卷积输出中的像素会受到一个 7×7 的正方形的影响。第 1 个卷积还使用隐式"填充"的列和行来产生角落中的输出，否则，我们将有一个 8×8 的正方形的输入像素在第 2 个卷积的输出中通知一个给定的像素（远离边界）。用花哨的语言来说，我们说一个给定的 3×3-conv、2×2-max-pool、3×3-conv 结构的输出神经元有一个 8×8 的感受野。

8.2.4 为我们的网络整合一切

有了这些构建模块，我们现在可以继续构建卷积神经网络来识别鸟和飞机了。让我们以之前的全连接模型为起点，介绍 nn.Conv2d 以及之前所述的 nn.MaxPool2d：

```
# In[22]:
model = nn.Sequential(
            nn.Conv2d(3, 16, kernel_size=3, padding=1),
            nn.Tanh(),
            nn.MaxPool2d(2),
            nn.Conv2d(16, 8, kernel_size=3, padding=1),
            nn.Tanh(),
            nn.MaxPool2d(2),
            # ...
            )
```

第 1 个卷积将我们从 3 个 RGB 通道带到 16 个 RGB 通道，因此给网络一个机会来生成 16 个独立的特征，以（希望）区分鸟和飞机的低级特征。然后应用 Tanh 激活函数。得到的有 16 个通道的、32×32 的图像被第 1 个 MaxPool2d 池化成有 16 个通道的、16×16 的图像。在这一点上，下采样图像使用另一个卷积，产生一个有 8 个通道的、16×16 的输出。如果幸运的话，这个输出将包含更高级的特征。同样，我们应用 Tanh 激活函数，然后将其池化到有 8 个通道的、8×8 的输出。

何时结束呢？当输入图像被缩减为 8×8 的特征集后，我们希望网络能够输出一些概率，我们可以将这些概率输入负对数似然中。然而，概率是一维向量中的一对数字（一个用于飞机，一个用于鸟），但这里我们仍然在处理多通道二维特征。

回顾本章开头，我们已经知道我们需要做什么：将有 8 个通道的、8×8 的图像转换为一维向量，并使用一组全连接层来完成我们的网络：

```
# In[23]:
model = nn.Sequential(
            nn.Conv2d(3, 16, kernel_size=3, padding=1),
            nn.Tanh(),
            nn.MaxPool2d(2),
            nn.Conv2d(16, 8, kernel_size=3, padding=1),
            nn.Tanh(),
            nn.MaxPool2d(2),
            # ...                          <- 警告：这里缺少了一些重要的东西！
            nn.Linear(8 * 8 * 8, 32),
            nn.Tanh(),
            nn.Linear(32, 2))
```

这段代码实现了图 8.9 所示的神经网络。

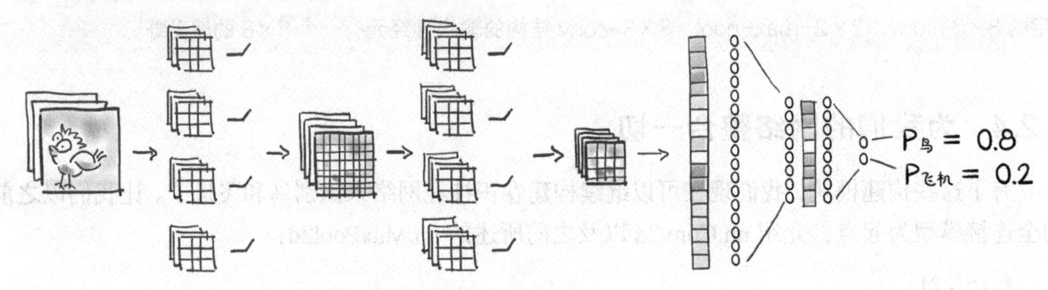

图 8.9　典型卷积神经网络的形状，包括我们正在构建的模块。将一幅图像输入一系列卷积和最大池化模块，然后将其拉成一维向量，并输入全连接模块中

暂时忽略“这里缺少了一些重要的东西”的警告。让我们首先注意，线性层的大小取决于 MaxPool2d 的预期输出大小：8×8×8=512。让我们计算一下这个小模型的参数数目：

```
# In[24]:
numel_list = [p.numel() for p in model.parameters()]
sum(numel_list), numel_list
```

```
# Out[24]:
(18090, [432, 16, 1152, 8, 16384, 32, 64, 2])
```

对于如此小的图像的有限数据集来说，这是非常合理的。为了增加模型的容量，我们可以增加卷积层的输出通道数量（每个卷积层产生的特征数量），这也会导致线性层大小的增加。

我们在代码中加上“警告”说明是有原因的，该模型运行时不报错的可能性为 0：

```
# In[25]:
model(img.unsqueeze(0))

# Out[25]:
...
RuntimeError: size mismatch, m1:
➥[64 x 8], m2: [512 x 32] at c:\...\THTensorMath.cpp:940
```

不可否认，错误消息有点儿模糊，但也不是太模糊。在异常跟踪信息中我们发现了对 linear 的引用：回顾模型我们发现只有一个模块必须有一个大小为 512×32 张量为 nn.Linear(512,32)，该模块是最后一卷积块之后的第 1 个线性模块。

这里缺少的是从有 8 个通道的、8×8 的图像转换为有 512 个元素的一维向量的步骤（如果我们忽略批处理维度，则为一维向量）。这可以通过对最后一个 nn.MaxPool2d()的输出调用 view()来实现。但不幸的是，在使用 nn.Sequential 时，我们没有以任何显式可见的方式展示每个模块的输出[①]。

8.3 子类化 nn.Module

在开发神经网络时，有些时候我们会遇到这样一种情况：我们需要使用一些预设模块没有的东西，像最简单的模型重塑[②]。在 8.5.3 小节中，我们使用相同的结构来实现残余连接，但在本节，我们将学习实现自己的 nn.Module 的子类，这样我们就可以像使用预置的子类或 nn.Sequential 一样。

当我们想要构建模型来做更复杂的事情，而不仅仅是一层接着一层地应用时，我们需要放弃 nn.Sequential 运算带来的灵活性。PyTorch 允许我们在模型中通过子类化 nn.Module 来进行任何运算。

为了子类化 nn.Module，我们至少需要定义一个 forward()方法，该方法接收模块的输入并返回输出。这就是我们定义模块计算的地方。这里的 forward()让我联想到在 5.5.1 小节中碰到的模块需要自定义正向和反向传播。在 PyTorch 中，如果我们使用标准 torch 操作，自动求导将自动处理反向传播。事实上，一个 nn.Module 并不会自带 backward()方法。

通常情况下，运算将使用其他模块，例如内置的卷积或自定义的模块。为了包含这些子模块，我们通常在构造函数__init__()中定义它们，并将它们赋给 self 以便在 forward()方法中使用。同时，它们将在模块的整个生命周期中保存它们的参数。请注意，在使用之前需要先调用

---

① 不能在 nn.Sequential 内部进行这种操作是 PyTorch 作者明确的设计选择，并且这种选择保持了很长一段时间。参见@soumith 在 GitHub 上关于 PyTorch 问题的评论。最近，PyTorch 获得了一个 nn.Flatten 层。

② 从 PyTorch 1.3 开始我们可以用 nn.Flatten。

super().__init__()，PyTorch 也会提醒你的。

8.3.1 将我们的网络作为一个 nn.Module

让我们把网络编写成一个子模块。为此，我们将先前在构造方法中传递给 nn.Sequential 的 nn.Conv2d、nn.Linear 等进行初始化，然后在 forward()中一个接一个地使用它们的实例。

```
#In[26]:
class Net(nn.Module):
    def __init__(self):
        super().__init__()
        self.conv1 = nn.Conv2d(3, 16, kernel_size=3, padding=1)
        self.act1 = nn.Tanh()
        self.pool1 = nn.MaxPool2d(2)
        self.conv2 = nn.Conv2d(16, 8, kernel_size=3, padding=1)
        self.act2 = nn.Tanh()
        self.pool2 = nn.MaxPool2d(2)
        self.fc1 = nn.Linear(8 * 8 * 8, 32)
        self.act3 = nn.Tanh()
        self.fc2 = nn.Linear(32, 2)

    def forward(self, x):
        out = self.pool1(self.act1(self.conv1(x)))
        out = self.pool2(self.act2(self.conv2(out)))
        out = out.view(-1, 8 * 8 * 8)    # 这种重塑是我们之前所缺少的
        out = self.act3(self.fc1(out))
        out = self.fc2(out)
        return out
```

Net 类相当于我们以前用子模块构建的模型 nn.Sequential，但是通过显式地编写 forward()方法，我们可以直接操作 self.pool3 的输出，并调用 view()将其转换为一个 $B \times N$ 的向量。注意，我们在调用 view()时将批处理维度设置为-1，因为原则上我们不知道批次中将有多少个样本。

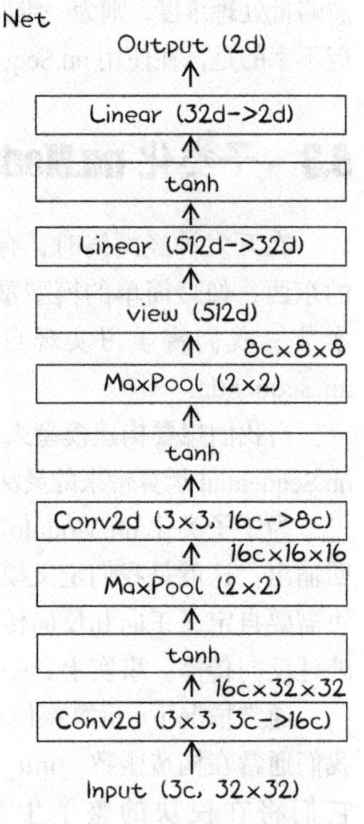

图 8.10 基准卷积网络架构

这里我们使用 nn.Module 的一个子类来包含整个模型，我们也可以使用子类为更复杂的网络定义新的构建块。按第 6 章的图表样式，我们的网络架构如图 8.10 所示。我们正在做一些关于在哪里展示什么信息的特别选择。

分类网络的目标通常是压缩信息。从某种意义上说，我们从一个具有大量像素的图像开始，然后将其压缩到（一个概率向量的）类别中。关于这个目标，我们的架构有 2 件事值得说明一下。

首先，我们的目标是通过中间值的大小来反映的，通常收缩是通过减少卷积中的通道数，通过池化减少像素的数量，以及通过在线性层中使输出维度低于输入维度来实现的。这是分类网络的一个共同特征。然而，在许

多流行的架构中，如我们在第 2 章中看到并在 8.5.3 小节中讨论的 ResNet，收缩是通过空间分辨率池化实现的，但通道数量增加了（仍然导致维度大小减少）。快速信息收缩模式似乎适用于深度有限、图像较小的网络，但对于较深的网络，收缩速度通常较慢。

其次，在一层中，输出大小相对输入大小并没有减少：初始卷积。如果我们将一个输出像素看作有 32 个元素（通道）的向量，那么它是 27 个元素的线性变换（3 个通道核大小为 3×3 的卷积），只是有适度的增加。在 ResNet 中，初始卷积从 147 个元素（3 个通道核大小为 7×7）[①]产生 64 个通道。因此，第 1 层的特殊之处在于它极大地增加了流经它的数据的整体维度（如通道乘像素），但是单独考虑每个输出像素的映射仍然具有大约与输入一样多的输出。[②]

8.3.2 PyTorch 如何跟踪参数和子模块

有趣的是，给一个 nn.Module 的一个属性分配一个 nn.Module 实例，正如我们在前面的构造函数中所做的那样，会自动将模块注册为子模块。

注意 子模板必须是顶级属性，而不是隐藏在 list 或 dict 实例中，否则优化器将无法定位子模块以及它们的参数。对于子模块需要列表和字典的情况，PyTorch 提供 nn.ModuleList 和 nn.ModuleDict。

我们可以调用 nn.Module 子类的任意方法。对于一个模型，其训练与它的用途有本质不同。比如，对于一个预测模型，提供一个 predict()方法是说得过去的。请注意，调用这些方法与调用 forward()方法类似，而不是调用模块本身，它们将忽略钩子，并且 JIT 编译器在使用它们时看不到模块结构，因为我们缺少与 6.2.1 小节中所示的__call__()等效的实例方法。

这允许 Net 访问它的子模块的参数，而不需要用户做进一步的操作：

```
# In[27]:
model = Net()

numel_list = [p.numel() for p in model.parameters()]
sum(numel_list), numel_list

# Out[27]:
(18090, [432, 16, 1152, 8, 16384, 32, 64, 2])
```

这里所发生的是 parameters()调用深入到构造函数中作为属性分配的所有子模块，并递归地对它们调用 parameters()方法。不管子模块如何嵌套，任何 nn.Module 都可以访问所有子模块的参数列表。通过访问子模块的 grad 属性，参数已由自动求导进行填充，优化器将知道如何更改参数以最小化损失。我们在第 5 章就知道了这件事。

---

① Jeremy Howard 在他的人工智能课程中（fast.ai）强调了由第 1 次卷积定义的像素级线性映射中的维度。

② 在深度学习之外，比深度学习更古老的机器学习，投射到高维空间，然后在概念上做更简单(比线性)的机器学习，通常被称为核技巧。最初通道数量的增加被看作一个与之有点儿类似的现象，但在嵌入的巧妙性和处理嵌入的模型的简单性之间取得了不同的平衡。

现在我们知道了如何实现自己的模块——在第 2 部分我们将非常需要它。回顾一下 Net 类的实现，并考虑一下在构造函数中注册子模块以便访问它们参数的实用性，我们也注册没有参数的子模块似乎有点儿浪费，就像 nn.Tanh 和 nn.MaxPool2d。在 forward()方法中直接调用这些不是更容易吗，就像我们调用 view()一样？

8.3.3　函数式 API

当然啦！这就是为什么 PyTorch 对于每个 nn 模块都有对应的函数式 API。这里的“函数式”指的是“没有内部状态”，换句话说，“其输出值取决于输入参数的值”。事实上，torch.nn.function 提供了许多与 nn 中的模块类似的函数，但是它们不像模块那样处理输入实参和存储参数，而是将输入和参数作为函数调用的实参。

例如，与 nn.Linear 对应的是 nn.functional.linear()，它是一个签名为 linear(input,weight,bias=None)的函数，权重和偏置参数是函数的参数。

回到我们的模型，继续为 nn.Linear 和 nn.Conv2d 使用 nn 模块是有意义的，因为 Net 能在训练期间管理它们的参数。而且我们可以安全地切换到池化和激活函数对等的方法，因为它们没有参数：

```
# In[28]:
import torch.nn.functional as F

class Net(nn.Module):
    def __init__(self):
        super().__init__()
        self.conv1 = nn.Conv2d(3, 16, kernel_size=3, padding=1)
        self.conv2 = nn.Conv2d(16, 8, kernel_size=3, padding=1)
        self.fc1 = nn.Linear(8 * 8 * 8, 32)
        self.fc2 = nn.Linear(32, 2)

def forward(self, x):
    out = F.max_pool2d(torch.tanh(self.conv1(x)), 2)
    out = F.max_pool2d(torch.tanh(self.conv2(out)), 2)
    out = out.view(-1, 8 * 8 * 8)
    out = torch.tanh(self.fc1(out))
    out = self.fc2(out)
    return out
```

以上代码比我们之前在 8.3.1 小节中对 Net 的定义要简洁得多，并且与之完全等同。注意，在构造函数中初始化需要几个参数的模块仍然是有意义的。

注意　虽然在 1.0 版本中像 tanh 这样的通用科学函数在 torch.nn.functional 中依然存在，但不建议使用这些入口点，而是使用顶级 torch 命名空间的函数。像 max_pool2d()这样的小众函数将保留在 torch.nn.functional 中。

由此，函数化的方式也揭示了 nn.Module API 的内涵：一个模块是一个状态的容器，以一些参数和子模块的形式与实现 forward 功能指令相结合。

是使用函数式 API 还是使用模块化 API 取决于开发者编码风格和具体使用场景。当网络的一部分比较简单，以至于我们想要使用 nn.Sequential 时，我们使用模块化的 API。当我们编写自己的 forward()方法时，对于不需要以参数形式表示状态的内容，使用函数式 API 可能会更自然。

在第 15 章中，我们将简要讨论量化。那时像激活这样的无状态位将突然变成有状态位，因为需要捕获关于量化的信息。这意味着如果我们的目标是量化我们的模型，且使用非 JIT 编译器进行量化，那么使用模块化 API 可能是值得的。有一个 API 选择风格模式可以帮助你避免使用时的意外（最初没有预料到），如果你需要多个无状态模块的应用程序，如 nn.HardTanh 和 nn.ReLU，那么为每一个模块都构建一个单独的实例可能是个好主意。重用相同的模块看起来似乎是不错的选择，并且在这里使用 Python 标准用法就能得到正确的结果，但是可能会难倒分析模型的工具。

现在如果我们需要的话可以自定义 nn.Module，但当在实例化并调用 nn.Module 时我们也使用函数式 API 就显得多余了。我们还遗留一个任务是要理解 PyTorch 中所实现的神经网络的代码是如何工作的。

让我们再次检查我们的模型是否在运行，然后我们将进入训练循环：

```
# In[29]:
model = Net()
model(img.unsqueeze(0))

# Out[29]:
tensor([[-0.0157, 0.1143]], grad_fn=<AddmmBackward>)
```

输出了 2 个数字，并且信息流动正确。我们现在可能还没有意识到这一点，但在更复杂的模型中，有时可能并不能正确计算第 1 个线性层的大小。我们听过这样的事情：出色的开发者们输入任意的数字，然后靠从 PyTorch 的错误信息中跟踪线性层的正确大小。是不是很奇怪？不，这是司空见惯的事情。

8.4 训练我们的卷积神经网络

现在，我们可以组装完整的训练循环了。我们已经在第 5 章中开发了整体结构，并且训练循环看起来与第 6 章中的很像，但在这里我们将重新讨论它，并添加一些细节，诸如提高跟踪准确率的实现。运行模型之后，我们希望运行得更快一点，所以我们将学习如何在 GPU 上运行我们的模型。但首先让我们看看训练循环。

回想一下，卷积神经网络的核心是 2 个嵌套的循环：一个是跨迭代周期的外部循环，另一个是从数据集生成批次的 DataLoader 的内部循环。在每个循环中，我们都必须这样做：

- 通过模型提供输入（正向传播）。
- 计算损失（也是正向传播的一部分）。
- 将先前的梯度都归零。
- 调用 loss.backward()来计算损失相对所有参数的梯度（反向传播）。

■ 让优化器朝着更低的损失迈进。

同时，我们还收集和输出一些信息。这就是我们的训练循环，看起来几乎和第 7 章一样，但是记住每个步骤是做什么的是有好处的。

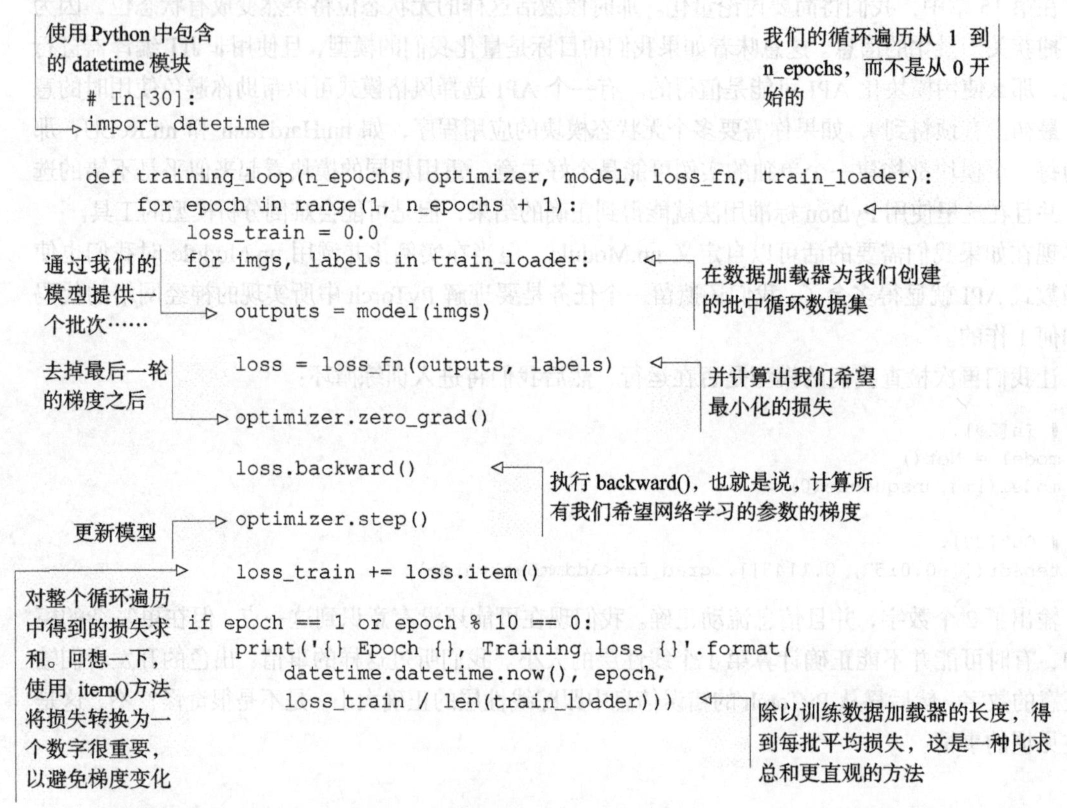


```
# In[30]:
import datetime

def training_loop(n_epochs, optimizer, model, loss_fn, train_loader):
    for epoch in range(1, n_epochs + 1):
        loss_train = 0.0
        for imgs, labels in train_loader:
            outputs = model(imgs)

            loss = loss_fn(outputs, labels)

            optimizer.zero_grad()

            loss.backward()

            optimizer.step()

            loss_train += loss.item()

        if epoch == 1 or epoch % 10 == 0:
            print('{} Epoch {}, Training loss {}'.format(
                datetime.datetime.now(), epoch,
                loss_train / len(train_loader)))
```

我们使用第 7 章中的 Dataset，将其封装到 DataLoader 中，像以前一样实例化我们的网络、优化器和损失函数，并调用我们的训练循环。

与第 7 章相比，模型实质性的变化是现在的模型是 nn.Module 的一个自定义子类，同时使用的是卷积。让我们运行训练循环 100 次，同时输出损失。根据你的硬件情况，这可能需要 20 分钟或更长时间才能完成。

数据加载器批量处理 cifar2 的样本数据集。随机打乱数据集中样本的顺序

```
# In[31]:
train_loader = torch.utils.data.DataLoader(cifar2, batch_size=64,
                                           shuffle=True)

model = Net() #
optimizer = optim.SGD(model.parameters(), lr=1e-2) #
loss_fn = nn.CrossEntropyLoss() #

training_loop(
```

初始化我们的网络

我们一直在用的随机梯度下降优化器

我们在 7.10 节介绍的交叉熵损失

调用前面定义的训练循环

```
    n_epochs = 100,
    optimizer = optimizer,
    model = model,
    loss_fn = loss_fn,
    train_loader = train_loader,
)

# Out[31]:
2020-01-16 23:07:21.889707 Epoch 1, Training loss 0.5634813266954605
2020-01-16 23:07:37.560610 Epoch 10, Training loss 0.3277610331109375
2020-01-16 23:07:54.966180 Epoch 20, Training loss 0.3035225479086493
2020-01-16 23:08:12.361597 Epoch 30, Training loss 0.28249378549824855
2020-01-16 23:08:29.769820 Epoch 40, Training loss 0.2611226033253275
2020-01-16 23:08:47.185401 Epoch 50, Training loss 0.24105800626574048
2020-01-16 23:09:04.644522 Epoch 60, Training loss 0.21997178820477928
2020-01-16 23:09:22.079625 Epoch 70, Training loss 0.20370126601047578
2020-01-16 23:09:39.593780 Epoch 80, Training loss 0.18939699422401987
2020-01-16 23:09:57.111441 Epoch 90, Training loss 0.17283396527266046
2020-01-16 23:10:14.632351 Epoch 100, Training loss 0.1614033816868712
```

所以现在我们可以训练我们的网络了。但是，当我们告诉我们的观鸟朋友模型的训练损失“非常小”的时候，她可能不会很满意。

8.4.1 测量准确率

为了有一个比损失更易于解释的测量方法，可以看看模型在训练集和验证集上的准确率。我们使用与第 7 章相同的代码：

```
# In[32]:
train_loader = torch.utils.data.DataLoader(cifar2, batch_size=64,
                                           shuffle=False)
val_loader = torch.utils.data.DataLoader(cifar2_val, batch_size=64,
                                         shuffle=False)

def validate(model, train_loader, val_loader):
    for name, loader in [("train", train_loader), ("val", val_loader)]:
        correct = 0
        total = 0

        with torch.no_grad():
            for imgs, labels in loader:
                outputs = model(imgs)
                _, predicted = torch.max(outputs, dim=1)
                total += labels.shape[0]
                correct += int((predicted == labels).sum())

        print("Accuracy {}: {:.2f}".format(name , correct / total))

validate(model, train_loader, val_loader)

# Out[32]:
Accuracy train: 0.93
Accuracy val: 0.89
```

在这里我们不需要梯度，因为我们不希望更新参数

计算样本的数量，因此 total 会随着批处理的大小而增加

将最大值的索引作为输出

比较具有最大概率的预测类和真实值标签，我们首先得到一个布尔数组。统计这个批次中预测值和实际值一致的项的总数

我们将整数张量转换为 Python 中的 int，这相当于使用 item()，像我们在训练循环中所做的那样。

这比全连接模型好多了，后者的准确率只有约 79%。我们将验证集上的错误数量减少了约一半。此外，我们使用的参数也少得多。这告诉我们，通过局部性和平移不变性，该模型在从新样本中识别图像主题方面做得更好。我们现在可以让它运行更多的迭代周期，看看性能如何。

8.4.2 保存并加载我们的模型

既然到目前为止我们对模型很满意，那么让我们将模型保存到一个文件中：

```
# In[33]:
torch.save(model.state_dict(), data_path + 'birds_vs_airplanes.pt')
```

现在 birds_vs_airplanes.pt 文件包含模型的所有参数：即 2 个卷积模块和 2 个线性模块的权重和偏置。因此，模块没有结构，只有权重。这意味着，当我们为我们的朋友在生产中部署模型时，我们需要方便地保存模型类，并能够方便地创建一个实例，然后将参数加载到模型实例中：

```
In[34]:
loaded_model = Net()          <-- 我们必须确保在保存模型状态和稍后加载模型状态期间不会改变 Net 的定义
loaded_model.load_state_dict(torch.load(data_path
                                        + 'birds_vs_airplanes.pt'))

# Out[34]:
<All keys matched successfully>
```

我们还在代码仓库中包含一个预训练模型，并将其保存到../data/p1ch7/birds_vs_airplanes.pt 文件中。

8.4.3 在 GPU 上训练

我们构建了一个神经网络，并能训练它，但是如果能使它运行得快一点就好了。现在我们将训练转移到 GPU 上以提高运行速度，也就理所当然了。使用在第 3 章中看到的 to() 方法，我们可以将从数据加载器中得到的张量移动到 GPU 上，然后运算将自动在那里运行。但是我们也需要把参数移动到 GPU 上。令人高兴的是，nn.Module 模块实现了一个将模型所有参数移动到 GPU 上的 to()方法，当你传递一个 dtype 参数时使用该方法还可以强制转换类型。

Module.to 和 Tensor.to 之间有一些微小的区别，区别在于模块实例是否被修改。对于 Module.to 来说，模块的实例会被修改，而 Tensor.to 会返回一个新的张量。其中一种比较好的做法是将参数移动到适当的设备之后再创建优化器。

如果 GPU 可用的话，把一切移到 GPU 上是一种很好的方式。一个好的模式是根据 torch.cuda.is_available 来设置一个变量 device 的值。

```
# In[35]:
device = (torch.device('cuda') if torch.cuda.is_available()
          else torch.device('cpu'))
print(f"Training on device {device}.")
```

然后我们可以通过Tensor.to()方法把数据加载器得到的张量移动到GPU上来修正训练循环。请注意，代码的其他部分与本节开始所介绍的第1个版本完全一样，只添加了2行代码将输入移动到GPU上：

```
# In[36]:
import datetime

def training_loop(n_epochs, optimizer, model, loss_fn, train_loader):
    for epoch in range(1, n_epochs + 1):
        loss_train = 0.0
        for imgs, labels in train_loader:
            imgs = imgs.to(device=device)
            labels = labels.to(device=device)
            outputs = model(imgs)
            loss = loss_fn(outputs, labels)

            optimizer.zero_grad()
            loss.backward()
            optimizer.step()

            loss_train += loss.item()
        if epoch == 1 or epoch % 10 == 0:
            print('{} Epoch {}, Training loss {}'.format(
                datetime.datetime.now(), epoch,
                loss_train / len(train_loader)))
```

这2行代码将imgs和labels移动到我们正在训练的设备上，这是现在的代码与以前版本唯一的区别

必须对 validate()函数进行相同的修正。然后我们可以实例化我们的模型，并将其移动到device对应的设备上，像以前一样运行它[①]。

```
# In[37]:
train_loader = torch.utils.data.DataLoader(cifar2, batch_size=64,
                                           shuffle=True)

model = Net().to(device=device)
optimizer = optim.SGD(model.parameters(), lr=1e-2)
loss_fn = nn.CrossEntropyLoss()

training_loop(
    n_epochs = 100,
    optimizer = optimizer,
    model = model,
    loss_fn = loss_fn,
    train_loader = train_loader,
```

将我们的模型（所有参数）移动到GPU。如果你忘记将模型或输入移动到GPU，你会得到张量不在同一设备上的错误，因为PyTorch操作符不支持GPU和CPU的混合输入

① 数据加载器有一个pin_memory选项，它将导致数据加载器使用固定在GPU上的RAM，目的是加快传输速度。也许是出于其他目的，我们在这里不讨论这个问题。

```
)

# Out[37]:
2020-01-16 23:10:35.563216 Epoch 1, Training loss 0.5717791349265227
2020-01-16 23:10:39.730262 Epoch 10, Training loss 0.3285350770137872
2020-01-16 23:10:45.906321 Epoch 20, Training loss 0.29493294959994637
2020-01-16 23:10:52.086905 Epoch 30, Training loss 0.26962305994550134
2020-01-16 23:10:56.551582 Epoch 40, Training loss 0.24709946277794564
2020-01-16 23:11:00.991432 Epoch 50, Training loss 0.22623272664892446
2020-01-16 23:11:05.421524 Epoch 60, Training loss 0.20996672821462534
2020-01-16 23:11:09.951312 Epoch 70, Training loss 0.1934866009719053
2020-01-16 23:11:14.499484 Epoch 80, Training loss 0.1799132404908253
2020-01-16 23:11:19.047609 Epoch 90, Training loss 0.16620008706761774
2020-01-16 23:11:23.590435 Epoch 100, Training loss 0.15667157247662544
```

即使对于我们的小型神经网络，我们也看到了速度的大幅提升。在 GPU 上运算的优势对于更大的模型更为明显。

加载网络权重时有一点儿复杂：PyTorch 将尝试将权重加载到保存它的同一设备上。也就是说，GPU 上的权重将恢复到 GPU 上。由于我们不知道是否需要相同的设备，我们有 2 个选择：在保存之前将网络移动到 CPU，或者在恢复后将其移回。在加载权重时，指示 PyTorch 覆盖设备信息会更简洁一些。这是通过将 map_location 关键字参数传递给 torch.load 来实现的：

```
# In[39]:
loaded_model = Net().to(device=device)
loaded_model.load_state_dict(torch.load(data_path
                                        + 'birds_vs_airplanes.pt',
                                        map_location=device))


# Out[39]:
<All keys matched successfully>
```

8.5 模型设计

我们将模型构建为 nn.Module 的一个子类，是由于它是除最简单的模型之外所有模型的标准。然后我们成功训练该模型，并了解了如何使用 GPU 来训练我们的模型。我们已经可以建立一个前向卷积神经网络并训练它成功地对图像进行分类。现在的问题是，如果我们遇到更复杂的问题该怎么办？无可否认，我们用于区分鸟和飞机的数据集并没有那么复杂：图像非常小，并且被研究的对象在图像的中间位置，占据了大部分的视窗。

如果我们转到 ImageNet，我们会发现面对更大、更复杂的图像，获得正确的答案将取决于多种视觉线索，通常是分层组织的。例如，当试图预测一个深色砖块形状的物体是"遥控器"还是"手机"时，网络可能会寻找类似"屏幕"的东西。

另外，图像可能不是我们在现实世界中唯一关注的焦点，在现实世界中，我们还有表格数据、序列和文本等。神经网络的前景是在给定适当的结构（层或模块的互连）和适当的损失函数的情况下，有足够的灵活性来解决这些类型的数据的所有问题。

PyTorch 提供了一个非常全面的模块和损失函数集合，可实现最先进的架构，从前馈组件到长短期记忆网络（Long Short-Term Memory，LSTM）模块和 transformer network 模块（两种非常流行的用于序列数据的架构）。一些模型可以通过 PyTorch Hub 获得，或者作为 TorchVision 和其他垂直社区尝试研究的方向。

我们将在第 2 部分中看到一些更高级的架构，在那里我们将分析 CT 扫描的端到端的问题，但一般来说，探索神经网络架构的变化超出了本书的范围。然而，由于 PyTorch 的表现力，我们可以利用迄今为止所积累的知识来理解如何实现几乎所有架构。本节的目的正是提供一些概念工具，使我们能够阅读最新的研究论文并开始在 PyTorch 中实现它们。由于作者经常发布他们论文的 PyTorch 实现，这样我们阅读起来就不会有什么障碍了。

8.5.1 增加内存容量：宽度

考虑到我们的前馈架构，在进入更复杂的问题之前，我们可能需要研究几个维度。第 1 个维度是网络的宽度：每层的神经元数，或每个卷积的通道数。在 PyTorch 中我们可以很容易地使模型变宽。我们只需在第 1 个卷积中指定更多的输出通道，并相应地增加后续的层数（注意改变前向函数），以反映这样一个事实：一旦切换到全连接层，我们将得到一个更长的向量。

```
# In[40]:
class NetWidth(nn.Module):
    def __init__(self):
        super().__init__()
        self.conv1 = nn.Conv2d(3, 32, kernel_size=3, padding=1)
        self.conv2 = nn.Conv2d(32, 16, kernel_size=3, padding=1)
        self.fc1 = nn.Linear(16 * 8 * 8, 32)
        self.fc2 = nn.Linear(32, 2)

    def forward(self, x):
        out = F.max_pool2d(torch.tanh(self.conv1(x)), 2)
        out = F.max_pool2d(torch.tanh(self.conv2(out)), 2)
        out = out.view(-1, 16 * 8 * 8)
        out = torch.tanh(self.fc1(out))
        out = self.fc2(out)
        return out
```

如果我们想避免在模型定义中硬编码数字，我们可以很容易地将一个参数传递给__init__()并参数化宽度，同时注意在 forward()方法中参数化对 view()的调用：

```
# In[42]:
class NetWidth(nn.Module):
    def __init__(self, n_chans1=32):
        super().__init__()
        self.n_chans1 = n_chans1
        self.conv1 = nn.Conv2d(3, n_chans1, kernel_size=3, padding=1)
        self.conv2 = nn.Conv2d(n_chans1, n_chans1 // 2, kernel_size=3,
                               padding=1)
```

```
        self.fc1 = nn.Linear(8 * 8 * n_chans1 // 2, 32)
        self.fc2 = nn.Linear(32, 2)

    def forward(self, x):
        out = F.max_pool2d(torch.tanh(self.conv1(x)), 2)
        out = F.max_pool2d(torch.tanh(self.conv2(out)), 2)
        out = out.view(-1, 8 * 8 * self.n_chans1 // 2)
        out = torch.tanh(self.fc1(out))
        out = self.fc2(out)
        return out
```

为每一层指定的通道和特征的数量与模型中参数的数量直接相关，在其他条件相同的情况下，它们会增加模型的容量。正如我们之前所做的，我们可以看看我们的模型中现在有多少个参数：

```
# In[44]:
sum(p.numel() for p in model.parameters())

# Out[44]:
38386
```

容量越大，模型所能管理的输入的可变性就越大。但与此同时，模型出现过拟合的可能性也越大，因为模型可以使用更多的参数来记忆输入中不重要的方面。我们已经研究了对抗过拟合最好的方法是增加样本数量，或者在没有新数据的情况下，通过人工修改相同的数据来增加现有数据。

我们还可以在模型级别上使用更多的技巧（无须对数据进行操作）来控制过拟合。接下来，让我们回顾一下最常见的方法。

8.5.2 帮助我们的模型收敛和泛化：正则化

训练模型涉及 2 个关键步骤：一是优化，当我们需要减少训练集上的损失时；二是泛化，当模型不仅要处理训练集，还要处理以前没有见过的数据，如验证集。旨在简化这 2 个步骤的数学工具有时被归入正则化的标签之下。

1. 检查参数：权重惩罚

稳定泛化的第 1 种方法是在损失中添加一个正则化项。这个方案的设计是为了减小模型本身的权重，限制训练中它们的增长。换句话说，这是对较大权重的惩罚。这使得损失更平滑，并且从拟合单个样本中获得的收益相对较少。这类较流行的正则化项是 L2 正则化，它是模型中所有权重的平方和，而 L1 正则化是模型中所有权重的绝对值之和①。它们都通过一个（小）因子进行缩放，这个因子是我们在训练前设置的超参数。

L2 正则化也称为权重衰减。叫这个名字的原因是考虑到 SGD 和反向传播，L2 正则化对参数 w_i 的负梯度为–2 * lambda * w_i，其中 lambda 是前面提到的超参数，在 PyTorch 中简称为权重衰减。因此，在损失函数中加入 L2 正则化，相当于在优化步骤中将每个权重按其当前值的比

① 这里我们将集中讨论 L2 正则化。L1 正则化由于其在 Lasso 中的使用而在更一般的统计文献中得到推广，其具有产生稀疏训练权重的功能。

例递减（因此称为权重衰减）。注意，权重衰减适用于网络的所有参数，例如偏置。

在 PyTorch 中，我们可以通过在损失中添加一项来很容易地实现正则化。计算完损失后，无论损失函数是什么，我们都可以对模型的参数进行迭代，将它们各自的平方（对于 L2）或绝对值（对于 L1）相加，然后反向传播。

```
# In[45]:
def training_loop_l2reg(n_epochs, optimizer, model, loss_fn,
                        train_loader):
    for epoch in range(1, n_epochs + 1):
        loss_train = 0.0
        for imgs, labels in train_loader:
            imgs = imgs.to(device=device)
            labels = labels.to(device=device)
            outputs = model(imgs)
            loss = loss_fn(outputs, labels)

            l2_lambda = 0.001
            l2_norm = sum(p.pow(2.0).sum()
                          for p in model.parameters())
            loss = loss + l2_lambda * l2_norm

            optimizer.zero_grad()
            loss.backward()
            optimizer.step()

            loss_train += loss.item()
        if epoch == 1 or epoch % 10 == 0:
            print('{} Epoch {}, Training loss {}'.format(
                datetime.datetime.now(), epoch,
                loss_train / len(train_loader)))
```

对 L1 正则化则使用 abs() 替换 pow(2.0)

但是，PyTorch 中的 SGD 优化器已经有一个 weight_decay 参数，该参数对应 2 * lambda，它在前面描述的更新过程中直接执行权重衰减。它完全等价于在损失中加入 L2 范数，而不需要在损失中累加项，也不涉及自动求导。

2. 不太依赖于单一输入：Dropout

2014 年，Nitish Srivastava 和来自加拿大多伦多 Geoff Hinton 小组的合作者在一篇论文中提出了一种对抗过拟合的有效策略，论文的题目很恰当——“Dropout:A Simple Way to Prevent Neural Network from Overfitting”Dropout 背后的思想其实很简单：将网络每轮训练迭代中的神经元随机部分清零。

Dropout 在每次迭代中有效地生成具有不同神经元拓扑的模型，使得模型中的神经元在过拟合过程中协调记忆过程的机会更少。另一种观点是，Dropout 在整个网络中干扰了模型生成的特征，产生了一种接近于增强的效果。

在 PyTorch 中，我们可以通过在非线性激活与后面的线性或卷积模块之间添加一个 nn.Dropout 模块在模型中实现 Dropout。作为一个参数，我们需要指定输入归零的概率。如果是卷积，我们将使用专门的 nn.Dropout2d 或者 nn.Dropout3d，将输入的所有通道归零：

```
# In[47]:
class NetDropout(nn.Module):
    def __init__(self, n_chans1=32):
        super().__init__()
        self.n_chans1 = n_chans1
        self.conv1 = nn.Conv2d(3, n_chans1, kernel_size=3, padding=1)
        self.conv1_dropout = nn.Dropout2d(p=0.4)
        self.conv2 = nn.Conv2d(n_chans1, n_chans1 // 2, kernel_size=3,
                               padding=1)
        self.conv2_dropout = nn.Dropout2d(p=0.4)
        self.fc1 = nn.Linear(8 * 8 * n_chans1 // 2, 32)
        self.fc2 = nn.Linear(32, 2)

    def forward(self, x):
        out = F.max_pool2d(torch.tanh(self.conv1(x)), 2)
        out = self.conv1_dropout(out)
        out = F.max_pool2d(torch.tanh(self.conv2(out)), 2)
        out = self.conv2_dropout(out)
        out = out.view(-1, 8 * 8 * self.n_chans1 // 2)
        out = torch.tanh(self.fc1(out))
        out = self.fc2(out)
        return out
```

注意，在训练过程中 Dropout 通常是活跃的，而在生产过程中评估一个训练模型时，会绕过 Dropout，或者等效地给其分配一个等于 0 的概率。这是通过 Dropout 模块的 train 属性来控制的。回想一下，PyTorch 允许我们在任意 nn.Model 子类上通过调用 model.train()或 model.eval()来实现 2 种模式的切换。调用将自动复制到子模块上，这样如果其中有 Dropout，它将在随后的前向和反向传递中表现出相应的行为。

3．保持激活检查：批量归一化

2015 年，谷歌的 Sergey Ioffe 和 Christian Szegedy 发表了另一篇重要的论文，题为“Batch Normalization:Accelerating Deep Network Training by Reducing Internal Covariate Shift”。本论文描述了一种对训练有多重有益影响的技术：允许我们提高学习率，减少训练对初始化的依赖，并充当正则化器，提出了一种替代 Dropout 的方法。

批量归一化背后的主要思想是将输入重新调整到网络的激活状态，从而使小批量具有一定的理想分布。回想一下学习机制和非线性激活函数的作用，这有助于避免激活函数的输入过多地进入函数的饱和部分，从而消除梯度并减慢训练速度。

实际上，批量归一化使用在该中间位置收集的小批量样本的平均值和标准差来对中间输入进行移位和缩放。正则化效应是这样一个事实的结果，即单个样本及其下游激活函数总是被模型视为平移和缩放，这取决于随机提取的小批量的统计数据，这本身就是一种原则性的增强。上述论文的作者建议，使用批量归一化消除或减轻对 Dropout 的需要。

PyTorch 提供了 nn.BatchNorm1d、nn.BatchNorm2d 和 nn.BatchNorm3d 来实现批量归一化，使用哪种模块取决于输入的维度。由于批量归一化的目的是重新调整激活的输入，因此其位置是在线性变换（在本例中是卷积）和激活函数之后，如下所示：

```
# In[49]:
class NetBatchNorm(nn.Module):
    def __init__(self, n_chans1=32):
        super().__init__()
        self.n_chans1 = n_chans1
        self.conv1 = nn.Conv2d(3, n_chans1, kernel_size=3, padding=1)
        self.conv1_batchnorm = nn.BatchNorm2d(num_features=n_chans1)
        self.conv2 = nn.Conv2d(n_chans1, n_chans1 // 2, kernel_size=3,
                               padding=1)
        self.conv2_batchnorm = nn.BatchNorm2d(num_features=n_chans1 // 2)
        self.fc1 = nn.Linear(8 * 8 * n_chans1 // 2, 32)
        self.fc2 = nn.Linear(32, 2)
    def forward(self, x):
        out = self.conv1_batchnorm(self.conv1(x))
        out = F.max_pool2d(torch.tanh(out), 2)
        out = self.conv2_batchnorm(self.conv2(out))
        out = F.max_pool2d(torch.tanh(out), 2)
        out = out.view(-1, 8 * 8 * self.n_chans1 // 2)
        out = torch.tanh(self.fc1(out))
        out = self.fc2(out)
        return out
```

就像 Dropout 一样，批量归一化在训练和推理过程中需要表现出不同的行为。实际上，在推理时，我们希望避免特定输入的输出依赖于我们提供给模型的其他输入的统计数据的情况。因此，我们需要一种方法来继续归一化，但是这次要一次性固定所有的归一化参数。

在处理小批量时，除了估计当前小批量的平均值和标准差，PyTorch 还更新代表整个数据集的平均值和标准差的运行估计数，作为近似值。这样，当用户指定 model.eval()，并且模型包含批量归一化模块时，运行估计将被冻结并用于归一化。为了解冻运行估计并返回使用小批量统计信息，我们调用 model.train()，就像我们对 Dropout 所做的那样。

8.5.3 深入学习更复杂的结构：深度

之前，我们讨论过，宽度是使模型更大、在某种程度上更有能力的第 1 个维度。第 2 个基本维度显然是深度。因为这是一本关于深度学习的书，深度是我们应该研究的。毕竟，深层次的模型大多比浅层次的好。随着深度的增加，网络所能近似的函数的复杂性一般也会增加。就计算机视觉而言，较浅的网络可以识别照片中一个人的形状，而较深的网络则可以识别这个人，甚至一个人上半身的脸以及嘴巴。当我们需要理解上下文以便对某个输入进行说明时，深度允许模型处理层次信息。

考虑深度的另一种方式是：增加深度与增加网络在处理输入时能够执行的操作序列的长度有关。对于那些习惯于将算法看作一系列操作的软件开发人员来说，这种执行顺序操作来执行任务的深层网络的观点可能很吸引人，如“找到人的边界，在边界上寻找头部，在头部内寻找嘴巴”。

1. 跳跃连接

深度带来了一些额外的挑战，这使得深度学习模型在 2015 年底之前无法达到 20 层或更多层。增加模型的深度通常会使训练更难收敛。让我们回忆一下反向传播，并将其放在一个非常深的网络上下文中考虑。损失函数对参数的导数，特别是早期层的导数，需要乘以由损失和参数之间的导数运算链产生的许多其他数字。这些被相乘的数字可能很小，生成的数字越来越小，也可能很大，由于浮点近似而吞并了更小的数字。最重要的是，一长串乘法会使参数对梯度的贡献消失，导致该层的训练无效，因为该参数和其他类似参数不会得到适当的更新。

2015 年 12 月，Kaiming He 和他的合作者提出了残差网路（residual networks，ResNet），这是一种使用简单技巧来成功训练深度网络的架构。这项工作为深度从几十层到 100 层的网络打开了大门，超过了当时计算机视觉基准问题的最新水平。我们在第 2 章中使用预训练模型时遇到了 ResNet。我们提到的技巧如下：对层的短路块使用一个跳跃连接，如图 8.11 所示。

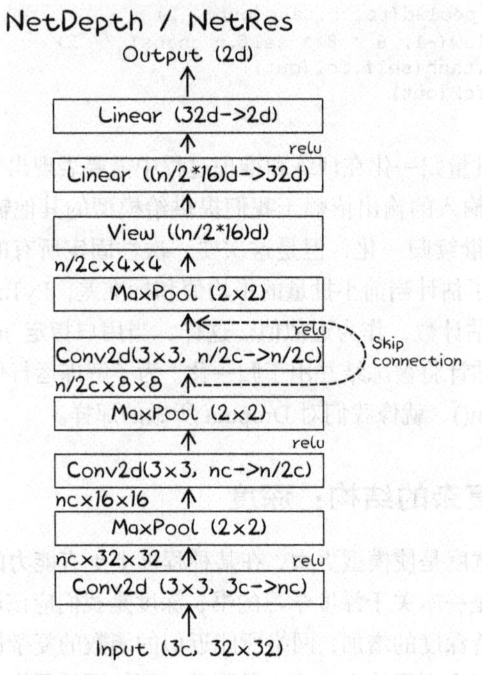

图 8.11 我们的网络有 3 个卷积层。跳跃连接是区别 NetRes 与 NetDepth 的地方

跳跃连接只是将输入添加到层块的一个输出中，这正是 PyTorch 的做法。让我们在简单的卷积模型中添加一层，并改变激活函数（这里使用 ReLU）。带有额外层的普通模块是这样的：

```
# In[51]:
class NetDepth(nn.Module):
    def __init__(self, n_chans1=32):
        super().__init__()
```

```
        self.n_chans1 = n_chans1
        self.conv1 = nn.Conv2d(3, n_chans1, kernel_size=3, padding=1)
        self.conv2 = nn.Conv2d(n_chans1, n_chans1 // 2, kernel_size=3,
                               padding=1)
        self.conv3 = nn.Conv2d(n_chans1 // 2, n_chans1 // 2,
                               kernel_size=3, padding=1)
        self.fc1 = nn.Linear(4 * 4 * n_chans1 // 2, 32)
        self.fc2 = nn.Linear(32, 2)

    def forward(self, x):
        out = F.max_pool2d(torch.relu(self.conv1(x)), 2)
        out = F.max_pool2d(torch.relu(self.conv2(out)), 2)
        out = F.max_pool2d(torch.relu(self.conv3(out)), 2)
        out = out.view(-1, 4 * 4 * self.n_chans1 // 2)
        out = torch.relu(self.fc1(out))
        out = self.fc2(out)
        return out
```

仿照 ResNet 向这个模型添加一个跳跃连接，相当于在 forward()方法函数中将第 1 层的输出添加到第 3 层的输入中：

```
# In[53]:
class NetRes(nn.Module):
    def __init__(self, n_chans1=32):
        super().__init__()
        self.n_chans1 = n_chans1
        self.conv1 = nn.Conv2d(3, n_chans1, kernel_size=3, padding=1)
        self.conv2 = nn.Conv2d(n_chans1, n_chans1 // 2, kernel_size=3,
                               padding=1)
        self.conv3 = nn.Conv2d(n_chans1 // 2, n_chans1 // 2,
                               kernel_size=3, padding=1)
        self.fc1 = nn.Linear(4 * 4 * n_chans1 // 2, 32)
        self.fc2 = nn.Linear(32, 2)

    def forward(self, x):
        out = F.max_pool2d(torch.relu(self.conv1(x)), 2)
        out = F.max_pool2d(torch.relu(self.conv2(out)), 2)
        out1 = out
        out = F.max_pool2d(torch.relu(self.conv3(out)) + out1, 2)
        out = out.view(-1, 4 * 4 * self.n_chans1 // 2)
        out = torch.relu(self.fc1(out))
        out = self.fc2(out)
        return out
```

换句话说，除了标准前馈路径，我们还将第 1 个激活函数的输出作为最后一个激活函数的输入，这也称为恒等映射。那么，这是如何缓解梯度消失的问题呢？

考虑到反向传播，我们可以理解一个跳跃连接或者深层网络中的一系列跳跃连接——其创建了一条从深层参数到损失的直接路径，这使得它们对损失梯度的贡献更直接，因为损失相对这些参数的偏导数有可能不会和其他操作的长链相乘。

据观察，跳跃连接对收敛有有利的影响，尤其是在训练的初始阶段。同时，深度 ResNet 的损失状况要比同样深度和宽度的前馈网络平滑得多。

值得注意的是，当 ResNet 出现的时候，跳跃连接并不“新鲜”，因为高速网络和 U-Net 也使用了不同形式的跳跃连接。然而，ResNet 使用跳跃连接的方式使得深度大于 100 的模型可以接受训练。

自 ResNet 出现以来，其他架构已经将跳跃连接提升到新的高度。尤其是 DenseNet，它提议通过跳跃连接将每一层与下游其他层连接起来，从而用更少的参数实现最先进的结果。到目前为止，我们知道了如何实现类似于 DenseNet 的网络：只需在算术上将先前的中间输出添加到下游的中间输出。

2. 使用 PyTorch 建立非常深的模型

我们讲过卷积神经网络的层数可以超过 100 层，那我们怎样才能在 PyTorch 中建立这样的网络而不失去“理智”呢？标准的策略是定义一个构建块，例如一个 Conv2d、ReLU 再加跳跃连接块，然后在 for 循环中动态构建网络。让我们看看在实践中是怎么做的，我们将构建图 8.12 所示的网络。

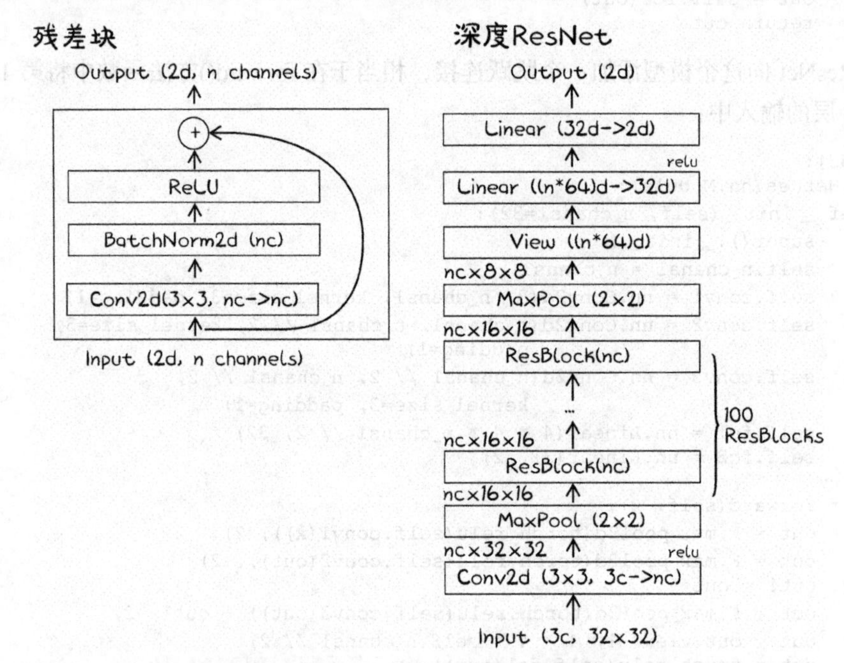

图 8.12　我们使用残差连接的深层架构。在左边，我们定义了一个简单的残差块，将其作为网络中的一个构建块，如右边所示

我们首先创建一个模块子类，它唯一的任务是为一个块提供计算，该块包含一组卷积、激活函数和跳跃连接：

```
# In[55]:
class ResBlock(nn.Module):
    def __init__(self, n_chans):
        super(ResBlock, self).__init__()
        self.conv = nn.Conv2d(n_chans, n_chans, kernel_size=3,
```

```
                    padding=1, bias=False)
    self.batch_norm = nn.BatchNorm2d(num_features=n_chans)
    torch.nn.init.kaiming_normal_(self.conv.weight,
                                  nonlinearity='relu')
    torch.nn.init.constant_(self.batch_norm.weight, 0.5)
    torch.nn.init.zeros_(self.batch_norm.bias)

def forward(self, x):
    out = self.conv(x)
    out = self.batch_norm(out)
    out = torch.relu(out)
    return out + x
```

批量归一化层会抵消偏置的影响，因此它通常被排除在外

使用自定义的初始化。kaiming_normal_()用 ResNet 论文中计算标准差的正态随机元素初始化。批量归一化数被初始化以产生初始时平均值为 0 和方差为 0.5 的输出分布

因为我们计划生成一个深度模型，所以我们在块中添加了批量归一化，这将有助于防止梯度在训练期间消失。我们现在想要生成一个具有 100 个块的网络，这是否意味着我们必须准备一些重要的剪切和粘贴呢？其实一点儿也不需要，我们已经有了构建我们所设想的网络的要素。

首先，在__init__()中，我们创建了一个包括残差块实例列表的 nn.Sequential。nn.Sequential 将确保一个块的输出被用作下一个块的输入，它还将确保块中的所有参数对网络是可见的。然后，在 forward()中，我们只需调用 nn.Sequential 来遍历 100 个块并生成输出。

```
# In[56]:
class NetResDeep(nn.Module):
    def __init__(self, n_chans1=32, n_blocks=10):
        super().__init__()
        self.n_chans1 = n_chans1
        self.conv1 = nn.Conv2d(3, n_chans1, kernel_size=3, padding=1)
        self.resblocks = nn.Sequential(
            *(n_blocks * [ResBlock(n_chans=n_chans1)]))
        self.fc1 = nn.Linear(8 * 8 * n_chans1, 32)
        self.fc2 = nn.Linear(32, 2)

    def forward(self, x):
        out = F.max_pool2d(torch.relu(self.conv1(x)), 2)
        out = self.resblocks(out)
        out = F.max_pool2d(out, 2)
        out = out.view(-1, 8 * 8 * self.n_chans1)
        out = torch.relu(self.fc1(out))
        out = self.fc2(out)
        return out
```

在实现过程中，我们参数化了实际层数，这对于实验和重用非常重要。此外，反向传播也将如预期的那样工作。不出所料，网络的收敛速度要慢得多。它在融合方面也更加脆弱，这就是我们使用更加详细的初始化，并以 3e-3 的学习率训练我们的 ResNet，而不是我们在其他网络中使用的 1e–2 的原因。我们没有训练任何一个网络去融合，但如果没有这些调整，我们就不会取得任何进展。

这并不鼓励我们在一个 32×32 像素的数据集上追求深度，但它清楚地展示了如何在更具挑

战性的数据集（如 ImageNet）上实现深度网络的方法。它还提供了理解 ResNet 等模型的现有实现的关键元素，如 TorchVision 模块。

3. 初始化

让我们简单地介绍一下前面的初始化。初始化是训练神经网络的一个重要技巧。不幸的是，由于历史原因，PyTorch 的默认权重初始化并不理想。人们正在寻找解决这个问题的办法，如果有进展，可以在 GitHub 上跟踪。在此期间，我们需要自己来进行权重初始化并观察人们通常选择什么作为初始化（权重的方差、批量归一化的输出零均值和单位方差），然后当网络不收敛时，我们将批量归一化的方差减半。

权重初始化可以单独写一章，但我们认为这样有些过度了。在第 11 章中，我们将再次遇到初始化，并使用 PyTorch 默认的设置，而无须做过多解释。如果你对权重初始化的细节特别感兴趣，在读完本书之前，你可能会重温这个话题[①]。

8.5.4 本节设计的比较

我们在图 8.13 中单独总结了每一个设计修改的效果。我们不应该过度解释任何一个特定的数字，因为我们的问题设置和实验都过于简单，用不同的随机种子重复实验可能产生的差异较大。在这个演示中，我们保留了所有东西，从学习率到要训练的迭代周期数，在实践中，我们会通过改变它们来获得最好的结果。此外，我们可能希望结合一些额外的设计元素。

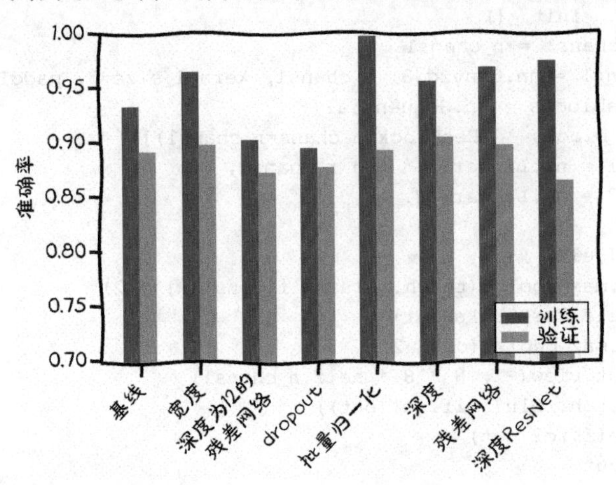

图 8.13　修改后的网络的性能都是类似的

① 关于这个主题的开创性论文由 X.Glorot 和 Y.Bengio 撰写："Understanding the Difficulty of Training Deep Feedforward Neural Networks"（2010 年），其中介绍了 PyTorch 的 Xavier 初始化。我们提到的 ResNet 论文也扩展了这个主题，给出了前面使用的 Kaiming 初始化。最近，H.Zhang 等人，已经调整了初始化，使他们在实验中不需要批量归一化，即可实现非常深的 ResNet。

但是，定性观察可能是正确的：正如我们在 5.5.3 小节中所看到的，当讨论有效性和过拟合时，权重衰减和 Dropout 正则化比批量规一化具有更严格的统计估计解释，二者准确率之间的差距要小得多。批量归一化更像是一个收敛助手，它让我们将网络训练到接近 100%的训练准确率，因此我们将前 2 个解释为正则化。

8.5.5 已经过时了

对深度学习实践者幸运和不幸的是神经网络结构以非常快的速度在演变，但这并不是说我们在本章中看到的内容一定是旧的。本书无意对最新和最伟大的架构进行透彻的说明，而且它们很快将不再是最新和最伟大的了。关键的信息是，我们应该尽一切努力熟练地将一篇论文背后的数学思想转化为实际的 PyTorch 代码，或者至少理解其他人用同样的意图编写的代码。在最后几章中，你很可能已经掌握了在 PyTorch 中将思想转化为实现模型的基本技能。

8.6 总结

经过大量的工作之后，我们现在有了一个模型，我们虚构的朋友 Jane 可以使用它来为她的博客过滤图片了。我们所要做的就是获取一幅输入的图像，裁剪并将其大小调整为 32×32，然后看看模型对它处理的结果。

我们只解决了问题的一部分，因为还有一些有趣的未知问题需要我们去面对。其中一个问题是从更大的图像中辨认出鸟或飞机，在图像中的对象周围创建边界框是我们目前构建的模型无法做到的。

8.7 练习题

1. 将我们的模型改为使用一个 5 × 5 的卷积核，并将 kernel_size=5 传递给 nn.Conv2d 构造函数。
   a）这种改变对模型中的参数数量有什么影响？
   b）这种改变是否会改善或降低过拟合？
   c）在 PyTorch 官网阅读 torch.nn 中的相关内容。
   d）你能描述一下 kernel_size=(1,3）会做什么吗？
   e）模型在这样一个卷积核中性能如何？

2. 你能找到一幅既不包含鸟也不包含飞机，但模型声称包括其中一个或另一个的置信度超过 95%的图像吗？
   a）你能手动编辑一幅中性的图像，使它更像飞机吗？
   b）你能手动编辑一幅飞机图像来欺骗模型报告一只鸟吗？
   c）在容量较小的网络中，这些任务会变得更容易吗？更大容量呢？

8.8 本章小结

- 卷积可以作为处理图像的前馈网络的线性运算，利用其局部性和平移不变性，使用卷积产生的网络参数更少。
- 将多个卷积及其激活函数逐个叠加，并在两者之间使用最大池化，可以将卷积应用于越来越小的特征图像，从而有效地解释随着深度的增加，输入图像中更大部分的空间关系。
- 任何 nn.Module 子类可以递归地收集和返回其及其子类的参数，此技术可用于计算它们的数量、将它们提供给优化器或检查它们的值。
- 函数式 API 提供不依赖于存储内部状态的模块。它用于不保存参数的操作，因此没有经过训练。
- 一旦训练好，模型的参数就可以保存到磁盘上，然后用一行代码重新加载。

第 2 部分

从现实世界的图像中学习：肺癌的早期检测

第 2 部分的结构不同于第 1 部分，这几乎是一本书中的另一本书。我们将使用一个单独的用例，并深入研究它，从第 1 部分中学习的基本构建块开始，构建一个比我们目前看到的更完整的项目。我们的首次尝试可能是不完整和不准确的，我们将探索如何诊断这些问题，然后修正它们。我们还将确定解决方案的各种改进方式，然后实现它们，并度量它们的影响。为了训练我们将在第 2 部分中开发的模型，你将需要访问 RAM 大小至少有 8GB 的 GPU 以及空闲空间有几百 GB 的磁盘来存储训练数据。

第 9 章介绍我们将要使用的环境和数据，以及我们将实现的项目的结构。第 10 章介绍如何将数据转换为一个 PyTorch 数据集，第 11 章和第 12 章介绍分类模型：我们需要衡量数据集训练的好坏的指标，并针对阻碍模型训练的问题实施解决方案。在第 13 章中，我们将向端到端项目开始转换，通过创建一个分割模型，产生一个热力图，而不是一个单一的分类。该热力图将被用来生成位置以进行分类。最后，在第 14 章中，我们将结合分割和分类模型来进行最终的诊断。

第 9 章　使用 PyTorch 来检测癌症

本章主要内容

- 把一个大问题分解成更小、更容易的问题。
- 探索复杂的深度学习问题的约束条件，并决择一个结构和方法。
- 下载训练数据。

本章有 2 个主要目标。我们将从介绍本书第 2 部分的总体计划开始，这样我们就会对后文将要涉及的内容有基本的概念。在第 10 章中，我们将开始构建数据解析和数据操作例程，这些例程将生成第 11 章中使用的数据，同时训练我们的第 1 个模型。为了做好后文所需要的工作，我们还将在本章中介绍我们的项目的运行环境：我们将讨论数据格式、数据源，并探索问题域对我们的限制。要习惯执行这些任务，因为在任何重要的深度学习项目中都必须执行这些任务。

9.1　用例简介

这一部分的目标是介绍一些工具用来处理比第 1 部分更为常见的情况。我们不能预测每一种故障情况，也不能涵盖每一种调试技术，但我们希望能够让你在遇到新的障碍时不至于感到束手无策。类似地，我们希望帮助你避免在自己的项目中遇到这样的情况：当项目性能不佳时，你不知道下一步该做什么。相反，我们希望当遇到问题时你能有很多思路去解决。

为了展示这些想法和技术，我们需要一个有一些细微差别和相当分量的上下文。我们选择了肺部恶性肿瘤的自动检测，只使用病人胸部的 CT 扫描作为输入。我们将重点关注技术挑战，而不是人的影响，但是毫无疑问，即使只是从工程的角度来看，第 2 部分将需要比第 1 部分更严谨、更结构化的方法，才能使项目成功。

注意　CT 扫描本质上是三维 X 射线，以单通道数据的三维数组表示。我们稍后会更详细地介绍。

准确地说，本书这一部分的项目将以人体躯干的三维 CT 扫描作为输入，并输出疑似恶性肿瘤的位置（如果存在的话）。

早期发现肺癌对生存率有很大的影响，但人工检测很难做到，尤其是在全面、全人群的场景方面。目前，审查数据的工作必须由训练有素的专家进行，需要对细节进行格外的关注。

做这项工作就好比你站在 100 个干草堆前，然后你被告知“确定其中哪一个（如果有的话）里面有针”。这种探寻方式可能导致错过警告信号，特别是在早期阶段信号非常微妙的时候。人类的大脑不适合做这种单调的工作，然而，这正是深度学习的意义所在。

将这个过程自动化将给我们一个在不协调的环境中工作的体验，在这种环境中，我们必须从零开始做更多的工作，并且对于我们可能遇到的问题，很少有简单的答案。不过，只要我们一起努力，一定会成功的！一旦你读完了第 2 部分，就可以开始着手解决现实世界尚未解决的问题了。

我们选择肺部肿瘤检测有几个原因，其中的主要原因是该问题本身还没有得到解决！这一点很重要，因为我们想明确指出，你可以使用 PyTorch 有效地处理前沿项目。我们希望这能增加你对 PyTorch 框架以及自己作为开发人员的信心。选择这个问题的另一个原因是，虽然这个问题尚未解决，但很多团队都在关注它，并看到了有“希望”的结果。这意味着，这一难题可能即将被我们集体智慧给攻破，我们不会把时间浪费在离合理解决方案相差很远的问题上。对这个问题的关注也产生了许多高质量的论文和开源项目，这些都是灵感和想法的源泉。如果你有兴趣继续改进我们创建的解决方案，那么当我们结束本书的第 2 部分时，你将受益匪浅。我们将在第 14 章提供一些附加信息的链接。

本书这一部分内容将继续集中在检测肺部肿瘤的问题上，但是我们教授的技能是通用的。不管你做什么项目，学习如何审查、预处理和展示你的训练数据都是非常重要的。虽然我们是在肺部肿瘤的特定背景下介绍预处理，但要保证项目成功，这通常也应该是你需要做的准备工作。类似地，建立一个训练循环，获得正确的性能指标，并将项目的模型结合到一个最终的应用程序中，这些都是我们将在第 9 章到第 14 章中使用的通用技能。

注意　虽然第 2 部分的最终结果是有效的，但输出将不够精确，不能用于临床。我们专注于将之作为 PyTorch 教学的启发性例子，而不是用这些技巧来解决实际问题。

9.2　为一个大型项目做准备

本项目将以第 1 部分中学习的基本技能为基础，与第 8 章中涉及模型构建的内容直接相关。重复的卷积层和降低分辨率的下采样层仍然是模型的主要组成部分，不过我们将使用三维数据作为模型的输入，这在概念上类似于第 1 部分最后几章中使用的二维图像数据，但我们不能依赖于 PyTorch 生态系统中所有可用的二维限定工具。我们在第 8 章中对卷积模型所做的工作与第 2 部分将要做的工作的主要区别在于我们在模型本身之外投入的精力。在第 8 章中，我们使用了一个现成的数据集，并在将数据输入到模型进行分类之前基本不用进行操作。我们几乎把所有的时间和注意力都花在了构建模型本身上，而现在我们甚至要到第 11 章才开始设计 2 个模型架构中的第 1 个。这是因为我们使用的是非标准数据，没有现成的库能够提供适合插入模型的训练样本，我们需要去了解我们的数据并自己实现相当多的东西。

即使这样做了，也不是能让 CT 直接变成张量，把它输入神经网络，然后在另一边得到答案的情况。对于像这样的实际用例来说，一种可行的方法将会更加复杂，因为它会考虑一些干扰因素，如有限的数据可用性、有限的计算资源，以及我们设计有效模型的能力的限制。当我们构建项目架构设计时请记住这一点。

说到有限的计算资源，第 2 部分将要求访问 GPU 以达到合理的训练速度，最好是具有至少 8GB 内存的 GPU。在 CPU 上尝试训练我们将建立的模型可能需要几个星期①，如果你手头没有 GPU，我们在第 14 章中提供了预训练模型，可以让结节分析脚本在夜间运行。虽然我们不想把本书与专有服务捆绑在一起，但我们应该注意到，在撰写本文时，Colaboratory 提供了可能有用的免费 GPU 实例，甚至默认安装了 PyTorch。你还需要至少 220 GB 的空闲磁盘空间来存储原始训练数据、缓存数据和训练过的模型。

注意　第 2 部分中提供的许多代码示例省略了复杂的细节。与日志记录、错误处理和边界情况混杂的示例不同，本书的正文部分只包含表达所讨论的核心思想的代码。完整的代码示例可以在该书的网站和 GitHub 上找到。

好了，我们已经确定这是一个困难的、多方面的问题，那么我们要怎么做呢？我们将不再通过整个 CT 扫描来寻找肿瘤或其潜在恶性肿瘤的迹象，而是将一系列简单的问题结合起来分析，以提供我们感兴趣的端到端结果。就像工厂的装配线一样，每一步都将从前面的步骤抑或输出中获取原材料（数据），进行一些处理，并将处理结果传递给生产线上的下一个工作站。并不是每个问题都需要用这种方式来解决，但将问题分解开来单独解决通常是一个很好的开始方式。即使对于一个给定的项目来说，这是一个错误的方法，我们也很有可能在处理单个部分的过程中学习到足够多的知识，从而知道如何成功地重组我们的方法。

在我们详细讨论如何分解我们的问题之前，我们需要了解一些医学领域的细节。代码清单将告诉你我们在做什么，而了解放射肿瘤学将解释为什么要这样做。无论是哪个领域，学习问题域都是至关重要的。深度学习是强大的，但它不是魔法，试图盲目地应用它去解决重要的问题很可能会失败。相反，我们必须将对问题域的洞察与对神经网络性能的直觉知识结合起来。在此基础上，合理的实验和改进将为我们提供足够的信息来接近可行的解决方案。

9.3　到底什么是 CT 扫描

在我们深入这个项目之前，我们需要花一点儿时间来解释什么是 CT 扫描。我们将广泛使用

① 我们试都没有试过，更不用说所耗的时间了。

来自 CT 扫描的数据作为项目的主要数据格式，因此对数据格式的优点、缺点和基本性质有初步的了解是很重要的，以便于我们能够很好地利用它。我们前面提到的关键点是，CT 扫描本质上是三维 X 射线，以单通道数据的三维数组表示。正如我们在第 4 章中提到的，这就像是一组堆叠的灰度 PNG 图像。

体素

体素是三维的，与我们熟悉的二维像素相似。它包含一个空间体积，而不是一个区域，并且通常被排列成三维网格来表示一个数据域，因此称为体素。每一个维度都有一个与体素相关的可测量的距离。通常体素是立方体，但在本章，我们将讨论长方体形状的体素。

除了医学数据，我们还可以在流体仿真中看到类似的体素数据，从二维图像重建三维场景，自动驾驶汽车的光检测和测距数据，以及其他许多问题域。每个问题域都有各自的特点和微妙之处，虽然我们将要介绍的 API 一般都适用，但如果我们想有效地使用这些 API，我们还必须了解我们在这些 API 中所使用的数据的性质。

CT 扫描的每一个体素都有一个数值，大致对应其内部物质的平均质量密度。这些数据的大多数可视化显示高密度的骨骼和金属植入物是白色的，低密度的空气和肺组织是黑色的，脂肪和其他组织呈现不同程度的灰色。同样，这看起来有点儿像 X 射线，但有一些关键的区别。

CT 扫描和 X 射线的主要区别在于，X 射线是在二维平面上的三维强度投影，在本例中是组织和骨密度，而 CT 扫描保留了数据的第三维。这允许我们以各种方式呈现数据，包括以灰度实体的形式呈现，如图 9.1 所示。

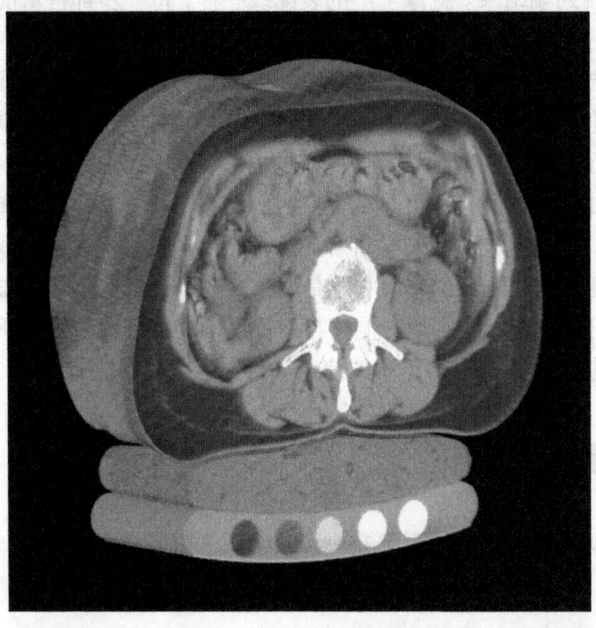

图 9.1　人体躯干的 CT 扫描显示，从上至下为皮肤、器官、脊柱和病人所躺的床

注意 CT 扫描实际上测量的是放射性密度，它是被检查材料的质量密度和原子序数的函数。就我们的目的而言，这种区别无关紧要，因为无论输入的确切单位是什么，模型都将使用并从 CT 数据中学习。

这种三维显示还允许我们通过隐藏我们不感兴趣的组织类型来查看物体内部。例如，我们可以以三维方式呈现数据，并将可见性限制为仅骨骼和肺组织，如图 9.2 所示。

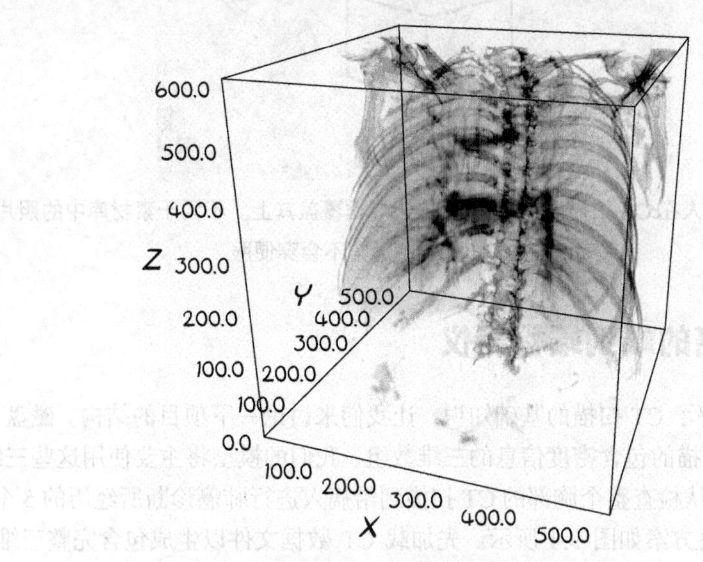

图 9.2 显示肋骨、脊柱和肺结构的 CT 扫描

CT 扫描比 X 光更难获得，因为这样做需要图 9.3 所示的机器，这种设备通常需要花费数百万元，并且需要专业人员来操作。大多数医院和一些设备齐全的诊所都有 CT 扫描仪，但它们并不像 X 射线机那样无处不在。再加上对患者隐私保护的条例，可能会使 CT 扫描数据收集变得有些困难，除非有人已经完成了收集和组织收集的工作。

图 9.3 展示的示例显示了 CT 扫描中所包含区域的边界框，病人所躺的床来回移动，允许扫描仪对病人的多个切片进行成像，从而填充边界框，扫描仪较暗的中央环是实际成像设备所在的位置。CT 扫描和 X 射线扫描的最后一个区别是数据是纯数字格式的。CT 是计算机断层扫描的缩写（Computerized Tomography）。扫描过程的原始输出在人眼看来并不是特别有意义，必须由计算机适当地重新解释成我们能理解的东西。CT 扫描仪进行扫描时的设置会对结果数据产生很大影响。

虽然这些信息看起来可能不是特别相关，但实际上我们学到了一些知识：从图 9.3 中，我们可以看到 CT 扫描仪测量头到脚轴的距离的方式与其他 2 个轴是不同的。病人实际上是沿着这个轴方向移动的！这解释了（或者至少是一个强烈的暗示）为什么我们的体素可能不是立方体，同时这也与我们在第 12 章中如何处理数据有关。这是一个很好的例子，它说明了如果我们要对如何解决我们的问题做出有效的选择时，为什么我们需要了解我们的问题空间。在开始着手自己的项目时，一定要确保对数据的细节进行同样的调查。

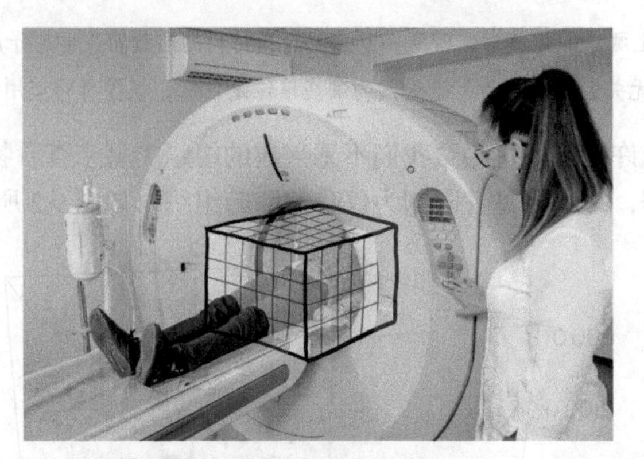

图 9.3　一个病人在 CT 扫描仪中，CT 扫描边界框覆盖其上。不同于素材库中的照片，病人在 CT 扫描仪中通常不会穿便服

9.4　项目：肺癌的端到端检测仪

现在我们已经了解了 CT 扫描的基础知识，让我们来讨论一下项目的结构。磁盘上的大部分空间将用于存储 CT 扫描的包含密度信息的三维数组，我们的模型将主要使用这些三维数组的各种子切片。我们将介绍从检查整个胸部的 CT 扫描到给病人进行肺癌诊断所经历的 5 个主要步骤。

完整的端到端解决方案如图 9.4 所示。先加载 CT 数据文件以生成包含完整三维扫描的 CT 实例，将其与执行分割（标记感兴趣的体素）的模块相结合，然后将感兴趣的体素分组为小块，以寻找候选结节。

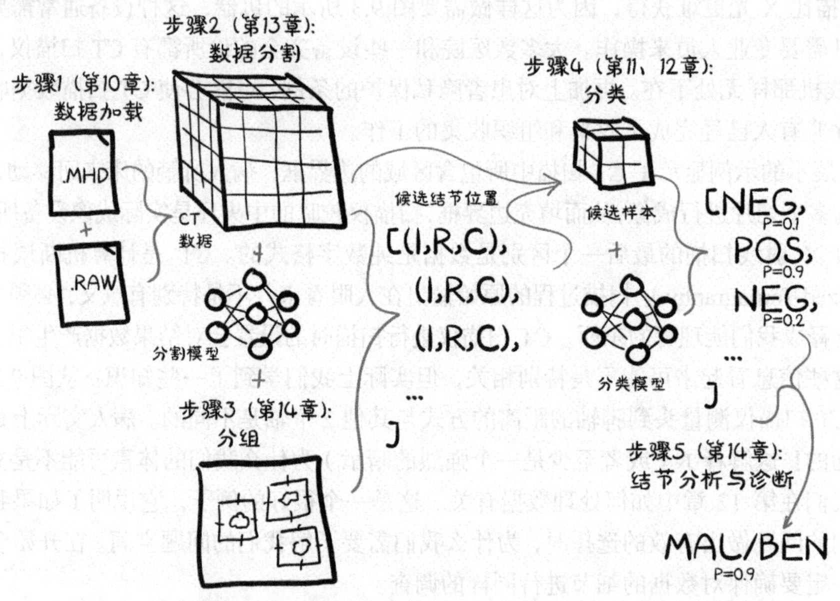

图 9.4　进行整个胸部 CT 扫描并确定是否有恶性肿瘤的端到端的过程

这些结节的位置与 CT 体素数据结合，产生候选结节，然后利用我们的结节分类模型来检查这些候选结节，先确定它们是否真的是结节，再确定它们是否为恶性的。后一项任务尤其困难，因为仅仅从 CT 成像上看，恶性肿瘤可能并不明显。最后，每一个单独的结节的分类可以合并成一个完整的病人诊断。

结节

肺中由迅速增殖的细胞组成的一团组织就是肿瘤。肿瘤可以是良性的，也可以是恶性的，在恶性情况下，它也被称为癌症。肺部的小肿瘤（只有几毫米宽）被称为结节，大约 40%的肺结节最终将变成恶性肿瘤，即早期癌症。尽早发现这些结节是非常重要的，这取决于我们现在看到的医学影像。

更详细地说，我们将执行以下操作。

- 步骤 1：加载原始 CT 扫描数据，并将其转换为可以使用 PyTorch 处理的数据格式。将原始数据转换为可以使用 PyTorch 处理的格式是你面对任何项目要执行的第 1 步。对于二维图像数据，该过程稍微简单，而对于非图像数据则更简单。
- 步骤 2：使用 PyTorch 实现一种称为分割的技术来识别肺部潜在肿瘤的体素，这大致类似于生成一个用于输入分类器中的区域的热力图。这将使我们能够把注意力集中在肺部潜在的肿瘤上，而忽略大量无关的解剖结构，例如，一个人的胃里不可能有肺癌细胞。

  一般来说，在学习过程中，能够专注于一个单一的小任务是最好的。根据经验，在某些情况下，越复杂的模型结构可以产生越高级的结果，例如，我们在第 2 章中看到的 GAN 游戏。但是从头开始设计它们首先需要广泛掌握基本构建块，就像在跑之前要先学会走一样。
- 步骤 3：将所关注的体素分组成块，即候选结节，更多关于结节的信息如图 9.5 所示。在本项目，我们将在热力图上找到每个热点的粗略中心。

  每个结节都可以通过其中心点的索引、行和列来定位。我们这样做是为了向最终分类器呈现一个简单的、有约束的问题。对体素进行分组不会直接涉及 PyTorch，这就是为什么我们将其分为一个单独的步骤。通常，当使用多步骤解决方案时，在较大的、以深度学习为主导的项目往往会有非深度学习方式处理的步骤。
- 步骤 4：利用三维卷积将候选结节分为实际结节或非结节。

  这在概念上类似于我们在第 8 章中提到的二维卷积。从候选结构中决定肿瘤性质的特征是有关肿瘤的局部特征，因此这种方法应该在限制输入数据大小和排除相关信息之间做出合理的平衡。做出这样的范围限制决策可以约束每个单独的任务，这有助于故障诊断时限制要检查的内容的数量。
- 步骤 5：使用单个结节的联合分类来诊断患者。与上一步中的结节分类类似，我们将尝试仅根据影像数据判断结节是良性还是恶性。我们将对每个肿瘤的恶性程度进行最简单的预测，因为只要有一个肿瘤是恶性的，病人就会患上癌症。其他项目可能希望使用不同的方法将每个实例的预测聚合到一个文件中，在这里，我们会问：“有什么可疑之处吗？”所以最大值很适合用于聚合。如果我们要寻找定量信息，如“A 型组织和 B 型组织的比例”，我们可能会选择一个合适的平均值。

图 9.4 只描述了我们构建和训练了所有必要的模型之后，通过系统的最终路径。训练相关模型所需的实际工作，我们将在每个步骤具体实现时再进行详细介绍。

我们将用于训练的数据为步骤 3 和步骤 4 提供了人工标注的输出，这使得我们可以将步骤 2 和步骤 3 看作与步骤 4 相对独立的项目。人体专家已经为结节的位置标注了数据，因此我们可以按照自己喜欢的顺序处理步骤 2、步骤 3 或步骤 4。

站在巨人的肩膀上

我们是“站在巨人的肩膀上”决定采用这 5 个步骤的，我们将在第 14 章讨论这些巨人和他们所做的工作。我们没有任何特殊的理由要事先知道这个项目结构在解决这个问题时会很有效，只是因为我们信赖那些实际实施过类似项目并取得成功的人。在转换到不同的领域时，我们必须进行试验，以找到可行的方法。但是，一定要试着从该领域早期的工作中学习，向那些在类似领域工作的人学习，学习他们发现的东西，并对这些东西很好地进行传承。走出去，看看其他人都做了什么，并以此为基准。同时，不要盲目地获取代码运行，因为你需要完全理解所运行的代码，这样才能利用运行结果来帮助自己取得进步。

我们将首先处理步骤 1，然后在返回并执行步骤 2 和步骤 3 之前跳到步骤 4，因为步骤 4 需要一种类似于我们在第 8 章中使用的方法，使用多个卷积和池化层来聚集空间信息，然后将其输入线性分类器。一旦我们掌握了分类模型，就可以开始处理步骤 2 了。因为分割是一个更复杂的话题，我们想要解决这个问题，而不必同时学习分割以及关于 CT 扫描和恶性肿瘤的基础知识，相反，我们将在研究一个更熟悉的分类问题时探索癌症的检测。

这种从中间开始解决问题的方法可能看起来很奇怪，从步骤 1 开始，按照我们的方式前进会更直观。然而，能够分解问题并独立地分步骤处理是有益的，因为它可以鼓励创建更多的模块化解决方案。此外，在一个小团队的成员之间划分工作量也更容易。而且，实际的临床用户可能更喜欢标记可疑结节进行复查的系统，而不是提供单一的二元诊断。将我们的模块化解决方案适应于不同的用例可能会比我们做一个单一的、从上到下的系统更容易。

在我们实现每一个步骤的过程中，我们将深入了解肺部肿瘤的一些细节，以及 CT 扫描的许多细节。虽然对于一本专注于 PyTorch 的书来说，这似乎偏离了主题，但我们这样做是为了让你开始对问题域有一种直观感受。这是至关重要的，因为所有可能的解决方案和方法的空间太大，以至于无法有效地编码、训练和评估。

如果我们正在做一个不同的项目，如你在读完本书后所做的那个项目，我们仍然需要进行调查以理解数据和问题域。也许你对卫星制图感兴趣，你的下一个项目需要使用从轨道上拍摄的行星图片。你会问一些关于被收集的波长的问题，比如仅得到了普通 RGB 通道相关波长，还是一些其他更奇特的东西呢？红外线或紫外线呢？此外，基于一天中的时间，或者如果成像位置不在卫星正下方，可能会对图像产生影响，从而使图像倾斜，那么图像需要校正吗？

即使所假设的另一个项目的数据类型保持不变，但工作领域也可能会发生变化，甚至可能是巨大的变化。处理自动驾驶汽车的摄像头输出仍然涉及二维图像，但复杂程度和注意事项却大不相同。例如，绘图卫星不需要担心阳光照射到相机上，或者镜头沾上泥。

一定要能够通过直觉来指导我们对潜在的优化和改进进行调查和研究。一般来说，深度学习项目也是如此，我们将在第 2 部分练习使用直觉。那么现在快速后退一步，做一个内心检查，你的直觉对这种方法有什么看法？你觉得是不是太复杂了？

9.4.1 为什么我们不把数据扔给神经网络直到它起作用呢

读到这里时，你可能会想："这和第 8 章完全不同!"你可能想知道为什么有 2 个独立的模型结构，或者为什么整个数据流如此复杂。其实，我们的方法和第 8 章不同是有原因的。因为这是一项很难实现自动化的任务，而且人们还没有完全弄清楚，这种困难转化为模型的复杂性。一旦我们的社区解决了这个问题，就可能会有一个现成的软件包，我们可以使用它来工作，但现在我们还没有到那一步。

为什么这么难呢？

首先，大多数 CT 扫描在回答"这个病人有恶性肿瘤吗？"这个问题上是毫无意义的，这很直观，因为病人身体的绝大部分细胞都是由健康细胞组成的。在病人有恶性肿瘤的情况下，CT 扫描数据中高达 99.9999%的体素仍然不是癌症。这个比例相当于高清电视上某个地方有一个 2 个像素不正确的色块，或者一书架的书中有一个拼写错误的单词。

你能识别如图 9.5 所示的 3 个视图中标记为结节的白点吗[①]？

如果需要提示，可以使用索引、行和列的值来帮助查找致密组织的相关斑点。你认为你能仅仅通过所给出的图像就知道肿瘤的相关属性吗？如果你获得了整个三维扫描，而不仅仅是扫描中有意义的 3 个横断切片，会怎么样呢？

注意 如果你找不到肿瘤，也不要着急！我们试图说明这些数据是多么的微妙。事实上，"很难从表面上识别"正是这个例子的全部意义所在。

你可能已经在其他地方看到，检测和分类目标的端到端方法在一般视觉任务中是非常成功的。TorchVision 包括像 Fast R-CNN/Mask R-CNN 这样的端到端模型，但是这些模型通常是在数十万幅图像上训练的，并且这些数据集不受稀有类别样本数量的限制。我们将要使用的项目结构的好处是能够很好地处理少量的数据。因此，虽然理论上可以将大量数据扔给神经网络，直到它了解细节，但收集足够的数据并等待足够长的时间来正确训练网络实际上是行不通的，且结果很差，大多数读者根本无法访问足够的计算资源来完成它。

为了找到最佳的解决方案，我们可以研究经验证的模型设计，这些设计可以更好地以端到端的方式集成数据[②]。这些复杂的设计能够产生高质量的结果，但它们并不是最好的，因为理解它们背后的设计决策需要首先掌握基本概念。这使得在教授同样的基础知识时，不适合使用这些先进的模型。

---

① 这个样本的 series_uid 是 1.3.6.1.4.1.14519.5.2.1.6279.6001.126264578931778258890371755354，如果你想稍后详细了解的话，这个可能会很有用。

② 例如视网膜 U-Net。

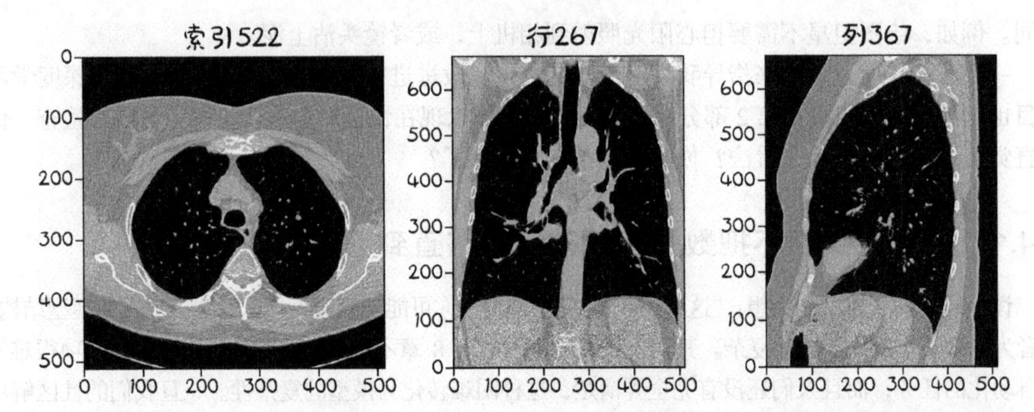

图 9.5 一个大约有 1000 个结构的 CT 扫描图，在未经训练过的眼睛看来像是肿瘤，但经过人体专家检查，其实只有一个被认为是结节，其余为血管这样的正常结构以及其他没有问题的肿块

这并不是说多步骤设计是最好的方法，因为“最佳”只是相对我们选择的评估方法的标准而言。有许多“最佳”方法，就像我们在项目中有许多目标一样。我们的独立、多步骤的方法也有一些缺点。

回想一下第 2 章中的 GAN 游戏。在那里，我们有 2 个网络合作制作难以区分真伪的艺术作品。不法分子会创作一幅候选作品，艺术史学工作者会对该作品进行评鉴，并给不法分子反馈如何改进。用技术术语来说，模型的结构允许梯度从最终分类器（假或真）反向传播到项目的最早部分（不法分子）。

解决这个问题，我们不会使用端到端梯度反向传播来直接优化我们的最终目标，相反，我们将单独优化问题的离散块，因为我们的分割模型和分类模型不会互相训练。这可能会限制我们解决方案的最高效率，但我们觉得这会带来更好的学习体验。

我们认为，一次只专注于一个步骤，就可以深入并专注于我们正在学习的少量新技能。我们的 2 个模型都将专注于执行一个任务。与人体放射科医生一样，当他们检查一份又一份 CT 扫描结果时，如果检查范围被很好地控制住，这项工作就更容易训练了。我们还希望提供允许对数据执行各种操作的工具，与一次查看整幅图像相比，在训练模型的同时，放大并专注于特定位置的细节将对整体生产力产生巨大影响。我们的分割模型被迫使用整幅图像，但是我们将构造一些东西，以便我们的分类模型能够对感兴趣的区域进行放大。

步骤 3（分组）将产生数据，步骤 4（分类）将使用与图 9.6 中包含肿瘤连续横切面的图像类似的数据。该图像是一个（潜在的恶性，或至少是不确定的）肿瘤的特写，我们将在步骤 4 训练模型来识别它，在步骤 5 将其分类为良性或恶性。虽然这个肿块对未经训练的眼睛（或未经训练的卷积神经网络）来说可能莫可名状，但在这个样本中识别恶性肿瘤的警告信号至少是一个比我们之前看到的要使用整个 CT 扫描数据更具有约束的问题。第 10 章的代码将提供生成放大结节图像的例程，如图 9.6 所示。

我们将在第 10 章中执行步骤 1 的数据加载工作，将在第 11 章和第 12 章中重点解决这些结节的分类问题。之后，我们将在第 13 章回到步骤 2，使用分割来找到候选肿瘤。然后我们将在

第 14 章通过实现端到端项目的步骤 3 和步骤 5 来结束本书的第 2 部分。

注意　CT 的标准渲染将上部位放在图像的顶部（基本上是头部向上），但 CT 顺序是第 1 片在下方（朝向脚部），因此，Matplotlib 会将图像颠倒，除非我们仔细翻转它们。因为翻转对我们的模型来说并不重要，所以我们不会将原始数据和模型之间的代码路径复杂化，但是我们将在渲染代码中添加一个翻转，以使图像的右侧向上。有关 CT 坐标系的更多信息，请参见 10.4 节。

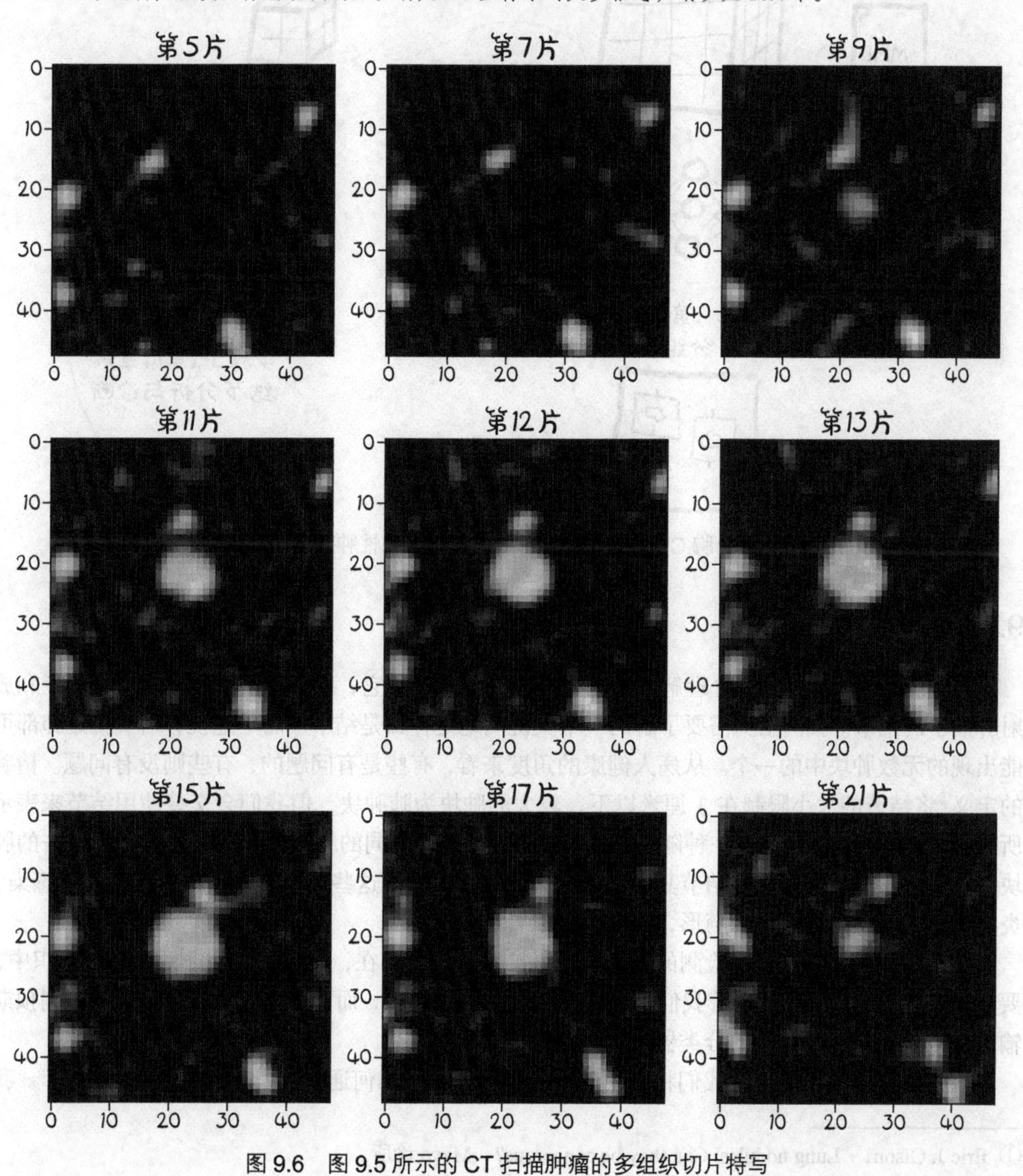

图 9.6　图 9.5 所示的 CT 扫描肿瘤的多组织切片特写

让我们重复图 9.7 中的高级概述。

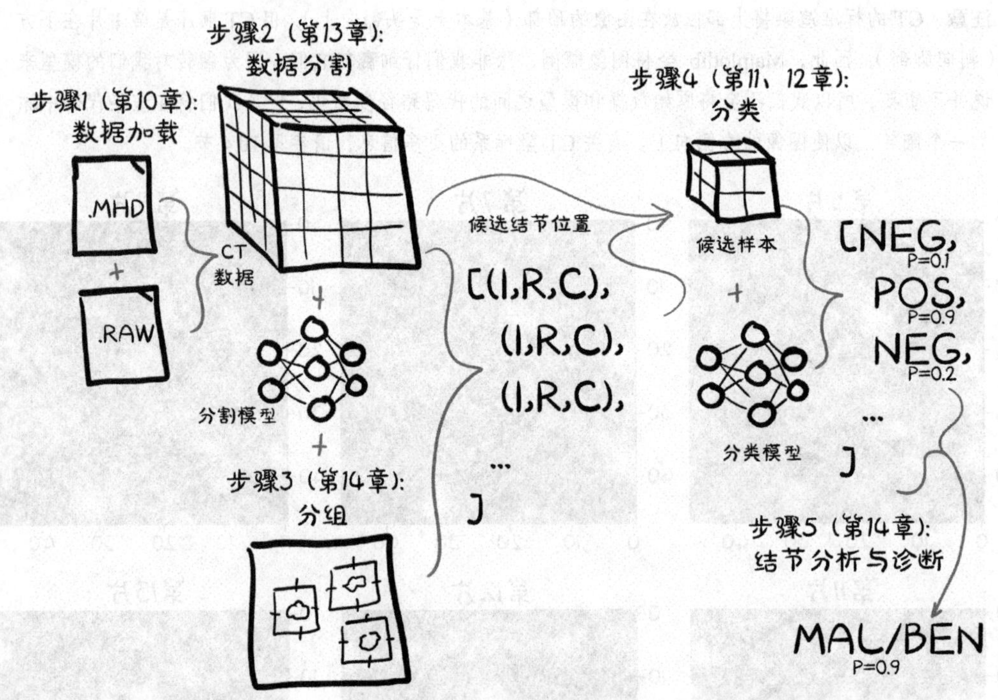

图 9.7　进行全胸 CT 扫描并确定患者是否患有恶性肿瘤的端到端的过程

9.4.2　什么是结节

正如我们所说，为了充分理解我们的数据并有效地使用它，我们需要了解一些关于癌症和放射肿瘤学的细节。我们至少需要了解的一个关键问题是什么是结节。简单地说，结节就是肺部可能出现的无数肿块中的一个。从病人健康的角度来看，有些是有问题的，有些则没有问题。精确的定义[①]将结节的大小限制在 3 厘米以下，较大的肿块为肺肿块，但我们会交替使用结节来表示所有的解剖结构。因为这是一种随意的划分，我们会使用相同的编码路径来处理 3 厘米左右的肿块。从放射学的角度来看，结节其实和其他肿块很相似，而这些肿块的病因也有很多种：感染、炎症、血液供应问题、血管畸形，以及肿瘤以外的疾病。

关键的一点是，我们要检测的癌症总是以结节的形式存在，要么悬浮在非致密的肺组织中，要么附着在肺壁上。这意味着我们可以将分类器局限于结节，而不是检查所有的组织。限制预期输入的范围将有助于我们的分类器学习手头的任务。

这是另一个例子，说明我们将使用的深度学习技术是如何通用的，但不能盲目地应用[②]。我

① Eric J. Olson，“Lung nodules: Can they be cancerous?”Mayo 诊所。
② 如果我们想要得到较好的结果，就不会盲目地应用这些技术。

们需要了解我们所从事的领域，以便做出对我们有益的选择。

在图 9.8 中，我们可以看到恶性结节的典型例子。我们所关注的最小结节只有几毫米宽（正如我们在本章前面所讨论的，这使得最小的结节大约是整个 CT 扫描的一百万分之一），尽管图 9.8 中的结节要大一些。在病人身上发现的结节中，有一半以上不是恶性的①。

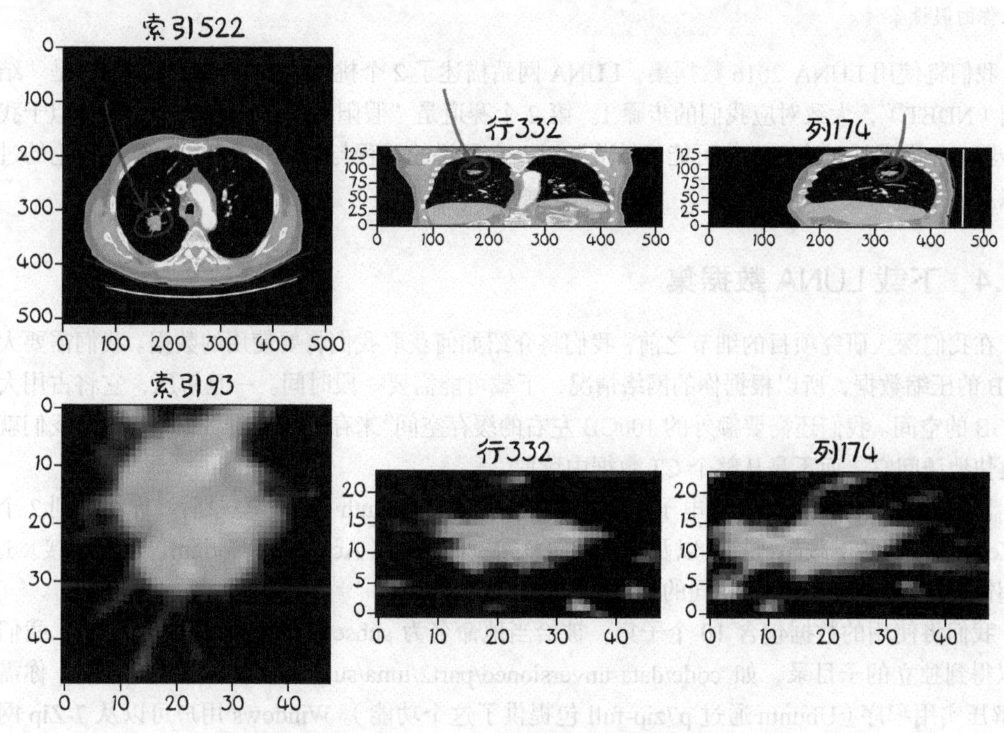

图 9.8 一个恶性结节的 CT 扫描显示与其他结节的视觉差异

9.4.3 我们的数据来源：LUNA 大挑战赛

我们刚才看到的 CT 扫描来自 LUNA 大挑战赛（LUng Nodule Analysis Grand Challenge）。LUNA 大挑战赛将一个开源的数据集与带有高质量标签的患者 CT 扫描（许多带有肺结节）结合起来，并根据数据对分类器进行公开排名。为了研究和分析而公开分享医疗数据集是一种文化，开放访问这些数据使得研究人员可以使用、组合并对这些数据执行新的研究，而无须与机构签订正式的研究协议。显然，有些数据也是保密的。LUNA 大挑战赛的目标是通过让团队更容易在排行榜上争夺高名次来鼓励改进结节检测。一个项目团队可以根据标准化标准（提供的数据集）测试他们的检测方法的有效性。要被列入公开排名，一个团队必须提供一个科学的论文描述项目架构、训练方法等。这都是一些很好的资源，可以为项目改进提供进一步的想法和灵感。

① 依据美国国家癌症研究所癌症术语词典。

注意 就各种扫描仪和处理程序之间的特殊性而言，“外面的”的许多 CT 扫描都是极其混乱的。例如，有些扫描仪通过将体素的密度设置为负值来指示 CT 扫描范围之外的区域。CT 扫描也可以通过 CT 扫描仪上的各种设置来获得，这些设置可以以细微到完全不同的方式改变扫描所得到的图像结果。尽管 LUNA 的数据总体上是“干净”的，但是如果你合并了其他数据源，请务必检查你的假设条件。

我们将使用 LUNA 2016 数据集，LUNA 网站描述了 2 个挑战的赛道。第 1 个赛道是“结节检测（NDET）”，大致对应我们的步骤 1。第 2 个赛道是“假阳性下降（FPRED）”，类似于我们的步骤 4。当网站讨论“定位可能的结节”时，它所说的过程与我们将在第 13 章中讨论的过程类似。

9.4.4 下载 LUNA 数据集

在我们深入研究项目的细节之前，我们将介绍如何获取我们将要使用的数据。我们需要大约 60GB 的压缩数据，所以根据你的网络情况，下载可能需要一段时间。一旦解压，它将占用大约 120GB 的空间。我们还需要额外的 100GB 左右的缓存空间[①]来存储更小的数据块，这样我们就可以更快地访问它，而不是从整个 CT 数据中读取。

访问 LUNA16 网站，使用电子邮件注册或使用谷歌 OAuth 登录。登录后，你将看到 2 个指向 Zenoda 数据的下载超链接，以及一个指向学术资源种子（Academic Torrent）的超链接。这 2 个超链接对应的数据应该是相同的。

我们将使用的数据包含 10 个子集，被恰当地命名为 subset0～subset9。解压之后，我们就可以得到独立的子目录，如 code/data-unversioned/part2/luna/subset0 等。在 Linux 上，你需要 7z 解压实用程序（Ubuntu 通过 p7zip-full 包提供了这个功能）。Windows 用户可以从 7-Zip 网站获得一个解压器。某些解压缩实用程序将无法打开存档文件，如果出现错误，请确保你有完整版本的解压器。

此外，你还需要 candidates.csv 和 annotations.csv 文件。为了方便，我们已经将这些文件包含在异步社区和 GitHub 仓库中，所以它们应该已经在 code/data/part2/luna/*.csv 中了，你也可以从下载数据集的地方下载它们。

注意 如果你没有大约 220GB 的可用磁盘空间，那么可以仅使用 10 个子集中的 1 个或 2 个子集来运行示例。较小的训练集将导致模型的性能较差，但这比根本无法运行示例要好得多。

一旦你有了 candidates.csv 文件以及至少下载了一个数据子集，将其解压，并放在正确的位置，就可以运行下一章的示例了。如果想提前跳过，你可以从运行 Jupyter Notebook 中 code/p2ch09_explore_data.ipynb 的代码开始。否则，我们将在下一章更深入地介绍在 Jupyter Notebook 中运行的代码。希望你在开始使用数据之前完成数据集的下载。

① 所需的缓存空间是按章计算的，但是一旦完成了一章，就可以删除缓存以释放空间。

9.5 总结

我们在完成项目方面取得了重大进展！你可能会觉得我们没有完成多少，毕竟，我们还没有实现任何一行代码。但请记住，当你独自处理项目时，你需要做研究和准备，就像我们在这里所做的那样。

在本章中，我们着手做以下 2 件事。

- 了解我们肺癌检测项目的大背景。
- 为第 2 部分勾画出我们项目的方向和结构。

如果你仍然觉得我们没有取得真正的进展，请调整这种心态，因为理解你的项目正在工作的空间是至关重要的，我们所做的设计工作将帮助我们在前进的过程中得到丰厚的回报。一旦我们开始在第 10 章中实现数据加载例程，我们很快就会看到这些回报。

由于本章只提供信息，没有任何代码，我们暂时跳过练习。

9.6 本章小结

- 我们检测癌性结节的方法大致有 5 个步骤：数据加载、分割、分组、分类以及结节分析和诊断。
- 将我们的项目分解成更小的、半独立的子项目可以使每个子项目的教学变得更容易。与本书中的方法相比，其他方法对于具有不同目标的未来项目可能更有意义。
- CT 扫描是一个三维密度数组，大约有 3200 万个体素，比我们想要识别的结节大 100 万倍左右。将模型聚集于与当前任务相关的 CT 扫描区域，将有助于在训练中获得合理的结果。
- 理解数据将使我们更容易为数据编写处理例程，而不会扭曲或破坏数据的重要方面。CT 扫描数据数组通常不会有立方的体素，将实际单位中的位置信息映射到数组索引需要进行转换。CT 扫描的强度大致对应质量密度，但使用独特的单位。
- 确定项目的关键概念，并确保它们在我们的设计中得到很好的表达，这一点非常重要。我们项目的大部分内容都围绕着结节展开，结节是肺部的一种小肿块，可以在 CT 扫描中与其他相似的结构一起被发现。
- 我们正在使用 LUNA 大挑战赛的数据来训练我们的模型。LUNA 大挑战赛的数据包括 CT 扫描，以及用于分类和分组的人工标注输出。数据的质量高低对项目的成败有很大的影响。

第 10 章　将数据源组合成统一的数据集

本章主要内容

- 加载和处理原始数据文件。
- 实现一个 Python 类来表示我们的数据。
- 将数据转换为 PyTorch 可用的格式。
- 可视化训练和验证数据。

既然我们已经讨论了第 2 部分的高级目标，并概述了数据将如何在我们的系统中流动，接下来就让我们详细了解本章将要做什么。现在是时候为我们的原始数据实现基本的数据加载和数据处理例程了。基本上，你参与的每一个重要项目都需要我们这里所讨论的类似操作①。图 10.1 显示了第 9 章中完整的端到端解决方案。在本章的其余部分，我们将集中讨论第 1 步，即数据加载。

我们的目标是能够根据输入的原始 CT 扫描数据和 CT 的标注列表生成一个训练样本。这听起来可能很简单，但是在加载、处理和提取我们感兴趣的数据之前，还需要做很多工作。图 10.2 显示了将原始数据转换为训练样本所需的操作，幸运的是，在第 9 章中我们在理解数据方面有了一个良好的开端，但是在这方面我们还有更多的工作要做。

这是一个至关重要的时刻，我们开始将那些沉重的原始数据转化，即使不能转化为黄金，至少也转化为我们的神经网络能够转变为“黄金”的材料。我们最早在第 4 章中讨论了这种转化机制。

① 对于那些事先准备好所有数据的少数研究人员来说，你很幸运！我们剩下的工作就是编写用于加载和解析的代码。

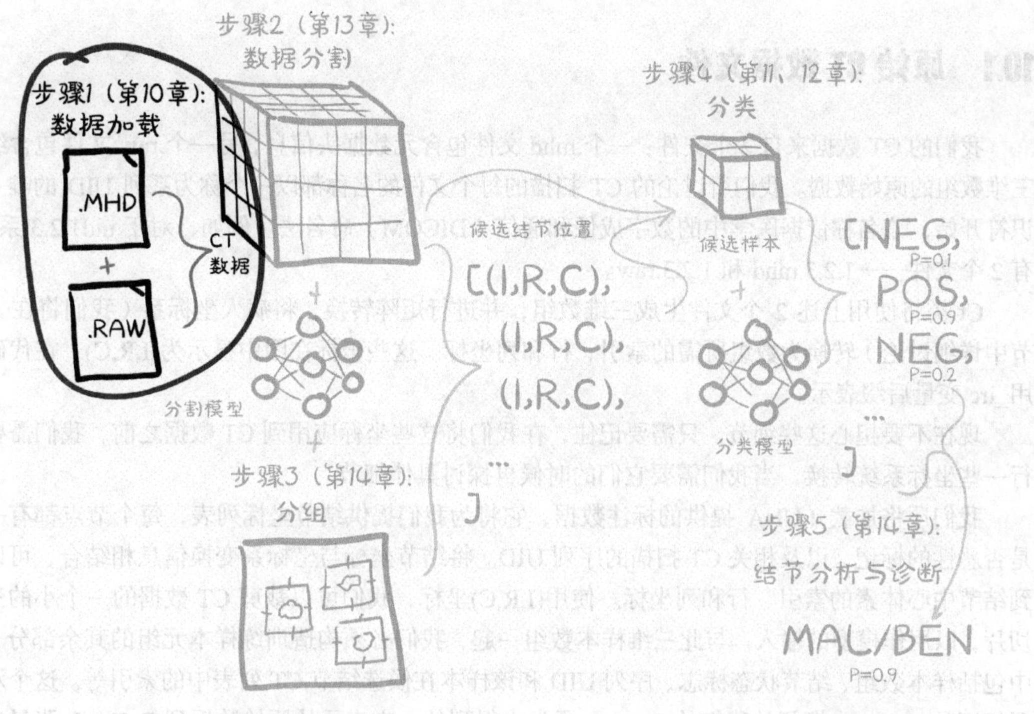

图 10.1　端到端的肺癌检测项目，本章重点关注的主题——步骤 1：数据加载

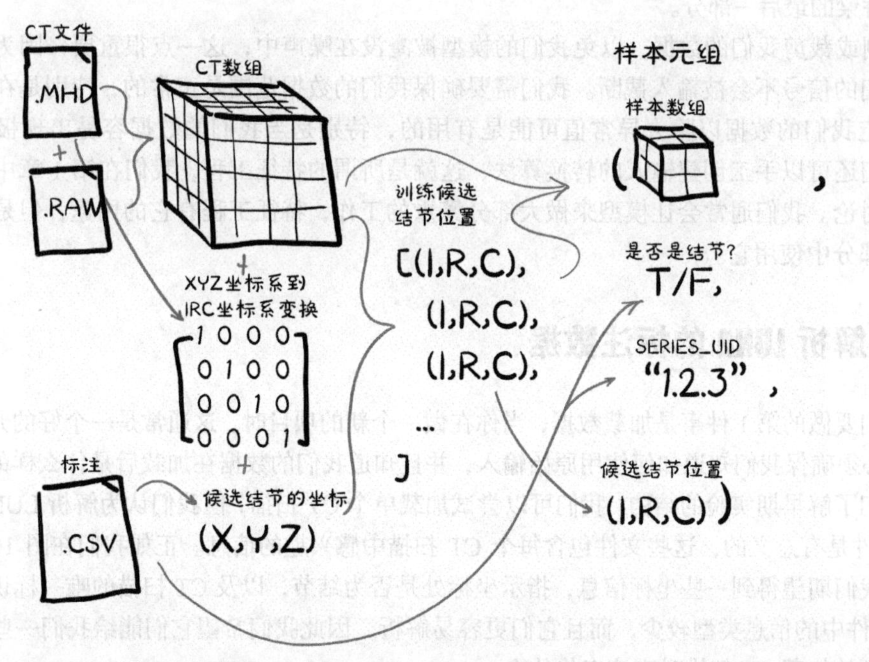

图 10.2　数据转换需要生成样本元组，这些样本元组将作为模型训练例程的输入

10.1 原始 CT 数据文件

我们的 CT 数据来自 2 个文件：一个.mhd 文件包含元数据头信息，另一个.raw 文件包含组成三维数组的原始数据。我们所讨论的 CT 扫描的每个文件的名称都以一个称为系列 UID 的唯一标识符开始，该名称依据医学中的数字成像和通信（DICOM）命名法。例如，对于 uid1.2.3 系列，有 2 个文件——1.2.3.mhd 和 1.2.3.raw。

Ct 类将使用上述 2 个文件生成三维数组，并进行矩阵转换，将病人坐标系（我们将在 10.6 节中详细讨论）转换为数组所需的索引、行和列坐标。这些坐标在图中显示为(I,R,C)，在代码中用_irc 变量后缀表示。

现在不要担心这些细节，只需要记住，在我们将这些坐标应用到 CT 数据之前，我们需要进行一些坐标系统转换，当我们需要它们的时候再探讨具体细节。

我们还将加载 LUNA 提供的标注数据，它将为我们提供结节坐标列表，每个节点都有一个是否恶性的标记，以及相关 CT 扫描的序列 UID。将结节坐标与坐标系变换信息相结合，可以得到结节中心体素的索引、行和列坐标。使用(I,R,C)坐标，我们可以裁剪 CT 数据的一个小的三维切片，以用作模型的输入。与此三维样本数组一起，我们必须构造训练样本元组的其余部分，其中包括样本数组、结节状态标志、序列 UID 和该样本在候选结节 CT 列表中的索引等。这个示例元组正是 PyTorch 期望从我们的 Dataset 子类中得到的，它表示从原始数据到 PyTorch 张量标准结构的桥梁的最后一部分。

限制或裁剪我们的数据，以免我们的模型被淹没在噪声中，这一点很重要，因为我们希望确保我们的信号不会被输入截断。我们需要确保我们的数据范围是正常的，特别是在归一化之后。固定我们的数据以除去异常值可能是有用的，特别是当我们的数据容易出现极端异常值时。我们还可以手工创建输入的转换算法，这就是所谓的特征工程，我们在第 1 章中对此进行了简要讨论。我们通常会让模型来做大部分繁重的工作，特征工程有它的用途，但是我们不会在第 2 部分中使用它。

10.2 解析 LUNA 的标注数据

我们要做的第 1 件事是加载数据，当你在做一个新的项目时，这通常是一个好的开端。不管怎样，必须确保我们知道如何使用原始输入，并且知道我们的数据在加载后是什么样的，这样将帮助我们了解早期实验的结构。我们可以尝试加载单个 CT 扫描，但我们认为解析 LUNA 提供的 CSV 文件是有意义的，这些文件包含每个 CT 扫描中感兴趣的信息。正如我们在图 10.3 中所看到的，我们期望得到一些坐标信息，指示坐标处是否为结节，以及 CT 扫描的唯一标识符。由于 CSV 文件中的信息类型较少，而且它们更容易解析，因此我们希望它们能给我们一些线索，告诉我们开始加载 CT 扫描时应该查找什么。

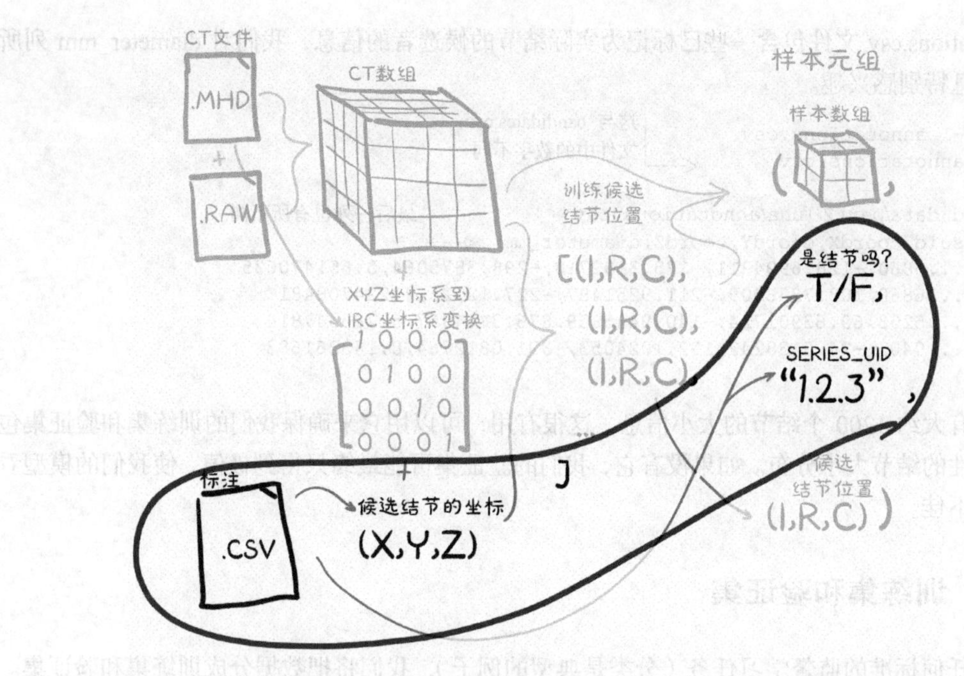

图 10.3 candidates.csv 文件中的 LUNA 标注包含了 CT 序列、候选结节的位置，以及一个标示（指示该候选者是否真的是结节）

candidates.csv 文件包含所有可能看起来像结节的肿块信息，无论这些肿块是恶性肿瘤、良性肿瘤还是其他。我们将以此为基础构建一个完整的候选列表，然后将其拆分为训练集和验证集。下面的 Bash Shell 会话显示了该文件包含的内容：

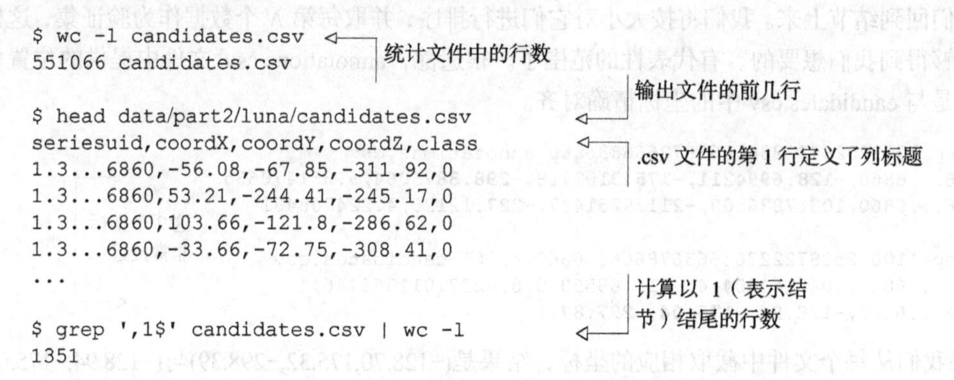

```
$ wc -l candidates.csv
551066 candidates.csv

$ head data/part2/luna/candidates.csv
seriesuid,coordX,coordY,coordZ,class
1.3...6860,-56.08,-67.85,-311.92,0
1.3...6860,53.21,-244.41,-245.17,0
1.3...6860,103.66,-121.8,-286.62,0
1.3...6860,-33.66,-72.75,-308.41,0
...

$ grep ',1$' candidates.csv | wc -l
1351
```


注意 seriesuid 列中的值已被省略，以便更好地适配输出页面。

我们有 551000 行，每行都有一个 seriesuid（在代码中我们称之为 series_uid）、某个(X,Y,Z)坐标以及一个与结节状态相对应的类别。类别是一个布尔值：0 表示非结节的候选者，1 表示结节的候选者，可能是恶性的或良性的。我们有 1351 个候选结节被标记为结节。

annotations.csv 文件包含一些已标记为实际结节的候选者的信息，我们对 diameter_mm 列所代表的信息特别感兴趣。

```
$ wc -l annotations.csv
1187 annotations.csv
```

这与 candidates.csv 文件中的数字不同

```
$ head data/part2/luna/annotations.csv
seriesuid,coordX,coordY,coordZ,diameter_mm
1.3.6...6860,-128.6994211,-175.3192718,-298.3875064,5.651470635
1.3.6...6860,103.7836509,-211.9251487,-227.12125,4.224708481
1.3.6...5208,69.63901724,-140.9445859,876.3744957,5.786347814
1.3.6...0405,-24.0138242,192.1024053,-391.0812764,8.143261683
...
```

最后一列也有所不同

我们有大约 1200 个结节的大小信息，这很有用，可以用它来确保我们的训练集和验证集包括有代表性的结节大小分布。如果没有它，我们的验证集可能最终只得到极值，使我们的模型看起来性能不佳。

10.2.1　训练集和验证集

对于任何标准的监督学习任务（分类是典型的例子），我们将把数据分成训练集和验证集。我们要确保这 2 组数据都能表征我们期望看到的和能够正常处理的实际输入数据的范围。如果其中任何一个数据集与我们实际用例有很大的不同，那么我们的模型的性能很有可能与我们的预期不同。一旦在生产中使用，我们收集到的训练和统计数据将不再具有预测性。我们并不是要使它成为一门精确的科学，但是在将来的项目中，你应该密切关注是否有迹象表明你正在对不适合你的操作环境的数据进行训练和测试。

让我们回到结节上来。我们将按大小对它们进行排序，并取每第 N 个数据作为验证集，这样我们就能够得到我们想要的、有代表性的范围了。很遗憾，annotations.csv 文件中提供的位置信息并不总是与 candidates.csv 中的坐标精确对齐。

```
$ grep 100225287222365663678666836860 annotations.csv
1.3.6...6860,-128.6994211,-175.3192718,-298.3875064,5.651470635
1.3.6...6860,103.7836509,-211.9251487,-227.12125,4.224708481

$ grep '100225287222365663678666836860.*,1$' candidates.csv
1.3.6...6860,104.16480444,-211.685591018,-227.011363746,1
1.3.6...6860,-128.94,-175.04,-297.87,1
```

这 2 个坐标非常接近

如果我们从每个文件中截取相应的坐标，结果是(−128.70,175.32,−298.39)与(−128.94,−175.04,−297.87)。由于所讨论的结节直径为 5 毫米，这 2 个点显然都是结节的“中心”，但它们并不完全对齐。如果认为处理这种不匹配数据是不值得的并忽略该文件，这也是合情合理的。不过我们将做一些额外的工作把数据整理好，因为实际的数据集通常是不完美的。这是一个很好的例子，说明了从不同的数据源收集数据后需要做的工作。

10.2.2　统一标注和候选数据

现在我们已经知道了原始数据文件的样子，让我们构建一个 getCandidateInfoList()函数来将它们组合在一起。我们将使用在文件顶部定义的命名元组来保存每个结节的信息，见代码清单 10.1。

代码清单 10.1　dsets.py:7

```
from collections import namedtuple
# ... line 27
CandidateInfoTuple = namedtuple(
  'CandidateInfoTuple',
  'isNodule_bool, diameter_mm, series_uid, center_xyz',
)
```

这些元组不是我们的训练样本，因为它们缺少我们需要的 CT 数据块。相反，它们代表了一个简洁的、统一的接口，指向我们正在使用的带有人工标注的数据。将必须处理的杂乱数据与模型训练分离开是非常重要的，否则，你的训练循环很快就会变得混乱，因为你必须在本应该专注于训练的代码中不断处理特殊情况和其他干扰因素。

注意　清晰地将负责数据清理的代码与项目的其余部分分开。如果有需要的话，不要害怕将数据重写一次并保存到磁盘上。

我们的候选信息列表将包括结节状态（用于训练模型进行分类）、直径（有助于在训练中获得良好的传播，因为大结节和小结节的特征不同）、序列（定位正确的 CT 扫描）和候选中心（在更大的 CT 扫描中寻找候选者）等。构建 CandidateInfoTuple 实例列表的函数首先使用内存缓存装饰器，然后获取磁盘上的文件列表，见代码清单 10.2。

代码清单 10.2　dsets.py:32

```
内存缓存标准库
└─▷@functools.lru_cache(1)
def getCandidateInfoList(requireOnDisk_bool=True):  ◁─ requireOnDisk_bool 默认用于从尚未就位的数据子集中筛选出序列
  mhd_list = glob.glob('data-unversioned/part2/luna/subset*/*.mhd')
  presentOnDisk_set = {os.path.split(p)[-1][:-4] for p in mhd_list}
```

由于解析某些数据文件可能会很慢，因此我们将函数调用的结果缓存到内存中。这将在后面派上用场，因为我们将在后续操作中更频繁地调用这个函数。仔细地应用内存或磁盘缓存来加速我们的数据管道，可以在训练速度上获得相当可观的提升，在项目中，一定要密切关注这些能提升训练速度的机会。

之前我们说过，由于下载时间长、磁盘空间要求高，我们将支持在少于完整训练数据集的情况下运行我们的训练程序，requireOnDisk_bool 参数是实现该目标的关键。我们正在检测哪些 LUNA 系列 UID 实际上已经存在并且可以从磁盘加载，我们将使用这些信息来限制我们将要解析的 CSV 文件中使用的条目。在训练循环中运行数据的子集对于验证代码是否按预期工作很有用。当这样做的时候，模型的训练结果通常是糟糕的，甚至是无用的，但是对于练习我们的日志、指标、模型检查点和类似的功能是有益的。

获得候选信息之后，我们想要合并来自 annotations.csv 文件的直径信息。首先，我们需要按 series_uid 对标注进行分组，因为这是我们用来交叉引用 2 个文件中的每一行的第 1 个键，见代码清单 10.3。

代码清单 10.3　dsets.py:40, def getCandidateInfoList

```
diameter_dict = {}
with open('data/part2/luna/annotations.csv', "r") as f:
  for row in list(csv.reader(f))[1:]:
    series_uid = row[0]
    annotationCenter_xyz = tuple([float(x) for x in row[1:4]])
    annotationDiameter_mm = float(row[4])

    diameter_dict.setdefault(series_uid, []).append(
      (annotationCenter_xyz, annotationDiameter_mm)
    )
```

现在，我们将使用 candidates.csv 文件中的信息构建完整的候选者列表，见代码清单 10.4。

代码清单 10.4　dsets.py:51, def getCandidateInfoList

```
candidateInfo_list = []
with open('data/part2/luna/candidates.csv', "r") as f:
  for row in list(csv.reader(f))[1:]:
    series_uid = row[0]

    if series_uid not in presentOnDisk_set and requireOnDisk_bool:
      continue

    isNodule_bool = bool(int(row[4]))
    candidateCenter_xyz = tuple([float(x) for x in row[1:4]])

    candidateDiameter_mm = 0.0
    for annotation_tup in diameter_dict.get(series_uid, []):
      annotationCenter_xyz, annotationDiameter_mm = annotation_tup
      for i in range(3):
        delta_mm = abs(candidateCenter_xyz[i] - annotationCenter_xyz[i])
        if delta_mm > annotationDiameter_mm / 4:
          break
      else:
        candidateDiameter_mm = annotationDiameter_mm
        break

    candidateInfo_list.append(CandidateInfoTuple(
      isNodule_bool,
      candidateDiameter_mm,
      series_uid,
      candidateCenter_xyz,
    ))
```

如果 series_uid 不存在，那么它属于一个数据未存储在磁盘的子集，所以我们应该跳过它

将直径除以 2 得到半径，将半径除以 2 以要求 2 个结节中心点相对结节大小的距离不要太远。这将导致边界框检查，而不是真正的距离检查

对于给定 series_uid 的每个候选条目，我们循环遍历之前为同一个 series_uid 收集的标注，看看 2 个坐标是否足够接近，如果足够接近则可以认为它们是相同的结节。如果是同一个结节，那太好了！现在我们有了这个结节的直径信息。如果没有找到匹配的结节，也没有关系，我们把结节的直径设置为 0。由于我们只使用这些信息在我们的训练集和验证集中获得结节大小的良好分布，因此对于某些结节来说，直径大小错误应该不是问题，但是我们应该记住，我们这样做是为了防止我们的假设是错误的。

这需要很多复杂的代码来合并我们的结节直径。不幸的是，必须执行这种操作或进行模糊匹配，这种操作可能是相当常见的，这取决于你的原始数据。然而，一旦我们实现这一点，我们只需要对数据进行排序并将其返回，见代码清单 10.5。

代码清单 10.5　dsets.py:80, def getCandidateInfoList

```
candidateInfo_list.sort(reverse=True)
return candidateInfo_list
```

这意味着我们首先拥有所有的实际结节样本，然后拥有所有的非实际结节样本（它们没有结节大小信息）

candidateInfo_list 中的元组成员是由这种排序驱动的，我们使用这种排序方法来帮助确保当我们对数据进行切片时，该切片会得到一个具有代表性的实际结节块，且结节直径分布良好。我们将在 10.5.3 小节对此进行更多讨论。

10.3　加载单个 CT 扫描

下一步，我们需要能够从磁盘上的某个存储空间获取 CT 数据，并将其转换成 Python 对象，从中我们可以提取三维结节密度数据。我们可以在图 10.4 中看到从.mhd 和.raw 文件到 Ct 对象的路径。我们的结节标注信息就像对原始数据中感兴趣部分的映射。在我们按照映射找到我们感兴趣的数据之前，我们需要将数据转换成一个可寻址的形式。

注意　拥有大量的原始数据，其中大部分数据都是我们不感兴趣的，这是一种常见的情况。在处理你自己的项目时，请设法将范围限制在相关数据上。

CT 扫描的原始文件格式是 DICOM，DICOM 标准的第 1 个版本是在 1984 年编写的，正如我们所预料的那样，所有与那个时期的计算机处理相关的内容可能写得有点混乱。例如，现在废弃的章节都是致力于使用数据链路层协议，因为那时以太网还没有开始被使用。

注意　我们已经找到了正确的库来解析这些原始数据文件，但是对于其他你从未听说过的格式，你必须找到合适的解析器。我们建议花点儿时间这样做！Python 生态系统几乎为所有文件格式都提供了解析器。几乎可以肯定，将时间花在项目的未知部分上要比为深奥难懂的数据格式编写解析器更好。

令人高兴的是，LUNA 已经将我们在本章中使用的数据转换为 MetaIO 格式，该格式数据更容易使用。如果你以前从未听说过这种格式，也不要担心！我们可以将数据文件的格式视为黑盒，并使用 SimpleITK 将它们加载到更熟悉的 NumPy 数组中，见代码清单 10.6。

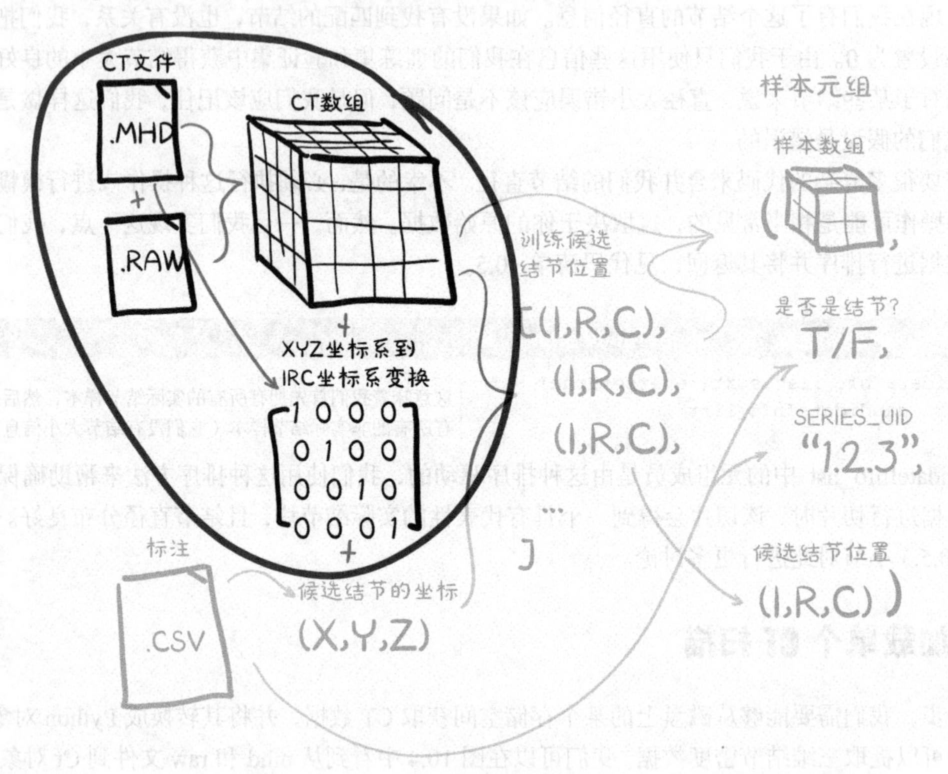

图 10.4　加载 CT 扫描产生体素数组和实现从病人坐标到数组索引的转换

代码清单 10.6　dsets.py:9

```
import SimpleITK as sitk
# ... line 83
class Ct:
  def __init__(self, series_uid):
    mhd_path = glob.glob(
     'data-unversioned/part2/luna/subset*/{}.mhd'.format(series_uid)
     )[0]

    ct_mhd = sitk.ReadImage(mhd_path)
    ct_a = np.array(sitk.GetArrayFromImage(ct_mhd), dtype=np.float32)
```

我们不关心跟踪给定的 series_uid 属于哪个子集，所以我们对数据集使用通配符来匹配

除了传进来的.mhd 文件，sitk.ReadImage 还隐式地使用了.raw 文件

再创建一个 NumPy 数组，因为我们想将值类型转换为 np.float3

对于实际的项目，你需要了解原始数据中包含哪些类型的信息，但是完全可以依赖于像 SimpleITK 这样的第三方代码来解析磁盘上的存储空间。找到正确的平衡点，即了解所有关于输入的信息，而不是盲目地接收数据加载库，你可能需要一些经验。请记住，我们主要关心的是数

据，而不是存储空间。对我们重要的是信息本身，而不是它是如何呈现的。

能够唯一地识别我们的数据样本是很有用的。例如，清楚地说明哪个样本导致了问题或者得到了糟糕的分类结果，可以极大地提高我们隔离和调试问题的能力。根据样本的性质，有时 UID 是一个原子，如一个数字或一个字符串，有时它更复杂，如元组。

我们使用创建 CT 扫描时分配的序列 UID（series_uid）来识别特定的 CT 扫描。DICOM 大量使用 UID 来表示单个 DICOM 文件、文件组、疗程等。UID 在概念上与 UUID 相似，但是它们的创建过程不同，格式也不同。出于我们的目的，我们可以将它们视为 ASCII 字符串，作为引用各种 CT 扫描的唯一键。在正式场合，只有字符 0~9 和句号（.）是 DICOM UID 的有效字符，但在一些非正式 DICOM 匿名例程文件中将 UID 替换为十六进制（0~9 和 a~f）或其他技术上不符合规范的值，这些不符合规范的值通常不会被 DICOM 解析器标记或清除。正如我们之前所说，这有点儿混乱。

我们前面讨论的 10 个子集每个大约有 90 个 CT 扫描，总共 888 个。每个 CT 扫描表示为 2 个文件：一个带有.mhd 扩展名，一个带有.raw 扩展名。然而，在多个文件之间分割的数据隐藏在 sitk 例程后面，这不是我们需要直接关注的。

此时，ct_a 是一个三维数组。所有三维都是空间的，单个强度通道是隐式的。正如我们在第 4 章中看到的，在 PyTorch 张量中，通道信息表示为大小为 1 的第 4 维。

亨氏单位

回想一下，之前我们说过我们需要理解数据，而不是存储数据的空间。这里，我们有一个在这方面相对完美的示例。如果不了解数据值和取值范围的细微差别，我们最终会将值输入到我们的模型中，这将阻碍它学习我们想要它学习的东西的能力。

继续__init__()函数，我们需要对 ct_a 值进行清理。CT 扫描以亨氏（Hounsfield Unit，缩写为 HU）单位表达，它是一个奇特的单位。空气是−1000 HU（接近于 0 g/cm^3，其中 g/cm^3 表示克/立方厘米），水是 0 HU（1 g/cm^3），骨骼至少是+1000 HU（2~3 g/cm^3）。

注意 HU 值通常作为带符号的 12 位整数存储在磁盘上（被塞进 16 位整数），这非常符合 CT 扫描仪所能提供的精度水平。虽然这可能很有趣，但它与项目并不是特别相关。

一些 CT 扫描仪使用负密度的 HU 值来表示 CT 扫描仪视角之外的体素。出于我们的目的，病人身体之外的所有东西都应该是空气，因此我们通过将值的下限设置为−1000 HU 来丢弃该视角信息。同样，骨骼、金属植入物等的精确密度与我们的用例无关，因此我们将密度限制在大约 2 g/cm^3（1000 HU），尽管这种做法在生物学上并不准确，见代码清单 10.7。

代码清单 10.7 dsets. py:96, Ct.__init__

```
ct_a.clip(-1000, 1000, ct_a)
```

大于 0 HU 的值不能完全与密度成比例，但是我们感兴趣的肿瘤通常约为 1 g/cm^3（0 HU），所以我们将忽略 HU 不能完全映射到 g/cm^3 单位的肿瘤。这很好，因为我们的模型将被训练成直接使用 HU。

我们想要从我们的数据中删除所有离群值：它们与我们的目标没有直接的关系，并且拥有这些离群值会使模型的工作更加困难。这可能以多种方式发生，但一个常见的例子是，当批量归一化输入这些离群值时，关于如何最好地标准化数据的统计数据会发生偏置，要时刻寻找清理数据的方法。

我们所构建的所有值现在都赋给 self，见代码清单 10.8。

代码清单 10.8　dsets.py:98, Ct.__init__

```
self.series_uid = series_uid
self.hu_a = ct_a
```

重要的是，要知道我们使用的数据范围是-1000～+1000，因为在第 13 章中，我们会将通道添加到样本中。如果不考虑 HU 和我们的附加数据之间的差异，这些新的通道数据很容易被原始 HU 值所掩盖。我们不会为项目的分类步骤添加更多的数据通道，所以现在不需要进行特殊处理。

10.4　使用病人坐标系定位结节

深度学习模型通常需要固定大小的输入[1]，因为输入神经元的数据固定。我们需要能够生成一个包含候选对象的大小固定的数组，以便将其用作我们的分类器的输入。我们想用一组 CT 扫描来训练我们的模型，让一个候选者很好地位于中心位置，因为这样我们的模型就不必学习注意隐藏在输入端角落的结节。通过减少预期输入的变量，可以使模型的工作更容易。

10.4.1　病人坐标系

不幸的是，我们在 10.2 节中加载的所有候选中心数据都以毫米表示，而不是体素！我们不能仅仅把以毫米为单位的位置插入数组索引中，然后期望一切都按我们想要的方式运行。如图 10.5 所示，我们需要将坐标从毫米坐标系(X,Y,Z)转换为基于体素地址的坐标系(I,R,C)，以从 CT 扫描数据中获取数组切片。这是一个典型的例子，说明保持统一单位是多么重要。

正如我们前面提到的，当处理 CT 扫描时，我们将数组的维度称为索引、行和列，因为 X、Y 和 Z 有单独的含义，如图 10.6 所示。病人坐标系将正 X 定义为病人左侧（左），将正 Y 定义为病人后侧（后），将正 Z 定义为朝向病人头部（上）。左后上有时简称 LPS。

病人坐标系以毫米为单位测量，并具有与 CT 体素数组原点不对应的任意定位原点，如图 10.7 所示。

① 也有例外，但现在不重要。

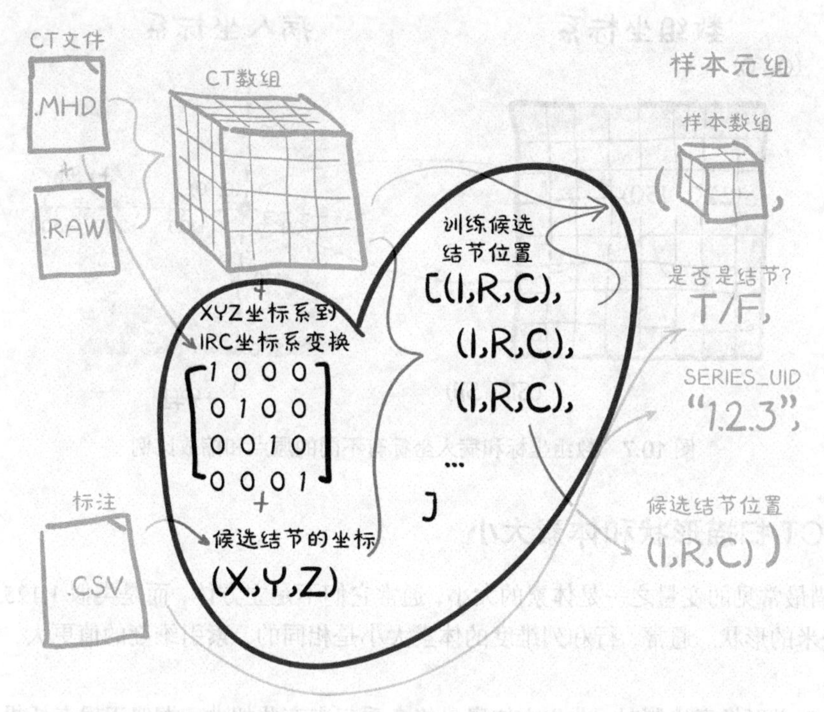

图 10.5 使用转换信息将病人坐标(*X,Y,Z*)中的结节中心坐标转换为数组索引(索引、行、列)

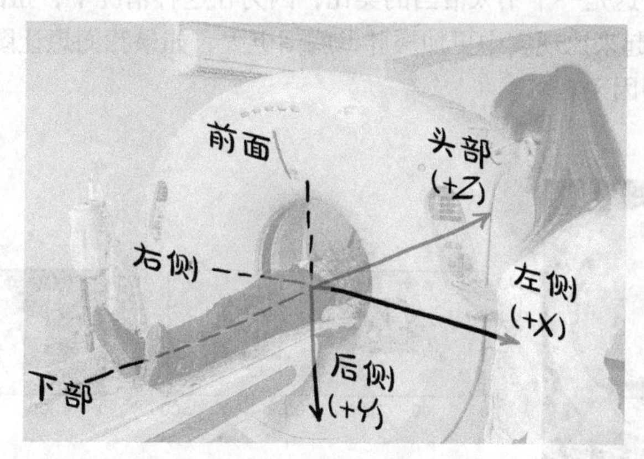

图 10.6 衣着“不得体”的病人演示了病人坐标系的轴

坐标系通常被用来以一种独立于任何特定扫描的方式来指定解剖部位的位置。定义 CT 数组和病人坐标系关系的元数据存储在 DICOM 文件的头文件中，而元图像格式也将数据保存在其头文件中。元数据允许我们构造从(*X,Y,Z*)到(*I,R,C*)的转换，如图 10.5 所示。原始数据包含许多类似元数据的其他字段，但是因为我们现在还没有使用它们，所以那些不需要的字段将被忽略。

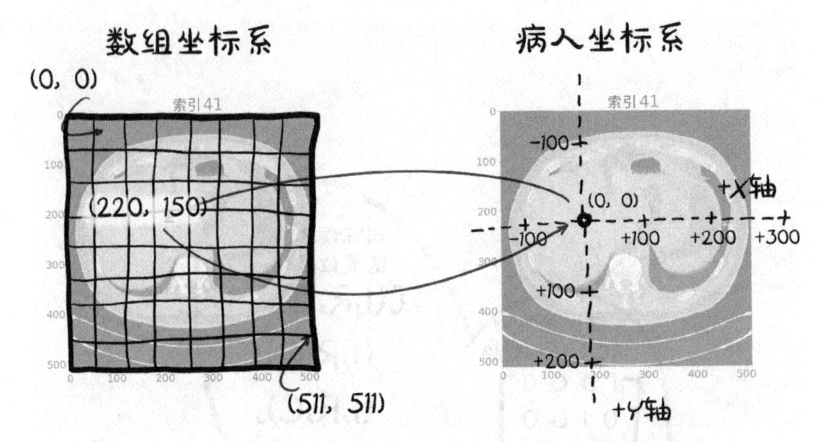

图 10.7 数组坐标和病人坐标有不同的原点和缩放比例

10.4.2 CT 扫描形状和体素大小

CT 扫描最常见的变量之一是体素的大小，通常它们不是立方体，而是类似 1.125 毫米×1.125 毫米×2.5 毫米的形状。通常，行和列维度的体素大小是相同的，索引维度的值更大，但也可能存在其他比率。

当使用正方形像素绘制时，非立方体素最终会看起来有些扭曲，类似于墨卡托投影地图在北极和南极附近的扭曲。这是一个不太恰当的类比，因为在这种情况下，扭曲是均匀的和线性的。在图 10.8 中，病人看起来比现实中更加矮胖，胸围更大，如果我们想让图像描绘真实的比例，我们需要应用一个比例因子。

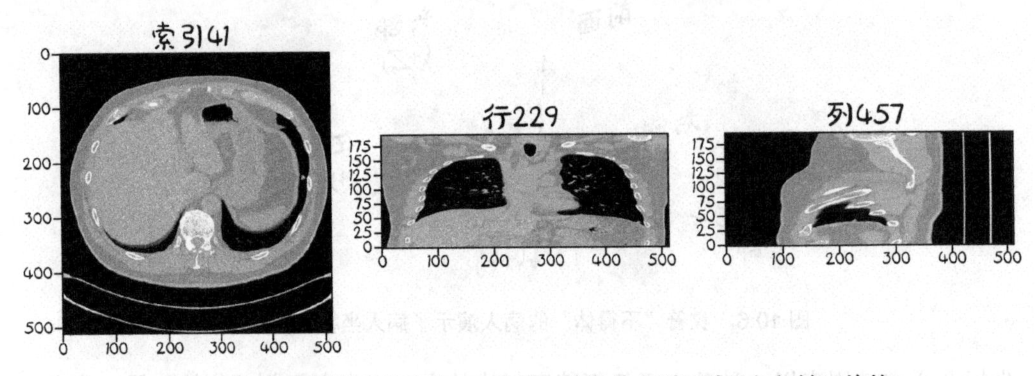

图 10.8 沿索引轴非体素的 CT 扫描，注意从上到下肺是如何被压缩的

了解这些细节可以帮助我们从视觉上解释结果。如果没有这些信息，很容易就会认为我们的数据加载出现了问题。我们可能会认为数据看起来很模糊，因为我们无意中跳过了一半的切片，或者沿着这些线跳过了一些东西。我们很容易浪费大量时间去调试一些有效的东西，而熟悉数据可以帮助我们避免这种情况。

CT 通常是 512×512，索引维度约为 100～250 个切片（250 个切片乘 2.5 毫米通常足以包含感兴趣的解剖区域）。这将产生大约 225 个体素，即大约 3200 万个数据点。每个 CT 以毫米为单位指定体素大小，作为文件元数据的一部分。例如，我们将在代码清单 10.10 中调用 ct_mhd.GetSpacing()方法。

10.4.3　毫米和体素地址之间的转换

我们将定义一些实用程序代码来帮助基于毫米的病人坐标系（我们将在代码中在变量上用_xyz 后缀来表示）和(*I*,*R*,*C*)数组坐标（在代码中用_irc 后缀来表示）之间的转换。

你可能想知道 SimpleITK 库是否带有转换这些内容的实用函数。实际上，一个 Image 实例除了从 CRI（列,行,索引）到 IRC 变换方法之外，还有 2 个方法：TransformIndexToPhysicalPoint()和 TransformPhysicalPointToIndex()。然而，我们希望能够在不保留图像对象的情况下完成这个计算，因此我们将在这里手动执行数学运算。

翻转坐标轴（以及可能的旋转或其他转换）被编码在一个 3×3 的矩阵中，该矩阵从 ct_mhd.GetDirections()返回一个元组。从体素索引到坐标，我们需要按以下 4 个步骤进行转换：

- 将坐标从 IRC 翻转到 CRI，以与 XYZ 对齐。
- 用体素大小缩放索引。
- 与方向矩阵相乘，在 Python 中使用@。
- 为原点添加偏移量。

要从 XYZ 返回 IRC，我们需要以相反的顺序执行每个步骤的逆操作。

我们将体素大小保存在命名元组中，将它们转换为数组，见代码清单 10.9。

代码清单 10.9　util.py:16

```
IrcTuple = collections.namedtuple('IrcTuple', ['index', 'row', 'col'])
XyzTuple = collections.namedtuple('XyzTuple', ['x', 'y', 'z'])

def irc2xyz(coord_irc, origin_xyz, vxSize_xyz, direction_a):
  cri_a = np.array(coord_irc)[::-1]          # 在转换为 NumPy 数组时交换顺序
  origin_a = np.array(origin_xyz)
  vxSize_a = np.array(vxSize_xyz)
  coords_xyz = (direction_a @ (cri_a * vxSize_a)) + origin_a   # 我们计划的最后 3 个步骤，都在一行里
  return XyzTuple(*coords_xyz)

def xyz2irc(coord_xyz, origin_xyz, vxSize_xyz, direction_a):
  origin_a = np.array(origin_xyz)
  vxSize_a = np.array(vxSize_xyz)
  coord_a = np.array(coord_xyz)
  cri_a = ((coord_a - origin_a) @ np.linalg.inv(direction_a)) / vxSize_a   # 最后 3 个步骤的逆操作
  cri_a = np.round(cri_a)                    # 在转换为整数之前进行适当的舍入
  return IrcTuple(int(cri_a[2]), int(cri_a[1]), int(cri_a[0]))   # 打乱并转换为整数
```

如果有点儿难，别担心。只需记住，我们需要将函数转换并作为黑盒使用。我们需要将从病人坐标系（_xyz）转换为数组坐标（_irc）的元数据与 CT 数据本身一起包含在 MetaIO 文件中。我们在获取 ct_a 的同时，从.mhd 文件中提取体素大小并定位元数据，见代码清单 10.10。

代码清单 10.10　dsets.py:72,class Ct

```
class Ct:
  def __init__(self, series_uid):
    mhd_path = glob.glob('data-
        unversioned/part2/luna/subset*/{}.mhd'.format(series_uid))[0]

        ct_mhd = sitk.ReadImage(mhd_path)
        # ... line 91
        self.origin_xyz = XyzTuple(*ct_mhd.GetOrigin())
        self.vxSize_xyz = XyzTuple(*ct_mhd.GetSpacing())
        self.direction_a = np.array(ct_mhd.GetDirection()).reshape(3, 3)
```

将方向转换为一个数组，并将有 9 个元素的数组重新塑造为适当的 3×3 的矩阵

这些是我们需要传递到 xyz2irc 转换函数中的输入，除个别点需要转换之外。有了这些属性，我们就拥有了将候选中心从病人坐标转换为数组坐标所需的所有数据。

10.4.4　从 CT 扫描中取出一个结节

正如我们在第 9 章中提到的，在一个有肺结节的病人的 CT 扫描中，高达 99.9999%的体素都不是真正的结节（或癌症）的一部分。强迫我们的模型检查如此巨大的数据，从中寻找我们希望它关注的结节的迹象，就如同让你从一堆用你不懂的语言写的小说中找出一个拼写错误的单词[①]。

相反，如图 10.9 所示，我们将在每个候选对象周围提取一个区域，让模型一次只关注一个候选对象。这就好比让你用某门外语阅读个别段落：这仍然不是一项容易的任务，但远没有那么令人畏惧！为我们的模型寻找缩小问题范围的方法是有帮助的，尤其是在项目的早期阶段，当我们试图启动并运行我们的首个实现的时候。

getRawCandidate()函数使用病人坐标系(*X*,*Y*,*Z*)表示的中心，就像在 LUNA CSV 数据中指定的那样，同时也如同体素中的宽度一样。它返回一个立方体的 CT 块，以及转换为数组坐标的候选对象的中心，见代码清单 10.11。

代码清单 10.11　dsets.py:105, Ct.getRawCandidate

```
def getRawCandidate(self, center_xyz, width_irc):
  center_irc = xyz2irc(
    center_xyz,
    self.origin_xyz,
    self.vxSize_xyz,
    self.direction_a,
  )
```

① 你在本书中找到错字了吗？

```
    slice_list = []
    for axis, center_val in enumerate(center_irc):
        start_ndx = int(round(center_val - width_irc[axis]/2))
        end_ndx = int(start_ndx + width_irc[axis])
        slice_list.append(slice(start_ndx, end_ndx))

    ct_chunk = self.hu_a[tuple(slice_list)]

    return ct_chunk, center_irc
```

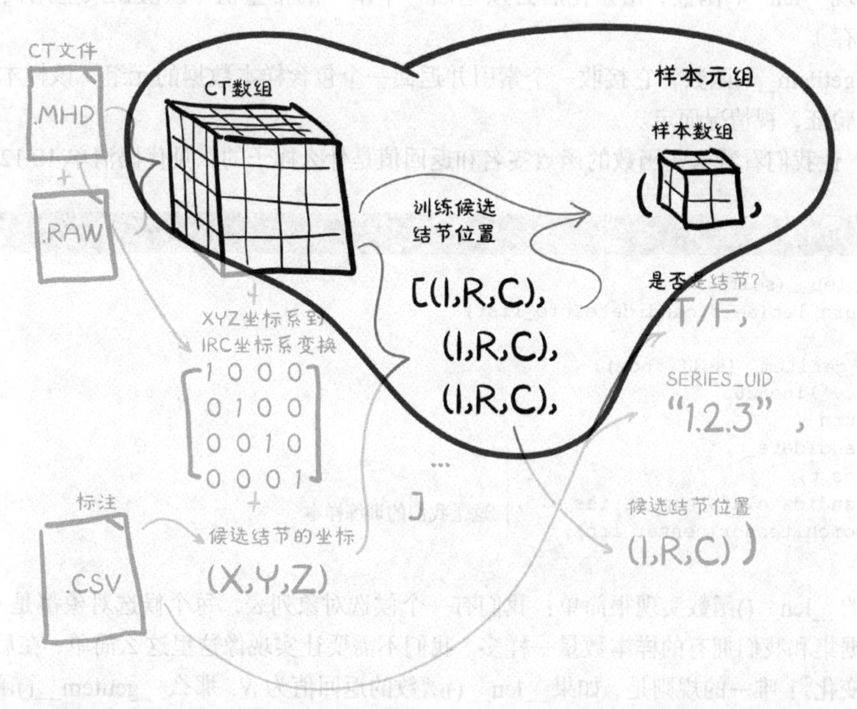

图 10.9 使用候选中心的数组坐标信息(索引，行，列)从较大的 CT 体素数组中裁剪候选样本

实际的实现将需要处理中心和宽度的组合将裁剪区域的边缘置于数组之外的情况，但如前所述，我们将跳过那些掩盖了函数更大意图的复杂情况。完整的实现可以在异步社区和 GitHub 仓库中找到。

10.5 一个简单的数据集实现

我们第 1 次看到 PyTorch 数据集实例是在第 7 章，本节我们将自己定义一个数据集。通过子类化 Dataset，我们将获取任意的数据并将其插入 PyTorch 生态系统的其余部分。每个 Ct 实例代表数百个不同的样本，我们可以使用这些样本来训练我们的模型或验证其有效性。我们的 LunaDataset 类将对这些样本进行归一化处理，将每个 CT 结节扁平化为单个样本集，不管样本来自哪个 CT 实例，都可以从中检索样本。这种扁平化通常表示我们想要处理数据的方式，我们将在第 12 章中看到。在某些情况下，简单的扁平化数据不足以训练好一个模型。

在实现方面，我们将从继承 Dataset 的子类化所需要实现的内容开始，然后反推。这与我们之前使用的数据集不同，在前面我们使用了外部库提供的类，而在这里，我们需要自己实现和实例化类。一旦我们这样做了，我们就可以像前面的例子一样使用它。幸运的是，自定义子类的实现不会太困难，因为 PyTorch API 只要求我们想要实现的任何数据集子类都必须提供这 2 个函数。

- 实现__len__()函数，初始化后必须返回一个单一的常量值（该值在某些用例中最终被缓存）。
- __getitem__()函数，它接收一个索引并返回一个包含样本数据的元组，该样本用于训练或验证，视情况而定。

首先，让我们看看这些函数的函数签名和返回值是什么样子的，见代码清单 10.12。

代码清单 10.12　dsets.py:176, LunaDataset.__len__

```
def __len__(self):
  return len(self.candidateInfo_list)

def __getitem__(self, ndx):
  # ... line 200
  return (
    candidate_t,
    pos_t,
    candidateInfo_tup.series_uid,
    torch.tensor(center_irc),
  )
```

这是我们的训练样本

我们的__len__()函数实现很简单：我们有一个候选对象列表，每个候选对象都是一个样本，我们的数据集和我们拥有的样本数量一样多。我们不需要让实现像这里这么简单，在后文我们将看到这种变化[①]！唯一的规则是，如果__len__()函数的返回值为 N，那么__getitem__()函数需要对 0～N–1 的所有输入返回有效的值。

对于__getitem__()函数，我们取 ndx（通常是一个整数，给定支持输入 0～N–1 的规则），并返回图 10.2 所示的 4 项样本元组。然而，构建这个元组比获取数据集的长度要复杂一些。接下来我们一起来看看。

这个方法的第 1 部分意味着我们需要构建 self.candidateInfo_list，以及提供 getCtRawCandidate()函数，见代码清单 10.13。

代码清单 10.13　dsets.py:179, LunaDataset.__getitem__

```
def __getitem__(self, ndx):
  candidateInfo_tup = self.candidateInfo_list[ndx]
```

① 实际上代码可以更简单，但重点是，我们还有其他选择。

```
width_irc = (32, 48, 48)

candidate_a, center_irc = getCtRawCandidate(
  candidateInfo_tup.series_uid,
  candidateInfo_tup.center_xyz,
  width_irc,
)
```

返回值 candidate_a 形状为(32,48,48)，坐标轴分别是深度、高度和宽度

我们会在 10.5.1 和 10.5.2 小节讲到这些。

下一步我们需要在_getitem_()函数中做的事情是将数据转换成下游代码所期望的正确的数据类型和所需的数组维数，见代码清单 10.14。

代码清单 10.14　dsets.py:189, LunaDataset.__getitem__

```
candidate_t = torch.from_numpy(candidate_a)
candidate_t = candidate_t.to(torch.float32)
candidate_t = candidate_t.unsqueeze(0)
```

.unsqueeze(0)添加“通道”维度

现在不要太担心我们为什么要操作维度，第 11 章将包含最终消费此输出并对这里的代码添加约束条件的代码。这将是你所实现的每一个自定义数据集所期望的。这些转换是将混乱的数据转换成有序张量的关键部分。

最后，我们需要建立我们的分类张量，见代码清单 10.15。

代码清单 10.15　dsets.py:193, LunaDataset.__getitem__

```
pos_t = torch.tensor([
    not candidateInfo_tup.isNodule_bool,
    candidateInfo_tup.isNodule_bool
  ],
  dtype=torch.long,
)
```

它有 2 个元素，每个元素对应可能的候选类（结节类或非结节类，阳性类或阴性类）。对于结节状态，我们可以有一个单独的输出，但是 nn.CrossEntropyLoss()期望每个类有一个输出值，这就是我们在这里所提供的。你所构造的张量的具体细节会根据你项目的类型而改变。

让我们看一下最终的样本元组（较大的 Candidate_t 输出不是特别易读，因此在清单中省略了大部分），见代码清单 10.16。

代码清单 10.16　p2ch10_explore_data.ipynb

```
# In[10]:
LunaDataset()[0]

# Out[10]:
(tensor([[[[-899., -903., -825., ..., -901., -898., -893.],
          ...,
          [ -92.,  -63.,    4., ...,   63.,   70.,   52.]]]]),
```

candidate_t

```
cls_t ──▷tensor([0, 1]),
     '1.3.6...287966244644280690737019247886',   ◁── candidate_tup.series_uid (elided)
     tensor([ 91, 360, 341]))  ◁─┐
                                  center_irc
```

在这里，我们看到了__getitem__()函数返回语句的内容。

10.5.1 使用 getCtRawCandidate()函数缓存候选数组

为了让 LunaDataset 获得良好的性能，我们需要在磁盘上缓存一些数据。这将使我们避免从磁盘读取每个样本的整个 CT 扫描。读取每个样本的整个 CT 扫描会非常缓慢！确保关注项目中遇到的瓶颈，并在项目运行速度开始减慢时进行优化。现在有点儿过早了，因为我们还没有演示我们需要缓存。如果没有缓存，LunaDataset 会慢 50 倍。我们将在本章的练习中重新讨论这一点。

函数本身很简单，它是我们之前看到的 Ct.getRawCandidate()方法的一个包装，基于文件缓存，见代码清单 10.17。

代码清单 10.17 dsets.py:139

```
@functools.lru_cache(1, typed=True)
def getCt(series_uid):
  return Ct(series_uid)

@raw_cache.memoize(typed=True)
def getCtRawCandidate(series_uid, center_xyz, width_irc):
  ct = getCt(series_uid)
  ct_chunk, center_irc = ct.getRawCandidate(center_xyz, width_irc)
  return ct_chunk, center_irc
```

我们在这里使用了几种不同的缓存方法。首先，我们将 getCt()的返回值缓存到内存中，这样我们就可以重复地请求相同的 Ct 实例，而不必从磁盘重新加载所有数据。在重复请求的情况下，速度就会大幅提高，但我们只在内存中保留一个 CT 数据，所以如果我们不注意访问顺序，缓存丢失就会频繁发生。

然而，调用 getCt()的 getCtRawCandidate()函数也缓存了其输出，因此，当缓存填充完后，getCt()就不会被调用了。这些值使用 Python 库的 diskcache 缓存到磁盘。我们将在第 11 章中讨论为什么要设置这种特定的缓存。现在，只要知道从磁盘读入 2^{15} 个 32 位浮点数，比读入 2^{25} 个 16 位整数再将其转换为 32 位浮点数，然后选择 2^{15} 个子集要快得多就足够了。从第 2 次传递数据开始，输入的 I/O 时间应该降到可以忽略不计。

注意 如果这些函数的定义发生了实质性的变化，我们将需要从磁盘中删除缓存的值。如果不这样做，缓存将继续返回它们，即使现在函数不再将给定的输入映射到旧的输出。数据存储在 data-unversioned /cache 目录中。

10.5.2 在 LunaDataset.__init__()中构造我们的数据集

几乎每个项目都需要将样本分离为一个训练集和一个验证集。我们在这里通过指定每一组第 10

个样本作为验证集的成员来实现这一点，由 val_stride 参数指定。我们还将接收一个 isValSet_bool 参数，并使用它来确定是否应该只保留训练数据、验证数据还是保留所有数据，见代码清单 10.18。

代码清单 10.18　dsets.py:149, class LunaDataset

```
class LunaDataset(Dataset):
  def __init__(self,
         val_stride=0,
         isValSet_bool=None,
         series_uid=None,
      ):
    self.candidateInfo_list = copy.copy(getCandidateInfoList())

    if series_uid:
      self.candidateInfo_list = [
        x for x in self.candidateInfo_list if x.series_uid == series_uid
      ]
```

复制返回值，这样缓存的副本就不会因为修改 self.candidateInfo_list 而受到影响

如果传入一个真实的 series_uid，那么实例将只包含来自该序列的结节。这对于可视化或调试是很有用的，例如，使它更容易查看单个有问题的 CT 扫描。

10.5.3　分隔训练集和验证集

我们允许数据集将第 1/*n* 的数据划分为一个子集，用于验证模型。我们将如何处理这个基于 isValSet_bool 参数值的子集？见代码清单 10.19。

代码清单 10.19　dsets.py:162, LunaDataset.__init__

```
if isValSet_bool:
  assert val_stride > 0, val_stride
  self.candidateInfo_list = self.candidateInfo_list[::val_stride]
  assert self.candidateInfo_list
elif val_stride > 0:
  del self.candidateInfo_list[::val_stride]
  assert self.candidateInfo_list
```

从 self.candidateInfo_list 中删除验证图像（列表中的每个 val_stride 项）。我们之前复制了一份，这样就不会改变原始列表

这意味着我们可以创建 2 个数据集实例，并确信我们的训练集和验证集被严格地分隔。当然，这取决于 self.candidateInfo_list 是否有一致的排序，我们通过使候选信息元组具有稳定的排序，并通过 getCandidateInfoList()函数在返回列表之前对元组进行排序来确保这一点。

关于训练集和验证集分离的另一个注意事项是，根据手头的任务，我们可能需要确保来自单个病人的数据只在训练集或测试集中出现，而不是同时出现在二者中。在这里不存在这个问题，否则，我们将需要分割病人名单和 CT 扫描，然后检查结节。

让我们看看使用 p2ch10_explore_data.ipynb 的数据：

```
# In[2]:
from p2ch10.dsets import getCandidateInfoList, getCt, LunaDataset
```

```
candidateInfo_list = getCandidateInfoList(requireOnDisk_bool=False)
positiveInfo_list = [x for x in candidateInfo_list if x[0]]
diameter_list = [x[1] for x in positiveInfo_list]

# In[4]:
for i in range(0, len(diameter_list), 100):
    print('{:4} {:4.1f} mm'.format(i, diameter_list[i]))

# Out[4]:
   0 32.3 mm
 100 17.7 mm
 200 13.0 mm
 300 10.0 mm
 400  8.2 mm
 500  7.0 mm
 600  6.3 mm
 700  5.7 mm
 800  5.1 mm
 900  4.7 mm
1000  4.0 mm
1100  0.0 mm
1200  0.0 mm
1300  0.0 mm
```

有一些候选对象的尺寸非常大，约为 32 毫米，但它们的尺寸很快就会下降到一半。大部分的候选对象的尺寸都在 4 到 10 毫米范围内，还有几百个候选对象根本没有尺寸信息。这看起来和预期的一样，你们可能还记得我们实际的结节比有直径标注的结节要多。对数据快速进行全面检查非常有帮助，尽早发现问题或错误的假设可以节省数小时的工作时间！

更重要的一点是，训练集和验证集分隔应具备以下几点特性，以便能够正常工作。

- 2 个数据集都应该包含所有预期输入变体的示例。
- 除非具有特定目的（例如训练模型对异常值具有健壮性），否则 2 个数据集都不应包含不代表预期输入的样本。
- 训练集不应该提供对验证集不公平的提示，这些提示对于实际的数据是不正确的。例如，2 个数据集中包含相同的样本，这被称为训练集中的泄露。

10.5.4　可视化数据

同样，既可以直接使用 p2ch10_explore_data.ipynb，也可以启动 Jupyter Notebook，然后按“Enter”键来可视化数据：

```
# In[7]:
%matplotlib inline    <-- 这一行代码神奇地设置了在 Jupyter Notebook 中显示图像的能力
from p2ch10.vis import findPositiveSamples, showCandidate
PositiveSample_list = findPositiveSamples()
```

注意　有关 Jupyter Notebook 的 Matplotlib 内联魔法函数的更多信息请查阅 IPython 官网。

```
# In[8]:
series_uid = positiveSample_list[11][2]
showCandidate(series_uid)
```

这将产生类似于本章前面的 CT 和结节切片的图像。

如果你感兴趣，我们邀请你编辑 p2ch10/vis.py 中的数据可视化代码，以满足你的需求和兴趣。可视化的代码大量使用了 Matplotlib，这是一个过于复杂的库，我们不在这里介绍。

请记住，可视化数据不仅仅是获取漂亮的图像，关键是要对你的输入有一个直观的感觉，这很有用，当在调查问题时，能够一眼看出“这个有问题的样本与我的其他数据相比非常嘈杂”或“这很奇怪，但这看起来其实很正常”。有效的数据可视化也有助于培养洞察力，如“也许我这样修改，就能解决我的问题”。当你开始处理越来越难的项目时，这种能力是必要的。

注意 由于每个子集的划分方式，以及构造 LunaDataset. candidateInfo_list 时使用的排序，noduleSample_list 中条目的顺序高度依赖于代码执行时出现的子集。当第 2 次尝试寻找一个特定的样本时，请记住这一点，尤其是在解压更多子集之后。

10.6 总结

在第 9 章中，我们将注意力集中在数据上；在本章中，我们集中注意力使用 PyTorch 来操作我们的数据。通过将我们的 DICOM-via-meta-image 原始数据转换为张量，我们已经为实现模型和训练循环做好了准备，具体实现将在第 10 章中看到。

不低估我们已经做出的设计决策的影响是很重要的：输入的大小、缓存的结构，以及我们划分训练集和验证集的方式，这些都将影响整个项目的成败。当需要重新考虑这些决策时不要犹豫，特别是当你在做自己的项目的时候。

10.7 练习题

1. 实现一个遍历 LunaDataset 实例的程序，并计算执行此操作所需的时间。出于时间考虑，可以选择将迭代限制为第 1 个 N=1000 个样本。

   a）第 1 次运行需要多长时间？

   b）第 2 次运行需要多长时间？

   c）清除缓存对运行有什么影响？

   d）使用最后的 N=1000 个样本对第 1 次以及第 2 次运行有什么影响？

2. 更改 LunaDataset 实现，以在__init__()调用期间随机化样本列表。清除缓存后，运行修改后的版本。这会对第 1 次和第 2 次运行的运行环境造成什么影响？

3. 撤销随机化，并注释掉 getCt()的@functools.ru_cache(1, typed=True)装饰器。清除缓存后，运行修改后的版本。现在运行时有何改变？

10.8　本章小结

- 通常，解析和加载原始数据所需的代码是非常重要的。对于这个项目，我们实现了一个 Ct 类，它从磁盘加载数据，并提供对感兴趣点的周围裁剪区域的访问。
- 如果解析和加载例程的开销很大，那么缓存是有用的。请记住，有些缓存可以在内存中进行，而有些缓存最好在磁盘上进行。每种方式都在数据加载中占有一席之地。
- PyTorch 数据集子类用于将数据从原生形式转换为适合传递给模型的张量。我们可以使用此功能将实际的数据与 PyTorch API 集成在一起。
- Dataset 的子类需要提供 2 个函数的实现：__len__()和__getitem__()。允许使用其他辅助方法，但不是必需的。
- 将我们的数据分成一个合理的训练集和一个验证集，要求我们确保没有样本同时存在于 2 个集合中。我们在这里通过先对样本排序，然后每隔 10 个样本取一个样本来构建验证集。
- 数据可视化很重要。数据可视化可以为错误或问题的排查提供重要线索。我们使用 Jupyter Notebook 和 Matplotlib 来可视化我们的数据。

第 11 章　训练分类模型以检测可疑肿瘤

本章主要内容

- 使用 PyTorch 的 DataLoader 来加载数据。
- 实现一个对 CT 数据进行分类的模型。
- 为我们的应用程序设置基本框架。
- 记录和显示指标。

在前文中，我们为癌症检测项目做好了准备。我们讨论了肺癌的医学细节，研究了我们将在项目中使用的主要数据源，并将原始 CT 扫描转换为 PyTorch 数据集实例。现在我们有了一个数据集，我们可以很容易地使用我们的训练数据。

11.1　一个基本的模型和训练循环

在本章中，我们将主要做 2 件事。我们将首先构建结节分类模型和训练循环，这将是第 2 部分的剩余部分深入探索的基础。为此，我们将使用在第 10 章中实现的 Ct 和 LunaDataset 类为 DataLoader 实例提供数据。反过来，这些实例将通过训练循环和验证循环为我们的分类模型提供数据。

本章我们将主要介绍运行训练循环相关内容，这也是本书最具有挑战的内容之一：从杂乱、有限的数据中获得高质量的结果。在后面的章节中，我们将探讨我们的数据受到限制的具体方式，并减少这些限制。

让我们回顾一下第 9 章中完整的端到端解决方案，如图 11.1 所示。现在，我们将致力于生成一个能够执行步骤 4 的模型：分类模型。在此说明一下，我们将候选对象分为结节或非结节。我们将在第 14 章中构建另一个分类器，试图区分恶性结节和良性结节。这意味着我们要为呈现给模型的每个样本分配一个单独的、特定的标签。在本例中，这些标签是“结节”和“非结节”，因为每个样本都代表一个候选对象。

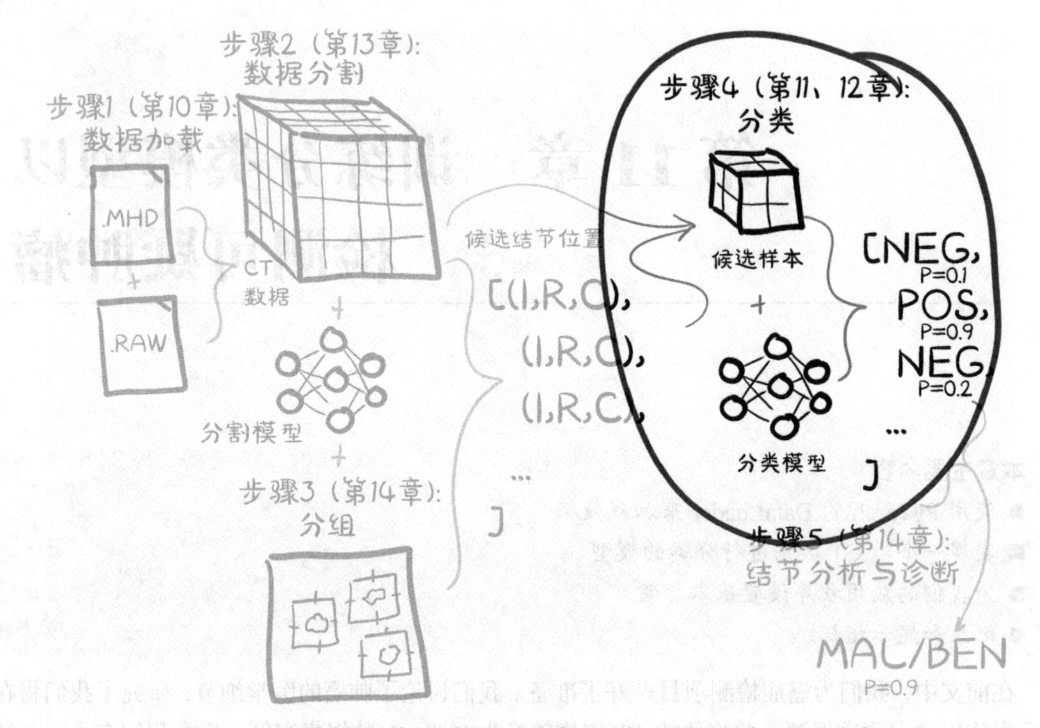

图 11.1　端到端的肺癌检测项目，本章关注的主题——步骤 4：分类

尽早获得端到端项目中有意义部分的早期版本是一个重要的里程碑。有一些可以对训练结果进行分析评估的方法，可以使你在未来的变化中不断前进，相信你也会通过每一次改变改进你的结果，或者至少你能够搁置任何不奏效的改变和实验。当你在做自己的项目时，你需要做大量的实验。要得到最好的结果通常需要大量的修改和调整。

但在我们进入实验阶段之前，我们必须打好基础。让我们看看第 2 部分的训练循环是什么样的，如图 11.2 所示。由于我们在第 5 章中看到了类似的核心步骤集，所以它看起来应该很熟悉。这里我们还将使用验证集来评估我们的训练进度，如 5.5.3 小节所述。

我们将要实现的基本结构如下。

- 初始化我们的模型和数据加载。
- 在半随机选择的迭代周期上循环。
  - 循环遍历 LunaDataset 返回的每批训练数据。
  - 数据加载器工作进程在后台加载相关的批处理数据。
  - 将批次传递到我们的分类模型中以获得结果。
  - 根据预测结果和真实数据的差异计算我们的损失。
  - 将关于模型性能的指标记录到临时数据结构中。
  - 通过误差的反向传播来更新模型权重。
  - 以非常类似训练循环的方式循环遍历每批验证数据。

- 在后台工作进程中加载一批验证数据。
- 对批次进行分类，计算损失。
- 记录模型在验证数据上的执行情况。
- 输出迭代周期的进度和性能信息

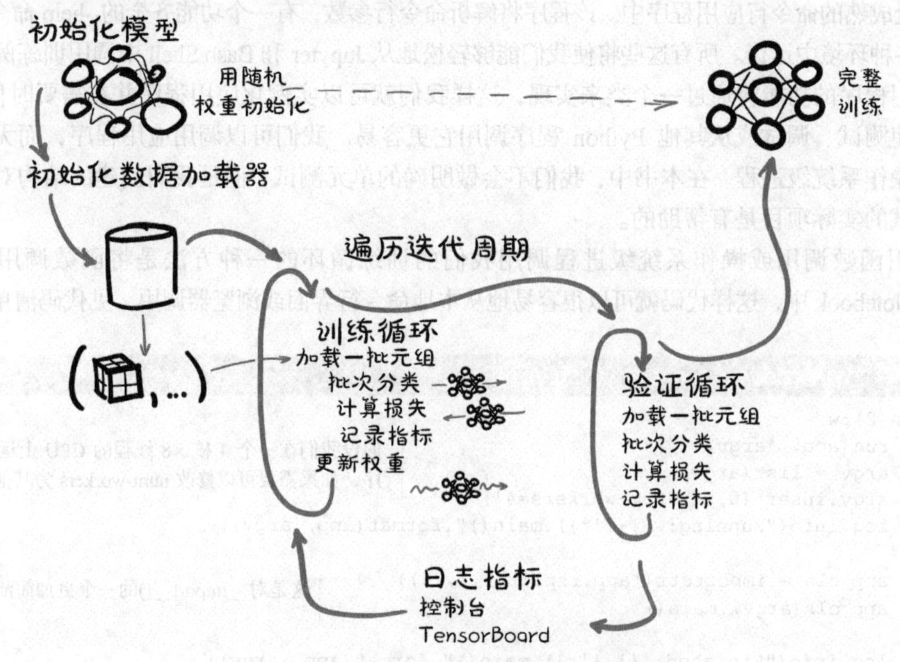

图 11.2　我们将在本章中实现的训练和验证脚本

当浏览本章的代码时，请注意我们在这里生成的代码与第 1 部分中用于训练循环的代码的 2 个主要区别。首先，我们将为我们的程序添加更多的结构，因为整个项目比我们在前面所做的要复杂得多。如果没有这些额外的结构，代码很快就会变得混乱。对于这个项目，我们将让我们的主要训练应用程序使用大量良好的函数，并且进一步将数据集之类的代码分离到自包含的 Python 模块中。

确保你自己的项目的结构和设计级别与项目的复杂性级别相匹配。太少的结构，将难以干净利落地完成实验，难以排查问题，甚至难以描述你正在做什么！相反，过多的结构意味着你要浪费时间编写不需要的基础设施，并且很可能由于这些设施，而减慢训练速度。

本章代码和第 1 部分代码的另一个重要区别是，集中于收集有关训练进展情况的各种指标。如果没有良好的指标日志记录，就不可能确定变更对训练的影响。在不破坏第 12 章内容的前提下，我们不仅要收集指标，还将看到为工作收集正确的指标是多么重要。在本章中，我们将为跟踪这些指标奠定基础，并将通过收集和显示损失以及样本正确分类的百分比（包括总体和每个类）来训练该基础设施。这足够让我们开始构建模型了，但是我们将在第 12 章中介绍一组更实际的指标。

11.2 应用程序的主入口点

与我们在本书中所做的早期训练工作的一个很大的结构差异是，第 2 部分将我们的工作封装在一个完全成熟的命令行应用程序中。该程序将解析命令行参数，有一个功能齐全的--help 命令，并且易于在各种环境中运行。所有这些将使我们能够轻松地从 Jupyter 和 Bash Shell 中调用训练例程①。

应用程序的功能将通过一个类来实现，这样我们就可以实例化应用程序并在需要时传递它。这可以使测试、调试或从其他 Python 程序调用它更容易。我们可以调用应用程序，而无须启动第 2 个操作系统级进程。在本书中，我们不会做明确的单元测试，但是我们创建的结构对于适合这种测试的实际项目是有帮助的。

利用函数调用或操作系统级进程调用我们的训练循环的一种方法是将函数调用封装到 Jupyter Notebook 中，这样代码就可以很容易地从本地命令行界面或浏览器调用，见代码清单 11.1。

代码清单 11.1 code/p2_run_everything.ipynb

```
# In[2]:w
def run(app, *argv):
    argv = list(argv)
    argv.insert(0, '--num-workers=4')    <-- 假设我们在一个 4 核、8 线程的 CPU 上运行程序，如果需要可以修改 num-workers 为其他值
    log.info("Running: {}({!r}).main()".format(app, argv))

    app_cls = importstr(*app.rsplit('.', 1))    <-- 这是对__import__()的一个更加简洁的调用
    app_cls(argv).main()

    log.info("Finished: {}.{!r}).main()".format(app, argv))

# In[6]:
run('p2ch11.training.LunaTrainingApp', '--epochs=1')
```

注意 这里假设你是在一个拥有 4 核、8 线程、16GB RAM 的 CPU 和 8GB RAM 的 GPU 的工作站上进行模型训练。如果你的 GPU 的 RAM 小于 8GB，则可以减小--batch-size 的值，如果 GPU 的核数小于 8，或是 CPU 的 RAM 小于 16GB，则减小--num-workers 的值。

让我们使用一些半标准的模板代码。我们将从文件的末尾开始，使用一个相当标准的 if…main 语句来实例化应用程序对象并调用 main()函数，见代码清单 11.2。

代码清单 11.2 training.py:386

```
if __name__ == '__main__':
  LunaTrainingApp().main()
```

我们可以从这里跳转到文件的顶部，查看应用程序类和我们刚刚调用的 2 个函数——

① 任何 Shell 都可以，但如果你使用的是非 Bash Shell，表明你已经知道这一点了。

__init__()和 main()。我们希望能够接收命令行参数，因此我们将在应用程序的__init__()函数中使用标准 argparse 库。注意，如果需要，我们可以将自定义参数传递给初始化器。main()函数将是应用程序核心逻辑的主入口点，见代码清单 11.3。

代码清单 11.3　training.py:31, class LunaTrainingApp

```
class LunaTrainingApp:
  def __init__(self, sys_argv=None):
    if sys_argv is None:                 <-- 如果调用者不提供参数，
      sys_argv = sys.argv[1:]                则从命令行获取参数

    parser = argparse.ArgumentParser()
    parser.add_argument('--num-workers',
      help='Number of worker processes for background data loading',
      default=8,
      type=int,
    )
    # ... line 63                                    我们将使用时间戳来帮
    self.cli_args = parser.parse_args(sys_argv)      助了解训练运行情况
    self.time_str = datetime.datetime.now().strftime('%Y-%m-%d_%H.%M.%S')  <--

  # ... line 137
  def main(self):
    log.info("Starting {}, {}".format(type(self). __name__, self.cli_args))
```

这种结构非常通用，可以在未来的项目中重用。特别地，通过解析__init__()中的参数，我们可以分别配置应用程序和调用应用程序。

如果你在异步社区或GitHub上查看本章的代码，你可能会注意到有些代码行提到TensorBoard。暂时忽略这些，我们将在 11.9 节中详细讨论它们。

11.3　预训练和初始化

在遍历迭代周期中每个批次之前，需要进行一些初始化工作。毕竟，如果我们还没有实例化一个模型，我们就不能训练它！我们需要做 2 件主要的事情，如图 11.3 所示。第 1 件事情，正如我们刚才提到的——初始化我们的模型和优化器。第 2 件事情是初始化我们的 Dataset 和 DataLoader 实例。LunaDataset 将定义随机的样本集，这些样本将组成我们的训练迭代周期，而 DataLoader 实例将完成从数据集加载数据并将其提供给应用程序的工作。

11.3.1　初始化模型和优化器

在本小节，我们将把 LunaModel 的细节作为一个黑盒来处理；在 11.4 节，我们将详细介绍其内部细节。欢迎你探索并修改实现类，以便更好地实现我们的模型目标，尽管这可能在第 12

章之后进行。

让我们看看我们的出发点是什么样的，见代码清单 11.4。

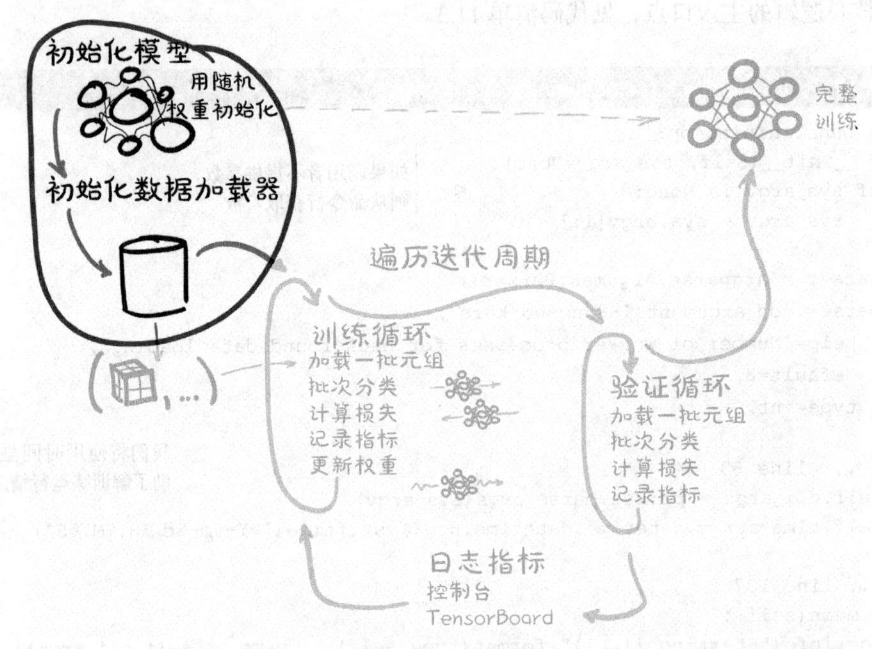

图 11.3　我们将在本章中实现的训练和验证脚本，重点是预循环变量的初始化

代码清单 11.4　training.py:31, class LunaTrainingApp

```
class LunaTrainingApp:
  def __init__(self, sys_argv=None):
    # ... line 70
    self.use_cuda = torch.cuda.is_available()
    self.device = torch.device("cuda" if self.use_cuda else "cpu")

    self.model = self.initModel()
    self.optimizer = self.initOptimizer()

  def initModel(self):
    model = LunaModel()
    if self.use_cuda:
      log.info("Using CUDA; {} devices.".format(torch.cuda.device_count()))
      if torch.cuda.device_count() > 1:       # 检测多个 GPU
        model = nn.DataParallel(model)        # 封装模型
      model = model.to(self.device)           # 向 GPU 发送模型参数
    return model

  def initOptimizer(self):
    return SGD(self.model.parameters(), lr=0.001, momentum=0.99)
```

如果用于训练的系统有多个 GPU，我们将使用 nn.DataParallel 类，将工作分配给系统中的所有 GPU，然后收集并重新同步参数更新等。就模型实现和使用该模型的代码而言，这几乎是完全透明的。

DataParallel 与 DistributedDataParallel

在本书中，我们使用 DataParallel 来利用多个 GPU。我们选择 DataParallel 是因为它是围绕现有模型的一个简单的插入式封装器。然而，对于利用多个 GPU 来说，它并不是性能最好的解决方案，而且它仅限于在一台机器上使用可用的硬件。

PyTorch 还提供了 DistributedDataParallel，当你需要在多个 GPU 或多台计算机之间分散工作时，推荐使用这个封装器。由于正确的配置是非常重要的，而且我们觉得绝大多数读者不会从复杂性中看到任何好处，因此本书中我们将不讨论 DistributedDataParallel。如果你希望了解更多信息，我们建议你阅读官方文档。

假设 self.use_cuda 是 true，调用 self.model.to(device)将模型参数移动到 GPU，设置各种卷积和其他计算资源，以使用 GPU 进行提升繁重的数值计算的速度。在构建优化器之前这么做是很重要的，否则优化器将查看基于 CPU 的参数对象，而不是复制 GPU 的参数对象。对于优化器，我们将使用基本的带动量 SGD（参阅 PyTorch 官方文档），我们第 1 次看到这个优化器是在第 5 章。回想一下第 1 部分，PyTorch 中有许多不同的优化器。虽然我们不会详细介绍其中的大部分优化器，但 PyTorch 官方文档在链接到相关论文方面做得很好。

在选择优化器时，使用 SGD 通常被认为是一个稳妥的开始。虽然有些问题使用 SGD 并不能很好地解决，但这种情况相对较少。同样，学习率为 0.001 和动量为 0.9 也是非常稳妥的选择。从经验上看，带有这些值的 SGD 在许多项目中表现得相当不错，如果开箱即用的效果不好，很容易尝试 0.01 或 0.0001 的学习率。这并不是说这些值中的任何一个对于我们的用例来说都是最好的，但要想找到更好的值，对于我们当前掌握的知识而言，有些超纲了。系统地尝试不同的学习率、动量、网络大小和其他类似配置的值称为超参数搜索。在接下来的内容中，我们还需要解决其他更突出的问题。一旦我们解决了这些问题，我们就可以开始微调这些值。正如我们在第 5 章“测试其他优化器”中提到的，我们还可以选择其他更奇特的优化器。但是除了用 torch.optim. SGD 替换 torch.optim.Adam，理解其中的权衡对本书来说是一个比较高级的话题。

11.3.2 数据加载器的维护和供给

我们在第 10 章中构建的 LunaDataset 类充当了连接我们所拥有的杂乱数据和 PyTorch 构建块的桥梁。例如，torch.nn.Conv3d 期望 5 维输入：(*N*,*C*,*D*,*H*,*W*)，即样本数量、每个样本通道、深度、高度和宽度。这与我们的 CT 提供的原生三维输入非常不同！

你可能还记得第 10 章中 LunaDataset.__getitem__()中对 ct_t.unsqueeze(0)的调用，它提供了第 4 个维度，增加了数据的通道。回想一下第 4 章中的 RGB 图像有 3 个通道，分别对应红色、绿色和蓝色。每一种都包括 γ 射线、X 射线、紫外线、可见光、红外线、微波和/或无线电波的电磁光谱片段。由于 CT 扫描是单强度的，我们的通道维度仅为 1。

还记得在第 1 部分中，一次对单个样本进行训练通常是对计算资源的低效使用，因为大多数处理平台都能够提供比处理单个模型训练或验证样本所需的更多的并行计算能力。解决方案是将样本元组分成一个批元组，如图 11.4 所示，允许多个样本同时被处理。第 5 个维度（*C*、*D*、*H*、*W*、*N* 中的 *N*）用于区分同一批次的多个样本。

方便的是，我们不必实现任何批处理：PyTorch DataLoader 类将为我们处理所有的排序工作。我们已经用 LunaDataset 类建立了从 CT 扫描到 PyTorch 张量的桥梁，剩下的就是将数据集插入数据加载器，见代码清单 11.5。

代码清单 11.5　training.py:89, LunaTrainingApp.initTrainDl

```
def initTrainDl(self):
  train_ds = LunaDataset(  <-- 我们自定义的数据集
    val_stride=10,
    isValSet_bool=False,
  )

  batch_size = self.cli_args.batch_size
  if self.use_cuda:
    batch_size *= torch.cuda.device_count()

  train_dl = DataLoader(  <-- 一个现成类
    train_ds,
    batch_size=batch_size,  <-- 批量是自动完成的
    num_workers=self.cli_args.num_workers,
    pin_memory=self.use_cuda,  <-- 固定内存传输到 GPU 的速度很快
  )
  return train_dl

# ... line 137
def main(self):
  train_dl = self.initTrainDl()
  val_dl = self.initValDl()  <-- 验证数据加载器与训练数据加载器非常相似
```

除了批处理单个样本，数据加载器还可以通过使用单独的进程和共享内存来提供数据的并行加载。我们所需要做的就是在实例化数据加载器时指定 num_workers 的值，剩下的工作后台会自动处理。每个工作流程产生图 11.4 所示的完整批次，这有助于确保 GPU 能够很好地接收数据。除了 isValSet_bool=True，validation_ds 和 validation_dl 实例看起来很相似。

当我们迭代时，如 for batch_tup in self.train_dl:，我们不必等每个 CT 被加载、采样和分批等。相反，我们将立即获得已经加载的 batch_tup，一个工作进程将在后台被释放出来以开始加载另一个批次，以便在稍后的迭代中使用。使用 PyTorch 的数据加载特性可以帮助提高大多数项目的速度，因为我们可以同时使用 GPU 进行计算和加载数据。

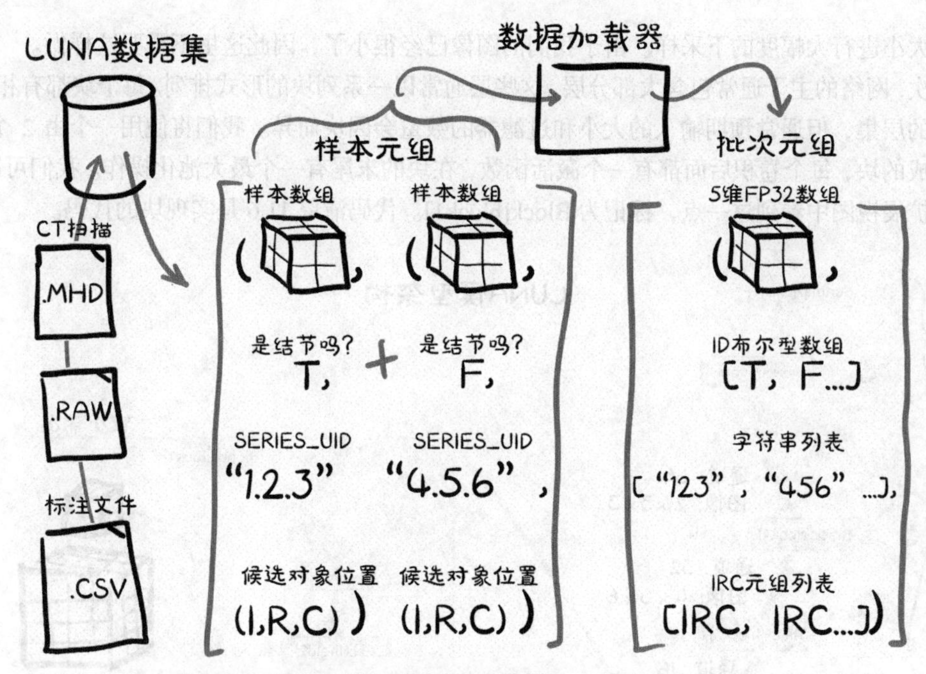

图 11.4　样本元组被整理成数据加载器中的单个批次元组

11.4　我们设计的第一个神经网络

能够检测肿瘤的卷积神经网络的设计空间实际上是无限的。幸运的是，在过去的十几年里，人们花费了大量的精力来研究有效的图像识别模型。虽然这些设计主要集中在二维图像上，但总体架构思想可以很好地转移到三维空间上，因此有许多已经测试过的设计可以作为我们的起点，这很有帮助。尽管我们的第 1 个网络架构不太可能是我们的最佳选择，但现在我们的目标仅是网络架构足够让我们继续前进就可以了。

我们将基于第 8 章中使用的网络设计。我们将不得不更新模型，因为我们的输入数据是三维的，并且我们将添加一些复杂的细节。我们对图 11.5 所示的整体结构应该很熟悉。类似地，我们为这个项目所做的工作将为你未来的项目打下良好的基础，然而你从分类或分割项目中获得的信息越多，你就越需要调整基础认知。让我们从构成网络主体的 4 个重复块开始剖析这个结构。

11.4.1　核心卷积

分类模型结构通常包括尾部、主干（或主体）和头部。尾部是处理网络输入的前几层网络。这些早期的层通常具有不同于网络其余部分的结构或组织，因为它们必须使输入转换为主干所期望的形式。这里我们使用一个简单的批规范层，其尾部通常也包含卷积层。这样的卷积层经常被用来对图像大小进行大幅度的下采样。由于我们的图像已经很小了，因此这里不需要这样做。

其次，网络的主干通常包含大部分层，这些层通常以一系列块的形式排列。每个块都有相同（或相似）的层集，但通常预期输入的大小和过滤器的数量会因块而异。我们将使用一个由 2 个 3×3 卷积组成的块，每个卷积后面都有一个激活函数，在块的末尾有一个最大池化操作。我们可以在图 11.5 的扩展视图中看到这一点，标记为 Block[block1]。代码清单 11.6 是实现块的代码。

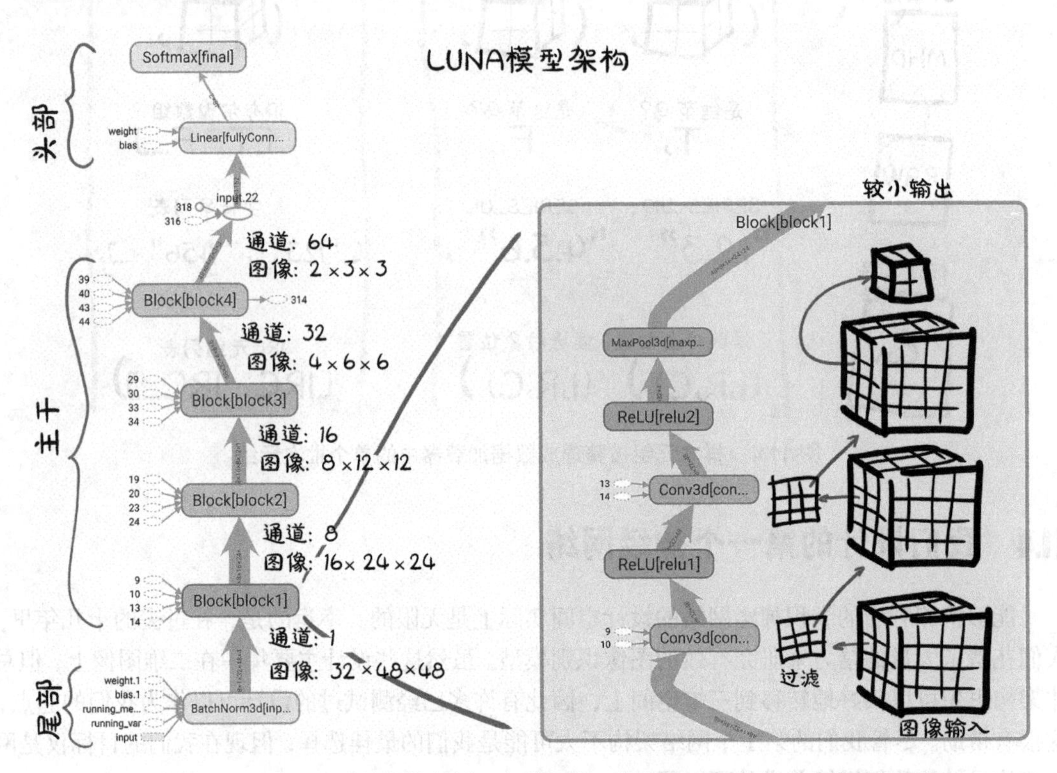

图 11.5　LunaModel 类的架构包括一个批量归一化尾部、一个有 4 个块的主干和一个由线性层和 Softmax 组成的头部

代码清单 11.6　model.py:67, class LunaBlock

```
class LunaBlock(nn.Module):
  def __init__(self, in_channels, conv_channels):
    super().__init__()
    self.conv1 = nn.Conv3d(
      in_channels, conv_channels, kernel_size=3, padding=1, bias=True,
    )
    self.relu1 = nn.ReLU(inplace=True)
    self.conv2 = nn.Conv3d(
      conv_channels, conv_channels, kernel_size=3, padding=1, bias=True,
    )
```

```
        self.relu2 = nn.ReLU(inplace=True)

        self.maxpool = nn.MaxPool3d(2, 2)

    def forward(self, input_batch):
        block_out = self.conv1(input_batch)
        block_out = self.relu1(block_out)
        block_out = self.conv2(block_out)
        block_out = self.relu2(block_out)

        return self.maxpool(block_out)
```

这些可以作为函数式 API 的调用来实现

最后，网络的头部从主干获取输出并将其转换成所需的输出形式。对于卷积神经网络，这通常涉及将中间输出扁平化，并将其传递到一个全连接层。对于某些网络，有时包括第 2 个全连接层是有意义的，尽管这通常更适合于图像对象具有更多结构的分类问题(考虑小汽车与具有轮子、灯、格栅、门等的卡车)，以及具有大量类别的项目。因为我们只进行二分类操作，而且我们也没有必要弄得那么复杂，所以只需一个扁平层。

对于卷积网络来说，使用这样的结构是构建第 1 个构建块的不错选择。还有更复杂的设计，但对于许多项目来说，这些设计在实现复杂性和计算需求方面都是多余的。一个好的思路是从简单开始，只有在有明显需要的时候才增加复杂性。

我们可以在图 11.6 中看到用二维表示的块的卷积，因为这是一幅大图像的一小部分，所以我们忽略填充。注意，这里没有显示 ReLU 激活函数，因为应用它不会改变图像大小。

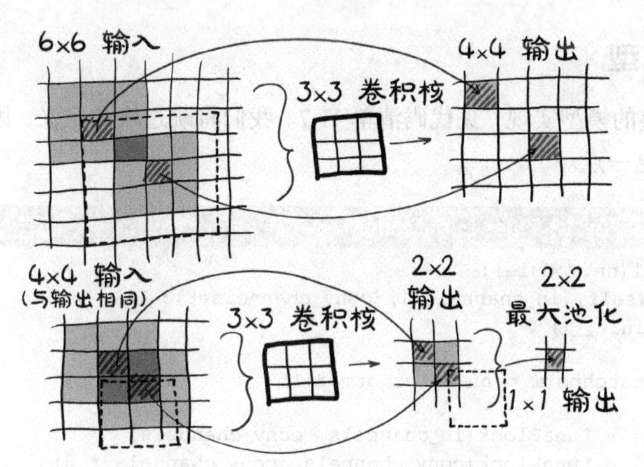

图 11.6 LunaModel 块的卷积架构，由 2 个 3×3 的卷积核和一个最大池化操作组成。最后一个像素的感受野是 6×6

让我们来看看输入体素和单个输出体素之间的信息流。我们有一个疑问，即当输入发生变化时，我们的输出将如何响应。最好复习一下第 8 章，特别是 8.1~8.3 节，以确保你百分之百掌握了卷积的基本原理。

我们在块中使用的是 3×3×3 的卷积。单个 3×3×3 卷积的感受野是 3×3×3，这几乎是重叠的。输入 27 个体素，输出 1 个体素。

当我们使 2 个 3×3×3 的卷积背靠背叠加在一起的时候就变得有趣了。堆叠卷积层可以让最终输出体素（或像素）受到比卷积核大小更远的输入的影响。如果输出的体素作为一个边缘体素输入到另一个 3×3×3 内核中，那么第 1 层的一些输入就会出现在第 2 层的 3×3×3 输入区域之外。最终输出的有效感受野（effective receptive field）为 5×5×5。这意味着，当叠加在一起时，叠加的层的作用类似于一个更大的单个卷积层。

换句话说，每个 3×3×3 的卷积层在感受野的每一边缘增加一个体素。如果我们沿着图 11.6 中的箭头往回走，就可以看到这一点。我们的 2×2 输出具有 4×4 的感受野，而感受野又具有 6×6 的感受野。2 个堆叠的 3×3×3 层使用的参数比完整的 5×5×5 的卷积使用的参数少，因此计算起来也更快。

我们将 2 个叠加卷积的输出输入到一个 2×2×2 的最大池中，这意味着我们取一个 6×6×6 的有效感受野，丢弃掉八分之七的数据，然后通过 5×5×5 域产生最大值[①]。现在，那些“丢弃的”输入体素仍然有机会发挥作用，因为一个输出体素所在的最大池有一个重叠的输入域，所以它们可能会以这种方式影响最终的输出。

请注意，当显示每个卷积层的感受野收缩时，我们使用了填充的卷积，它在图像周围添加了一个虚拟的 1 像素边界。这样做可以保持输入和输出图像大小相同。

nn.ReLU 层和我们在第 6 章中看到的是一样的。大于 0.0 的输出将保持不变，小于 0.0 的输出将被设置为 0。

这个块将被重复多次以形成我们模型的主干。

11.4.2　完整模型

让我们看看完整的模型实现，见代码清单 11.7。我们将跳过块的定义，因为我们刚刚在代码清单 11.6 中看到了这一点。

代码清单 11.7　model.py:13, class LunaModel

```
class LunaModel(nn.Module):
  def __init__(self, in_channels=1, conv_channels=8):
    super().__init__()

    self.tail_batchnorm = nn.BatchNorm3d(1)    <—— 尾部

    self.block1 = LunaBlock(in_channels, conv_channels)
    self.block2 = LunaBlock(conv_channels, conv_channels * 2)          主干
    self.block3 = LunaBlock(conv_channels * 2, conv_channels * 4)
    self.block4 = LunaBlock(conv_channels * 4, conv_channels * 8)

    self.head_linear = nn.Linear(1152, 2)     头部
    self.head_softmax = nn.Softmax(dim=1)
```

这里我们的尾部相对简单，我们将使用 nn.BatchNorm3d 来归一化输入，正如我们在第 8 章

① 记住，我们实际上是在三维环境中运行，而不是在二维图像上。

看到的，它将改变并缩放我们的输入，使其平均值为 0，标准差为 1。因此我们输入的看起来有点儿奇怪的亨氏单位尺度对网络的其他部分是不可见的。这里随意选择了一种归一化方法，因为我们知道我们的输入单位是什么，也知道相关组织的期望值，所以我们可能很容易实现一个固定的归一化方案。目前还不清楚哪种方法更好[①]。

我们的主干是 4 个重复的块，块的具体实现已抽出来放到我们代码清单 11.6 中看到的独立的 nn.Module 子类之中。由于每个块都以 2×2×2 最大池化操作结束，因此在 4 层网络之后，我们将在每个维度上将图像的分辨率下降为原来的 1/16。回想一下第 10 章，我们的数据是以 32×48×48 的块返回的，到主干结束时变成 2×3×3。

最后，我们的尾部只是一个全连接层，后面是一个对 nn.Softmax 的调用。Softmax 对于单标签分类任务是一个有用的函数，它有一些很好的特性：它将输出限制在 0～1；它对输入的绝对范围相对不敏感，只关注输入的相对值，并且它允许我们的模型表达它在答案中的确定程度。

函数本身相对简单。输入的每一个值都用于求 e 的幂，然后将得到的一系列值除以所有求幂结果的和。下面是以一种简单的方式在纯 Python 中实现非优化 Softmax 的示例：

```
>>> logits = [1, -2, 3]
>>> exp = [e ** x for x in logits]
>>> exp
[2.718, 0.135, 20.086]

>>> softmax = [x / sum(exp) for x in exp]
>>> softmax
[0.118, 0.006, 0.876]
```

当然，对于我们的模型，我们使用 PyTorch 版本的 nn.Softmax，因为它本身就理解批量和张量，并将按照预期快速执行自动求导。

1. 复杂度：从卷积到线性的转换

继续我们的模型定义，我们遇到了一个难题。我们不能仅将 self.block4 的输入提供给全连接层，因为输出的每个样本是 2×3×3 的图像，有 64 个通道，全连接层需要一个一维向量作为输入。从技术上来说，全连接层期望一批一维向量，这是一个二维数组，无论如何都不匹配。让我们来看看 forward()方法，见代码清单 11.8。

代码清单 11.8 model.py:50, LunaModel.forward

```
def forward(self, input_batch):
  bn_output = self.tail_batchnorm(input_batch)

  block_out = self.block1(bn_output)
  block_out = self.block2(block_out)
  block_out = self.block3(block_out)
  block_out = self.block4(block_out)
```

① 这就是为什么在第 12 章中有一个练习来试验这两种方法。

```
    conv_flat = block_out.view(
      block_out.size(0),      <—— 批次大小
      -1,
    )
    linear_output = self.head_linear(conv_flat)

    return linear_output, self.head_softmax(linear_output)
```

注意，在将数据传递到全连接层之前，我们必须使用 view()方法将其扁平化。由于该操作是无状态的（它没有控制其行为的参数），我们可以在 forward()方法中简单地执行该操作。这与我们在第 8 章中讨论的函数式接口有些相似。几乎每个使用卷积并产生分类、回归或其他非图像输出的模型在网络的头部都有类似的组件。

对于 forward()方法的返回值，我们同时返回原始 logit 和 Softmax 生成的概率。我们在 7.2.6 小节中首次提及了 logit：它们是在 Softmax 层归一化为概率之前由网络产生的数值。这听起来可能有点儿复杂，但 logit 实际上只是 Softmax 层的原始输入。它们可以有任何实数输入，Softmax 会将它们压缩到 0~1。

我们在训练中计算 nn.CrossEntropyLoss()时将会使用 logit①，当我们想要对样本进行分类时，我们将使用概率。这种用于训练的内容和用于生产的内容的细微差异是相当常见的，特别是当 2 个输出的差别是一个简单、无状态函数时，例如 Softmax 函数。

2. 初始化

最后，让我们讨论一下初始化网络参数。为了使我们的模型表现出良好的性能，网络的权重、偏置和其他参数均需要表现出特定的属性。让我们设想一个退化的情况，所有的网络权重都大于 1，并且我们没有残差连接。在这种情况下，随着数据在网络各层之间的流动，这些权重的重复相乘将导致层输出变得非常大。类似地，权重小于 1 将导致所有层输出变小甚至消失。类似的考虑也适用于向后传递的梯度。

许多归一化技术可以用来保持层输出的良好性能，但最简单的方法之一是确保网络的权重被初始化，这样中间值和梯度既不会变得异常小，也不会变得异常大。正如我们在第 8 章中所讨论的，PyTorch 在这里并没有给我们带来应有的帮助，所以我们需要自己进行一些初始化。我们可以将下面的_init_weights()函数作为模板，因为具体细节并不是特别重要，见代码清单 11.9。

代码清单 11.9 model.py:30, LunaModel._init_weights

```
def _init_weights(self):
  for m in self.modules():
    if type(m) in {
      nn.Linear,
      nn.Conv3d,
    }:
      nn.init.kaiming_normal_(
```

① 这样做在数字稳定性方面有好处。通过使用 32 位浮点数计算的指数精确地传播梯度可能会有问题。

```
        m.weight.data, a=0, mode='fan_out', nonlinearity='relu',
      )
      if m.bias is not None:
        fan_in, fan_out = \
          nn.init._calculate_fan_in_and_fan_out(m.weight.data)
        bound = 1 / math.sqrt(fan_out)
        nn.init.normal_(m.bias, -bound, bound)
```

11.5 训练和验证模型

现在是时候把我们一直在使用的各种部件组装成我们可以实际执行的东西了。训练循环如图 11.7 所示。

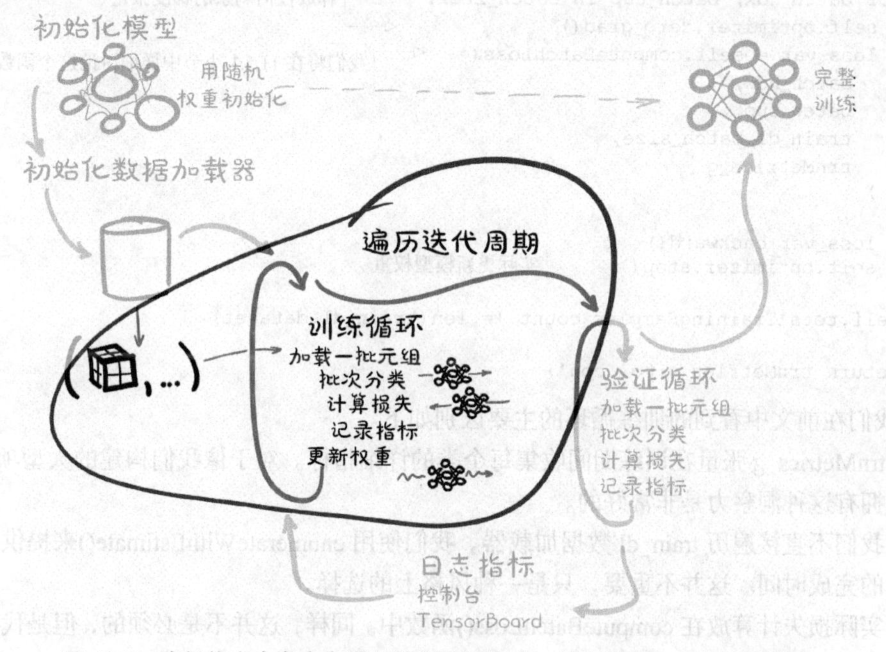

图 11.7 我们将在本章中实现训练和验证脚本，重点是对每个迭代周期和每个迭代周期中的批次进行嵌套循环

代码相对紧凑。doTraining()函数只有 12 条语句，由于行长度的限制，这里的代码实际要更长一些，见代码清单 11.10

代码清单 11.10 training.py:137, LunaTrainingApp.main

```
def main(self):
  # ... line 143
  for epoch_ndx in range(1, self.cli_args.epochs + 1):
    trnMetrics_t = self.doTraining(epoch_ndx, train_dl)
    self.logMetrics(epoch_ndx, 'trn', trnMetrics_t)
```

```
# ... line 165
def doTraining(self, epoch_ndx, train_dl):
  self.model.train()
  trnMetrics_g = torch.zeros(     <1> 初始化一个空的指标数组
    METRICS_SIZE,
    len(train_dl.dataset),
    device=self.device,
  )

  batch_iter = enumerateWithEstimate(     <2> 使用时间估计构建批循环
    train_dl,
    "E{} Training".format(epoch_ndx),
    start_ndx=train_dl.num_workers,
  )
  for batch_ndx, batch_tup in batch_iter:     <3> 释放任何剩余的梯度张量
    self.optimizer.zero_grad()
    loss_var = self.computeBatchLoss(     <4> 我们将在 11.5.1 小节中详细讨论这个函数
      batch_ndx,
      batch_tup,
      train_dl.batch_size,
      trnMetrics_g
    )

    loss_var.backward()
    self.optimizer.step()     <5> 实际更新模型权重

  self.totalTrainingSamples_count += len(train_dl.dataset)

  return trnMetrics_g.to('cpu')
```

与我们在前文中看到的训练循环的主要区别如下。

- trnMetrics_g 张量在训练期间收集每个类的详细指标。对于像我们构建的大型项目来说，拥有这种洞察力是非常好的。
- 我们不直接遍历 train_dl 数据加载器。我们使用 enumerateWithEstimate()来提供一个估计的完成时间。这并不重要，只是一种风格上的选择。
- 实际损失计算放在 computeBatchLoss()函数中。同样，这并不是必须的，但是代码重用通常是一个优点。

我们将在 11.7.2 小节讨论为什么要将 enumerate()封装为额外的功能。现在，假设它与 enumerate (train_dl)相同。

trnMetrics_g 张量的目的是将有关模型在每个样本上的性能信息从 computeBatchLos()函数传输到 logMetric()函数。接下来让我们看看 computeBatchLoss()函数。我们将在完成主要训练循环的其余部分后讨论 logMetrics()函数。

11.5.1　computeBatchLoss()函数

computeBatchLoss()函数由训练循环和验证循环调用。顾名思义，它计算一批样本的损失。

此外，该函数还计算并记录每个样本有关模型生成的输出信息。这让我们可以计算每个类输出的结果的正确性的百分比，让我们可以专注于解决我们的模型面临的瓶颈。

当然，函数的核心功能是将批次输入到模型并计算每个批次的损失。我们使用的是 CrossEntropyLoss()函数，就像第 7 章介绍的一样，先解压批量元组，然后将张量移动到 GPU 上，并调用模型，这些操作步骤对之前已完成了对模型的训练工作的我们而言是很熟悉的，见代码清单 11.11。

代码清单 11.11 training.py:225, .computeBatchLoss

```
def computeBatchLoss(self, batch_ndx, batch_tup, batch_size, metrics_g):
  input_t, label_t, _series_list, _center_list = batch_tup

  input_g = input_t.to(self.device, non_blocking=True)
  label_g = label_t.to(self.device, non_blocking=True)

  logits_g, probability_g = self.model(input_g)

  loss_func = nn.CrossEntropyLoss(reduction='none')    <-- reduction='none' 给出每个样本的损失
  loss_g = loss_func(
    logits_g,
    label_g[:,1],    <-- 独热编码类的索引
  )
  # ... line 238
  return loss_g.mean()    <-- 将每个样本的损失重新组合为单个值
```

在这里，我们不使用默认行为来获得整个批次的平均损失值。相反，我们得到一个损失值的张量（由每个样本的损失值组成）。这让我们可以跟踪单个损失，并根据自己的意愿对其进行汇总。例如，根据每个类进行汇总。我们马上就会看到它的实际应用。现在，我们将返回每个样本损失的平均值，这相当于批损失。在你不想保留每个样本的统计信息的情况下，使用批次中的平均损失是非常好的，这种情况是否发生在很大程度上取决于你的项目和目标。

一旦完成了这些工作，我们就完成了对调用函数的义务，即准备好了执行反向传播和权重更新所需的内容。我们还希望为后来者或为以后的分析记录每个样本的统计数据，我们将使用传入的 metrics_g 参数来实现这一点，见代码清单 11.12。

代码清单 11.12 training.py:26

```
METRICS_LABEL_NDX=0    <-- 这些命名数组索引在模块级范围内声明
METRICS_PRED_NDX=1
METRICS_LOSS_NDX=2
METRICS_SIZE = 3

  # ... line 225
  def computeBatchLoss(self, batch_ndx, batch_tup, batch_size, metrics_g):
    # ... line 238
    start_ndx = batch_ndx * batch_size
    end_ndx = start_ndx + label_t.size(0)
```

```
    metrics_g[METRICS_LABEL_NDX, start_ndx:end_ndx] = \
      label_g[:,1].detach()
    metrics_g[METRICS_PRED_NDX, start_ndx:end_ndx] = \
      probability_g[:,1].detach()
    metrics_g[METRICS_LOSS_NDX, start_ndx:end_ndx] = \
      loss_g.detach()

    return loss_g.mean()
```

我们使用 detach()，因为我们的指标都不需要保持梯度

同样，这是整个批次的损失

通过记录每个训练样本以及后来的验证样本的标签、预测和损失，我们有大量的详细信息，可以用来研究模型的性能。现在，我们将重点放在收集每个类的统计信息上。我们可以很容易地使用这些信息来找到分类最错误的样本，并调查原因。同样，对于某些项目，这类信息可能不那么有趣，但最好记住，你有这些可用的选项。

11.5.2　类似的验证循环

图 11.8 中的验证循环看起来非常类似于训练循环，但有所简化。关键的区别是验证是只读的。具体来说，验证循环返回的损失值不会被使用，权重也不会被更新。

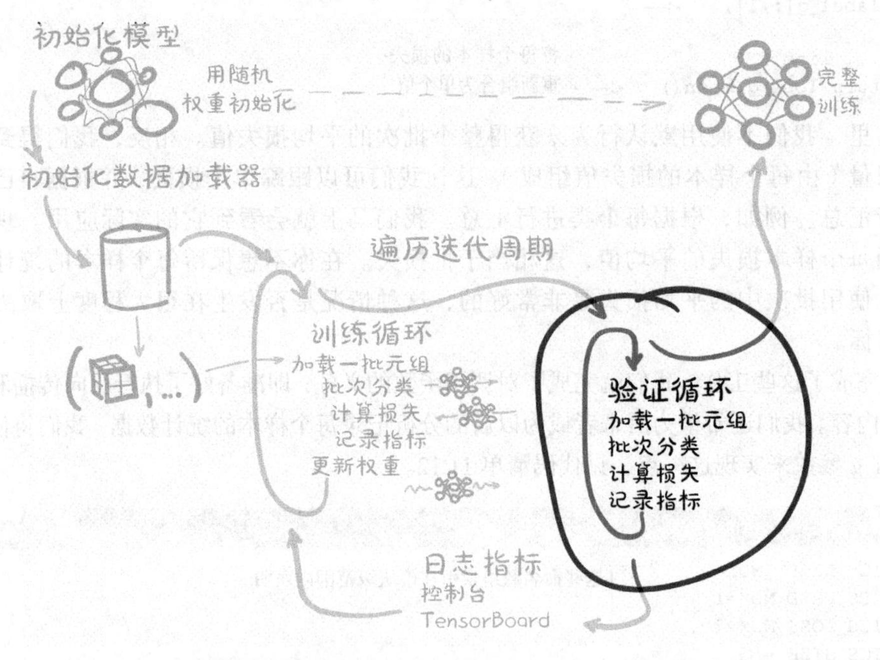

图 11.8　我们将在本章中实现训练和验证脚本，重点关注每个迭代周期的验证循环

在函数调用期间，关于模型的任何内容都不应该发生改变。此外，由于 with torch.no_grad() 上下文管理器显式地通知 PyTorch 不需要计算梯度，它的运行速度也快了很多，见代码清单 11.13。

代码清单 11.13 training.py:137, LunaTrainingApp.main

```
def main(self):
  for epoch_ndx in range(1, self.cli_args.epochs + 1):
    # ... line 157
    valMetrics_t = self.doValidation(epoch_ndx, val_dl)
    self.logMetrics(epoch_ndx, 'val', valMetrics_t)

# ... line 203
def doValidation(self, epoch_ndx, val_dl):
  with torch.no_grad():
    self.model.eval()                       <-- 无需进行梯度计算
    valMetrics_g = torch.zeros(
      METRICS_SIZE,
      len(val_dl.dataset),
      device=self.device,
    )

    batch_iter = enumerateWithEstimate(
      val_dl,
      "E{} Validation ".format(epoch_ndx),
      start_ndx=val_dl.num_workers,
    )
    for batch_ndx, batch_tup in batch_iter:
      self.computeBatchLoss(
        batch_ndx, batch_tup, val_dl.batch_size, valMetrics_g)

  return valMetrics_g.to('cpu')
```

不需要更新网络权重，回想一下，这样做会违背验证的所有前提假设，一些我们从来不想做的事情。我们不需要使用 computeBatchLoss()返回的损失，也不需要引用优化器。循环中剩下的就是对 computeBatchLoss()的调用。请注意，我们仍然在 valMetrics_g 中收集指标作为调用的附带结果，即使我们没有使用 computeBatchLoss()返回的每个批次的总体损失。

11.6 输出性能指标

我们在每个迭代周期中所做的最后一件事就是记录这个迭代周期的性能指标，如图 11.9 所示。一旦我们记录了指标，我们就返回到训练循环中，开始训练的下一个迭代周期。在这个过程中，记录结果和进展是很重要的，因为如果训练偏离了轨道，用深度学习的说法是模型“不收敛”，我们希望能够注意到这种情况正在发生，并停止花时间训练一个无效的模型。在问题较小的情况下，最好能够关注模型的表现。

早些时候，我们在 trnMetrics_g 和 valMetrics_g 中收集了用于记录每个迭代周期进展的结果。现在，这 2 个张量都包含我们计算训练和验证运行时每个类的正确百分比和平均损失所需的一切。每个迭代周期都这样做是一个常见的选择，尽管有些随意。在后文中，我们将看到如何操纵迭代周期的大小，以便我们以合理的速度得到关于训练进展的反馈。

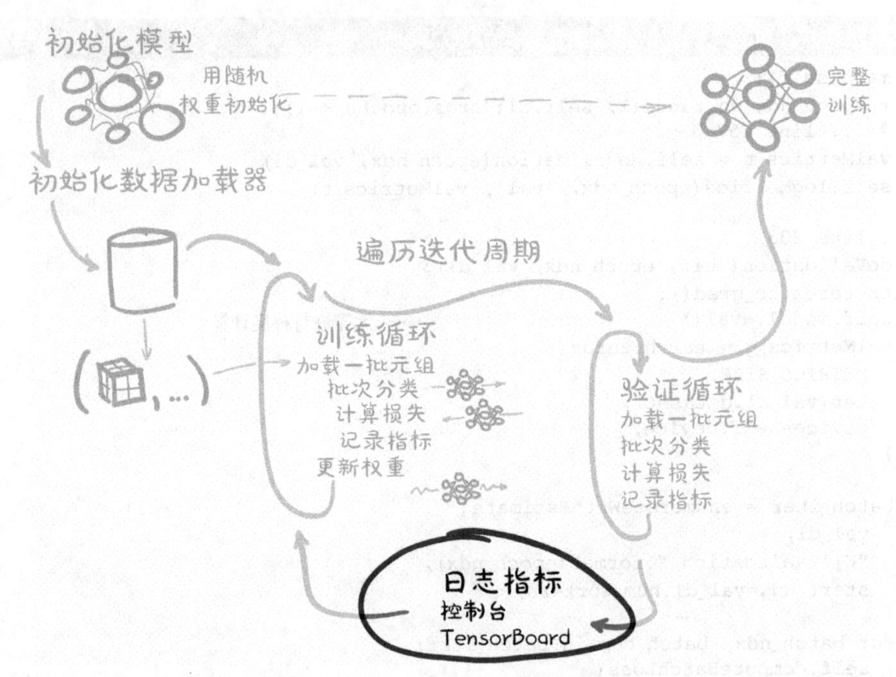

图 11.9　我们将在本章中实现的训练和验证脚本，重点放在每个迭代周期结束时的指标日志

logMetrics()函数

让我们来讨论 logMetrics()函数的高级结构，函数签名见代码清单 11.14。

代码清单 11.14　training.py:251, LunaTrainingApp.logMetrics

```
def logMetrics(
    self,
    epoch_ndx,
    mode_str,
    metrics_t,
    classificationThreshold=0.5,
):
```

我们使用 epoch_ndx 纯粹是为了在记录结果时显示。mode_str 参数告诉我们指标用于训练还是验证。

我们使用 trnMetrics_t 或 valMetrics_t，它是作为 metrics_t 参数传入的。回想一下，这 2 个输入都是浮点数的张量，我们在 computeBatchLoss()调用期间填充数据，然后在从 doTraining 和 doValidation 返回它们之前将它们传输回 CPU。这 2 个张量都有 3 行，列数和样本数一样多（训练样本或验证样本，视情况而定）。作为提醒，这 3 行对应以下常量，见代码清单 11.15。

代码清单 11.15 training.py:26

```
METRICS_LABEL_NDX=0      <-- 它们在模块级范围内声明
METRICS_PRED_NDX=1
METRICS_LOSS_NDX=2
METRICS_SIZE = 3
```

张量掩码和布尔索引

张量掩码是一种常见的使用模式，如果你以前没有遇到过，它可能有点儿难懂。你可能熟悉被称为数组掩码的 NumPy 的概念，张量掩码和数组掩码的表现方式相同。

如果你不熟悉掩码数组，NumPy 官方文档中有一页对其进行了很好的描述。PyTorch 故意使用与 NumPy 相同的语法和语义。

构建掩码

接下来，我们将构建掩码，它将允许我们将指标限定为结节或非结节（也就是阳性或阴性）样本。我们也将统计每类样本的总数，以及我们正确分类的样本数量，见代码清单 11.16。

代码清单 11.16 training.py:264, LunaTrainingApp.logMetrics

```
negLabel_mask = metrics_t[METRICS_LABEL_NDX] <= classificationThreshold
negPred_mask = metrics_t[METRICS_PRED_NDX] <= classificationThreshold

posLabel_mask = ~negLabel_mask
posPred_mask = ~negPred_mask
```

虽然我们在这里没有断言它，但是我们知道 metrics_t[METRICS_LABEL_NDX]中存储的所有值都属于集合{0.0,1.0}，因为我们知道我们的节点状态标签只有 True 或 False。通过与 classificationThreshold（默认值为 0.5）进行比较，我们得到了一个二进制数组，其中 True 对应所讨论样本的非结节（也就是阴性）标签。

我们做了类似的比较来创建 negPred_mask，但是我们必须记住，METRICS_PRED_NDX 的值是我们的模型产生的正预测，可以是 0.0～1.0 的任何浮点数，包括 0.0 和 1.0。这并没有改变我们的比较，但它确实意味着实际值可以接近 0.5。正掩码只是负掩码的相反数。

注意 虽然其他项目也可以使用类似的方法，但重要的是要意识到我们正在采取一些允许的捷径，因为这是一个二分类问题。如果你的下一个项目有 2 个以上的类，或者有同时属于多个类的样本，你就必须使用更复杂的逻辑来构建类似的掩码。

接下来，我们使用这些掩码来计算每个标签的统计信息，并将它们存储在一个名为 metrics_dict 的字典中，见代码清单 11.17。

代码清单 11.17 training.py:270, LunaTrainingApp.logMetrics

```
neg_count = int(negLabel_mask.sum())      <-- 转换为普通的 Python 整数
pos_count = int(posLabel_mask.sum())
```

```
    neg_correct = int((negLabel_mask & negPred_mask).sum())
    pos_correct = int((posLabel_mask & posPred_mask).sum())

    metrics_dict = {}
    metrics_dict['loss/all'] = \
      metrics_t[METRICS_LOSS_NDX].mean()
    metrics_dict['loss/neg'] = \
      metrics_t[METRICS_LOSS_NDX, negLabel_mask].mean()
    metrics_dict['loss/pos'] = \
      metrics_t[METRICS_LOSS_NDX, posLabel_mask].mean()

    metrics_dict['correct/all'] = (pos_correct + neg_correct) \
      / np.float32(metrics_t.shape[1]) * 100
    metrics_dict['correct/neg'] = neg_correct / np.float32(neg_count) * 100
    metrics_dict['correct/pos'] = pos_correct / np.float32(pos_count) * 100
```

通过转换为 np.float32 来避免整数除法

首先，我们计算整个迭代周期的平均损失。由于损失是训练过程中被最小化的单一指标，我们总是希望能够跟踪它。然后，我们使用刚刚创建的 negLabel mask，将损失平均值限定为只带有阴性标签的样本。我们对阳性损失也做同样的处理。如果一个类总是比另一个类更难分，那么这样计算每个类的损失是很有用的，因为这种知识可以驱动研究和改进。

我们将通过确定我们正确分类的样本的分数以及每个标签的正确分数来结束计算。因为稍后我们将以百分比的形式显示这些数字，所以我们还要将这些值乘 100。与损失类似，我们可以使用这些数字来指导我们做出改进。在计算之后，我们将调用 3 次 log.info()来记录结果，见代码清单 11.18。

代码清单 11.18　training.py:289, LunaTrainingApp.logMetrics

```
    log.info(
      ("E{} {:8} {loss/all:.4f} loss, "
          + "{correct/all:-5.1f}% correct, "
      ).format(
        epoch_ndx,
        mode_str,
        **metrics_dict,
      )
    )
    log.info(
      ("E{} {:8} {loss/neg:.4f} loss, "
          + "{correct/neg:-5.1f}% correct ({neg_correct:} of {neg_count:})"
      ).format(
        epoch_ndx,
        mode_str + '_neg',
        neg_correct=neg_correct,
        neg_count=neg_count,
        **metrics_dict,
      )
    )
    log.info(
      # ... line 319
    )
```

"阳性"日志记录类似于前面的"阴性"日志记录

第 1 个日志有从我们的所有样本中计算出来的值，并标记为/all，而阴性（非结节）和阳性（结节）值分别标记为/neg 和/pos。在这里，我们不显示第 3 个阳性的日志记录语句，因为除了将 neg 全部替换成 pos，它与第 2 个日志记录语句相同。

11.7 运行训练脚本

我们已经完成了 training.py 脚本的核心部分，现在将开始运行它。这将会初始化和训练我们的模型，并输出关于训练进展情况的统计信息。我们的想法是在详细讨论模型实现的同时，在后台运行这个程序，希望我们在讨论完成后能得到运行结果。

我们从主代码目录运行这个脚本，它应该具有名为 p2ch11、util 等的子目录。所使用的 Python 环境应该安装有 requirements.txt 中列出的所有库。一旦这些库准备好了，我们就可以运行了：

```
$ python -m p2ch11.training        <-- 这是 Linux/Bash 的命令行，Windows 用户可能需要通过不同的方式调用 Python，这取决于所使用的安装方法
Starting LunaTrainingApp,
    Namespace(batch_size=256, channels=8, epochs=20, layers=3, num_workers=8)
<p2ch11.dsets.LunaDataset object at 0x7fa53a128710>: 495958 training samples
<p2ch11.dsets.LunaDataset object at 0x7fa537325198>: 55107 validation samples
Epoch 1 of 20, 1938/216 batches of size 256
E1 Training ----/1938, starting
E1 Training 16/1938, done at 2018-02-28 20:52:54, 0:02:57
...
```

提醒一下，我们还提供了一个包含训练应用程序相关调用的 Jupyter Notebook 文件，见代码清单 11.19。

代码清单 11.19 code/p2_run_everything.ipynb

```
# In[5]:
run('p2ch11.prepcache.LunaPrepCacheApp')

# In[6]:
run('p2ch11.training.LunaTrainingApp', '--epochs=1')
```

如果第 1 轮花费了很长时间，超过 10 或 20 分钟，这可能与准备 LunaDataset 所需要的缓存数据有关，关于缓存的详细信息请参见 10.5.1 小节。在第 10 章我们练习了编写一个脚本，以一种有效的方式预先填充数据。我们还提供了 prepcache.py 文件来做同样的事情，可以使用 python -mp2ch11.prepcache 调用它。因为我们在每章都重复使用 dset.py 文件，所以缓存需要在每章都重复构建。这在空间和时间上有点儿低效，但这意味着我们可以更好地保存每一章的代码。对于你将来的项目，我们建议高度重用缓存。

一旦训练开始，我们要确保我们正在以预期的方式使用手边的计算资源。判断瓶颈是存在于数据加载还是在计算的一个简单方法是在脚本开始训练后等待几分钟（查找输出，如 E1 Training 16/7750，done at...），然后检查 top 和 nvidia-smi。

- 如果 8 个 Python 工作进程消耗了超过 80%的 CPU，那么可能需要准备缓存（我们知道这一点

是因为事先已经确定在这个项目的实现中没有 CPU 瓶颈，通常情况下这种假设并不正确）。

- 如果 nvidia-smi 报告 GPU-Util 超过 80%，那么你的 GPU 已经饱和了。我们将在 11.7.2 小节讨论一些有效等待的策略。

这样做的目的是让 GPU 饱和，我们希望尽可能多地利用计算机的计算能力来快速完成迭代周期循环的任务。单个 NVIDIA GTX 1080 Ti 应该在 15 分钟内完成一轮循环。由于我们的模型相对简单，因此不需要太多的 CPU 预处理，CPU 就成了瓶颈。当处理具有更大深度的模型时，或者需要更多的计算时，处理每批数据将花费更长的时间，这使得在下一批输入准备就绪之前，在 GPU 耗尽之前增加 CPU 能够处理的数量。

11.7.1 训练所需的数据

如果训练的样本数小于 495958，验证的样本数小于 55107，那么可能需要进行一些完整性检查。对于你未来的项目，请确保你的数据集返回了期望的样本数。

首先，让我们看一下 data-unversioned/part2/luna 的基本目录结构：

```
$ ls -1p data-unversioned/part2/luna/
subset0/
subset1/
...
subset9/
```

接下来，让我们确保每个系列 UID 都有一个.mhd 文件和一个.raw 文件

```
$ ls -1p data-unversioned/part2/luna/subset0/
1.3.6.1.4.1.14519.5.2.1.6279.6001.105756658031515062000744821260.mhd
1.3.6.1.4.1.14519.5.2.1.6279.6001.105756658031515062000744821260.raw
1.3.6.1.4.1.14519.5.2.1.6279.6001.108197895896446896160048741492.mhd
1.3.6.1.4.1.14519.5.2.1.6279.6001.108197895896446896160048741492.raw
...
```

并且我们的文件总数是正确的：

```
$ ls -1 data-unversioned/part2/luna/subset?/* | wc -l
1776
$ ls -1 data-unversioned/part2/luna/subset0/* | wc -l
178
...
$ ls -1 data-unversioned/part2/luna/subset9/* | wc -l
176
```

如果所有这些看起来都是对的，但仍然有问题，那就去 Manning LiveBook 网站提问，希望有人能帮忙解决问题。

11.7.2 插曲：enumerateWithEstimate()函数

深度学习需要很多等待。我们谈论的是现实世界，坐在那里，看着墙上的时钟，盯着一个“永

远不会沸腾的锅”（但你可以在 GPU 上煎鸡蛋），确实是太无聊。

只有一件事比坐着盯着一个安静的闪烁光标超过 1 小时更糟糕，那就是满屏都是下面的内容：

```
2020-01-01 10:00:00,056 INFO training batch 1234
2020-01-01 10:00:00,067 INFO training batch 1235
2020-01-01 10:00:00,077 INFO training batch 1236
2020-01-01 10:00:00,087 INFO training batch 1237
...etc...
```

至少安静闪烁的光标不会破坏你的滚动缓冲区！

从根本上说，在等待的同时，我们想要回答“我有时间去倒杯水吗？”，以及是否有时间去煮一杯咖啡、吃晚饭等问题。

为了回答这些问题，我们将使用 enumerateWithEstimate()函数。用法如下所示：

```
>>> for i, _ in enumerateWithEstimate(list(range(234)), "sleeping"):
...   time.sleep(random.random())
...
11:12:41,892 WARNING sleeping ----/234, starting
11:12:44,542 WARNING sleeping    4/234, done at 2020-01-01 11:15:16, 0:02:35
11:12:46,599 WARNING sleeping    8/234, done at 2020-01-01 11:14:59, 0:02:17
11:12:49,534 WARNING sleeping   16/234, done at 2020-01-01 11:14:33, 0:01:51
11:12:58,219 WARNING sleeping   32/234, done at 2020-01-01 11:14:41, 0:01:59
11:13:15,216 WARNING sleeping   64/234, done at 2020-01-01 11:14:43, 0:02:01
11:13:44,233 WARNING sleeping  128/234, done at 2020-01-01 11:14:35, 0:01:53
11:14:40,083 WARNING sleeping ----/234, done at 2020-01-01 11:14:40
>>>
```

这是 8 行输出，超过 200 次迭代，持续大约 2 分钟。即使给 random.random()很大的差异，函数在 16 次迭代后（在不到 10 秒内）也有相当不错的估计。对于更恒定的循环体，估计稳定得更快。

在行为方面，enumerateWithEstimate()几乎与标准的 enumerate()相同。不同之处在于，其返回一个生成器，而 enumerate()返回一个特殊的<enumerate object at 0x...>，见代码清单 11.20。

代码清单 11.20 util.py:143, def enumerateWithEstimate

```
def enumerateWithEstimate(
    iter,
    desc_str,
    start_ndx=0,
    print_ndx=4,
    backoff=None,
    iter_len=None,
):
  for (current_ndx, item) in enumerate(iter):
    yield (current_ndx, item)
```

然而，正是它的副作用（特别是日志）让这个函数变得有趣。如果你感兴趣，可以参考该函数之后的三重引号内的参数说明获取函数参数的信息，并对实现进行检查，而不是迷失在试图复现的每个细节中。

深度学习项目可能会耗费大量时间。知道某件事的预期完成时间意味着你可以明智地利用这段时间，如果实际完成的时间比预期的时间要长得多，它也可以提示你事情没有正常进行或某个方法不可行。

11.8 评估模型：得到99.7%的正确率是否意味着我们完成了任务

让我们看一下训练脚本的一些（删减的）输出。提醒一下，我们使用命令行 python -m p2ch11.training 来运行它：

```
E1 Training ----/969, starting
...
E1 LunaTrainingApp
E1 trn      2.4576 loss, 99.7% correct
...
E1 val      0.0172 loss, 99.8% correct
...
```

经过一个迭代周期的训练，训练集和验证集的正确率均至少达到 99.7%。

让我们更仔细地（不那么简略地）看看第 1 轮的输出：

```
E1 LunaTrainingApp
E1 trn      2.4576 loss,   99.7% correct,
E1 trn_neg  0.1936 loss,   99.9% correct (494289 of 494743)
E1 trn_pos  924.34 loss,    0.2% correct (3 of 1215)
...
E1 val      0.0172 loss,   99.8% correct,
E1 val_neg  0.0025 loss,  100.0% correct (494743 of 494743)
E1 val_pos  5.9768 loss,    0.0% correct (0 of 1215)
```

在验证集上，我们得到的非结节 100%正确，但实际的结节是 100%错误的。网络只是把所有东西归类为非结节！99.7%的值仅仅意味着只有大约 0.3%的样本是结节。

经历了 10 个迭代周期之后，形势略有好转：

```
E10 LunaTrainingApp
E10 trn      0.0024 loss,  99.8% correct
E10 trn_neg  0.0000 loss, 100.0% correct
E10 trn_pos  0.9915 loss,   0.0% correct
E10 val      0.0025 loss,  99.7% correct
E10 val_neg  0.0000 loss, 100.0% correct
E10 val_pos  0.9929 loss,   0.0% correct
```

分类输出保持相同——没有结节（也就是阳性）样本被正确识别。然而，有趣的是，我们开始看到 val_pos 的损失有所减少，而 val_neg 的损失却没有相应增加。这意味着网络正在学习一些东西。不幸的是，它学习得非常非常缓慢。

更糟糕的是，这种特定的失败模式在现实世界中是最危险的！我们希望避免将肿瘤归类为无害结构的情况，因为这不利于患者得到他们可能需要的评估和最终治疗。理解所有项目错误分类的影响是很重要的，因为这可能会对你设计、训练和评估模型产生很大的影响。我们将在第 12 章进一步讨论这个问题。

然而，在此之前，我们需要升级我们的工具，使结果更容易理解。让我们用图表来描述这些指标。

11.9 用 TensorBoard 绘制训练指标

我们将使用一个叫作 TensorBoard 的工具，用一种快速、简单的方法，将我们的训练指标从训练循环中提取出来，并生成一些漂亮的图表。这将允许我们了解这些指标的变化趋势，而不是只看每个迭代周期的瞬时值。在查看可视表示时，很容易知道一个值是异常值还是一个趋势中的最新趋势。

"嘿，等等，"你可能会想，"TensorBoard 不是 TensorFlow 项目的一部分吗？它怎么会在我的 PyTorch 书里呢？"

是的，这是另一个深度学习框架的一部分，但我们的思路是"使用有效的东西"。我们没有理由因为某个工具与另一个我们不使用的项目绑定而限制自己不去使用它。PyTorch 和 TensorBoard 的开发者都同意这一点，因为他们合作在 PyTorch 中添加了对 TensorBoard 的官方支持。TensorBoard 很棒，它有一些易于使用的 PyTorch API，让我们可以将任何地方的数据连接到其中，以便快速、方便地显示。如果你坚持使用深度学习，你可能会经常使用 TensorBoard。

实际上，如果你一直在运行本章的示例，那么你应该已经在磁盘上准备好了一些数据，并等待显示。让我们看看如何运行 TensorBoard，看看它能给我们展示什么。

11.9.1 运行 TensorBoard

默认情况下，我们的训练脚本将把指标数据写入 run/子目录下。如果列出目录内容，那么在 Bash Shell 会话期间可能会看到类似这样的内容：

```
$ ls -lA runs/p2ch11/
total 24
drwxrwxr-x 2 elis elis 4096 Sep 15 13:22 2020-01-01_12.55.27-trn-dlwpt/
drwxrwxr-x 2 elis elis 4096 Sep 15 13:22 2020-01-01_12.55.27-val-dlwpt/
drwxrwxr-x 2 elis elis 4096 Sep 15 15:14 2020-01-01_13.31.23-trn-dwlpt/
drwxrwxr-x 2 elis elis 4096 Sep 15 15:14 2020-01-01_13.31.23-val-dwlpt/
```

从更早的单个迭代周期运行（前两个目录）

最近的 10 轮训练运行结果（后两个目录）

获取 TensorBoard 程序需要安装 TensorFlow 包。因为我们实际上并不打算使用 TensorFlow，所以如果你安装了默认的仅针对 CPU 的包也没关系。如果你已经安装了另一个版本的 TensorBoard，使用它也很好。请确保相应的目录对应你的路径，或者使用../path/to/tensorboard --logdir runs/调用它。从哪里调用它并不重要，只要使用--logdir 参数将其指向存储数据的位置即可。最好把你的数据分开存放在不同的文件夹里，因为一旦你做了 10～20 个实验，TensorBoard 就会变得有点儿笨拙了。你必须在做每一个项目时决定最好的方法。如果需要的话，不要害怕在事后移动数据。

现在让我们启动 TensorBoard：

这些消息可能会有所不同，或者对你来说不存在，没关系

```
$ tensorboard --logdir runs/
2020-01-01 12:13:16.163044: I tensorflow/core/platform/cpu_feature_guard.cc:140]
    Your CPU supports instructions that this TensorFlow binary was not
➥ compiled to use: AVX2 FMA1((CO17-2))
TensorBoard 1.14.0 at http://localhost:6006/ (Press CTRL+C to quit)
```

启动之后，你应该能够通过在浏览器中输入 http://localhost:6006 看到主仪表板[1]。图 11.10 向我们展示了它的样子。

沿着浏览器窗口的顶部，你应该会看到橙色的标题。顶部右侧有用于设置的典型小部件，一个到 GitHub 仓库的链接，等等，我们现在可以忽略这些。顶部左侧有我们提供的数据类型的选项。你至少应该拥有以下内容：标量（SCALARS），默认选项卡；直方图（HISTOGRAMS）；精确率-召回率曲线，如 PR CURVES。

在图 11.10 中标量的右边，你可能会看到分布以及第 2 个 UI 选项卡。我们在这里不讨论这些。通过单击，确保你选择了标量。

图 11.10 窗口左侧是一组用于显示选项的控件，以及当前运行的列表。如果有特别嘈杂的数据，平滑（Smoothing）选项会很有用，它会让事情“平静”下来，这样你就可以找出整体趋势。原始未平滑的数据仍将在背景中以相同颜色的褪色线显示。图 11.11 显示了这一点，尽管用黑白印刷时可能很难辨别。

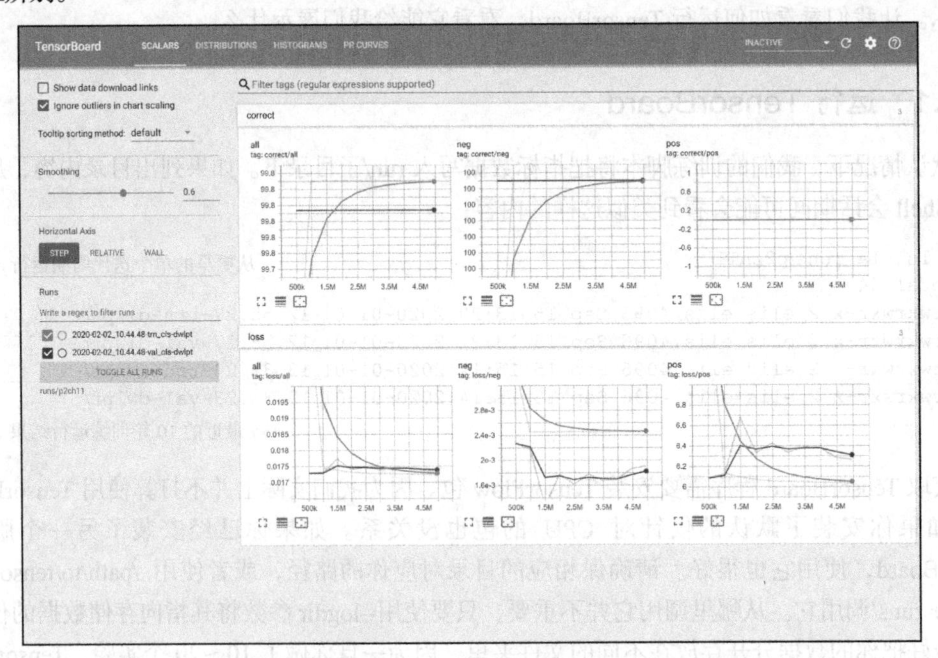

图 11.10　主要的 TensorBoard UI，显示了一组成对的训练和验证运行结果

① 如果你在与浏览器不同的计算机上运行训练，则需要用适当的主机名或 IP 地址替换 localhost。

根据运行训练脚本的次数，可能有多个运行结果可供选择。由于渲染了太多的运行结果，图形可能会变得过于嘈杂，因此请不要犹豫，取消选择当前不感兴趣的运行结果。

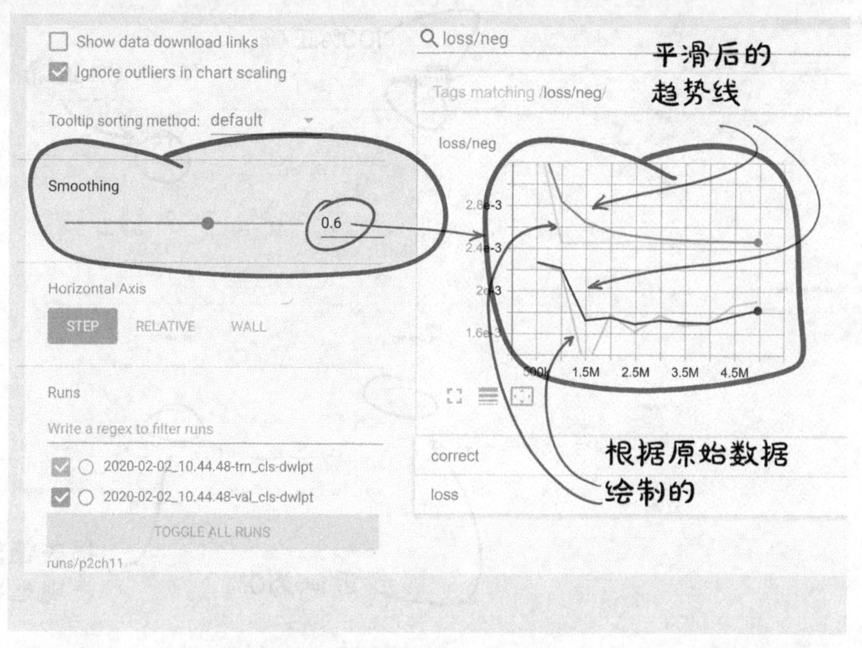

图 11.11　将“平滑”设置为 0.6 并选择 2 次运行以显示的 TensorBoard 边框

如果要永久删除一次运行结果，可以在 TensorBoard 运行时从磁盘删除数据。你可以这样做，以摆脱崩溃、有错误、没有收敛，或是太旧了而不再有趣的实验。运行的次数可能会增长得非常快，所以经常删除它、重命名运行结果或将特别感兴趣的运行移到一个更永久的目录会很有帮助，这样它们就不会被意外删除。要同时删除训练和验证的运行结果，可执行以下操作（更改章节、日期和时间以匹配你想要删除的运行结果）：

```
$ rm -rf runs/p2ch11/2020-01-01_12.02.15_*
```

请记住，删除运行结果将导致列表中后面的运行结果向上移动，这将导致它们被分配新的颜色。

好吧，让我们来谈谈 TensorBoard。屏幕的主要部分应该填充来自训练和验证指标的数据，如图 11.12 所示。

通过 TensorBoard 图表展示比日志输出的诸如 E1 trn_pos 924.34 loss, 0.2% correct (3 of 1215)之类的内容更容易分析和理解！虽然我们准备把这些图表所表示的具体含义放到 11.10 节进行介绍，但现在是时候确认一下这些数字和我们的训练程序是否一致。

花点儿时间，将鼠标移动到 training.py 在相同的训练运行中产生的数字对应的线，交叉参照一下你得到的数字。你应该会看到提示栏中的值与训练期间输出的值的直接对应关系。如果你熟悉并确信你完全理解了 TensorBoard 展示的内容，让我们继续一起讨论究竟如何显示这些数字。

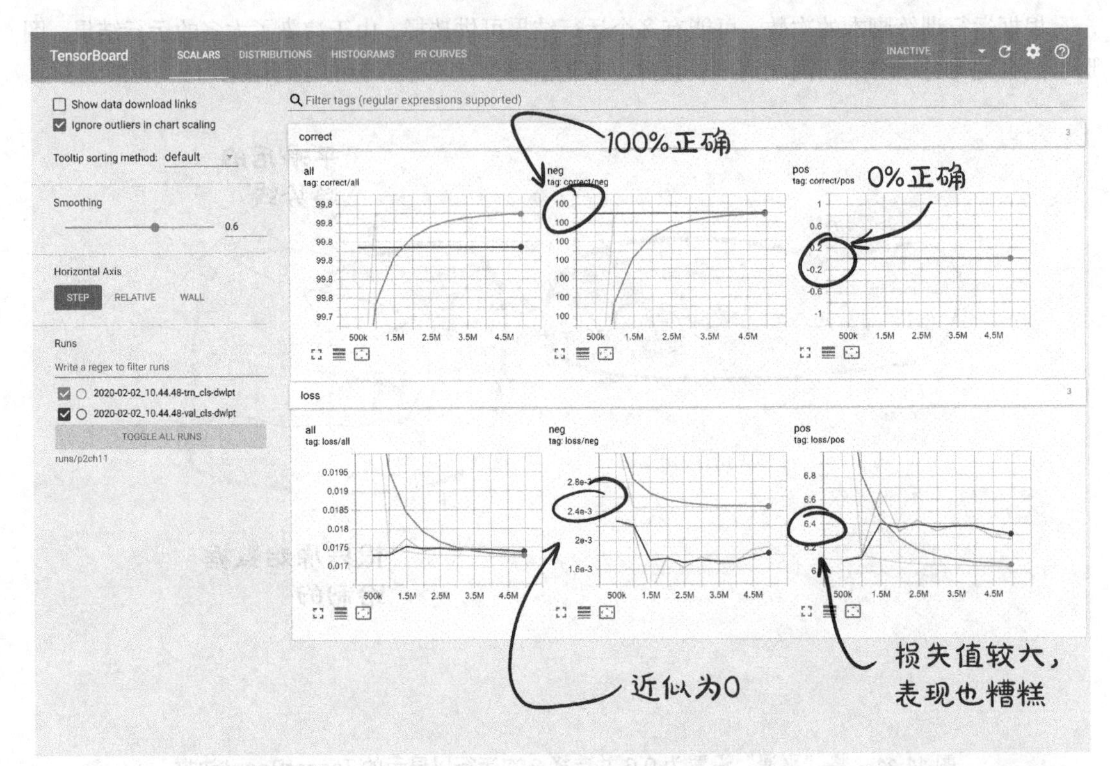

图 11.12　TensorBoard 主要的数据显示区向我们展示了我们在实际结节上的结果是非常糟糕的

11.9.2　增加 TensorBoard 对指标记录函数的支持

我们将使用 torch.utils.tensorboard 模块以 TensorBoard 支持的数据格式写入数据，以便于能够快速、轻松地为这个项目和其他项目编写指标。TensorBoard 同时支持 NumPy 数组和 PyTorch 张量，但是由于我们没有任何理由将数据放入 NumPy 数组中，因此我们只使用 PyTorch 张量。

我们需要做的第 1 件事是创建 SummaryWriter 对象，该对象是从 torch.utils.tensorboard 导入的。我们要传入的唯一参数是 log_dir，我们将它初始化为类似于 runs/p2ch11/2020-01-01_12.55.27-trn-dlwpt 格式的数据。我们可以在训练脚本中添加一个注释参数，以将 dlwpt 更改为更有信息的内容。使用 python-mp2ch11.training --help 可获取更多信息。

我们创建 2 个写入器，分别用于训练和验证运行，这 2 个写入器在每轮都被重用。当初始化 SummaryWriter 类时，它还会附带创建 log_dir 参数对应的目录。这些目录会显示在 TensorBoard 中，如果训练脚本在写入任何数据之前崩溃，它们可能会在 UI 中展示的运行结果为空，这在你进行实验时很常见。为了避免出现太多的空运行结果，我们要等到第 1 次准备好写数据才实例化 SummaryWriter 对象。这个函数从 logMetrics()调用，见代码清单 11.21。

代码清单 11.21 training.py:127, .initTensorboardWriters

```
def initTensorboardWriters(self):
  if self.trn_writer is None:
    log_dir = os.path.join('runs', self.cli_args.tb_prefix, self.time_str)

    self.trn_writer = SummaryWriter(
      log_dir=log_dir + '-trn_cls-' + self.cli_args.comment)
    self.val_writer = SummaryWriter(
      log_dir=log_dir + '-val_cls-' + self.cli_args.comment)
```

回想一下，第 1 阶段是一团糟，训练循环的早期输出基本上是随机的。当我们保存第 1 批数据时，这些随机结果会导致一些偏差。再回想一下图 11.11 中的 TensorBoard 平滑去除趋势线中的噪声，这在一定程度上有所帮助。

另一种方法是完全跳过第 1 轮训练数据的指标。尽管我们的模型训练得足够快，仍然可以看到第 1 轮的结果。随意改变你认为合适的行为，第 2 部分的剩余部分将继续这种模式，包括第 1 个嘈杂的训练周期。

注意 如果你最终进行了大量的实验，结果导致异常或相对较快地终止了训练脚本，那么你可能会留下许多“垃圾运行结果”，使你的 run/目录变得混乱。不要害怕，清理掉这些垃圾运行结果即可！

在 TensorBoard 上写入标量数据

写标量数据很简单。我们可以接受已经构造的 metrics_dict，并将每个键/值对传递给 writer.add_scalar()方法。torch.utils.tensorboard.SummaryWriter 类具有 add_scalar()方法，方法签名见代码清单 11.22。

代码清单 11.22 PyTorch torch/utils/tensorboard/writer.py:267

```
def add_scalar(self, tag, scalar_value, global_step=None, walltime=None):
    # ...
```

tag 参数告诉 TensorBoard 我们要向哪个图添加值，scalar_value 参数表示数据点的 y 坐标。global_step 参数表示数据点的 x 坐标。

回想一下，我们在 doTraining()函数中更新了 totalTrainingSamples_count 变量。通过将 totalTrainingSamples_count 作为 global_step 参数传入，我们将使用它作为 TensorBoard 图的 x 轴，见代码清单 11.23。

代码清单 11.23 training.py:323, LunaTrainingApp.logMetrics

```
for key, value in metrics_dict.items():
  writer.add_scalar(key, value, self.totalTrainingSamples_count)
```

注意，键名中的斜杠，例如“loss/all”，将导致 TensorBoard 按“/”之前的子字符串对图表进行分组。

官方文档建议我们将迭代周期作为 global_step 参数传入，但是这会导致一些复杂的问题。通过提供给网络的训练样本的数量，我们可以做一些事情，如改变每个迭代周期的样本数量，并将未来的图表与我们现在创建的图表进行比较。如果一个模型要用一半的迭代周期数来训练，而每个迭代周期所用的时间是原来的 4 倍，那就没有意义了！但请记住，这可能不是标准做法，我们希望看到用于全局步骤的各种值。

11.10　为什么模型不学习检测结节

我们的模型显然学到了一些东西：随着迭代周期的增加，损失趋势线是一致的，而且结果是可重复的。然而，在模型学习的内容和我们希望它学习的内容之间存在脱节。怎么回事？让我们用一个简单的比喻来说明这个问题。

假设一位教授给学生举行期末考试，考卷包括 100 道判断题。学生们可以查阅这位教授 30 年来发布的考卷，每次都只有 1 到 2 道题的答案为错，其余的 99 或 98 道题答案都为对。

假设分数不是在一条曲线上，而是一个特有的比例，正确率达到 90%及以上则为 A，以此类推。获得 A+就很简单了：我们假设一下，今年的试卷答案中只有 1 道题的答案为对，那么只要把每道题都标记为错就可以了！像图 11.13 中左边的那个学生，如果不经意地把每道题目都答为错，那么他在期末考试中答对 99%的题目，但他并不能真正证明自己学到了什么（当然，除了学会了从以前的考试中死记硬背）。这就是我们的模型现在所做的。

图 11.13　教授给 2 个学生同样的分数，尽管他们的知识水平不同。第 9 题是唯一一道答案为对的题目

与之相对的是，图 11.13 中右边的一个学生也答对了 99%的题目，但他将 2 道题答对。直觉告诉我们，图 11.13 右边的学生可能比将所有题都答错的学生更好地理解了材料。找到答案为对的问题，同时只答错一道题是相当困难的！很遗憾，无论是学生的成绩还是我们模型的评分方案都没有反映出这种直觉。

我们有一个类似的情况，对于“候选对象是否是结节？”这个问题，其答案 99.7%都是“否”，那我们的模型投机取巧可以对每个问题都回答为“否”。

然而，如果我们更仔细地回顾我们的模型，训练集和验证集上的损失正在减少。我们在癌症检测问题上取得的任何进展都会给我们带来希望，我们将在第 12 章实现一些可能取得的进展工作。我们将从第 12 章开始介绍一些新的术语，然后我们将提出一个更好的评分方案，它不会像我们目前所做的那样容易被欺骗。

11.11 总结

本章已经有些篇幅了，现在我们有了一个模型和一个训练循环，并且能够使用我们在第 10 章中生成的数据。我们的指标被记录到控制台上，并以可视化的方式显示出来。

虽然我们的结果还不可用，但实际上比看上去更接近事实。在第 12 章中，我们将改进用于跟踪进度的指标，并使用它们来通知我们哪里需要进行更改，以使模型产生合理的结果。

11.12 练习题

1. 通过将 LunaDataset 实例封装在 DataLoader 实例中，实现一个遍历该实例的程序，同时对执行此操作所需的时间进行统计。将这个时间与第 10 章练习题所需的时间进行比较，在运行脚本时要注意缓存的状态。
   a) 将 num_workers 设置为 0、1 和 2 有什么影响呢？
   b) 对于给定的 batch_size 和 num_workers 组合，在不耗尽内存的情况下，你的机器能支持的最大值是多少？
2. 将 CandidateInfo_list 顺序颠倒，经过一轮训练后，模型的行为会发生什么改变呢？
3. 修改 logMetrics 对象以更改 TensorBoard 中使用的运行规则和关键字的命名规则。
   a) 对传递给 writer.add_scalar 的键的不同斜杠位置进行试验。
   b) 训练和验证运行时使用相同的写入器，并在键名中添加 trn 或 val 字符串。
   c) 根据你的喜好定制日志目录和键的命名。

11.13 本章小结

- 在多进程中，数据加载器可从任意数据集中加载数据。这样的话，空闲的 CPU 资源可以用于准备将数据输入 GPU。
- 数据加载器从数据集中加载多个样本，并将它们整理成一批。PyTorch 模型希望处理批量数据，而不是单个样本。
- 数据加载器可以通过改变个别样本的相对频率来操纵任意数据集。这允许对数据集进行“事后”调整，尽管直接更改数据集实现可能更有意义。
- 我们将使用 PyTorch 的 torch.optim.SGD 优化器，其学习率为 0.001，动量为 0.99，第 2

部分的大部分动量为此值。这些值也是很多深度学习项目的默认值。

- 我们使用的初始分类模型与我们在第 8 章中使用的模型非常相似。这让我们从一个我们有理由相信会有效的模型开始。如果我们认为模型设计阻碍了项目更好地执行，那么我们可以重新考虑模型设计。
- 训练期间监控指标的选择很重要，很容易不经意地挑选出对模型执行状况有误导性的指标。使用正确分类的样本总体百分比对我们的数据没有用处。第 12 章将详细介绍如何评估和选择更好的指标。
- TensorBoard 可用于直观地显示各种指标。这使得使用某些形式的信息（特别是趋势数据）变得更加容易，因为它们在每个训练阶段都会发生变化。

第 12 章　通过指标和数据增强来提升训练

本章主要内容

- 定义和计算精确率、召回率、真/假阳性或阴性。
- 使用 F1 分数和其他质量指标。
- 平衡和增强数据以减少过拟合。
- 使用 TensorBoard 绘制质量指标。

第 11 章结尾时我们陷入了困境。虽然我们能够将深度学习运行机制正确应用到项目中，但没有一个结果是真正有用的，网络只是简单地把一切归类为非结节！更糟糕的是，从表面上看，结果似乎很好，因为我们看到的是正确分类的训练集和验证集的总体百分比。由于我们的数据严重倾斜于阴性样本，因此模型盲目地认为所有东西都是阴性的，这是模型获得高分的捷径。糟糕的是，这样做会使模型基本无用！

这意味着对于图 12.1 中关注的部分与第 11 章相同，但现在我们仍然只关注与第 11 章所关注相同的部分，只不过现在我们需要努力使分类模型运行良好。本章主要讲解度量、量化和表达模型，然后改进模型的工作机制。

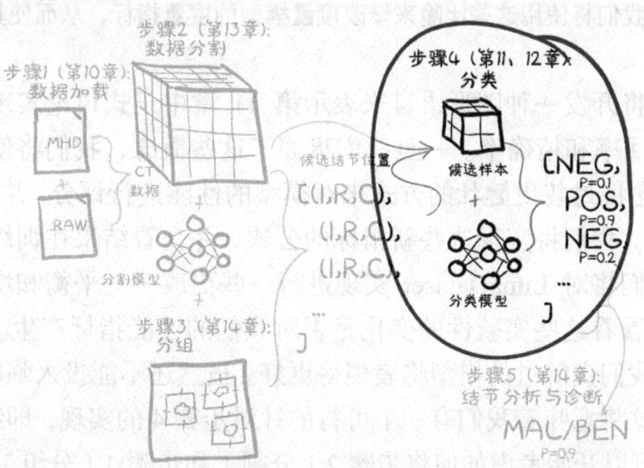

图 12.1　端到端的肺癌检测项目，本章关注的主题——步骤 4：分类

12.1　高级改进计划

虽然有点儿抽象，但图 12.2 向我们展示了处理这些主题的方法。

让我们详细地浏览一下本章的抽象图。我们将处理我们所面临的问题，如过分关注一个单一的、狭隘的指标以及由此产生的行为在一般意义上是无用的。为了使本章的一些概念更具体一些，我们将通过比喻用更具体的术语来描述我们所面临的问题：我们将通过图 12.2 来做比喻，更具体地描述我们的问题，其中图中（1）表示警犬，（2）表示鸟和窃贼。

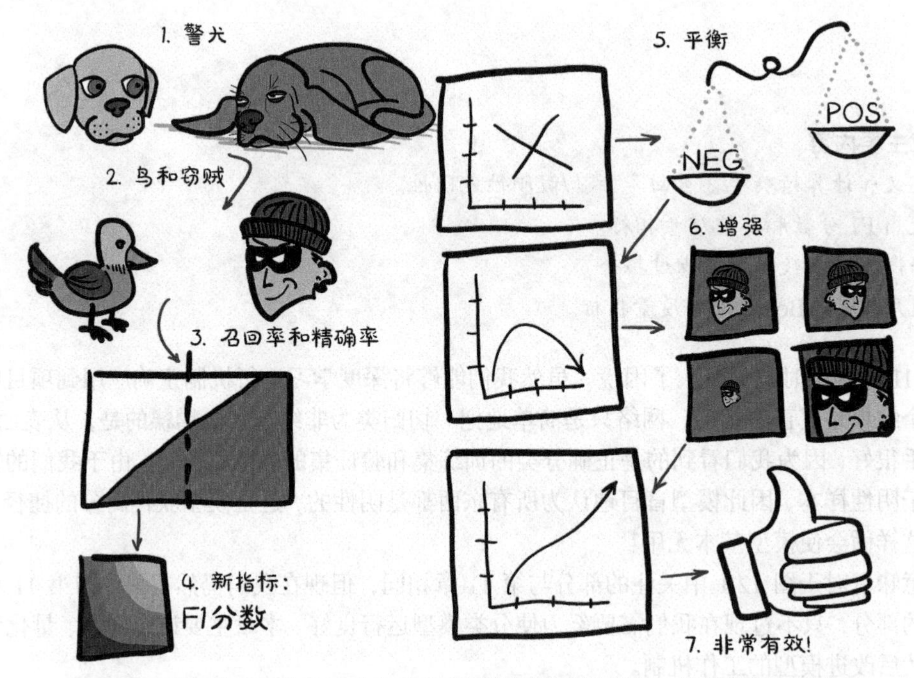

图 12.2　我们将使用这些比喻来修改度量模型的度量指标，从而使其更加出色

在那之后，我们将开发一种图形语言来表示第 11 章中正式讨论实现问题所需的一些核心概念：（3）比率：召回率和精确率。一旦我们巩固了这些概念，我们将使用这些概念来讨论一些数学问题，这些概念将封装更健壮的方式来对模型的性能进行评分，并将其压缩成一个数字：（4）新指标：F1 分数。我们将实现这些新指标的公式，并查看结果在训练期间是如何逐迭代周期变化的。最后，我们将对 LunaDataset 实现进行一些更改——平衡和增强，以改进我们的训练结果。然后我们将看看这些实验性的变化是否对我们的性能指标产生了预期的影响。

当本章结束时，我们训练过的模型将表现得更好。虽然还不能投入临床使用，但它将产生明显优于随机的结果。这将意味着我们有一个可行的针对步骤 4 的实现，即结节候选分类。一旦我们完成步骤 4，我们可以开始考虑如何将步骤 2（分割）和步骤 3（分组）纳入项目。

12.2 好狗与坏狗：假阳性与假阴性

先不关注模型和肿瘤，我们先关注图 12.3 中的 2 只警犬，假设它们都刚从警犬训练基地毕业。它们都想提醒我们注意窃贼，这是一种很少发生但发生了就很严重的情况，需要立即处理。

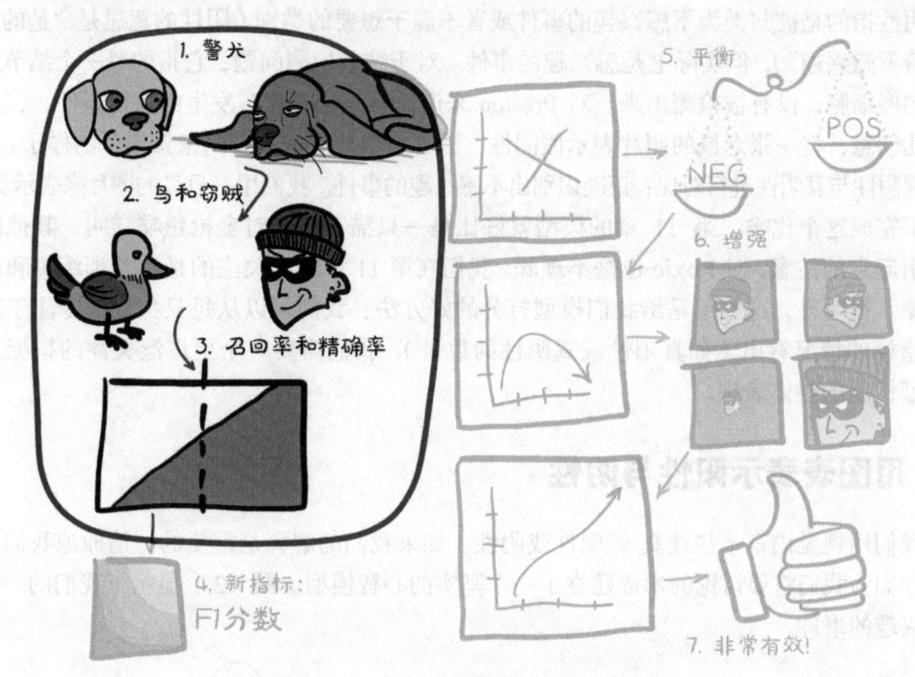

图 12.3 本章的主题集，重点是比喻

遗憾的是，虽然 2 条狗都是好狗，但都不是好的看门狗。我们的小猎犬（Roxie）对任何东西都叫，而我们的老猎犬（Preston）几乎只对窃贼叫——除非窃贼来的时候，它碰巧醒着。Roxie 几乎每次都会提醒我们有窃贼，但当它发现消防车、雷电、直升机、鸟类、邮差、松鼠、路人等时它也会提醒我们。如果每次狗叫我们都去跟进，那么肯定不会发生盗窃事件。但是，如果我们这么勤奋的话，养一只看门狗并不能真正省去我们的工作。相反，我们会每隔几小时就起床，手里拿着手电筒，因为 Roxie 闻到了猫的气味，或者听到了猫头鹰的叫声，或者看到晚点的公交车经过。Roxie 的误报次数太多了。

假阳性是指被归类为感兴趣的事件或被归类为所需类别的成员的事件（阳性是指“是的，这就是我所感兴趣的事情”），但事实上对这些事件并不真正感兴趣。对于结节检测问题，它表现为一个实际上不感兴趣的候选者被标记为结节，于是就要引起放射科医生的关注。对 Roxie 来说，这些事件是消防车、雷电等。我们将在 12.3 节中使用猫的图像作为典型的假阳性，并在本章的剩余部分使用相应的图像。

将假阳性与真阳性进行对比：:感兴趣的项目被正确分类。这些将由一个窃贼图像表示。

与此同时，如果 Preston 叫，就需要报警了，因为这意味着几乎肯定有人闯入、房子着火或被袭击等。然而，Preston 是个深度沉睡者，正在进行的入室抢劫的声音不太可能把他吵醒，所以每次有人试图抢劫时我们仍然会被抢劫。再说一遍，虽然这比什么都没有好，但这并不是我们养狗初衷。Preston 漏报太多了。

假阴性指的是被归类为不感兴趣的事件或者不属于想要的类别（阴性的意思是“是的，我对这种事情不感兴趣”），但实际上是感兴趣的事件。对于结节检测问题，它指的是一个结节，也就是潜在的癌细胞，没有被检测出来。对 Preston 来说，就是它睡着时发生的盗窃事件。在这里我们来点儿创意，将一张老鼠的照片表示假阴性，因为它看起来也是“鬼鬼祟祟”的样子。

将假阴性与真阴性进行对比：正确识别出不感兴趣的事件。我们用一只鸟的图片来表示真阴性。

为了完成这个比喻，第 11 章的模型就好比是一只猫，它只对金枪鱼喵喵叫，其他的东西都不会引起它的注意，对 Roxie 也毫不理睬。我们在第 11 章末尾关注的是整个训练集和验证集的正确率。很明显，这并不是给我们模型打分的好方法，我们可以从每只狗仅能专注于其中一个性能指标的情况看出（如真阳性或真阴性的数量），我们需要一个更广泛关注的指标来捕捉我们模型性能的整体表现。

12.3　用图表表示阳性与阴性

让我们用视觉语言来描述真/假阳性或阴性。如果我们的解释是重复的，请原谅我们，我们要确保你们为我们将要讨论的术语建立了一个坚实的心智模型。图 12.4 显示了我们的一只警犬可能感兴趣的事件。

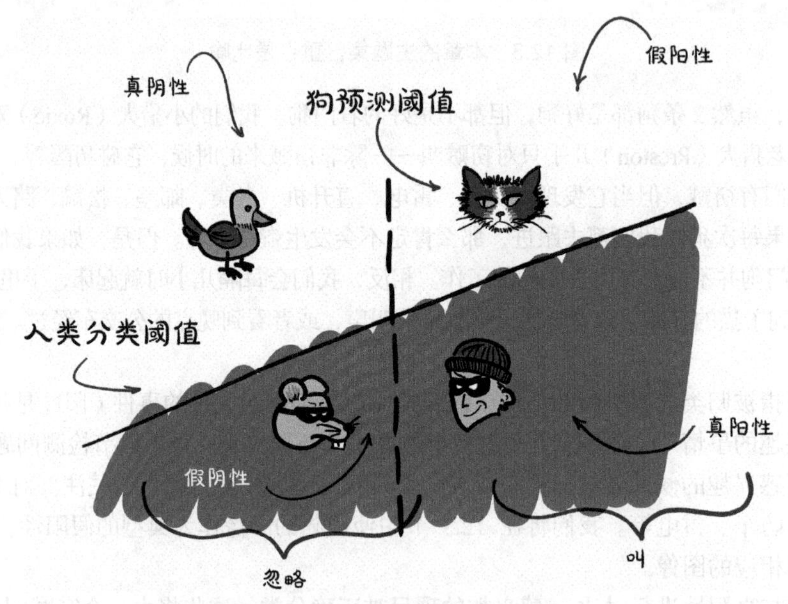

图 12.4　猫、鸟、老鼠和窃贼组成了 4 个分类象限。它们由人类分类阈值和狗预测阈值隔开

我们将在图 12.4 中使用 2 个阈值。第 1 个是区分窃贼和无害动物的分界线。具体来说，这是为每个训练或验证样本提供的标签。第 2 个是决定狗的行为的分类阈值，它决定了狗是否会对某些东西叫。对于深度学习模型，这是模型在考虑样本时产生的预测值。

这 2 个阈值的结合将我们的事件划分成 4 个象限：真/假阳性或阴性。我们将用一个更深的背景色来作为所关注的事件的背景。

当然，现实要复杂得多。没有人一看就是个实实在在的窃贼，也没有一个能够囊括所有窃贼的分类阈值。相反，图 12.5 向我们显示，有些窃贼特别狡猾，有些鸟特别烦人。我们还将继续，并将实例封装在一个图表中。我们将用 x 轴表示每一事件的叫声价值，由警犬决定。我们将用 y 轴来表示一些模糊的特性（我们作为人类能够感知，但狗不能）。

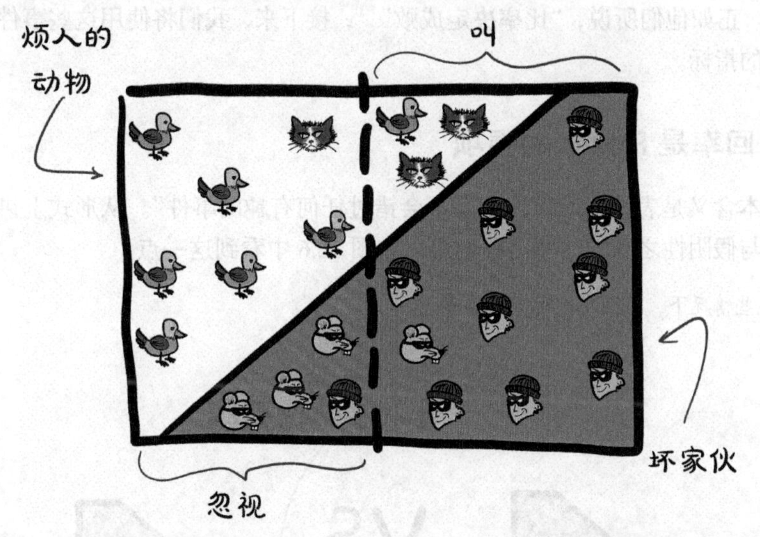

图 12.5　每种类型的事件都有许多可能的实例，我们的警犬将需要评估这些实例

由于我们的模型产生了一个二分类问题，因此我们可以将预测阈值看作将一个单一数值的输出与我们的分类阈值进行比较的结果。这就是为什么我们要求图 12.5 中的分类阈值线完全垂直。

每一个窃贼可能都不一样，所以我们的警犬需要评估许多不同的情况，这意味着它将有更多的机会犯错误。我们可以看到一条清晰的近似对角线，将鸟类和窃贼分开。但 Preston 和 Roxie 只能感知 x 轴对应的事件：在我们的图表中间，它们有一组混乱的、重叠的事件。它们必须选择一个垂直的叫声价值阈值，这也意味着它们二者都不可能完美地将事件区分开来。有时把你的电器拖到货车上的人就是你雇来修理洗衣机的修理工，有时窃贼会出现在一辆写着“洗衣机修理”的货车里。指望一条狗能够察觉到这些细微差别是不太可能的。

我们将要使用的实际输入数据具有高维性——我们需要考虑大量的 CT 体素值，以及更抽象的东西，如候选结节的大小、在肺中的相对位置等。我们模型的任务是将这些事件和各自的属性映射到这个矩形中，这样我们就可以用一条垂直线（分类阈值）直接将阳性和阴性事件分开。这是由我们模型末尾的 nn.Linear 层完成的。垂直线的位置正好对应我们在 11.6 节中看到的 Float 类型的变量 classificationThreshold_float 的值。在这里，我们选择硬编码值 0.5 作为阈值。

请注意，实际上，呈现的数据不是二维的。经由第 2 层到最后一层这些高维度之后得到一个一维的输出（这里是我们的 x 轴），输出时每个样本只有一个标量，然后被分类阈值一分为二。这里，我们使用第 2 个维度（y 轴）来表示我们的模型无法看到或使用的样本特征：如患者的年龄或性别、在肺内候选结节的位置，甚至模型没有使用的候选结节的局部特征。它还为我们提供了一种方便的方法来表示非结节样本和结节样本的区别。

图 12.5 中的象限区域和每个区域中包含的样本数将是我们用来讨论模型性能的值，因为我们可以使用这些值之间的比率来构建越来越复杂的指标，我们可以使用这些指标来客观地衡量我们做得怎么样。正如他们所说，"比率决定成败"[①]，接下来，我们将使用这些事件子集之间的比率来定义更好的指标。

12.3.1　召回率是 Roxie 的强项

召回率基本含义是表示"确保你永远不会错过任何有趣的事件"。从形式上讲，召回率是真阳性同真阳性与假阴性之和的比率。我们可以在图 12.6 中看到这一点。

注意　在某些情况下，召回率被称为敏感度。

图 12.6　召回率是真阳性同真阳性与假阴性之和的比率。高召回率能最小化假阴性

为了提高召回率，应尽量减少假阴性。从警犬的角度来讲，这意味着如果不确定是否是窃贼，以防万一就直接叫。不要让任何老鼠和窃贼在你的监视下溜走！

Roxie 通过将它的分类阈值一直推到左边而获得极高的召回率，这样它几乎包含图 12.7 中所有阳性事件。注意，这样做意味着它的召回率接近 1.0，这意味着它会对 99%的窃贼叫，因为这

① 实际上没人这样说过。

就是 Roxie 对成功的定义，在它看来，它做得很好，并不在意大量的误报。

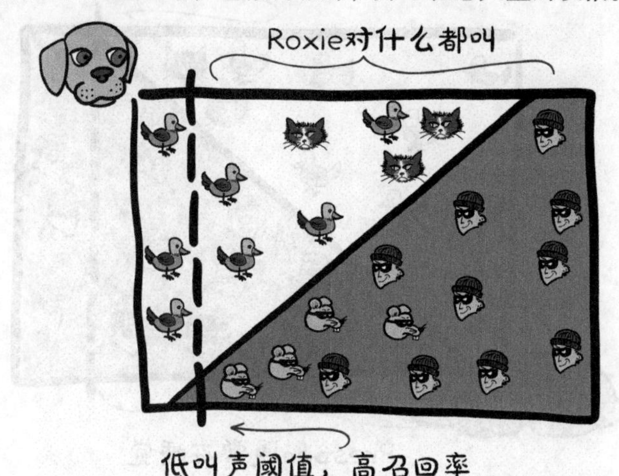

图 12.7　Roxie 对阈值的选择优先考虑最小化假阴性，所以它对每只老鼠都会叫……还有猫和大多数的鸟

12.3.2　精确率是 Preston 的强项

精确率在本例中总体来说就是“除非你确定，否则不要叫”。为了提高精确率，尽量减少假阳性。Preston 只会对它确定的窃贼叫。更正式地说，精确率是真阳性同真阳性与假阳性之和的比率，如图 12.8 所示。

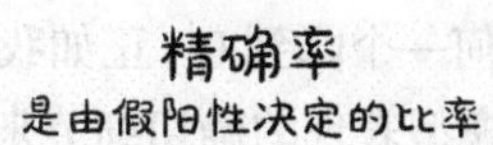

图 12.8　精确率是真阳性同真阳性与假阳性之和的比率。高精确率能最大限度地减少假阳性

Preston 通过将它的分类阈值一直向右推，实现了令人难以置信的高精确率，这样它就可以尽可能多地排除它所能处理的、无趣的阴性事件，如图 12.9 所示。它与 Roxie 的方法相反，这意味着 Preston 的精确率接近 1.0：它所对着叫的 99%都是窃贼。这也符合它对优秀看门狗的定义，即使有大量事件未被发现。

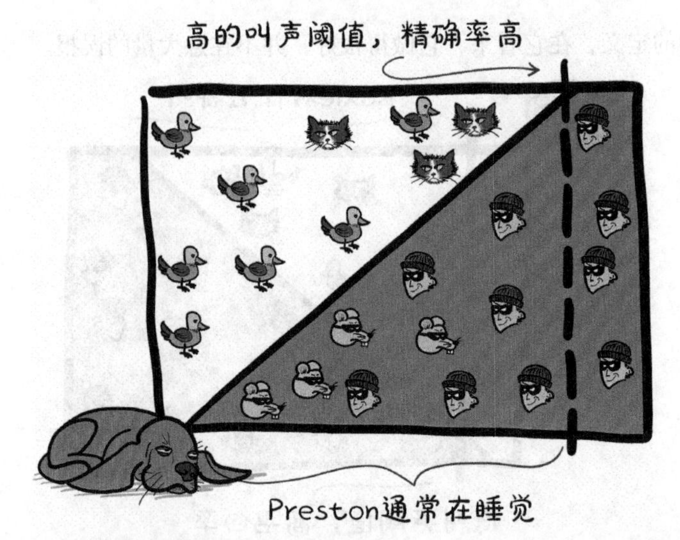

图 12.9　Preston 对阈值的选择优先将假阳性最小化。猫会被忽略，只有有窃贼时它才叫

虽然精确率和召回率都不是用来给我们的模型评分的单一指标，但它们都是训练过程中有用的数据。让我们计算并显示这些，将其作为我们训练程序的一部分，然后我们将讨论我们可以使用的其他指标。

12.3.3　在 logMetrics()中实现精确率和召回率

精确率和召回率都是训练过程中可以跟踪的有价值的指标，因为它们为了解模型的行为提供了重要的见解。如果它们中的任何一个降到 0（正如我们在第 11 章中看到的），很可能我们的模型已开始退化了。我们可以使用模型表现的确切细节来指导在哪里进行研究和实验，使训练回到正轨。我们想更新 logMetrics()函数，为我们看到的每个迭代周期的输出增加精确率和召回率，以补充我们已有的损失和正确性指标。

到目前为止，我们一直在用"真阳性"之类的术语定义精确率和召回率，因此我们将在代码中继续这样做，见代码清单 12.1。事实证明，我们已经在计算我们需要的一些值，尽管我们对它们的命名不同。

代码清单 12.1　training.py:315, LunaTrainingApp.logMetrics

```
neg_count = int(negLabel_mask.sum())
pos_count = int(posLabel_mask.sum())

trueNeg_count = neg_correct = int((negLabel_mask & negPred_mask).sum())
truePos_count = pos_correct = int((posLabel_mask & posPred_mask).sum())

falsePos_count = neg_count - neg_correct
falseNeg_count = pos_count - pos_correct
```

在这里，我们可以看到 neg_correct 和 trueNeg_count 的值是一样！这很好理解，因为非结节是我们的“阴性”值，如“阴性诊断”，如果分类器得到正确的预测，那么这就是真正的阴性。同样，正确标记的结节样本也是阳性的。

我们确实需要为假阳性值和假阴性值添加变量。这很简单，因为我们可以取良性标签的总数，减去正确标签的数量，剩下的是误分类为阳性的非结节样本计数，所以它们是假阳性。假阴性计算的方式与之相同，但使用结节计数。

有了这些值，我们就可以计算精确率和召回率，并将其存储在 metrics _dict 中，见代码清单 12.2。

代码清单 12.2 training.py:333, LunaTrainingApp.logMetrics

```
precision = metrics_dict['pr/precision'] = \
  truePos_count / np.float32(truePos_count + falsePos_count)
recall = metrics_dict['pr/recall'] = \
  truePos_count / np.float32(truePos_count + falseNeg_count)
```

注意双重赋值：虽然严格来说不需要单独的精确率和召回率变量，但它们提高了后文的可读性。我们还扩展了 logMetrics()中的日志语句，以包含新的值，但我们现在跳过具体实现的介绍，我们将在本章后文重新讨论日志。

12.3.4 我们的终极性能指标：F1 分数

虽然精确率和召回率很有用，但它们不能完全体现我们评估模型所需要的指标。就像我们在 Roxie 和 Preston 的实例中所看到的，通过操纵分类阈值，我们可以单独对精确率或召回率其中一个进行训练调优，从而得到一个模型，该模型在一个或另一个值上得分很高，但这是以牺牲实际效用为代价的。我们需要一种方法将二者的值结合起来，以对抗这种博弈策略。正如我们在图 12.10 中所看到的，现在该介绍我们最终的指标了。

一般公认的结合精确率和召回率的方法是 F1 分数。与其他指标一样，F1 分数的取值范围为 0～1，其中 0 表示分类器没有实际预测能力，1 表示分类器具有完美的预测能力。我们将更新 logMetrics()以添加该指标，见代码清单 12.3。

代码清单 12.3 training.py:338, LunaTrainingApp.logMetrics

```
metrics_dict['pr/f1_score'] = \
  2 * (precision * recall) / (precision + recall)
```

乍一看，这可能比我们需要的更复杂，而且当用精确率换取召回率（或是用召回率换取精确率）时，F1 分数的表现可能并不明显。然而，这个公式有很多很好的特性，它比我们可能考虑的其他更简单的替代方案要好。

评分函数的一个可能的做法是取精确率和召回率的平均值。遗憾的是，这将使 avg(p=1.0,r=0.0)和 avg(p=0.5,r=0.5)的得分都为 0.5。正如我们前面所讨论的，无论是精确率还是召回率为 0 的分类器通常都是没有价值的。给一些无用的东西和一些有用的东西同样的非 0 分数，那么平均值法就不再是有意义的度量指标了。

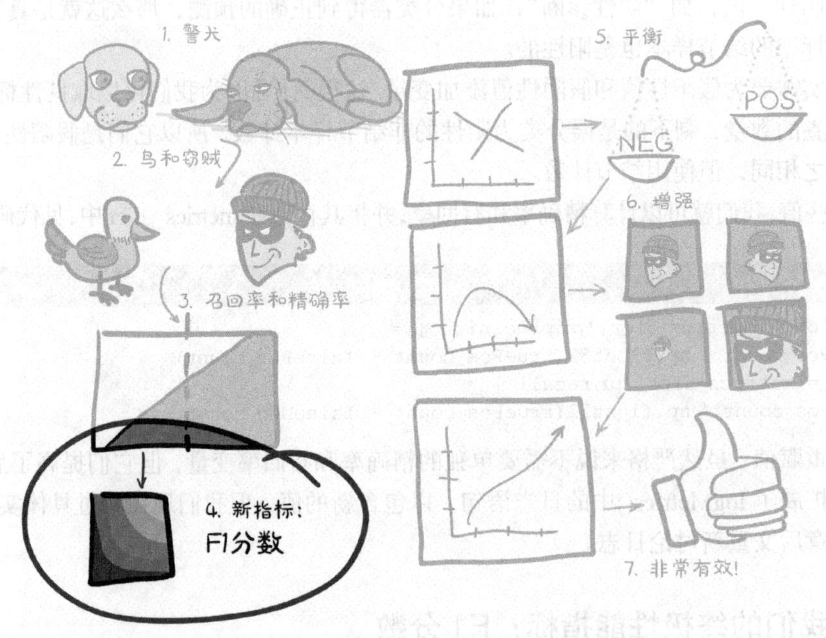

图 12.10　本章的主题集，关注最终的 F1 分数指标

尽管如此，让我们直观地比较图 12.11 中的平均值和 F1 分数。有几个点很明显，首先，我们可以看到平均值的等高线缺少曲线或弯头，这就是让我们的精确率或召回率偏向一边或另一边的原因！在任何情况下，通过 100%的召回率（Roxie 采用的方式）来最大化分数，然后消除那些容易消除的假阳性都是没有意义的。这样就相当一开始就有一个 0.5 的附加分数，拥有一个不重要的质量指标，却能得到至少 50%的分数，这让人感觉不太对劲。

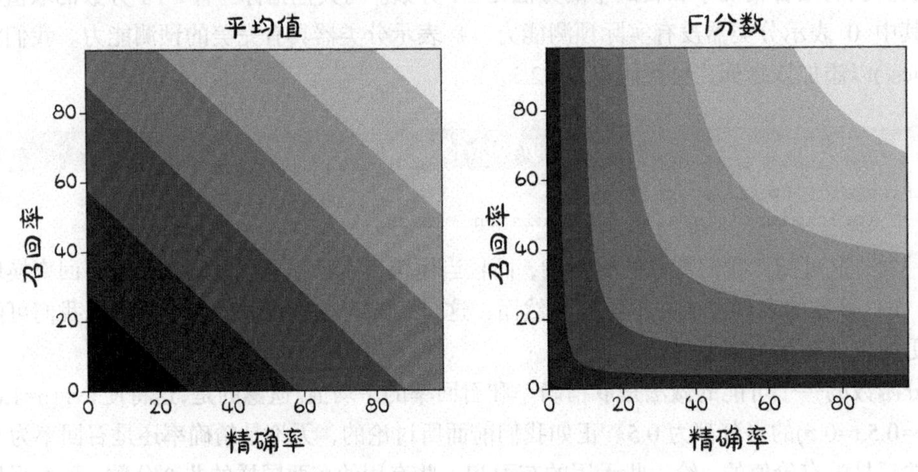

图 12.11　使用 avg(p, r)计算最终得分，亮度值接近 1.0

注意 实际上我们在这里做的是取精确率和召回率的算术平均值，它们都是比率，而不是可计算的标量值。取比率的算术平均值通常不会给出有意义的结果。F1 分数是调和平均数的另一个名称，它是组合这 2 种值更合适的方法。

与 F1 分数形成对比：当召回率很高但精确率很低时，用大量的召回率来换取一点点的精确率，会使分数更接近平衡的最佳点。曲线弯角很深，很容易滑进去。平衡的精确率和召回率是我们想从评分指标中得到的。

假设我们仍然想要一个更简单的指标，但不存在任何奖励偏置。为了纠正加法的缺点，我们可以取精确率和召回率的最小值，如图 12.12 所示。

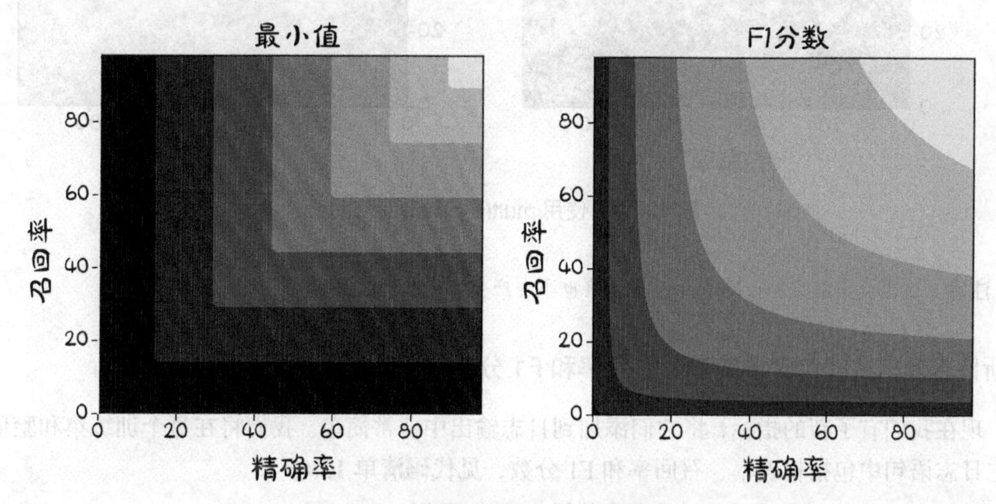

图 12.12 使用 min(p, r)计算最终得分

这很好，因为如果其中一个值为 0，那么分数也是 0，而使分数为 1.0 的唯一方法是让 2 个值都为 1.0。然而，其中仍然存在一些需要改进的地方，因为将召回率从 0.7 提高到 0.9，而将精确率保持在 0.5，根本不会提高分数，也不会将召回率降低到 0.6！尽管这一指标在精确率和召回率之间存在不平衡，但它并没有捕捉到这 2 个值之间的许多细微差别。正如我们所看到的，只需移动分类阈值，就可以很容易地用其中一个来交换另一个的值。我们希望我们的指标能反映这些变换。

为了更好地实现我们的目标，我们必须接受更复杂的内容。我们可以将这 2 个值相乘，如图 12.13 所示。这种方法保持了一个良好的特性，即如果任何一个值为 0，则得分为 0，而得分为 1.0 则表示 2 个输入都是完美的。它也有利于在较低的精确率和召回率之间进行权衡，尽管当结果接近完美时，它会变得更加线性。这不太好，因为我们真的需要将二者都提升才能在这一点上获得有意义的改进。

还有一个问题，几乎整个象限从(0,0)到(0.5,0.5)都非常接近于 0。正如我们将看到的，拥有一个对该区域变化敏感的指标是很重要的，特别是在模型设计的早期阶段。虽然使用乘法作为我们的评分函数是可行的，但我们还是打算使用 F1 分数来评估我们的分类模型的性能。

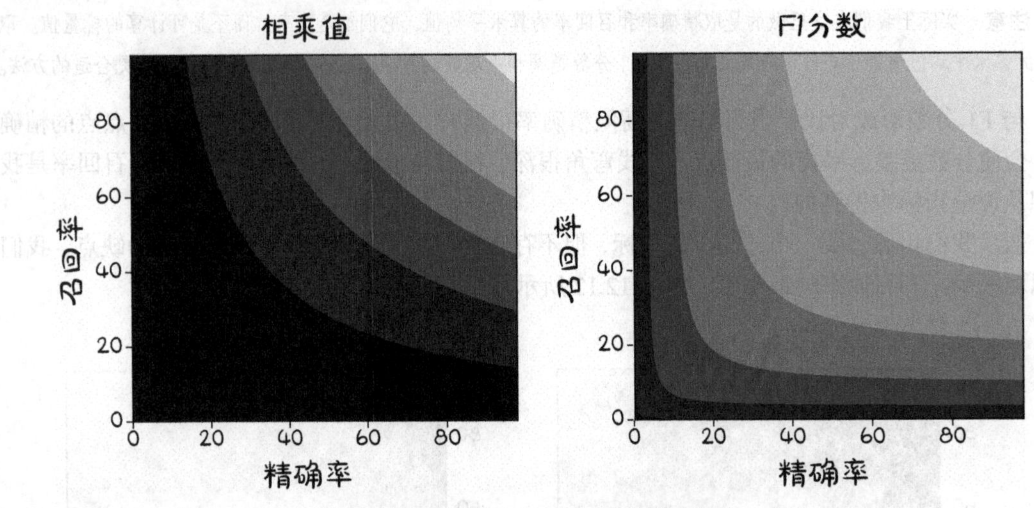

图 12.13　使用 mult(p, r)计算最终得分

注意　这里我们取 2 种比率的几何平均值也不会产生有意义的结果。

更新日志输出，以包含精确率、召回率和 F1 分数

现在我们有了新的指标，将它们添加到日志输出中非常简单。我们将在每个训练集和验证集的主日志语句中包括精确率、召回率和 F1 分数，见代码清单 12.4。

代码清单 12.4　training.py:341, LunaTrainingApp.logMetrics

```
log.info(
  ("E{} {:8} {loss/all:.4f} loss, "
    + "{correct/all:-5.1f}% correct, "
    + "{pr/precision:.4f} precision, "
    + "{pr/recall:.4f} recall, "
    + "{pr/f1_score:.4f} f1 score"
  ).format(
    epoch_ndx,
    mode_str,
    **metrics_dict,
  )
)
```

更新字符串格式

此外，我们还将包括正确识别的总数的精确值，以及阴性和阳性样本的总数，见代码清单 12.5。

代码清单 12.5　training.py:353, LunaTrainingApp.logMetrics

```
log.info(
  ("E{} {:8} {loss/neg:.4f} loss, "
    + "{correct/neg:-5.1f}% correct ({neg_correct:} of {neg_count:})"
  ).format(
    epoch_ndx,
```

```
        mode_str + '_neg',
        neg_correct=neg_correct,
        neg_count=neg_count,
        **metrics_dict,
      )
    )
```

阳性日志记录语句的新版本看起来也与以上代码差不多。

12.3.5 我们的模型在新指标下表现如何

现在我们已经实现了全新的指标，让我们来看看这些新指标。显示 Bash Shell 会话的结果之后，我们再对结果进行讨论。你可能想要在系统进行数字运算时提前读取结果，这可能需要半小时，具体时间取决于你的系统[1]。具体需要多长时间将取决于系统的 CPU、GPU 和磁盘速度等，我们的系统使用 SSD 和 GTX 1080 Ti，每一个完整的训练迭代周期大约需要 20 分钟：

```
$ ../.venv/bin/python -m p2ch12.training
Starting LunaTrainingApp...
...
E1 LunaTrainingApp

.../p2ch12/training.py:274: RuntimeWarning:
➥ invalid value encountered in double_scalars
  metrics_dict['pr/f1_score'] = 2 * (precision * recall) /
➥ (precision + recall)

E1 trn     0.0025 loss,  99.8% correct, 0.0000 prc, 0.0000 rcl, nan f1
E1 trn_ben 0.0000 loss, 100.0% correct (494735 of 494743)
E1 trn_mal 1.0000 loss,   0.0% correct (0 of 1215)

.../p2ch12/training.py:269: RuntimeWarning:
➥ invalid value encountered in long_scalars
  precision = metrics_dict['pr/precision'] = truePos_count /
➥ (truePos_count + falsePos_count)

E1 val     0.0025 loss,  99.8% correct, nan prc, 0.0000 rcl, nan f1
E1 val_ben 0.0000 loss, 100.0% correct (54971 of 54971)
E1 val_mal 1.0000 loss,   0.0% correct (0 of 136)
```

RuntimeWarning 行的确切计数和行号可能在每次运行时不同

真倒霉！我们得到了一些警告，考虑到我们计算的一些值是 nan，可能有被 0 除的情况发生。让我们看看能发现什么。

首先，由于训练集中没有一个阳性样本被归类为阳性，这意味着精确率和召回率都为 0，导致我们的 F1 分数计算被 0 除。其次，对于我们的验证集，truePos_count 和 falsePos_count 都为 0，因为没有任何样本被标记为阳性。由此可见，精确率计算的分母也为 0，这是可以理解的，也是我们看到另一个 RuntimeWarning 的地方。

少数阴性训练样本被分类为阳性，494,743 个样本中的 494,735 个被分类为阴性，因此剩下 8

① 如果需要更长的时间，请确保已运行 prepcache 脚本。

个样本被错误分类。虽然一开始这看起来很奇怪，但回想一下，我们在整个迭代周期中收集训练结果，而不是像处理验证结果那样使用模型迭代周期结束的状态。这意味着第 1 批产生的结果是随机的，第 1 批样本中有一些被标记为阳性也就并不奇怪了。

注意 由于网络权重的随机初始化和训练样本的随机排序，每次运行可能会呈现出略微不同的性能。虽然拥有完全可复制的性能是可取的，但这超出了我们在本书第 2 部分中尝试要介绍的内容的范围。

切换到我们的新指标，如果运气好的话，会导致分数从 A+变为 0，如果运气不好的话，分数会非常糟糕，它甚至不是一个数字。

也就是说，从长远来看，这对我们有好处。从第 11 章开始，我们就知道我们的模型的性能较差。如果我们的度量指标没有表明模型的性能很差，那么就说明度量指标是有根本缺陷的。

12.4 理想的数据集是什么样的

在我们开始为当前糟糕的状况大哭之前，让我们想一下我们真正希望我们的模型做什么。如图 12.14 所示，首先我们需要平衡数据，以便我们的模型能够正确地训练。让我们建立起实现目标所需的逻辑步骤。

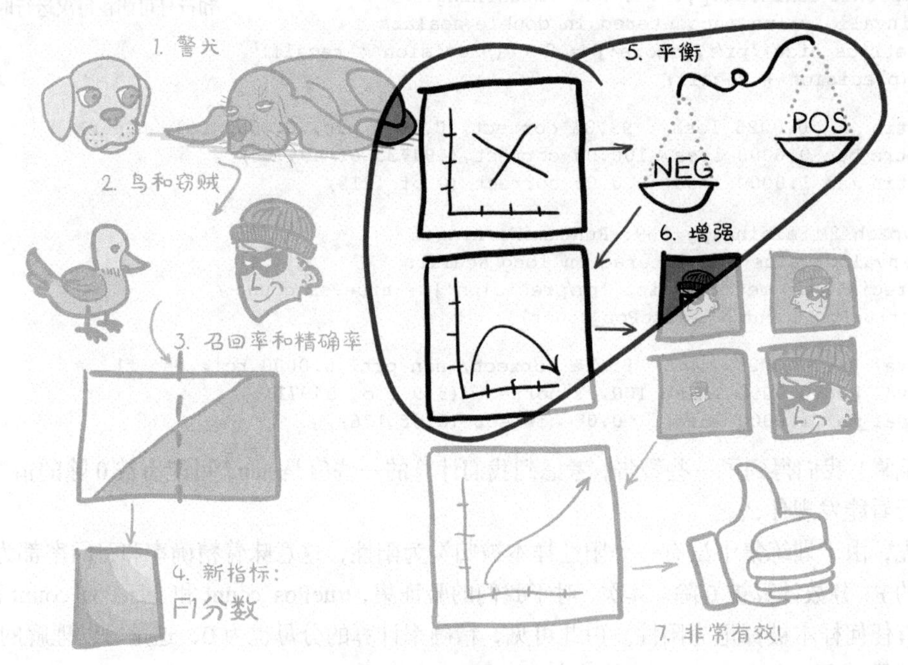

图 12.14 本章的主题集，关注点是平衡阳性样本和阴性样本

回想一下前面的图 12.5，以及下面关于分类阈值的讨论。通过移动阈值来获得更好的结果的

效果是有限的，阳性样本和阴性样本之间有太多的重叠①。

相反，我们希望看到图 12.15 所示的图像。这里，我们的标签阈值几乎是垂直的。这就是我们想要的，因为这意味着标签阈值和分类阈值可以很好地匹配。同样，大多数样本都集中在图 12.15 的两端。这都要求我们的数据易于分离，并且我们的模型有能力执行这种分离。我们的模型目前有足够的容量，所以这不是问题，反而，让我们来看看我们的数据。

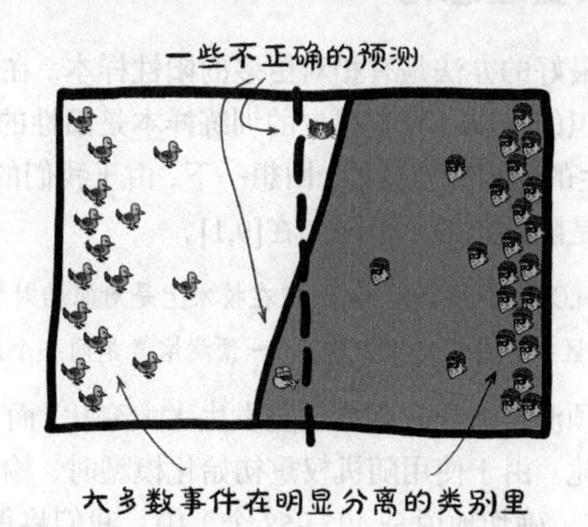

图 12.15 一个训练良好的模型可以清晰地分离数据，从而轻松地选择分类阈值

我们的数据是非常不平衡的，阳性样本和阴性样本的比例是 1：400。图 12.16 展示了这种情况。难怪我们的"真实结节"样本在众多样本中消失了。

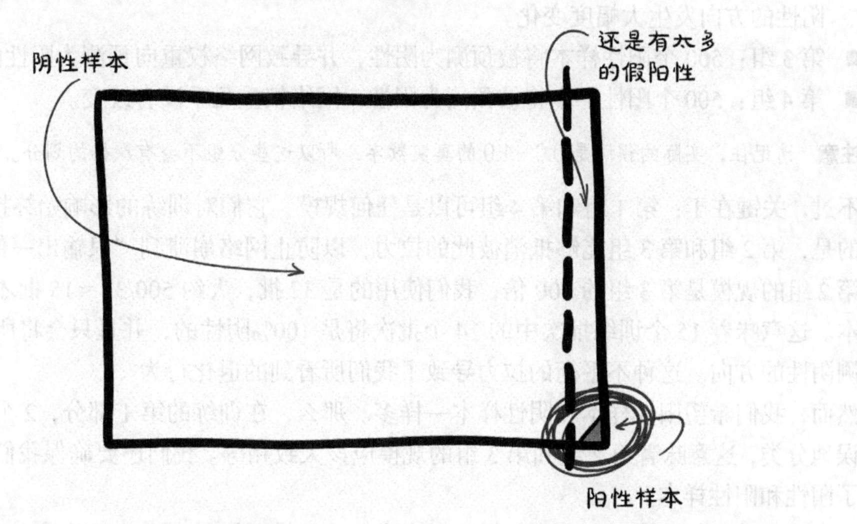

图 12.16 一个不平衡的数据集，大致近似于 LUNA 分类数据中出现的不平衡

现在我们了解得很清楚了：当我们进行以上调整之后，我们的模型将能够很好地处理这种不

① 请记住，这些图像只是分类空间的一种表示，并不代表真实情况。

平衡。假设我们愿意先等待无数个训练迭代周期，甚至愿意在不改变平衡的情况下一直训练模型[①]。但是我们都是忙着做事情的人，所以与其让我们的 GPU 一直烧到热寂为止，不如尝试着通过改变训练时使用的类平衡来让我们的训练数据看起来更理想。

12.4.1 使数据看起来更理想化

使数据看起来更理想化最好的办法是有相对更多的阳性样本。在训练的最初阶段，当我们的样本从随机、混乱变得有组织的时候，只有很少的训练样本是阳性的，这意味着它们被淹没了。

然而，导致这种情况发生的原因有些微妙。回想一下，由于我们的网络权重最初是随机化的，因此网络的每个样本输出也是随机化的，但限制在[0,1]。

注意 我们的损失函数是 nn.CrossEntropyLoss()，它在技术上是对原始对数而不是类概率进行操作的。在我们的讨论中，我们将忽略这一区别，并假定损失和标签-预测增量是同一个东西。

数字上接近正确标签的预测不会导致网络权重发生太大变化，而与正确答案显著不同的预测则会导致权重发生更大的变化。由于使用随机权重初始化模型时，输出是随机的，因此我们可以假设在大约 50 万个训练样本（确切地说是 495,958 个）中，我们将得到如下的近似分组。

- 第 1 组：25 万个阳性样本将被预测为阴性的概率为 0.0 ~ 0.5，并且最多导致网络权重向预测为阴性的方向发生微小变化。
- 第 2 组：25 万个阴性样本将被预测为阳性的概率为 0.5 ~ 1.0，并导致网络权重向预测为阴性的方向发生大幅度变化。
- 第 3 组：500 个阳性样本将被预测为阴性，并导致网络权重向预测为阳性的方向变化。
- 第 4 组：500 个阳性样本将被预测为阳性，网络权重几乎没有改变。

注意 请记住，实际的预测是 0.0 ~ 1.0 的真实数字，所以这些分组不会有严格的划分。

不过，关键在于：第 1 组和第 4 组可以是任何规模，它们对训练的影响始终接近于 0。唯一重要的是，第 2 组和第 3 组能够抵消彼此的拉力，以防止网络崩溃到“只输出一件事”的状态。因为第 2 组的规模是第 3 组的 500 倍，我们使用的是 32 批，大约 500/32≈15 批才能看到一个阳性样本。这意味着 15 个训练批次中的 14 个批次将是 100%阴性的，并且只会将所有模型权重拉向预测阴性的方向。这种不平衡的拉力导致了我们所看到的退化行为。

然而，我们希望阳性样本和阴性样本一样多。那么，在训练的第 1 部分，2 个标签的一半将被错误地分类，这意味着第 2 组和第 3 组的规模应该大致相等。我们还要确保我们提供的批次中混合了阴性和阳性样本。

平衡将导致平等的激烈竞争，每批的混合类别将给模型提供一个公平的机会去学习区分这 2 个类别。因为我们的 LUNA 数据只有少量的固定数量的阳性样本，所以我们只能在训练中反复使用现有的阳性样本。

---

① 目前还不清楚这是否属实，但这似乎是合理的，而且损失正在减少。

辨别力

在这里，我们将辨别力定义为“将 2 个类彼此分开的能力”。我们在第 2 部分中所要做的全部工作就是构建和训练一个模型，它可以从正常的解剖结构中识别出“实际结节”候选者。

其他一些关于辨别力的定义更成问题。虽然辨别力的定义超出了我们在这里讨论的范围，但对现实数据训练的模型来说有一个更大的问题。如果实际数据集是从具有现实辨别力偏见的来源收集的，例如逮捕和定罪率方面的种族偏见，或从社交媒体收集的任何东西，并且在数据集准备和训练期间没有纠正该偏见，得到的模型将继续显示训练数据中存在的相同偏见。

这意味着，几乎所有从大型互联网数据源中训练出来的模型都会以某种方式受到损害，除非采取非常谨慎的措施消除模型中的这些偏见。注意，就像我们在第 2 部分中的目标一样，这被认为是一个未解决的问题。

回想一下第 11 章的教授，他发布的期末考试的考卷中有 99 道题答案为错，1 道题答案为对。下学期，在被告知“你的正误答案应该更加平衡”后，教授决定增加一项期中考试，考卷中有 99 道题答案为对，1 道题答案为错。

很明显，正确的方法是将正确答案和错误答案混合在一起，不允许学生利用更大的测试结构来正确地回答问题。尽管学生会学习“奇数题为真，偶数题为假”等模式，而 PyTorch 使用的批处理系统不允许模型“注意到”或使用这种模式。我们的训练集需要在阳性和阴性样本之间交替更新，如图 12.17 所示。

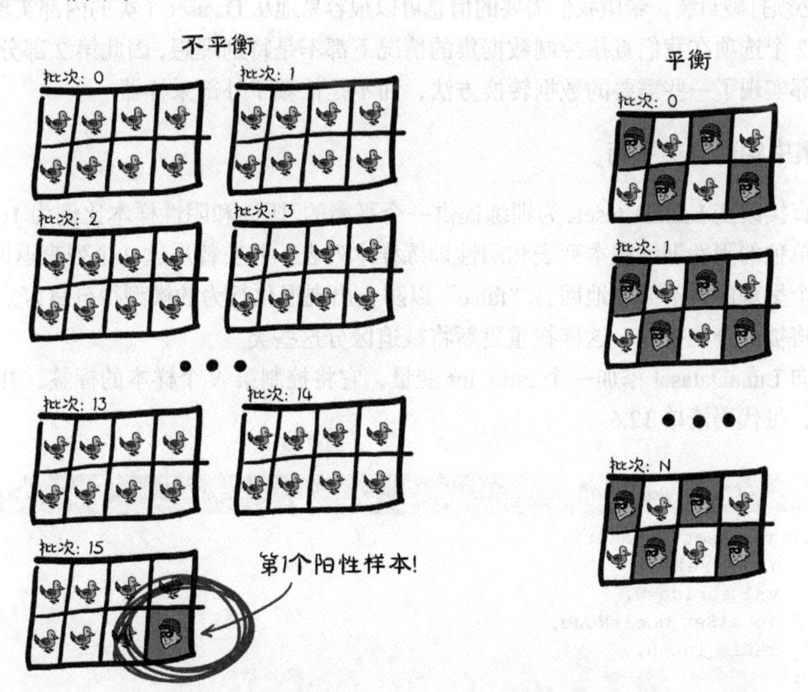

图 12.17 一批又一批不平衡的数据将在第 1 个阳性事件发生之前只有阴性事件，而平衡的数据可以每隔一个样本进行交替

不平衡的数据就是我们在第 9 章开头提到的如同大海捞针的情况，如果你必须手工执行这个分类工作，你可能会开始同情 Preston。

然而我们不会为验证集做任何平衡。我们的模型需要在现实世界中运行良好，而现实世界是不平衡的，毕竟，这就是我们获得原始数据的地方！

我们应该如何实现这种平衡？让我们讨论一下我们所做的选择。

1. 采样器能够重塑数据集

DataLoader 的一个可选参数是 sampler，这允许数据加载器重写传入数据集的原始的迭代顺序，根据需要塑造、限制或重新增强底层数据。这对于处理不在你控制下的数据集非常有用，获取一个公共数据集并对其进行重塑以满足你的需求，比从头开始重新实现该数据集的工作量要少得多。

重塑数据集的缺点是，我们用采样器完成的许多转变要求我们打破底层数据集的封装。例如，假设我们有一个像 CIFAR-10 这样的数据集，它由 10 个相等权重的类组成，而我们希望有一个类（如“飞机”）占所有训练图像的 50%。我们决定使用 WeightedRandomSampler，并给每个“飞机”样本索引赋予更高的权重，但构造权重参数需要我们提前知道哪些索引是飞机。

正如我们所讨论的，Dataset API 只指定子类需要提供__len__()和__getitem__()函数，但没有直接的方法供我们使用，以询问“哪些样本是飞机？”。我们要么必须预先加载每个样本，以查询该样本的类；要么必须打破封装，希望我们需要的信息可以很容易地从 Dataset 子类的内部实现中获得。

由于这 2 个选项在我们直接控制数据集的情况下都不是特别理想，因此第 2 部分的代码在数据集子类内部实现了一些需要的数据转换方法，而不是依赖于外部采样器。

2. 在数据集中实现分类平衡

我们将直接改变 LunaDataset，为训练提供一个平衡的、阳性和阴性样本比例为 1:1 的数据集。我们将保留单独的阴性训练样本列表和阳性训练样本列表，并交替从这 2 个列表返回样本。

对每一个呈现的样本简单地回答“false”以防止出现退化行为的模型得分良好。此外，阳性类和阴性类将被混合在一起，这样权重更新将被迫区分这些类。

让我们向 LunaDataset 添加一个 ratio_int 变量，它将控制第 N 个样本的标签，并跟踪由标签分隔的样本，见代码清单 12.6。

代码清单 12.6　dsets.py:217, class LunaDataset

```
class LunaDataset(Dataset):
  def __init__(self,
         val_stride=0,
         isValSet_bool=None,
         ratio_int=0,
      ):
    self.ratio_int = ratio_int
    # ... line 228
    self.negative_list = [
```

```
      nt for nt in self.candidateInfo_list if not nt.isNodule_bool
    ]
    self.pos_list = [
      nt for nt in self.candidateInfo_list if nt.isNodule_bool
    ]
    # ... line 265
                                          我们将在每个迭代周期的顶部调用
                                          它，以随机化所呈现的样本的顺序
def shuffleSamples(self):          <-
    if self.ratio_int:
      random.shuffle(self.negative_list)
      random.shuffle(self.pos_list)
```

这样，我们就为每个标签提供了专用的列表。使用这些列表，为数据集中的给定索引返回我们想要的标签变得容易得多。为了确保索引是正确的，我们应该标明我们想要的顺序。我们假设 ratio_int 为 2，即阴性样本与阳性样本的比例为 2∶1。这意味着每隔 2 个索引对应 1 个阳性索引：

```
DS Index   0 1 2 3 4 5 6 7 8 9 ...
Label      + - - + - - + - - +
Pos Index  0     1     2     3
Neg Index    0 1   2 3   4 5
```

数据集索引和阳性索引（阳性标签元素对应的下标）的关系很简单：将数据集索引除以 3，然后向下舍入。阴性索引（阴性标签元素对应的下标）稍微复杂一些，因为我们必须从数据集索引中减去 1，然后减去最近的阳性索引。

在我们的 LunaDataset 类中实现，见代码清单 12.7。

代码清单 12.7　dsets.py:286, LunaDataset.__getitem__

```
def __getitem__(self, ndx):                  ratio_int 为 0 意味着
  if self.ratio_int:                   <-    使用本地的平衡
    pos_ndx = ndx // (self.ratio_int + 1)
                                                    非 0 余数表示这是一个阴性样本
    if ndx % (self.ratio_int + 1):           <-
      neg_ndx = ndx - 1 - pos_ndx
      neg_ndx %= len(self.negative_list)              <-
      candidateInfo_tup = self.negative_list[neg_ndx]      溢出导致环绕
    else:
      pos_ndx %= len(self.pos_list)                   <-
      candidateInfo_tup = self.pos_list[pos_ndx]
  else:                                                如果不平衡类，则
    candidateInfo_tup = self.candidateInfo_list[ndx]  <-  返回第 N 个样本
```

这可能有点儿麻烦，但如果你检查一下，就会明白必须这样做。请记住，如果阳性样本和阴性样本的比率较低，我们将在耗尽数据集之前用完阳性样本。为了解决这个问题，我们在索引 self.pos_list 之前取 pos_ndx 的模。虽然由于阴性样本的数量太多，neg_ndx 永远不会发生同样的下标越界，但我们还是要取模，以防我们以后做一个可能导致下标越界的更改。

我们还将更改数据集的长度，虽然这并不是绝对必要的，但是加快各个训练迭代周期的速度是很好的，我们将把长度硬编码为 200,000，见代码清单 12.8。

代码清单 12.8 dsets.py:280, LunaDataset.__len__

```
def __len__(self):
  if self.ratio_int:
    return 200000
  else:
    return len(self.candidateInfo_list)
```

我们不再局限于特定数量的样本，当我们不得不多次重复正样本来呈现一个平衡的训练集时，呈现“一个完整的迭代周期”是没有意义的。通过挑选 200,000 个样本，我们缩短了从开始训练到看到结果的时间，更快的反馈总是好的！并且我们给每个迭代周期适当数量的样本。请随意调整迭代周期的长度以满足你的需求。

完整起见，我们还添加了一个命令行参数，见代码清单 12.9。

代码清单 12.9 training.py:31, class LunaTrainingApp

```
class LunaTrainingApp:
  def __init__(self, sys_argv=None):
    # ... line 52
    parser.add_argument('--balanced',
      help="Balance the training data to half positive, half negative.",
      action='store_true',
      default=False,
    )
```

然后我们将该参数传递给 LunaDataset()构造函数，见代码清单 12.10。

代码清单 12.10 training.py:137, LunaTrainingApp.initTrainDl

```
def initTrainDl(self):
  train_ds = LunaDataset(
    val_stride=10,
    isValSet_bool=False,
    ratio_int=int(self.cli_args.balanced),   <-- 这里我们依赖于 Python 的 True 可转换为 1
  )
```

都准备好了，让我们开始运行吧！

12.4.2 使用平衡的 LunaDataset 与之前的数据集运行情况对比

提醒一下，我们的不平衡数据集运行结果如下：

```
$ python -m p2ch12.training
...
E1 LunaTrainingApp
E1 trn      0.0185 loss,  99.7% correct, 0.0000 precision, 0.0000 recall,
➥ nan f1 score
E1 trn_neg 0.0026 loss, 100.0% correct (494717 of 494743)
E1 trn_pos 6.5267 loss,   0.0% correct (0 of 1215)
...
```

```
E1 val     0.0173 loss,  99.8% correct, nan precision, 0.0000 recall,
➥ nan f1 score
E1 val_neg 0.0026 loss, 100.0% correct (54971 of 54971)
E1 val_pos 5.9577 loss,   0.0% correct (0 of 136)
```

但当我们添加--balanced 参数运行时，我们会看到以下结果：

```
$ python -m p2ch12.training --balanced
...
E1 LunaTrainingApp
E1 trn       0.1734 loss, 92.8% correct, 0.9363 precision, 0.9194 recall,
➥ 0.9277 f1 score
E1 trn_neg   0.1770 loss, 93.7% correct (93741 of 100000)
E1 trn_pos   0.1698 loss, 91.9% correct (91939 of 100000)
...
E1 val       0.0564 loss, 98.4% correct, 0.1102 precision, 0.7941 recall,
➥ 0.1935 f1 score
E1 val_neg   0.0542 loss, 98.4% correct (54099 of 54971)
E1 val_pos   0.9549 loss, 79.4% correct (108 of 136)
```

这看起来好多了！我们放弃了大约 5%的阴性样本的正确答案，获得了 86%的阳性样本的正确答案。我们又回到了实线 B 的范围[①]！

然而，正如第 11 章所说，这个结果是不准确的。因为阴性样本是阳性样本的约 400 倍，即使只有 1%的错误也意味着我们错误地将阴性样本分类为阳性的次数是实际阳性样本总数的约 4 倍！

尽管如此，这显然比第 11 章中完全错误的行为要好，也比"随机抛硬币"要好得多。事实上，模型已经在现实的场景中发挥了（几乎）合理的作用。回想一下，超负荷工作的放射科医生仔细检查 CT 的每一个小点：现在我们有了一种合理的方法，可以筛选出 95%的假阳性。这个帮助巨大，因为对于有机器辅助的人类来说，这意味着生产率提高了大约 10 倍。

当然，仍然有一个令人讨厌的问题，那就是 14%的阳性样本被遗漏了，这是我们应该解决的问题。也许增加一些训练迭代周期会有所帮助，让我们看看（再一次，预计每个迭代周期至少需要 10 分钟）：

```
$ python -m p2ch12.training --balanced --epochs 20
...
E2 LunaTrainingApp
E2 trn      0.0432 loss, 98.7% correct, 0.9866 precision, 0.9879 recall,
➥ 0.9873 f1 score
E2 trn_ben  0.0545 loss, 98.7% correct (98663 of 100000)
E2 trn_mal  0.0318 loss, 98.8% correct (98790 of 100000)
E2 val      0.0603 loss, 98.5% correct, 0.1271 precision, 0.8456 recall,
➥ 0.2209 f1 score
E2 val_ben  0.0584 loss, 98.6% correct (54181 of 54971)
E2 val_mal  0.8471 loss, 84.6% correct (115 of 136)
...
E5 trn      0.0578 loss, 98.3% correct, 0.9839 precision, 0.9823 recall,
```

① 记住，这仅仅是在提供了 200,000 个训练样本之后，而不是 500,000 多个不平衡的数据集，所以我们用了不到一半的时间就达到了目标。

```
➥ 0.9831 f1 score
E5 trn_ben  0.0665 loss, 98.4% correct (98388 of 100000)
E5 trn_mal  0.0490 loss, 98.2% correct (98227 of 100000)
E5 val      0.0361 loss, 99.2% correct, 0.2129 precision, 0.8235 recall,
➥ 0.3384 f1 score
E5 val_ben  0.0336 loss, 99.2% correct (54557 of 54971)
E5 val_mal  1.0515 loss, 82.4% correct (112 of 136)...
...
E10 trn     0.0212 loss, 99.5% correct, 0.9942 precision, 0.9953 recall,
➥ 0.9948 f1 score
E10 trn_ben 0.0281 loss, 99.4% correct (99421 of 100000)
E10 trn_mal 0.0142 loss, 99.5% correct (99530 of 100000)
E10 val     0.0457 loss, 99.3% correct, 0.2171 precision, 0.7647 recall,
➥ 0.3382 f1 score
E10 val_ben 0.0407 loss, 99.3% correct (54596 of 54971)
E10 val_mal 2.0594 loss, 76.5% correct (104 of 136)
...
E20 trn     0.0132 loss, 99.7% correct, 0.9964 precision, 0.9974 recall,
➥ 0.9969 f1 score
E20 trn_ben 0.0186 loss, 99.6% correct (99642 of 100000)
E20 trn_mal 0.0079 loss, 99.7% correct (99736 of 100000)
E20 val     0.0200 loss, 99.7% correct, 0.4780 precision, 0.7206 recall,
➥ 0.5748 f1 score
E20 val_ben 0.0133 loss, 99.8% correct (54864 of 54971)
E20 val_mal 2.7101 loss, 72.1% correct (98 of 136)
```

我们需要翻查很多文本才能找到我们感兴趣的数字。让我们继续，并将重点放在 val_mal××.×% correct 数字上，或是跳到 TensorBoard 图上。在第 2 个迭代周期，正确率达到了 87.5%，在第 5 个迭代周期，达到了 92.6%的峰值，然后到第 20 个迭代周期，降到了 86.8%，这低于第 2 个迭代周期！

注意　如前所述，由于网络权重的随机初始化以及每个迭代周期的训练样本的随机选择和排序，预计每次运行结果表现都不一样。

训练集似乎没有这种问题。阴性训练样本分类正确率为 98.8%，阳性训练样本分类正确率为 99.1%。怎么回事呢？

12.4.3　认识过拟合

我们现在看到的是明显过拟合迹象。让我们看看阳性样本的损失曲线，如图 12.18 所示。

在这里，我们可以看到阳性样本的训练损失接近 0，即每个阳性样本都得到了一个近乎完美的预测。然而，阳性样本的验证损失正在增加，这意味着模型实际的表现可能会变得更糟。此时，最好停止训练脚本，因为模型将不再得到改进。

提示　一般来说，如果模型在你的训练集上表现得更好，而在你的验证集上表现得更差，那么这个模型过拟合了。

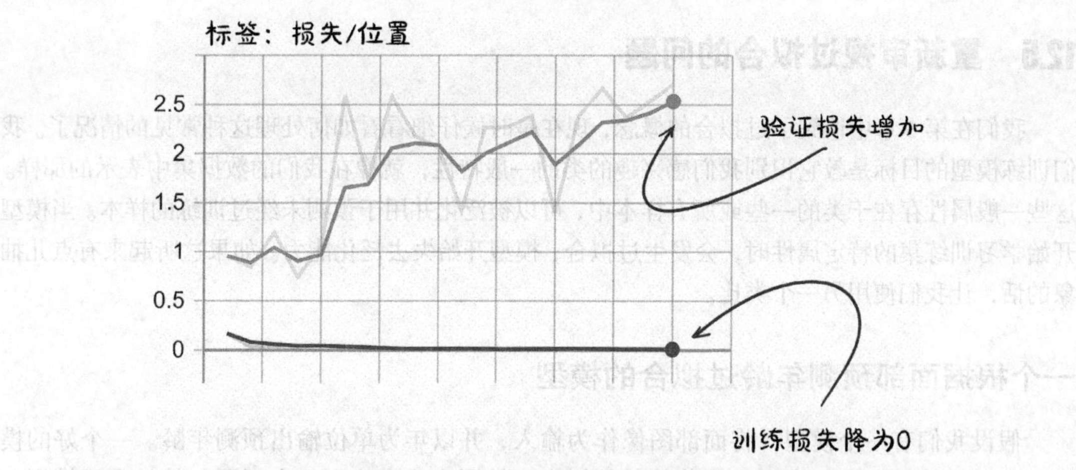

图 12.18 阳性损失显示出明显的过拟合迹象，因为训练损失和验证损失的趋势是不同的

然而，我们必须注意检查正确的指标，因为这种趋势只发生在阳性损失上。查看我们的整体损失，一切似乎都很好！这是因为我们的验证集是不平衡的，所以总体损失主要是由阴性样本主导的。如图 12.19 所示，对于我们的阴性样本，我们没有看到相同的发散行为。相反，我们的阴性损失看起来很棒！那是因为我们有超过 400 倍的阴性样本，所以模型要记住个体的细节要困难得多。然而，我们的阳性训练集只有 1215 个样本，当我们多次重复这些样本时，就使得它们并不难于记忆了。该模型正在从普遍的原理转向从本质上记住 1215 个样本的细节，并声称任何不属于这 1215 个样本的样本都是阴性的，包括阴性的训练样本和我们的验证集中的所有样本（包括阳性和阴性）。

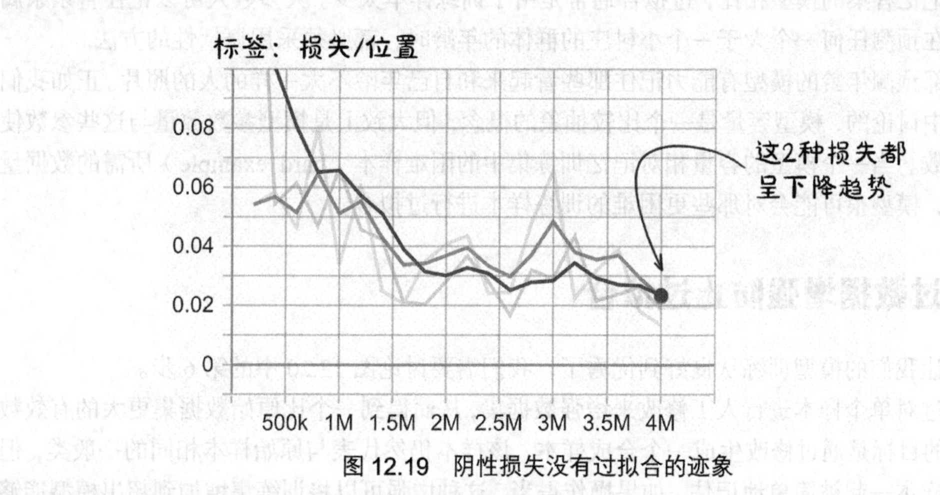

图 12.19 阴性损失没有过拟合的迹象

显然，模型仍然存在泛化，因为我们对大约 70%的阳性验证集进行了正确的分类。我们只需要改变训练模型的方式，以便训练集和验证集都朝着正确的方向发展。

12.5 重新审视过拟合的问题

我们在第 5 章中谈到了过拟合的概念，现在是时候仔细看看如何处理这种常见的情况了。我们训练模型的目标是教它识别我们感兴趣的类的一般特性，就像在我们的数据集中表示的那样。这些一般属性存在于类的一些或所有样本中，可以被泛化并用于预测未经过训练的样本。当模型开始学习训练集的特定属性时，会发生过拟合，模型开始失去泛化能力。如果这听起来有点儿抽象的话，让我们使用另一个类比。

一个根据面部预测年龄过拟合的模型

假设我们有一个模型，将面部图像作为输入，并以年为单位输出预测年龄。一个好的模型会选择皱纹、白发、发型、服装等年龄标志，并用这些来建立一个不同年龄的通用模型。当出示一张新照片时，它会考虑“保守的发型”“老花镜”“皱纹”等因素，得出“65 岁左右”的结论。

相比之下，过拟合模型通过记住识别的细节来记住特定的人。“你的发型和眼镜说明是弗兰克”“他已经 62.8 岁了”“哦，那道伤疤说明是哈利，他 39.3 岁了”等。当向模型展示一个陌生人时，它不会认出这个人，也无法预测他的年龄。

更糟糕的是，如果给模型一张小弗兰克的照片（和他爸爸一模一样，至少当他戴着眼镜的时候），模型会说“我想那是弗兰克，他已经 62.8 岁了”，尽管小弗兰克比他爸爸年轻 25 岁！

与仅会记忆答案的模型相比，过拟合通常是由于训练样本太少。大多数人可以记住直系亲属的生日，但在预测任何一个大于一个小村庄的群体的年龄时，都必须采用概括性的方法。

根据面部预测年龄的模型有能力记住那些看起来和自己年龄不太一样的人的照片。正如我们在第 1 部分中讨论的，模型容量是一个比较抽象的概念，但大致上是模型参数数量与这些参数使用效率的函数。当一个模型的容量相对记忆训练集中的困难样本（hard example）所需的数据量来说很高时，模型很可能会对那些更困难的训练样本进行过拟合。

12.6 通过数据增强防止过拟合

是时候让我们的模型训练从良好到优秀了，我们需要讨论图 12.20 中的第 6 步。

我们通过对单个样本进行人工修改来增强数据集，从而得到一个比原始数据集更大的有效数据集。典型的目标是通过修改生成一个合成样本，该样本仍然代表与原始样本相同的一般类，但不能与原始样本一起被简单地记住。如果操作得当，这种增强可以将训练集增加到超出模型能够记忆的范围，导致模型被迫越来越依赖于泛化，这正是我们想要的。在处理有限的数据时，这样做特别有用，正如我们在 12.4.1 小节中看到的。

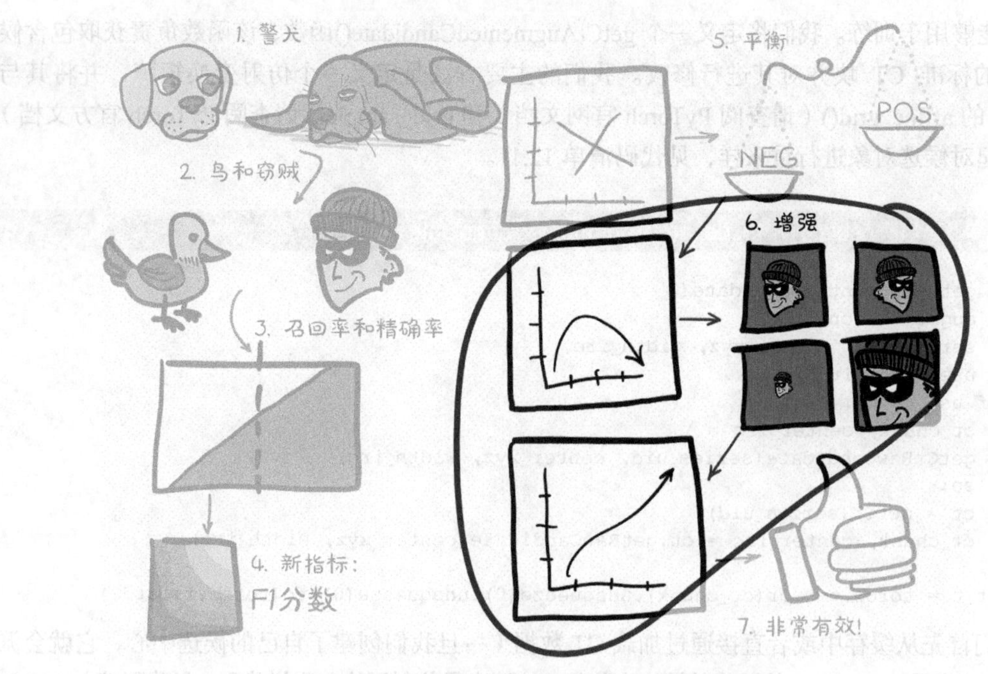

图 12.20 本章的主题集，关注点是数据增强

当然，并不是所有的数据增强都同样有用。回到“根据面部预测年龄的模型”的例子中，我们可以简单地将每幅图像的 4 个角像素的红色通道更改为 0～255 的随机值，这将导致数据集是原始数据的 40 亿倍。当然，这并不是特别有用，因为模型可以很容易地学会忽略图像角落中的红点，而图像的其余部分仍然像单个未经处理的原始图像一样容易被记忆。将这种方法与从左到右翻转图像的方法进行对比，这样做只会导致数据集是原始数据集的两倍大，但是每一幅图像对于训练目的会更有用一些。衰老的一般特性不是从左到右关联的，因此镜像仍然具有代表性。同样，完全对称的面部照片也很少见，所以镜像的照片不太可能和原始照片一起被轻易记住。

12.6.1 具体的数据增强技术

我们将实现 5 种特定类型的数据增强技术（我们的实现需要我们单独地或总体地对其中的任何一个或所有对象进行试验），这 5 种技术如下。

- 上下、左右和/或前后镜像图像。
- 将图像移动几个体素。
- 放大或缩小图像。
- 围绕头-脚轴旋转图像。
- 为图像添加噪声。

对于每一种技术，我们都希望我们的方法能够保持训练样本的表征，同时又有足够的差异性使样本能够用于训练。我们将定义一个 getCtAugmentedCandidate()函数，该函数负责获取包含候选对象的标准 CT 块并对其进行修改。我们的主要方法是定义一个仿射变换矩阵，并将其与 PyTorch 的 affine_grid()（请查阅 PyTorch 官网文档）和 grid_sample（请查阅 PyTorch 官方文档）函数一起对候选对象进行重采样，见代码清单 12.11。

代码清单 12.11　dsets.py:149, def getCtAugmentedCandidate

```
def getCtAugmentedCandidate(
    augmentation_dict,
    series_uid, center_xyz, width_irc,
    use_cache=True):
  if use_cache:
    ct_chunk, center_irc = \
    getCtRawCandidate(series_uid, center_xyz, width_irc)
  else:
    ct = getCt(series_uid)
    ct_chunk, center_irc = ct.getRawCandidate(center_xyz, width_irc)

  ct_t = torch.tensor(ct_chunk).unsqueeze(0).unsqueeze(0).to(torch.float32)
```

我们首先从缓存中或者直接通过加载 CT 数据（一旦我们创建了自己的候选中心，它就会派上用场）来获取 ct_chunk，然后将其转换为张量。接下来是仿射网格和采样代码，见代码清单 12.12。

代码清单 12.12　dsets.py:162, def getCtAugmentedCandidate

```
transform_t = torch.eye(4)
# ...                          <-- 这里将对 transform_tensor 进行修改
# ... line 195
affine_t = F.affine_grid(
    transform_t[:3].unsqueeze(0).to(torch.float32),
    ct_t.size(),)
    align_corners=False,
  )

augmented_chunk = F.grid_sample(
    ct_t,
    affine_t,
    padding_mode='border',
    align_corners=False,
  ).to('cpu')
# ... line 214
return augmented_chunk[0], center_irc
```

如果没有任何附加功能，此函数将不会起多大作用。让我们看看添加一些实际的转换需要做些什么。

注意　构建数据管道是很重要的，这样缓存就会在数据增强之前完成，否则，将导致数据首先被增强，然后保持在该状态，这与我们的目的相悖。

1. 镜像

当创建一个样本的镜像时，我们保持像素值完全相同，只改变图像的方向。由于肿瘤生长与图像左右或前后之间没有很强的相关性，我们应该能够在不改变样本原本表征的情况下翻转它们。然而，索引轴（在病人坐标系中称为 *z* 轴）对应的是直立人体的重力方向，所以肿瘤的顶部和底部可能有差异。我们会假设一切正常，因为快速目测后并没有发现任何严重的偏差。如果我们正在进行一个与临床相关的项目，我们需要向专家确认这个假设，见代码清单 12.13。

代码清单 12.13　dsets.py:165, def getCtAugmentedCandidate

```
for i in range(3):
  if 'flip' in augmentation_dict:
    if random.random() > 0.5:
      transform_t[i,i] *= -1
```

grid_sample()函数将[-1,1]映射到新旧张量的实际区间，如果大小不同，则会隐式地进行缩放。这个范围映射需要镜像数据，我们所需要做的就是将变换矩阵的相关元素乘-1。

2. 随机偏移

因为卷积是独立于平移的，所以移动候选结节的位置应该不会有太大的影响，尽管这将使我们的模型对非中心对称的结节更加健壮。更重要的影响在于偏移量可能不是体素的整数，相反，数据将使用 3 线性插值重新采样，这可能会导致一些轻微的模糊。样本边缘的体素将会重叠，这可以看作沿着边界的一个模糊的、条纹状的部分，见代码清单 12.14。

代码清单 12.14　dsets.py:165, def getCtAugmentedCandidate

```
for i in range(3):
  # ... line 170
  if 'offset' in augmentation_dict:
    offset_float = augmentation_dict['offset']
    random_float = (random.random() * 2 - 1)
    transform_t[i,3] = offset_float * random_float
```

请注意，我们的 offset 参数是表示为网格样本函数期望的[-1,1]范围的最大偏移量。

3. 缩放

略微缩放图像非常类似于图像镜像和平移，这样做也会导致重复的边缘体素，我们刚才在讨论平移样本时提到过。见代码清单 12.15。

代码清单 12.15　dsets.py:165, def getCtAugmentedCandidate

```
for i in range(3):
  # ... line 175
  if 'scale' in augmentation_dict:
```

```
    scale_float = augmentation_dict['scale']
    random_float = (random.random() * 2 - 1)
    transform_t[i,i] *= 1.0 + scale_float * random_float
```

由于 random_float 被转换到[-1,1]范围内，因此实际上我们是否将 1.0 加上或减去 scale_float*random_float 并不重要。

4. 旋转

我们必须仔细审视我们的数据，以确保样本不会因为旋转而中断，从而导致它不再具有代表性。回想一下，我们的 CT 切片在行和列（*x* 和 *y* 轴）上有均匀的间距，但在索引（或 *z* 轴）方向上，体素是非立体的。这意味着我们不能把这些坐标轴看成可以互换的。

一种选择是重新采样数据，这样我们沿着索引轴的分辨率就和其他 2 个轴的分辨率一样，但这不是一个真正的解决方案，因为沿着索引轴的数据将非常模糊，即使我们插入更多的体素，数据的保真度仍然很差。相反，我们将把这个轴视为特殊轴，并将旋转限制在 *xOy* 平面上，见代码清单 12.16。

代码清单 12.16　dsets.py:181, def getCtAugmentedCandidate

```
  if 'rotate' in augmentation_dict:
    angle_rad = random.random() * math.pi * 2
    s = math.sin(angle_rad)
    c = math.cos(angle_rad)

    rotation_t = torch.tensor([
      [c, -s, 0, 0],
      [s, c, 0, 0],
      [0, 0, 1, 0],
      [0, 0, 0, 1],
    ])

    transform_t @= rotation_t
```

5. 噪声

该增强技术与其他技术的不同之处在于，它在一定程度上会对我们的样本产生破坏，而翻转或旋转样本则不会。如果我们在样本中加入太多的噪声，会淹没真实的数据，使其无法有效地分类。如果我们使用极端的输入值，那么移动和缩放样本也会发生类似的情况，但是我们选择的值只会影响样本的边缘。噪声会对整幅图像产生影响，见代码清单 12.17。

代码清单 12.17　dsets.py:208, def getCtAugmentedCandidate

```
  if 'noise' in augmentation_dict:
    noise_t = torch.randn_like(augmented_chunk)
    noise_t *= augmentation_dict['noise']

    augmented_chunk += noise_t
```

其他类型的增强方法增加了数据集的有效大小。噪声使我们的模型更难工作，当我们看到一些训练结果时，我们再重新讨论这个问题。

6. 检查增强候选对象

我们可以在图 12.21 中看到我们努力的结果。左上角的图像显示了一个未增强的阳性候选对象，接下来的 5 幅图像分别显示了每种增强类型的效果。最终，最后一行显示了 3 次合并的结果。

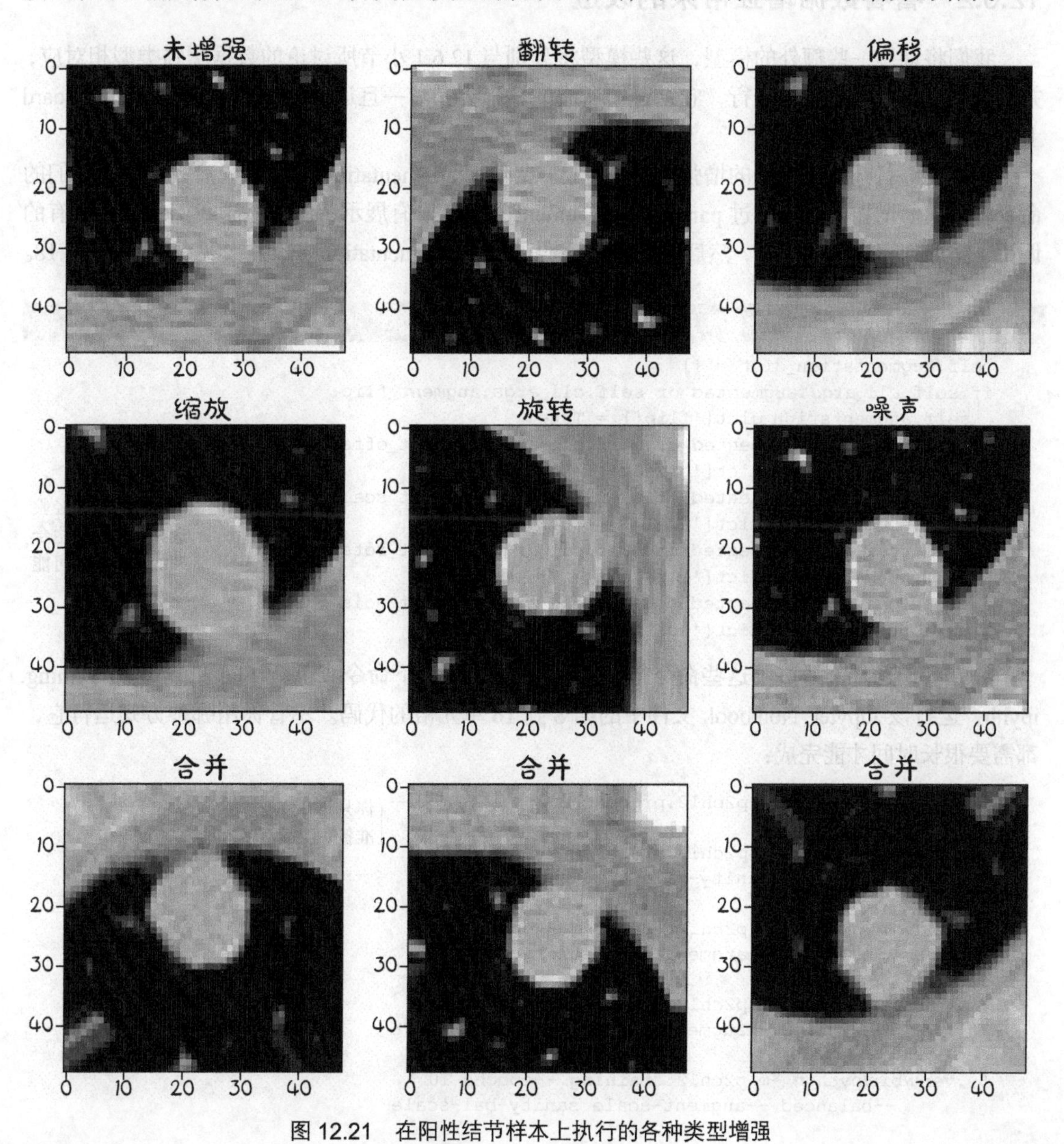

图 12.21　在阳性结节样本上执行的各种类型增强

因为每次对增强数据集调用__getitem__()函数都会随机地重新应用增强，所以最下面一行中每幅图像看起来都不一样。这也意味着几乎不可能再次生成完全相同的图像！同样重要的是，有时“翻转”增强会导致图像并没有被翻转。返回总是经过翻转增强的图像与没有应用翻转增强的图像一样具有局限性。现在让我们看看这些是否有区别。

12.6.2 看看数据增强带来的改进

我们将训练一些额外的模型，这些模型将分别与 12.6.1 小节所讨论的数据增强类型相对应，并使用另外一个模型训练运行，它结合了所有的增强类型。一旦运行完，我们将在 TensorBoard 上看到结果。

为了能够打开和关闭新的增强类型，我们需要使用 augmentation_dict 构造参数暴露给我们的命令行界面。增加类型将通过 parser.add_argument 调用（没有展示，但类似于我们的程序已有的调用）添加到我们的程序中，然后将其输入代码的实参 augmentation_dict 中，见代码清单 12.18。

代码清单 12.18　training.py:105, LunaTrainingApp.__init__

```
self.augmentation_dict = {}
if self.cli_args.augmented or self.cli_args.augment_flip:
  self.augmentation_dict['flip'] = True
if self.cli_args.augmented or self.cli_args.augment_offset:
  self.augmentation_dict['offset'] = 0.1
if self.cli_args.augmented or self.cli_args.augment_scale:
  self.augmentation_dict['scale'] = 0.2
if self.cli_args.augmented or self.cli_args.augment_rotate:
  self.augmentation_dict['rotate'] = True
if self.cli_args.augmented or self.cli_args.augment_noise:
  self.augmentation_dict['noise'] = 25.0
```

这些值是根据经验选择的，以产生合理的影响，但可能存在更好的值

现在我们已经准备好了这些命令行参数，你可以运行以下命令或重新访问 p2_run_everything.ipynb，运行该 Jupyter Notebook 文件中的第 8 到 16 单元格的代码。不管你用哪种方式运行它，都需要很长时间才能完成：

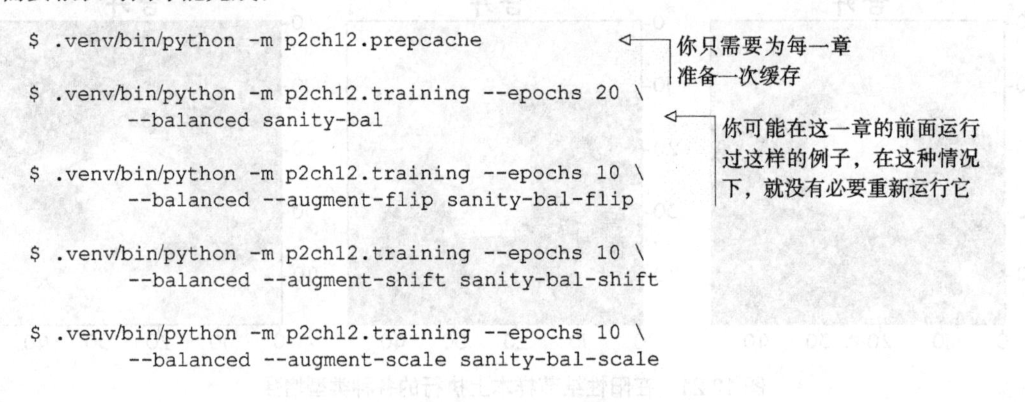

```
$ .venv/bin/python -m p2ch12.prepcache

$ .venv/bin/python -m p2ch12.training --epochs 20 \
      --balanced sanity-bal

$ .venv/bin/python -m p2ch12.training --epochs 10 \
      --balanced --augment-flip sanity-bal-flip

$ .venv/bin/python -m p2ch12.training --epochs 10 \
      --balanced --augment-shift sanity-bal-shift

$ .venv/bin/python -m p2ch12.training --epochs 10 \
      --balanced --augment-scale sanity-bal-scale
```

```
$ .venv/bin/python -m p2ch12.training --epochs 10 \
    --balanced --augment-rotate sanity-bal-rotate

$ .venv/bin/python -m p2ch12.training --epochs 10 \
    --balanced --augment-noise sanity-bal-noise

$ .venv/bin/python -m p2ch12.training --epochs 20 \
    --balanced --augmented sanity-bal-aug
```

当它运行时，我们可以启动 TensorBoard，将 logdir 参数修改为../path/to/tensorboard --logdir runs/p2ch12，从而指示它只显示这些运行结果。

根据你所使用的硬件，训练可能需要很长时间。如果你需要更快地进行训练，可以随意跳过翻转、移动和缩放这些训练任务，并将第 1 次和最后一次运行缩短到 11 个训练迭代周期。我们选择了 20 次，因为这有助于它们从其他的运行中脱颖而出，但 11 次应该也可以。

如果让训练都正常完成，那么 TensorBoard 应该具有图 12.22 所示的数据。我们在 TensorBoard 中只选择验证数据，以使图更清晰。当你查看实时数据时，还可以更改平滑值，这有助于使趋势线更加明晰。先快速看一下图 12.22，然后我们再详细地介绍。

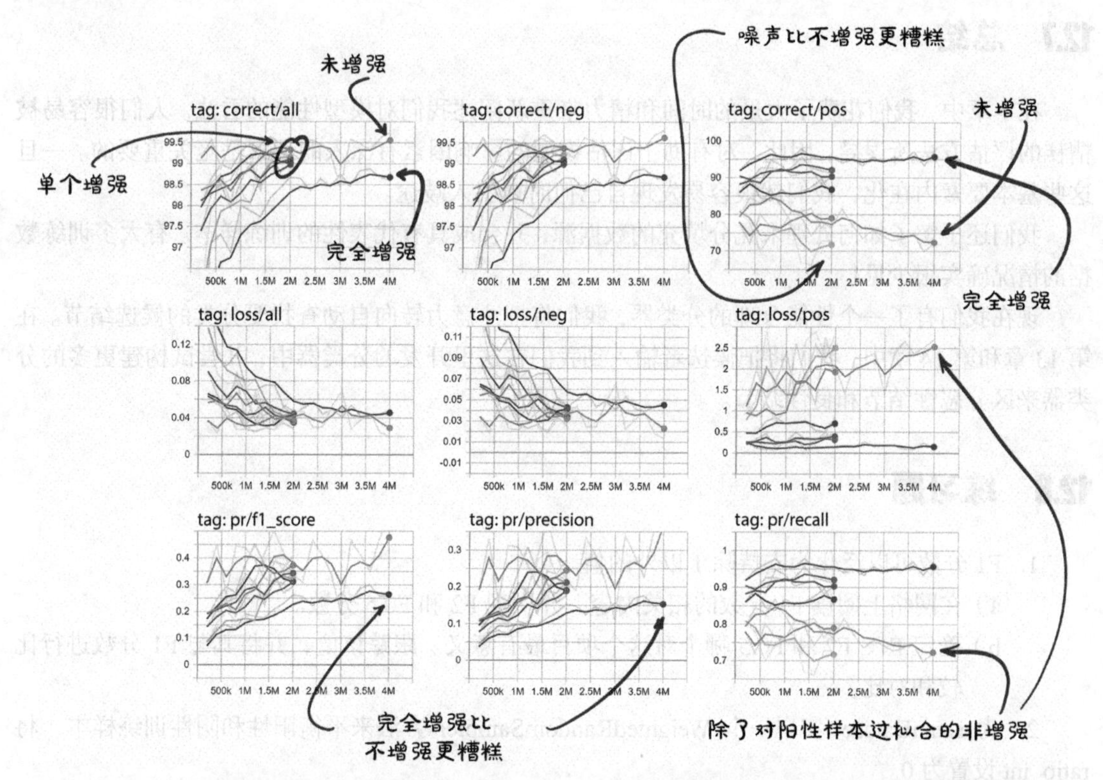

图 12.22 验证集的正确分类百分比、损失、F1 分数、精确率和召回率，这些数据来自使用各种增强技术训练的网络

在图 12.22 的左上角（“tag: correct/all”）中要注意的第 1 件事是，各个增强类型有些混乱。我们的未增强类型和完全增强类型位于混乱的两边。这意味着当加起来时，增强大于各部分之和。同样有趣的是，我们的完全增强运行得到更多错误的答案。虽然这通常是不好的，但如果我们观察图 12.22 右边一列的图像（这些图像集中在阳性候选样本上，我们实际上关心的是实际结节的样本），我们会发现我们的完全增强模型在寻找阳性候选样本方面会好得多。完全增强的召回率很好，且在防止过拟合方面做得更好。正如我们前面所看到的，我们的非增强模型随着时间的推移会变得更糟。

值得注意的一件有趣的事情是，噪声增强模型在识别结节方面比未增强模型差。

从实时数据中（这里有点儿混乱）可以看到的另一件有趣的事情是，旋转增强模型在召回率方面几乎和完全增强模型一样好，而且它的精确率更高。由于我们的 F1 分数的精确率有限（由于阴性样本的数量较多），旋转增强模型具有更好的 F1 分数。

我们将继续使用完全增强的模型，因为我们的用例需要很高的召回率。F1 分数仍然会被用于确定将哪一个迭代周期进行保存才是最佳选择。在实际项目中，我们可能需要花更多的时间来研究增强类型和参数值的不同组合是否可以产生更好的结果。

12.7 总结

在本章中，我们花费了大量的时间和精力来重新阐述我们对模型性能的看法。人们很容易被糟糕的评估方法所误导，因此，对有助于评估模型的影响因素有深入的理解是至关重要的。一旦这些基本要素内在化，我们就很容易发现自己何时被引入歧途。

我们还了解了如何处理未充分填充的数据源，并合成具有代表性的训练样本。有太多训练数据的情况确实很少见！

现在我们有了一个性能合理的分类器，我们将把注意力转向自动查找要分类的候选结节。在第 13 章和第 14 章中，我们将把候选者输入到我们在这里开发的分类器中，并尝试构建更多的分类器来区分恶性结节和良性结节。

12.8 练习题

1. F1 分数可以泛化为支持除 1 以外的值。
    a）在网络上阅读 F1 分数的相关内容，并实现 F2 和 F0.5 分数。
    b）确定 F1、F2 和 F0.5 哪个对这个项目最有意义。跟踪该值，并将其与 F1 分数进行比较和对比。

2. 为 LunaDataset 实现一个 WeightedRandomSampler 方法来平衡阳性和阴性训练样本，将 ratio_int 设置为 0。
    a）你是如何获得每个样本类别所需的信息的？
    b）采用哪种方法更容易？采用哪种方法会使代码可读性更好？

3. 尝试不同的类别平衡方案。
   a）2 轮训练之后最佳分数比是多少呢？20 个迭代周期之后呢？
   b）如果比率是关于 epoch_ndx 的函数会怎么样？
4. 试验不同的数据增强方法。
   a）现有的方法中是否有更激进的（噪声、偏移等）？
   b）噪声增强方法对你的训练结果是有帮助还是有阻碍？
   是否有其他值可以改变这个结果？
   c）研究其他项目使用的数据增强方法，这些方法是否适用于此？
   实现“混合”增强阳性结节候选对象，对此项目有帮助吗？
5. 将最初的归一化方法从 nn.BatchNorm 换成其他自定义的方法，然后重新训练模型。
   a）使用固定归一化方法能得到更好的结果吗？
   b）什么样的归一化偏移量和比例有意义？
   c）像平方根这样的非线性归一化有用吗？
6. 除了我们在这里介绍的那些数据，TensorBoard 还可以显示哪些类型的数据？
   a）你能让它显示关于你的网络权重的信息吗？
   b）在特定样本上运行你的模型，中间结果如何？
   将模型的主干包裹在 nn.Sequential 的一个实例中，是有帮助还是有阻碍呢？

12.9 本章小结

- 一个二元标签和一个二分类阈值组合起来将数据集划分为 4 个象限：真阳性、真阴性、假阴性和假阳性。这 4 个量为我们改进的性能指标提供了基础。
- 召回率是模型最大化真阳性的能力。因为所有的正确答案都包括在内，所以选择每一个单项都保证完美的召回率，但也表现出较差的精确率。
- 精确率是一个模型最小化假阴性的能力。因为都是正确的答案，所以当不选择任何答案时可保证完美的精确率，但也表现出糟糕的召回率。
- F1 分数将精确率和召回率结合在一起，组成一个单独的指标来表示模型的性能。我们使用 F1 分数来确定训练或模型的变化对我们的表现有什么影响。
- 在训练过程中平衡训练集，使阳性和阴性样本数相等，可以使模型表现得更好（表现为具有阳性的、不断增加的 F1 分数）。
- 数据增强利用现有的原始数据样本，并对其进行修改，使得到的增强样本与原始样本有很大的不同，但仍然是同一类样本的代表。这允许在数据有限的情况下进行额外的训练而不会过拟合。
- 常见的数据增强策略包括改变方向、镜像、重缩放、偏移量移位和添加噪声等。根据项目的不同，其他更特殊的策略也可能是有意义的。

第 13 章 利用分割法寻找可疑结节

本章主要内容

- 用像素模型分割数据。
- 使用 U-Net 进行分割。
- 理解使用骰子损失的掩码预测。
- 评估分割模型的性能。

在前面 4 章中，我们取得了很大的进展。我们了解了 CT 扫描和肺部肿瘤、数据集和数据加载器，以及指标和监测。我们还应用了在第 1 部分学到的许多知识，并且我们有一个有效的分类器。然而，由于我们需要将手工标注的结节候选信息加载到分类器中，因此我们仍然在一个人工环境中工作。

我们没有一个好的方法来自动创建输入，而将整个 CT 输入我们的模型中，即插入重叠的 32×32×32 的数据块，每个 CT 将产生 31×31×7=6727 个数据块，大约是我们的标注样本数量的 10 倍。我们需要重叠边缘，我们的分类器期望结节候选对象处于中心位置，即使这样，不一致的定位也可能会出现问题。

正如我们在第 9 章中阐述的，我们的项目使用多个步骤来解决定位可能的结节、识别它们，并指示其可能的恶性程度的问题。这是实践者普遍采用的方法，而在深度学习研究中，有一种趋势是展示个体模型以端到端方式解决复杂问题的能力。我们在本书中采用的项目多阶段设计方法为我们逐步介绍新概念提供了一个很好的理由。

13.1 向我们的项目添加第 2 个模型

在前文，我们研究了图 13.1 所示的计划的步骤 4：分类。在本章中，我们将再研究其中的 2 个步骤，我们需要找到一种方法来告诉分类器去哪里查找。为了做到这一点，我们将获取原始 CT 扫描，并找到所有可能的结节[1]。图 13.1 中突出显示了步骤 2，为了找到这些可能的结节，我们必须标记那些看起来可能是结节一部分的体素，这个过程称为分割。然后，在第 14 章中，我们将处理步骤 3，并通过将该图像的分割掩码转换为位置标注来提供桥接。

① 我们期望标记很多不是结节的东西，然后通过分类来减少这些非结节的数量。

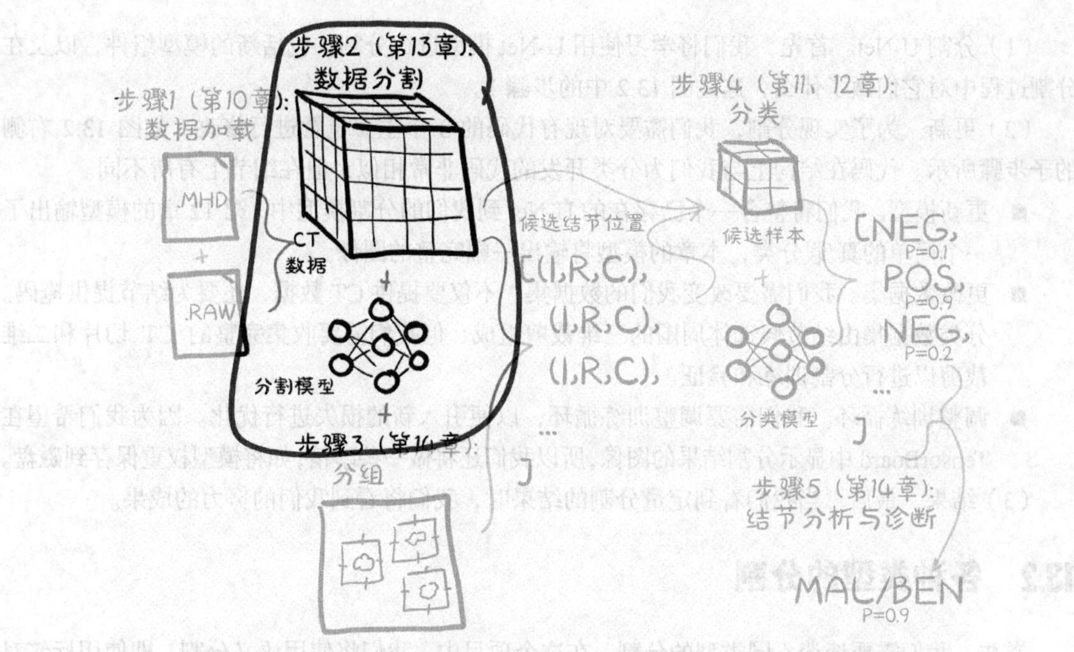

图 13.1 端到端的肺癌检测项目，本章关注的主题——步骤 2：数据分割

当本章结束的时候，我们将创建一个新的模型，该模型的架构可以执行逐像素标记或分割。完成这一任务的代码将与第 12 章的代码非常相似，特别是当我们关注更大的结构的时候。我们将要做的所有改变都会更小，更有针对性。如图 13.2 所示，我们需要对模型（步骤 2A）、数据集（步骤 2B）和训练循环（步骤 2C）进行更新，以说明新模型的输入、输出和其他需求。如果你不认识图 13.2 右侧步骤 2 中每个步骤中的各个组件，请不要担心。最后，我们将检查运行新模型时得到的结果（图 13.2 中的步骤 3）。

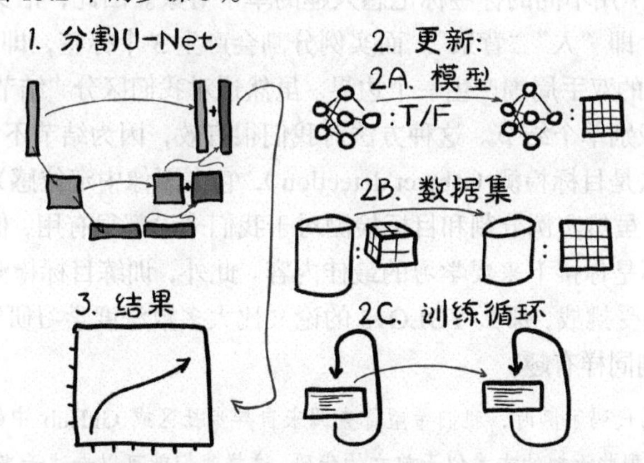

图 13.2 我们将实现用于分割的新模型架构，以及对模型、数据集和训练循环进行更新

将图 13.2 分解为几个步骤，本章的计划如下。

（1）分割 U-Net。首先，我们将学习使用 U-Net 模型进行分割，包括新的模型组件，以及在分割过程中对它们做了什么，这是图 13.2 中的步骤 1。

（2）更新。为了实现分割，我们需要对现有代码的 3 个主要位置进行修改，如图 13.2 右侧的子步骤所示。代码在结构上与我们为分类开发的代码非常相似，但在细节上有所不同。

- 更新模型。我们将整合一个已存在的 U-Net 到我们的分割模型中，第 12 章的模型输出了一个简单的真/假分类，本章的模型将输出一幅完整的图像。
- 更改数据集。我们需要改变我们的数据集，不仅要提供 CT 数据，还要为结节提供掩码。分类数据集由结节候选体周围的三维裁剪组成，但我们需要收集完整的 CT 切片和二维裁剪以进行分割训练和验证。
- 调整训练循环。我们需要调整训练循环，以便引入新的损失进行优化。因为我们希望在 TensorBoard 中显示分割结果的图像，所以我们还将做一些事情，如将模型权重保存到磁盘。

（3）结果。最后，当我们看到定量分割的结果时，我们将看到我们的努力的成果。

13.2　各种类型的分割

首先，我们需要谈谈不同类型的分割。在这个项目中，我们将使用语义分割，即使用标签对图像中的单个像素进行分割，就像我们在分类任务中看到的标签一样，例如“熊”“猫”“狗”等。如果操作得当，这将产生不同的块或区域，它们表示“所有像素都是猫的一部分”之类的含义。分割采取了标签掩码或热力图的形式，以确定感兴趣的区域。我们将有一个简单的二元标签：true 将对应结节候选对象，false 意味着不感兴趣的健康组织。这在一定程度上满足了我们寻找候选结节的需求，我们将在稍后将这些候选结节输入我们的分类网络中。

在深入讨论细节之前，我们应该简要地讨论寻找候选结节的其他方法。例如，实例分割（instance segmentation）用不同的标签标记感兴趣的单个对象。因此，语义分割会给 2 个人握手的图片贴上 2 个标签，即“人”“背景”。而实例分割会产生 3 个标签，即“第 1 个人”“第 2 个人”“背景”，并在紧握的双手周围产生一个边界。虽然这对我们区分“结节 1”“结节 2”很有用，但我们将使用分组来识别单个结节。这种方法对我们很有效，因为结节不太可能接触或重叠。

分割的另一种方法是目标检测（object detection），它在图像中定位感兴趣的项，并在这些项的周围放置一个边框。虽然实例分割和目标检测对于我们来说都很有用，但是它们的实现有点儿复杂，我们觉得它们不是你接下来要学习的最佳内容。此外，训练目标检测模型通常需要更多的计算资源。如果你能接受挑战，那么 YOLOv3 的论文比大多数深度学习研究论文更有趣①。不过，对我们来说，语义分割同样有趣。

注意　当阅读本章的代码示例时，我们希望你查阅来自异步社区或 GitHub 中的代码以了解更多的上下文。我们将省略那些无趣的或类似于前文的代码，这样我们就可以专注于当前问题的关键部分。

① Joseph Redmon 和 Ali Farhadi 发表的：“YOLOv3:An Incremental Improvement”，当你阅读完本书的时候，也许可以看看。

13.3 语义分割：逐像素分类

通常，分词被用来回答这样的问题："这幅画里的猫在哪里？"很明显，大多数猫的照片里面有很多非猫的东西，如图 13.3 所示。如果要说"这个像素是猫的一部分，而另一个像素是墙的一部分"，就需要具有完全不同的模型输出和与我们迄今为止使用的分类模型不同的内部结构。分类可以告诉我们猫是否存在，而分割可以告诉我们在哪里可以找到它。

图 13.3 分类结果存在一个或多个元标志，而分割产生一个蒙版或热力图

如果你的项目需要区分猫的远近，或者区分左边的猫和右边的猫，那么分割可能是正确的方法。到目前为止，我们已经实现的图像-消费分类模型可以被认为是"漏斗"或"放大镜"，或者更准确地说，是一组单独的类预测，它将大量像素聚焦到一个"点"，如图 13.4 所示。分类模型提供的答案是这样的："是的，这一大堆像素中有一只猫，在某个地方"或者"不，这里没有猫"。当你不关心猫在哪里，只关心图片上有没有猫的时候，这是很棒的。

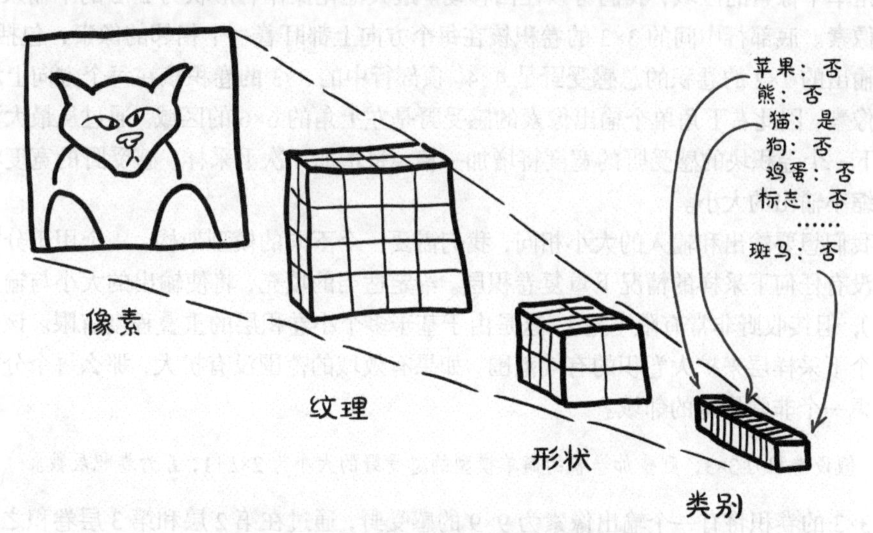

图 13.4 采用"放大镜"模型结构进行分类

重复的卷积层和下采样意味着模型首先使用原始像素，为纹理和颜色等生成特定的、详细的

检测器，然后为眼睛、耳朵、嘴巴和鼻子[①]等建立更高级别的概念特征检测器，最终得出是“猫”还是“狗”的结果。由于在每个下采样层之后卷积的感受野增加，这些更高级别的检测器可以使用来自输入图像的越来越大的区域的信息。

不幸的是，由于分割需要产生一个像图像一样的输出，最终得到一个像分类一样的二元标志列表是行不通的。下采样是增加卷积层感受野的关键，也是帮助将构成图像的像素数组减少到单个类别列表的关键。注意图 13.5，它与图 11.6 相同。

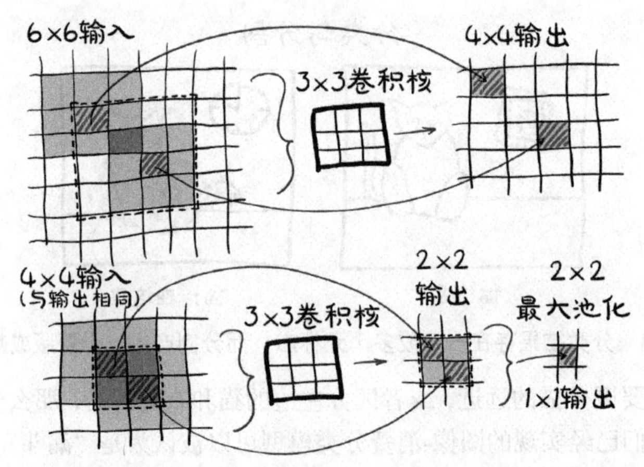

图 13.5 LunaModel 块的卷积架构，由 2 个 3×3 的卷积核和一个最大池化操作组成。最后一个像素的感受野是 6×6

在图 13.5 中，我们的输入在顶部从左到右流动，并在底部继续流动。为了计算感受野，即影响右下角单个像素的区域，我们可以往回移动。最大池化操作有形状为 2×2 的个输入，以产生最终输出像素。底部行中间的 3×3 的卷积核在每个方向上都盯着一个相邻的像素，包括对角线，因此导致输出的 2×2 的卷积的总感受野是 4×4。顶部行中的 3×3 的卷积核在每个方向上增加额外的上下文像素，因此右下角单个输出像素的感受野是左上角的 6×6 的区域。通过从最大池化进行下采样，下一个卷积块的感受野的宽度将增加一倍，每增加一次下采样，感受野的宽度将增加一倍，同时缩小输出的大小。

如果我们想要输出和输入的大小相同，我们需要一个不同的模型架构。一个用于分割的简单模型是在没有任何下采样的情况下重复卷积层。给定适当的填充，将使输出的大小与输入的大小相同（好），但接收野非常有限（差），这是由于基于多个小卷积层的重叠程度有限。该分类模型使用每一个下采样层来扩大卷积的有效范围，如果有效域的范围没有扩大，那么每个分割的像素将只能考虑一个非常局部的邻域。

注意 *假设卷积为 3×3，则叠加卷积的简单模型的感受野的大小为 $2\times L+1$，L 为卷积层数。*

4 层 3×3 的卷积将有一个输出像素为 9×9 的感受野，通过在第 2 层和第 3 层卷积之间插入一个 2×2 的最大池化层，以及在末尾插入另一个池化层，我们使感受野增加到……

① ……“头、肩膀、膝盖和脚趾，膝盖和脚趾，”我（本书作者伊莱）的孩子会唱。

注意 当你完成后，再检查这里，看看你自己能不能算出来。

……16×16。最终一系列的卷积-卷积-池化有一个 6×6 的感受野，但这发生在第 1 个最大池化之后，这使得最终有效的感受野在原始输入像素中是 12×12。前 2 个卷积层在 12×12 的周围添加了 2 个像素的边框，总共是 16×16。

所以问题仍然存在：我们如何改善输出像素的感受野，同时保持输入像素和输出像素相同？一个常见的答案是使用一种称为上采样的技术，它获取给定分辨率的图像并生成更高分辨率的图像。最简单的上采样就是用 *N*×*N* 个像素块替换每个像素，每个像素块的值都与原始输入像素相同。通过线性插值和学习反卷积等，使输出像素与输入像素相同可能性只会变得更加复杂。

U-Net 架构

在我们结束对可能的上采样算法的研究之前，让我们回到本章的目标上来。如图 13.6 所示，第 1 步是熟悉一种名为 U-Net 的基本分割算法。

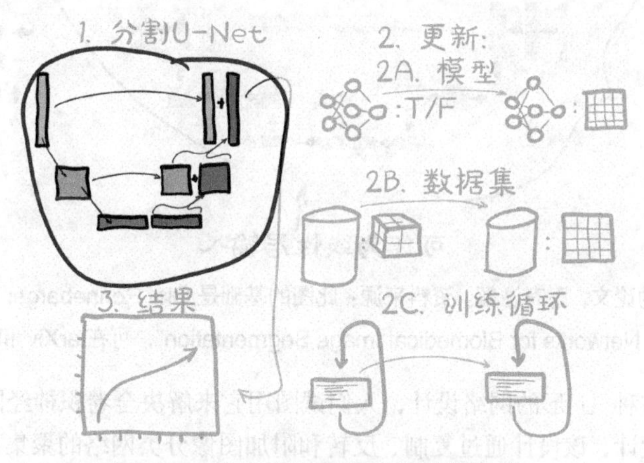

图 13.6 我们将使用新的分割模型架构

U-Net 是一种神经网络架构，它可以产生像素级的输出，并且是为分割发明的。正如在图 13.6 中高亮显示的那样，U-Net 架构看起来有点儿像字母 U，这解释了这个名字的由来。我们还可以看到，它比我们熟悉的分类器的顺序结构要复杂得多。稍后，我们将在图 13.7 中看到 U-Net 架构的更详细版本，并了解每个组件的具体功能。一旦我们理解了模型架构，我们就可以训练一个模型来解决我们的分割任务。

图 13.7 所示的 U-Net 架构是图像分割方面早期具有突破性的架构，让我们先看一看这个架构。

在图 13.7 中，方框表示中间结果，箭头表示它们之间的操作。该架构的 U 形结构来自网络运行时采用的多路复用解决方案。最上面一行是完整的分辨率（对于我们的实例来说是 512×512），下面一行是其一半的分辨率，以此类推。数据通过一系列的卷积和缩小规模从左上角流到下方中心位置，正如我们在分类器中看到的。然后数据向上流动，使用反卷积得到完整的分辨率。与原来的 U-Net 不同，我们将填充一些东西，这样就不会丢失边缘的像素，所以我们的分辨率在左侧和右侧是相同的。

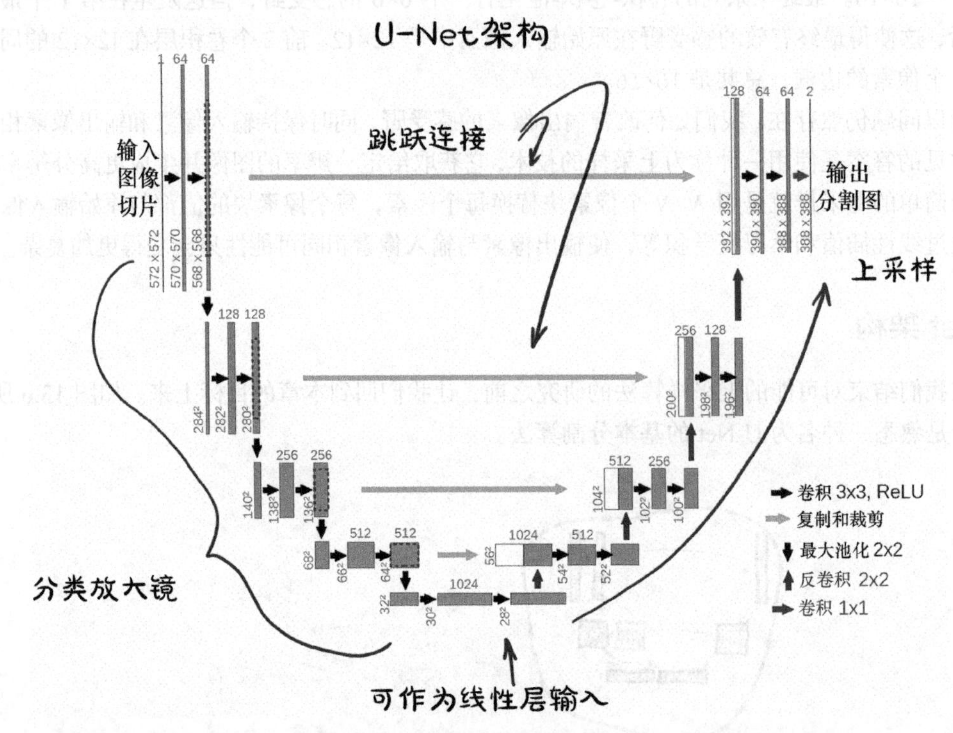

图 13.7 来自 U-Net 的论文，附有注解。资料来源：此图的基础是 Olaf Ronneberger 等人提供的，来自论文“U-Net:Convolutional Networks for Biomedical Image Segmentation”，可在 arXiv 和 Freiburg 网站上查找

早期已经有了这种 U 形的网络设计，人们试图用它来解决全卷积神经网络感受野有限的问题。他们使用一种设计，该设计通过复制、反转和附加图像分类网络的聚集部分，创建一个从精细层到宽感受野再到精细层的对称模型。

然而，早期的网络设计存在收敛问题，很可能是由于在下采样过程中丢失了空间信息。如果这些信息是大量压缩得非常小的图像，目标边界的准确位置就很难编码和重建。为了解决这个问题，U-Net 的作者添加了我们在图 13.7 中央看到的跳跃连接。我们首次接触跳跃连接是在第 8 章，在 U-Net 中，跳跃连接将输入沿下采样路径收缩到上采样路径中的相应层。这些层通过“复制和裁剪”接收来自 U 型中下部的宽感受野层的上采样结果以及早期精细层的输出作为输入。这是 U-Net 背后的关键创新，令人关注的是，U-Net 早于 ResNet。

所有这一切意味着这些精细层将以两全其美的方式运行，它们既有关于邻域的更大背景的信息，也有来自第 1 组全分辨率层的详细数据。

网络最右边 1×1 的卷积层，将通道数量从 64 个变成 2 个（原论文有 2 个输出通道，在我们的实例中为 1 个通道）。这有点儿类似于我们在分类网络中使用的全连接层，但是是逐像素、通道方式：这是一种将上采样步骤中使用的过滤器数量转换为所需输出类数量的方法。

13.4　更新分割模型

现在该执行图 13.8 中的步骤 2A 了。我们已经了解了很多关于分割的理论以及 U-Net 的历史，现在我们需要更新代码，从模型开始。我们不只是输出一个二分类，给出一个真或假的单一输出，而是集成一个 U-Net 架构来得到一个能够输出每个像素概率的模型，也就是执行分割。我们将从 GitHub 上的一个开源仓库中引入一个现有的实现，而不是从头开始实现一个定制化的 U-Net 分段模型。

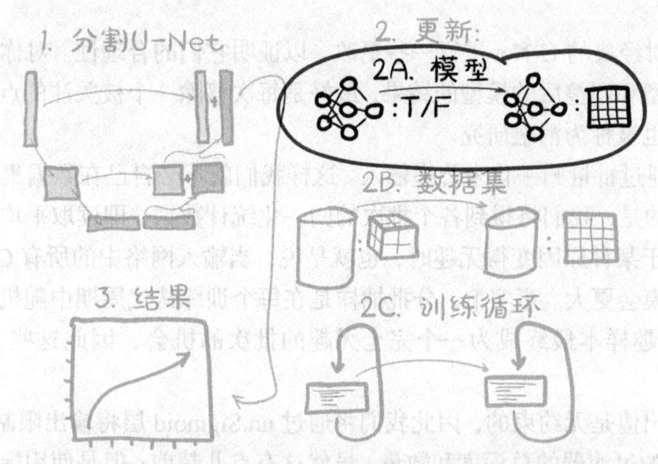

图 13.8　本章的概要，重点介绍了我们的分割模型所需要的更改

GitHub 上 jvanvugt 目录下的 pytorch-unet 似乎能够很好地满足我们的需要[①]，它是麻省理工学院（Massachusetts Institute of Technology，MIT）授权的（版权所有 2018 Joris），包含在一个单一的文件中，有许多参数选项供我们调整。该文件内容放置在我们代码仓库中的 util/unet.py 文件中，同时包括原始仓库的链接以及所使用许可的全文。

注意　虽然这对于个人项目来说不是什么问题，但是了解你应用于项目的开源软件附带的许可条款是很重要的。MIT 许可是最宽松的开源许可之一，但它仍然对使用 MIT 许可代码的用户提出了要求。还要注意的是，即使在公共论坛上（是的，即使在 GitHub 上）发表了他们的作品，作者仍然保留版权，同时即使没有包含许可证，也并不意味着该作品属于公共领域。恰恰相反，这意味着你没有任何使用代码的许可，就像你没有权利大量复制从图书馆借来的书一样。

我们建议你花一些时间来查看代码，并根据到目前为止积累的知识识别出代码中所反映的结构的构建块。你能发现跳跃连接吗？对你来说，一个特别有价值的练习是绘制一个图表，通

① 这里的实现与官方论文不同，它使用平均池化而不是最大池化来进行下采样。GitHub 上的最新版本已更改为使用最大池化。

过查看代码来展示模型的布局。

现在我们已经找到了一个符合要求的 U-Net 实现，我们需要对其进行调整，使其能够很好地满足我们的需求。一般来说，留意一下哪些情况下我们可以使用现成的东西是一个好主意。了解存在什么样的模型、它们是如何实现和训练的，以及在任何给定的时候是否可以清除任何部分并将其应用到我们正在工作的项目中，这些都是很重要的。虽然更广泛的知识是随着时间和经验而来的，但现在就开始构建工具箱是个好主意。

将现成的模型应用到我们的项目中

现在，我们将对经典的 U-Net 进行一些更改，以证明它们的合理性。对你来说，一个有用的练习是比较普通模型和调整后的模型的结果，最好是每次移除一个被关注的点，看看每次更改的效果，这在研究圈也被称为消融研究。

首先，我们将通过批量归一化来传递输入。这样我们就不必自己在数据集中对数据进行归一化，而且，更重要的是，我们将得到各个批次的归一化统计数据，即读取平均值和标准差。这意味着当一个批次由于某种原因变得无趣时，也就是说，当输入网络中的所有 CT 裁剪都看不到任何东西时，它的规模会更大。事实上，分批抽样是在每个训练迭代周期中随机抽取的，这将最大限度地减少一个无趣样本最终成为一个完全无趣的批次的机会，因此这些无趣样本会被过分强调。

其次，由于输出值是无约束的，因此我们将通过 nn.Sigmoid 层将输出限制在[0,1]。再次，我们将减少模型使用的过滤器的总深度和数量。虽然这有点儿超前，但是使用标准参数的模型的容量远远超过了我们数据集的大小。这意味着我们不太可能找到一个符合我们确切需求的预训练模型。最后，虽然这不是一个修改，但需要注意的是，我们的输出是一个单一通道，输出的每个像素表示模型对该像素是一个结节一部分的概率估计。

U-Net 的封装可以非常简单地通过实现一个具有 3 个属性的模型来完成：一个属性代表我们要添加的 2 个特性，另一个属性代表 U-Net 本身，这里我们可以像对待任何预构建块一样对待它。我们还将把接收到的所有关键字参数传递到 U-Net 构造函数中，见代码清单 13.1。

代码清单 13.1 model.py:17, UNetWrapper 类

```
class UNetWrapper(nn.Module):
  def __init__(self, **kwargs):
    super().__init__()

    self.input_batchnorm = nn.BatchNorm2d(kwargs['in_channels'])
    self.unet = UNet(**kwargs)
    self.final = nn.Sigmoid()

    self._init_weights()
```

注释：
- 是一个字典，包含传递给构造函数的所有关键字参数（指向 `**kwargs`）
- BatchNorm2d 需要我们指定输入通道的数量，这是从关键字参数中获取的
- 这里需要做的事情很少，但它确实做了所有的工作（指向 `self.unet = UNet(**kwargs)`）
- 就像第 11 章的分类器一样，我们使用自定义的权重初始化。将函数复制过来即可，因此这里我们将不再显示代码

forward()方法是一个类似的简单序列，我们可以用 nn.Sequential 的一个实例，就像我们在第 8 章中看到的那样，但是为了代码和堆栈跟踪[①]的清晰性，我们将在这里显式地说明，见代码清单 13.2。

代码清单 13.2 model.py:50, UNetWrapper.forward

```
def forward(self, input_batch):
  bn_output = self.input_batchnorm(input_batch)
  un_output = self.unet(bn_output)
  fn_output = self.final(un_output)
  return fn_output
```

注意，在这里我们使用的是 nn.BatchNorm2d，这是因为 U-Net 从根本上说是一个二维分割模型，我们可以调整实现来使用三维卷积，以便使用跨切片的信息。若不做调整，直接实现的内存使用量会大很多，也就是说我们必须将 CT 扫描进行切割。此外，z 轴方向上的像素间距比平面上的像素间距大得多，这将使得结节不太可能跨多个切片出现。对我们来说，鉴于这些考虑因素完全三维方式就不那么具有吸引力了，相反，我们将调整三维数据，以便一次分割一个切片，为上下文提供相邻切片。例如，这样沿着相邻切片去检测一个明亮的肿块确实是血管就变得容易多了。因为我们坚持使用二维表示数据，所以我们将使用通道来表示相邻的切片。我们对第 3 个维度的处理方式与我们在第 7 章中对图像应用完全连通模型的方式类似：模型将必须重新学习我们在轴方向上丢弃的相邻关系，但这对模型来说并不难，特别是由于目标结构的小尺寸，为上下文提供的切片数量有限。

13.5 更新数据集以进行分割

本章的源数据保持不变：我们将使用 CT 扫描以及它们的注解数据。但我们的模型期望输入以及产生的输出与之前的格式不同。正如我们在图 13.9 的步骤 2B 中所示意的，我们之前的数据集产生了三维数据，但现在我们需要生成二维数据。

原始的 U-Net 实现没有使用填充卷积，这意味着当输出分割映射比输入小时，输出的每个像素都具有一个完全填充的感受野，以确定该输出像素的所有输入像素都没有被填充、删减或其他形式的不完整。因此，原始 U-Net 的输出将完美地平铺，它可以用于任何大小的图像，除了输入图像的边缘，其余地方的上下文定义将丢失。

对于我们的问题，采用相同的 pixel-perfect 方法有 2 个问题。第 1 个问题与卷积和下采样之间的相互作用有关，第 2 个问题与我们的数据是三维的性质有关。

① 万一我们的代码抛出一些异常，这显然不会，对吧？

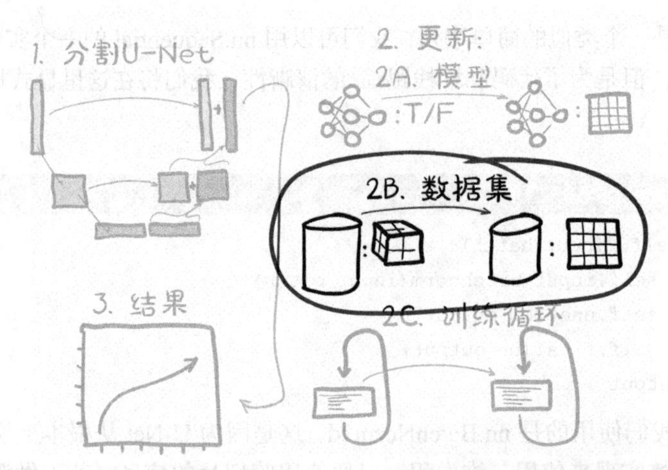

图 13.9　本章概要，重点介绍了我们的分割模型所需要的更改

13.5.1　U-Net 有非常具体的输入大小的要求

第 1 个问题是 U-Net 对输入和输出图像块的大小有非常具体的要求。为了使每个卷积的 2 个像素损失在下采样前后均匀地排列（特别是考虑到较低分辨率下的进一步卷积收缩），只有特定的输入大小才起作用。U-Net 论文使用了 572×572 个图像块，得到了 388×388 个输出映射。输入的图像比我们 512×512 的 CT 切片要大，而输出的图像要小得多。这意味着任何靠近 CT 扫描切片边缘的结节都不会被分割，尽管这种设置在处理非常大的图像时很好，但对于我们的用例来说并不理想。

我们将通过将 U-Net 构造函数的 padding 标志设置为 True 来解决这个问题，这意味着我们可以使用任何大小的输入图像，并且我们将得到相同大小的输出。我们可能会在图像边缘附近失去一些保真度，因为那里的像素感受野将包括被人为填充的区域，但这是我们决定接受的折中方案。

13.5.2　U-Net 对三维和二维数据的权衡

第 2 个问题是，我们的三维数据与 U-Net 期望的二维输入并不完全一致。简单地将我们的 512×512×128 的图像输入到一个转换成三维的 U-Net 类中是行不通的，因为这将耗尽我们的 GPU 的 RAM。每幅图像的大小是 $2^9×2^9×2^7$，每个体素有 2^2 个字节。U-Net 的第 1 层有 64 个通道，也就是 2^6。指数为 9+9+7+2+6=33，即 2 的 33 次方，对于第 1 个卷积层而言就是 8GB。有 2 个卷积层（16 GB），然后每次下采样将分辨率减半，但通道将加倍，第 1 次下采样后，每层的分辨率将增加 2 GB。请记住，将分辨率减半将产生八分之一的数据，因为我们使用的是三维数据。所以在第 2 次下采样之前数据已经达到 20GB 了，更不用说模型上采样端执行的一些操作或处理自动求导产生的一些数据。

注意 有许多巧妙和创新的方法可以解决这些问题，我们绝不认为这是唯一可行的方法[①]。我们确实认为这种方法是最简单的方法之一，它可以使我们的工作达到本书中项目所需要的水平。我们宁愿把事情简单化，这样我们就可以专注于基本概念。一旦你掌握了基础知识，巧妙的方法就会随之而来。

正如预期的那样，我们将不再尝试在三维中进行操作，而是将每个切片视为二维分割问题，并通过提供相邻切片作为单独通道来绕过第三维中的上下文问题。与传统的“红”“绿”“蓝”通道不同，我们的主要通道将是“上面 2 个切片”“上面 1 个切片”“我们实际正在分割的切片”“下面一个切片”等。

然而，这种方法并非没有权衡。当将切片表示为通道时，我们失去了切片之间的直接空间关系，因为所有的通道都将由卷积核线性组合，而不知道它们是上方或下方的 1 个或 2 个切片。在深度维度上，我们也失去了更宽的感受野，而这是真正的三维下采样分割的结果。由于 CT 切片的厚度通常比行和列的分辨率高，因此我们得到的感受野确实比最初看起来要宽一些，考虑到结节通常跨越有限数量的切片，这应该足够了。

另一个需要考虑的方面是，我们现在忽略了确切的切片厚度，这与当前的三维方法以及全三维（Fully 3D）方法都相关。这是我们的模型最终必须学会的，通过呈现不同切片间距的数据来增强其健壮性。一般来说，没有一个简单的流程图或经验法则可以给出现成的答案，来回答应该做出哪些权衡，或者一组给定的折中方案是否折中得太多。然而，仔细的实验是关键，并且系统地测试一个又一个假设可以帮助确定哪些变化和方法对手头的问题有效。虽然在等待最后一组计算结果的时候进行一系列的改变是很诱人的，但不要冲动。

有一点非常重要，需要强调：不要同时测试多个修改。其中一种变化很可能会与另一种变化产生不良的影响，这样你就没有确凿的证据证明其中哪一种变化值得进一步研究。说到这里，让我们开始构建分割数据集吧。

13.5.3 构建真实、有效的数据集

我们需要解决的第 1 件事是，人工标注的训练数据与我们希望从模型中获得的实际输出不匹配。我们已经有了标注点，但是我们需要一个体素掩码来指示任何给定体素是否是结节的一部分。我们必须根据已有的数据自己构建掩码，然后做一些手动检查，以确保构建掩码的例程运行良好。

大规模地验证这些人工构建的掩码可能很困难，我们不打算尝试做任何事情来确保每个结节都被我们正确验证。如果我们的资源充足，比如有一份“与某人合作或由某人付费来手动创建和/或验证所有内容”这样一份合同，资源充足的情况下，那么这种进行全面验证的方法可能是一种选择。然而，现在由于资金不足，我们将只采用对少数样本进行验证或使用一个“输出看起来还算合理”这样一种非常简单的验证方式。

为此，我们将设计我们的方法和 API，使研究算法所经历的中间步骤变得容易。虽然这可能

① 例如，Stanislav Nikolov 等人发表的“Deep Learning to Achieve Clinically Applicable Segmentation of Head and Neck Anatomy for Radiotherapy”。

会导致返回大量的中间值巨大元组的函数调用有点笨拙，但能够轻松地获取结果并在 Jupyter Notebook 上绘制它们，这样做是值得的。

1. 边框

首先将我们拥有的结节位置转换为覆盖整个结节的边框。注意，我们将只对实际的结节这么做。如果我们假设结节的位置大致位于肿块的中心，我们可以在所有的三维空间中从该点向外跟踪，直到触及低密度体素，这表明我们到达了正常的肺组织（大部分是充满空气的）。让我们学习图 13.10 中的算法。

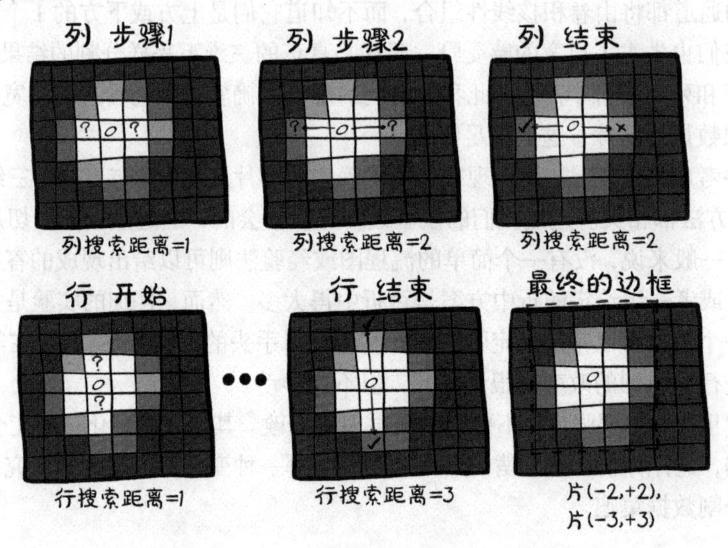

图 13.10　一种寻找肺结节边框的算法

我们从带标注的结节中心的体素开始搜索（图 13.10 中为 *O*），然后，检查列轴上与原点相邻的体素的密度，用问号（?）标记。由于这 2 种被检测的体素都含有高密度组织，在这里以较浅的颜色显示。我们继续搜索。将列搜索距离增加到 2 后，我们发现左边体素的密度低于阈值，因此我们在距离 2 处停止搜索。接下来，我们在行方向上执行相同的搜索。同样，我们从原点出发，这次我们从上到下搜索。当我们的搜索距离变为 3 时，我们在上、下搜索位置都遇到了一个低密度的体素。遇到其中一个体素就停止我们的搜索。

我们将跳过第三维度的搜索。我们的最终边框是 5 体素宽，7 体素高。代码清单 13.3 是索引方向的代码。

代码清单 13.3　dsets.py:131, Ct.buildAnnotationMask

```
center_irc = xyz2irc(
  candidateInfo_tup.center_xyz,  <-- 这里的 candidateInfo_tup 与我们之前看
  self.origin_xyz,                   到的由 getCandidateInfoList()返回的相同
  self.vxSize_xyz,
```

```
        self.direction_a,
    )
    ci = int(center_irc.index)      ← 获取中心体素的索引，我们的起点
    cr = int(center_irc.row)
    cc = int(center_irc.col)

    index_radius = 2
    try:
        while self.hu_a[ci + index_radius, cr, cc] > threshold_hu and \
            self.hu_a[ci - index_radius, cr, cc] > threshold_hu:      ← 前面描述的搜索
            index_radius += 1
    except IndexError:
        index_radius -= 1      ← 超越张量大小的索引安全网
```

我们首先获取中心数据，然后在 while 循环中进行搜索。稍微复杂一些，我们的搜索可能会偏离张量的边界。我们不太关心这种情况，所以我们只捕获索引异常①。

请注意，在密度降至阈值以下后，我们停止增加非常接近的半径值，因此我们的边框应包含低密度组织的单体素边界，至少在一侧是这样的。由于结节可能与肺壁等区域相邻，因此当我们击中任一侧的空气时，我们必须停止在 2 个方向上的搜索。因为我们针对这个阈值同时检查 center_index + index_radius 和 center_index−index_radius，所以一个体素边界只存在于离我们的结节位置最近的边缘上，这就是为什么我们需要这些位置相对集中。由于一些结节靠近肺、肌肉或骨骼等致密组织的边界，我们无法独立跟踪每个方向（一些边缘会离实际结节非常远）。

然后，我们使用 row_radius 和 col_radius 重复相同的半径扩展过程，简洁起见，省略了这段代码。我们可以在边框掩码数组中设置一个边框为 True，稍后我们将看到 boundingBox_ary 的定义。

现在让我们用一个函数来概括这些内容。我们循环遍历所有的结节，对于每个节点，我们执行前面所示的搜索（在代码清单 13.4 中省略了）。然后，在一个布尔型张量 boundingBox_a 中，我们标记找到的边框。

循环之后，我们通过取边框掩码和组织之间的交集来进行清理，该交集的密度比我们的阈值 −700 HU（或 0.3 g/cm^3）要大。这样我们就可以剪掉边框的边角（至少，剪掉那些没有嵌入肺壁的），让边框更符合结节的轮廓，见代码清单 13.4。

代码清单 13.4 dsets.py:127, Ct.buildAnnotationMask

```
从与 CT 相同大小的、全为 False 的张量开始
    def buildAnnotationMask(self, positiveInfo_list, threshold_hu = -700):
  →    boundingBox_a = np.zeros_like(self.hu_a, dtype=np.bool)

        for candidateInfo_tup in positiveInfo_list:      ← 循环遍历结节，提醒一下，我们只关注结节，
            # ... line 169                                  我们将变量命名为 positiveInfo_list
            boundingBox_a[
                ci - index_radius: ci + index_radius + 1,
```

① 这里的异常是 *O* 处的环绕将不被发现，这对我们来说无关紧要。作为练习，实现适当的边界检查即可。

```
        cr - row_radius: cr + row_radius + 1,
        cc - col_radius: cc + col_radius + 1] = True   ← 得到结节半径后（搜索本身被忽略），我们标记边框

    mask_a = boundingBox_a & (self.hu_a > threshold_hu)   ← 将掩码限制为高于密度阈值的体素

    return mask_a
```

让我们观察图 13.11，看看这些掩码在实际中是什么样子的。其他的全彩图像可以在 Jupyter Notebook 文件 p2ch13_explore_data.ipynb 中找到。

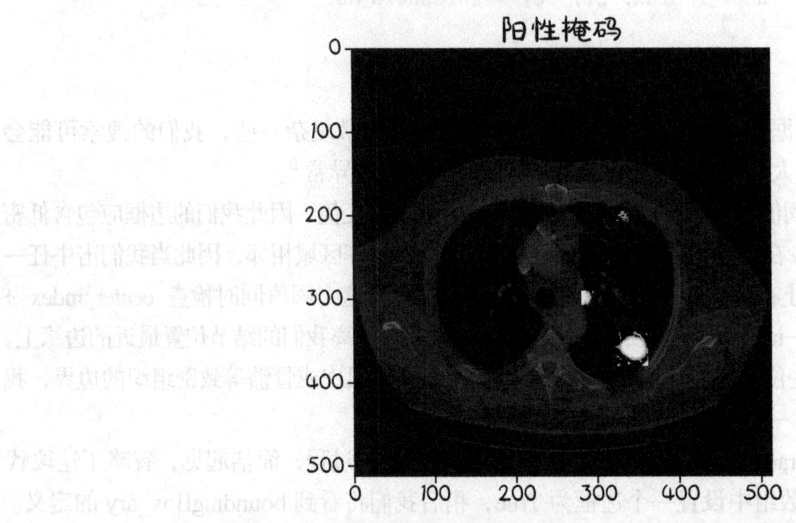

图 13.11　3 个结节来自 ct.positive_mask，以白色突出显示

图 13.11 右下角的结节掩码显示了矩形边框方法的局限性，因为它包含肺壁的一部分。这当然是我们可以解决的问题，但我们不确定现在是否值得我们花费时间和精力去解决，所以我们暂时让它保持原样[①]。接下来，我们将把这个掩码添加到 CT 类中。

2. 在 CT 初始化期间调用创建的掩码

现在，我们可以获取一个结节信息元组列表，并将它们转换为 CT 类型的“这是结节吗？”二元掩码，让我们把这些掩码嵌入我们的 CT 对象中。

首先，我们将把候选对象筛选到一个只包含结节的列表中，然后我们将使用该列表来构建标注掩码。最后，我们将收集至少有一个结节掩码体素的唯一数组索引集。我们将使用它来构建用于验证的数据，见代码清单 13.5。

代码清单 13.5　dsets.py:99, Ct.__init__

```
def __init__(self, series_uid):
  # ... line 116
```

① 解决这个问题对你学习 PyTorch 的知识并不会有多大帮助。

```
    candidateInfo_list = getCandidateInfoDict()[self.series_uid]

    self.positiveInfo_list = [
      candidate_tup
      for candidate_tup in candidateInfo_list
      if candidate_tup.isNodule_bool
    ]
    self.positive_mask = self.buildAnnotationMask(self.positiveInfo_list)
    self.positive_indexes = (self.positive_mask.sum(axis=(1,2))
                             .nonzero()[0].tolist())
```

结节过滤器

给我们一个一维向量（在切片上），其中包含每个切片掩码标记的体素的数量

获取具有非 0 计数的掩码切片的索引，我们将其放入一个列表中

你可能已经注意到了 getCandidateInfoDict()函数。无需惊讶，它只是对与 getCandidateInfoList()函数中相同的信息重新进行了表述，但按 series_uid 预先分组，见代码清单 13.6。

代码清单 13.6 dsets.py:87

```
@functools.lru_cache(1)
def getCandidateInfoDict(requireOnDisk_bool=True):
    candidateInfo_list = getCandidateInfoList(requireOnDisk_bool)
    candidateInfo_dict = {}

    for candidateInfo_tup in candidateInfo_list:
      candidateInfo_dict.setdefault(candidateInfo_tup.series_uid,
                                    []).append(candidateInfo_tup)

    return candidateInfo_dict
```

这有助于防止 Ct 类初始化成为性能瓶颈

从字典中获取序列 UID 的候选列表，如果找不到，默认建立一个新的空列表。然后将现有的 candidateInfo_tup 追加到它后面

3. 除了 CT 块，还有缓存掩码块

在前文，我们缓存了以候选结节为中心的 CT 块，因为我们不想每次需要一小块 CT 时都必须读取和解析 CT 的所有数据。我们想要对新的 positive_mask 做同样的事情，所以我们也需要从 Ct.getRawCandidate()函数返回它。这需要额外一行代码，并需要修改 return 语句，见代码清单 13.7。

代码清单 13.7 dsets.py:178, Ct.getRawCandidate

```
def getRawCandidate(self, center_xyz, width_irc):
    center_irc = xyz2irc(center_xyz, self.origin_xyz, self.vxSize_xyz,
                         self.direction_a)

    slice_list = []
    # ... line 203
    ct_chunk = self.hu_a[tuple(slice_list)]
    pos_chunk = self.positive_mask[tuple(slice_list)]

    return ct_chunk, pos_chunk, center_irc
```

新添加的

这里返回的新值

新值将由 getCtRawCandidate()函数缓存到磁盘。该函数打开 CT，获取指定的原始候选对象（包括结节掩码），并在返回 CT 块、掩码和中心信息之前裁剪 CT 值，见代码清单 13.8。

代码清单 13.8　dsets.py:212

```
@raw_cache.memoize(typed=True)
def getCtRawCandidate(series_uid, center_xyz, width_irc):
  ct = getCt(series_uid)
  ct_chunk, pos_chunk, center_irc = ct.getRawCandidate(center_xyz,
                                         width_irc)
  ct_chunk.clip(-1000, 1000, ct_chunk)
  return ct_chunk, pos_chunk, center_irc
```

prepcache 脚本为我们预计算并保存这些值，帮助我们快速地进行训练。

4．清理标注数据

在本章中，我们要注意的另一件事情是对标注数据进行更好的筛选，事实表明 candidate.csv 中列出的几个候选项多次出现。更有趣的是，这些记录之间并不是完全重复的。相反，在将数据输入文件之前，原始的人工标注似乎没有得到充分的清理。它们可能是同一个结节在不同切片上的标注，这可能对我们的分类器有益。

我们会在这里做一些操作，并提供一个干净的 annotation.csv 文件。为了全面了解这个清理过的文件的出处，你需要知道 LUNA 数据集是从另一个名为 Lung Image Database Consortium Image collection（LIDC-IDRI）[①]的数据集派生的，它包含来自多个放射科医生的详细标注信息。我们已经做了大量的工作来获取原始的 LIDC 标注，取出这些结节，删除重复数据，并将它们保存到文件 /data/part2/luna/ annotations_with_malignancy.csv 中。

有了这个文件，我们就可以更新 getCandidateInfoList()函数，从新的标注文件中拉出我们的结节。首先，我们循环遍历新的标注文件读取实际结节。使用 CSV 阅读器[②]，将数据插入 CandidateInfoTuple 数据结构之前，我们需要将数据转换为适当的类型，见代码清单 13.9。

代码清单 13.9　dsets.py:43, def getCandidateInfoList

```
candidateInfo_list = []
with open('data/part2/luna/annotations_with_malignancy.csv', "r") as f:
  for row in list(csv.reader(f))[1:]:          <-- 标注文件中一行表
    series_uid = row[0]                             示一个结节……
    annotationCenter_xyz = tuple([float(x) for x in row[1:4]])
```

① Samuel G.Armato 3rd et al.，2011，“The Lung Image Database Consortium（LIDC）and Image Database Resource Initiative（IDRI）:A Completed Reference Database of Lung Nodules on CT Scans,” *Medical Physics* 38,no.2（2011）:915-31。另见 Bruce Vendt，LIDC-IDRI，癌症影像档案。

② 如果你经常这样做，2020 年刚刚发布的 1.0 版的 pandas 库是一个非常好的工具，可以让这一过程更快。在这里，我们继续使用标准 Python 发行版中包含的 CSV 阅读器。

```
    annotationDiameter_mm = float(row[4])
    isMal_bool = {'False': False, 'True': True}[row[5]]

    candidateInfo_list.append(   <-- 在列表中添加一条记录
      CandidateInfoTuple(
        True,                   <-- 是否是结节
        True,                   <-- 是否有标注
        isMal_bool,
        annotationDiameter_mm,
        series_uid,
        annotationCenter_xyz,
      )
    )
```

类似地，我们像以前一样从 candidates.csv 文件中循环遍历候选对象，但是这次我们只使用非结节对象。因为这些不是结节，所以特定于结节的信息将被填充为 False 和 0，见代码清单 13.10。

代码清单 13.10 dsets.py:62, def getCandidateInfoList

```
  with open('data/part2/luna/candidates.csv', "r") as f:
    for row in list(csv.reader(f))[1:]:   <-- 候选文件中的每一行
      series_uid = row[0]
      # ... line 72
      if not isNodule_bool:               <-- 但只有非结节（我们有早期的其他结节）
        candidateInfo_list.append(        <-- 添加一条候选记录
          CandidateInfoTuple(
            False,     <-- 是否是结节
            False,                        <-- 是否是恶性的
            False,     <-- 是否有标注
            0.0,
            series_uid,
            candidateCenter_xyz,
          )
        )
```

除了添加了 hasAnnotation_bool 和 isMal_bool 标识位（这一章我们将不会使用该标识位）之外，并没有增加其他项，这样新的标注可以插入，并且可以像旧标注一样使用。

注意 你可能想知道为什么我们之前没有讨论过 LIDC。事实证明，LIDC 有大量围绕底层数据集构建的工具，你甚至可以从 PyLIDC 得到现成的掩码，由于 LIDC 得到了异常良好的支持，该工具对给定数据集可能具有的支持类型给出了超出常规的范围。我们对 LUNA 数据所做的是更典型的操作，并提供了更好的操作实例用于学习，因为我们花时间处理原始数据，而不是学习别人编写 API。

13.5.4 实现 Luna2dSegmentationDataset

与前几章相比，本章将采用不同的方法进行训练和验证。我们将有 2 个类：一个作为适用于验证数据的通用基类，另一个作为训练集基类的子类，带有随机化和一个裁剪样本的特征。

虽然这种方法在某些方面有些复杂，例如，类的封装并不完美，但它实际上简化了选择随机

训练样本等的逻辑。哪些代码路径同时影响训练和验证，哪些代码路径仅与训练隔离，划分得非常清楚。如果不这样做，我们会发现一些逻辑会以一种难以理解的方式嵌套或交织在一起。这一点很重要，因为我们的训练数据与验证数据看起来会有很大的差异。

注意　其他的类安排也是可行的，例如，我们考虑拥有 2 个完全独立的 Dataset 子类。应用标准的软件工程设计原则，所以尽量保持你的结构相对简单，尽量不复制和粘贴代码，但是也不要创建复杂的框架来避免几行重复的代码。

我们生成的数据将是具有多个通道的二维 CT 切片，额外的通道将容纳相邻的 CT 切片。如图 13.12 所示，我们可以看到，CT 扫描的每个切片都可以看作一幅二维灰度图像。

图 13.12　CT 扫描的每个切片代表空间中的不同位置

如何组合这些切片取决于我们自己。对于分类模型的输入，我们将这些切片作为一个三维数组，并使用三维卷积来处理每个样本。对于分割模型，我们将把每个切片作为一个单独的通道，并产生一个多通道二维图像。这样做意味着我们将 CT 扫描的每个切片视为 RGB 图像的颜色通道，如图 13.13 所示。输入的每个 CT 切片将被堆叠在一起，并像其他二维图像一样使用。堆叠 CT 图像的通道不会对应颜色，但是二维卷积并不要求输入通道是有颜色的，所以这是可行的。

图 13.13　每一幅图像代表一种不同的颜色

为了验证，我们需要为每一个在阳性掩码中有一个条目的 CT 切片产生一个样本，对于我们拥有的每一个验证 CT 都是如此。由于不同的 CT 扫描，可以有不同的切片数，我们将引入一个新的函数，它将每个 CT 扫描的大小及其阳性掩码缓存到磁盘。我们需要它来快速构造验证集的完整大小，而不必在数据集初始化时加载每个 CT。我们将继续使用以前使用的缓存装饰器，填充数据也将在 prepcache.py 脚本运行时进行。该脚本在模型开始训练之前必须运行一次，见代码清单 13.11。

代码清单 13.11 dsets.py:220

```
@raw_cache.memoize(typed=True)
def getCtSampleSize(series_uid):
  ct = Ct(series_uid)
  return int(ct.hu_a.shape[0]), ct.positive_indexes
```

Luna2dSegmentationDataset.__init__()方法的大部分与我们之前看到的类似，该方法有一个新的 contextSlices_count 参数，以及一个与我们在第 12 章中介绍的 augmentation_dict 类似的参数。

对于指示训练集还是验证集的标注的处理需要做一些更改，因为我们不再针对单个结节进行训练，我们将不得不将系列列表作为一个整体分割成训练集和验证集。这意味着一个完整的 CT 扫描，连同它包含的所有候选结节，都将出现在训练集或验证集中，见代码清单 13.12。

代码清单 13.12 dsets.py:242, .__init__

```
if isValSet_bool:
  assert val_stride > 0, val_stride
  self.series_list = self.series_list[::val_stride]    <-- 从包含的所有系列列表开始，只保留每个 val_stride 对应的元素，从 0 开始
  assert self.series_list
elif val_stride > 0:
  del self.series_list[::val_stride]    <-- 如果是训练，则删除每个 val_stride 对应的元素
  assert self.series_list
```

说到验证，我们有 2 种不同的模式来验证我们的训练。第 1 种模式是，当 fullCt_bool 为 True 时，我们将 CT 中的每个切片作为数据集。当评估端到端性能时，这将非常有用，因为我们需要假设我们在开始时没有关于 CT 的任何信息。在训练期间，我们将使用第 2 种模式进行验证，也就是将数据集限制在只带有阳性掩码的 CT 切片上。

由于我们现在只希望考虑特定的 CT 序列，因此我们循环遍历想要的序列 UID，并获得切片的总数和感兴趣的切片的列表，见代码清单 13.13。

代码清单 13.13 dsets.py:250, .__init__

```
self.sample_list = []
for series_uid in self.series_list:
```

```
index_count, positive_indexes = getCtSampleSize(series_uid)

if self.fullCt_bool:
  self.sample_list += [(series_uid, slice_ndx)      <-- 在这里，我们通过使用 range 扩展 CT 的每个切片的样本列表
            for slice_ndx in range(index_count)]
else:
  self.sample_list += [(series_uid, slice_ndx)      <-- 而这里我们只取感兴趣的部分
            for slice_ndx in positive_indexes]
```

这样做将保持我们的验证相对快速，并确保我们获得完整的真阳性和假阴性统计数据，但我们假设其他切片的假阳性和真阴性统计数据与我们在验证期间评估的数据类似。

一旦有了将要使用的 series_uid 值集，我们就可以过滤 candidateInfo_list，使其仅包含与序列号集合中 series_uid 对应的结节候选对象。此外，我们将创建另一个列表，该列表中只有阳性候选对象，以便在训练期间我们可以将它们作为训练样本，见代码清单 13.14。

代码清单 13.14 dsets.py:261, .__init__

```
self.candidateInfo_list = getCandidateInfoList()     <-- 这是被缓存的

series_set = set(self.series_list)                   <-- 为了更快地查找创建一个集合
self.candidateInfo_list = [cit for cit in self.candidateInfo_list
              if cit.series_uid in series_set]       <-- 过滤掉不在我们序列号集合中的候选对象

self.pos_list = [nt for nt in self.candidateInfo_list
        if nt.isNodule_bool]                         <-- 为了实现数据平衡，我们需要一个实际的结节列表
```

我们的__getitem__()实现也会更有趣一些，它将大量的逻辑委托给一个函数，使得检索特定的样本更加容易。在核心部分，我们希望以 3 种不同的形式检索数据。首先，我们有 CT 的完整切片，由 series_uid 和 ct_ndx 指定。其次，结节周围有一个裁切区域，我们将使用它作为训练数据，我们也将稍微解释一下为什么我们不使用完整的切片作为训练集。最后，数据加载器将通过一个整数 ndx 请求样本，数据集将根据是在训练还是在验证返回适当的类型。

基类或子类的__getitem__()函数将根据整数 ndx 转换为完整切片或训练裁剪，视情况而定。如前所述，我们的验证集的__getitem__()只是调用另一个函数来完成实际工作。在此之前，它将索引封装到样本列表中，以便将训练迭代周期（由数据集的长度给出）与实际样本数解耦，见代码清单 13.15。

代码清单 13.15 dsets.py:281, .__getitem__

```
取模操作进行封装
  def __getitem__(self, ndx):
-->  series_uid, slice_ndx = self.sample_list[ndx % len(self.sample_list)]
     return self.getitem_fullSlice(series_uid, slice_ndx)
```

这很简单，但是我们仍然需要实现 getitem_fullSlice()函数的有趣功能，见代码清单 13.16。

代码清单 13.16 dsets.py:285, .getitem_fullSlice

```
def getitem_fullSlice(self, series_uid, slice_ndx):
  ct = getCt(series_uid)
  ct_t = torch.zeros((self.contextSlices_count * 2 + 1, 512, 512))    <-- 预先分配输出

  start_ndx = slice_ndx - self.contextSlices_count
  end_ndx = slice_ndx + self.contextSlices_count + 1
  for i, context_ndx in enumerate(range(start_ndx, end_ndx)):
    context_ndx = max(context_ndx, 0)    <-- 当我们超出 ct_t 的边界时，我们复制第 1 个或最后一个切片
    context_ndx = min(context_ndx, ct.hu_a.shape[0] - 1)
    ct_t[i] = torch.from_numpy(ct.hu_a[context_ndx].astype(np.float32))
  ct_t.clamp_(-1000, 1000)

  pos_t = torch.from_numpy(ct.positive_mask[slice_ndx]).unsqueeze(0)

  return ct_t, pos_t, ct.series_uid, slice_ndx
```

像 getitem_fullSlice()这样的分割函数意味着我们总是可以按序列 UID 和位置索引向数据集请求特定切片或裁剪的训练块，我们将在 13.6 节中看到。对于整数索引，我们通过__getitem__()从（无序）列表中获取样本。

除了 ct_t 和 pos_t，我们返回的元组的其余部分都是用于调试和显示的信息，我们训练时不需要这些。

13.5.5 构建训练和验证数据

在开始实现我们的训练集之前，我们需要解释为什么我们的训练数据看起来与验证数据不同。我们不是使用整个 CT 切片，而是围绕阳性候选（实际上是结节候选）的 64×64 的裁剪区域进行训练。64×64 个数据块将从以结节为中心的 96×96 的裁剪中随机抽取，我们还将来自 2 个方向上的 3 个上下文切片作为我们二维分割的附加通道。

我们这样做是为了让训练更稳定、更快地收敛。我们试图对整个 CT 切片进行训练，但我们发现其结果并不令人满意。经过一些实验，我们发现 64×64 的半随机裁剪方法效果很好，所以我们决定在本书中使用它。当你致力于自己的项目时，需要进行这种实验。

我们认为训练整体不稳定主要是由于类平衡的问题，由于相对整个 CT 切片而言每个结节都比其小，我们又陷入了大海捞针的境地，就像我们在第 12 章所经历的那样——阳性的样本被阴性的样本淹没了。在这种情况下，我们谈论的是像素而不是结节，但概念是相同的。通过对裁剪区域的训练，我们可以保持阳性像素的数量不变，并将阴性像素的数量减少几个数量级。

由于我们的分割模型是像素到像素的，并且可以获取任意大小的图像，因此我们可以在不同大小的样本上进行训练和验证。验证使用相同的卷积和相同的权重，仅应用于较大的像素集，因此使用较少的边界像素填充边缘数据。

这种方法需要注意的是，由于我们的验证集包含数量级以上的阴性像素，因此我们的模型在验证过程中将有巨大的误报率，我们的分割模型经常会被欺骗！这并不能帮助我们提高召回率，

我们将在 13.6.3 小节对此进行详细讨论。

13.5.6 实现 TrainingLuna2dSegmentationDataset

解决了这些问题，让我们回到代码上来。这是训练集的__getitem__()函数。它看起来与验证集的示例代码类似，只是我们现在从 pos_list 取样，并使用候选对象信息的元组调用 getitem_trainingCrop()函数，因为我们需要序列和确切的中心位置，而不仅仅是切片，见代码清单 13.17。

代码清单 13.17　dsets.py:320, .__getitem__

```
def __getitem__(self, ndx):
  candidateInfo_tup = self.pos_list[ndx % len(self.pos_list)]
  return self.getitem_trainingCrop(candidateInfo_tup)
```

为了实现 getitem_trainingCrop()，我们将使用一个与分类训练期间使用的函数类似的 getCtRawCandidate()函数。这里我们传入一个不同大小的裁剪，但是函数没有改变，只是返回一个额外的数组，其中包括 ct.positive_mask 的裁剪。

我们将 pos_a 限制在实际分割的中心切片上，然后用 getCtRawCandidate()给出的 96×96 的中心切片构建 64×64 的随机裁剪。一旦有了这些数据，就返回一个元组，其中包含与验证集相同的项，见代码清单 13.18。

代码清单 13.18　dsets.py:324, .getitem_trainingCrop

```
def getitem_trainingCrop(self, candidateInfo_tup):
  ct_a, pos_a, center_irc = getCtRawCandidate(      <-- 给候选对象一些额外空间
    candidateInfo_tup.series_uid,
    candidateInfo_tup.center_xyz,
    (7, 96, 96),
  )                                                 使用一个元素切片来维持单输出通道的第 3 个维度
  pos_a = pos_a[3:4]        <--
                                                    使用 0 到 31 之间的 2 个随机数，
                                                    我们同时裁剪 CT 和掩码
  row_offset = random.randrange(0,32)      <--
  col_offset = random.randrange(0,32)
  ct_t = torch.from_numpy(ct_a[:, row_offset:row_offset+64,
                col_offset:col_offset+64]).to(torch.float32)
  pos_t = torch.from_numpy(pos_a[:, row_offset:row_offset+64,
                 col_offset:col_offset+64]).to(torch.long)

  slice_ndx = center_irc.index

  return ct_t, pos_t, candidateInfo_tup.series_uid, slice_ndx
```

你可能已经注意到，我们的数据集实现中缺少数据增强。这次我们将用不同的方式来处理这个问题：我们将在 GPU 上增强我们的数据。

13.5.7 在 GPU 上增强数据

在训练深度学习模型时，一个关键的问题是避免训练管道中的瓶颈。但这并不完全正确——瓶颈总是存在的[①]。诀窍是确保瓶颈位于开销最大和最难升级的资源上，并且对资源的使用不会造成浪费。

下面是一些常见的瓶颈。

- 在数据加载管道中，无论是在原始 I/O 中，还是在数据进入 RAM 后的解压中。我们通过使用 diskcache 库解决这个问题。
- 在 CPU 中对加载的数据进行预处理。这通常是进行数据归一化或数据增强操作。
- 在 GPU 上的训练循环中。这通常是我们希望瓶颈出现的地方，因为基于 GPU 的深度学习系统总成本通常高于存储或 CPU 的。
- 较少情况下，瓶颈有时是 CPU 和 GPU 之间的内存带宽。这意味着与发送的数据大小相比，GPU 没有做太多的工作。

由于在处理适合 GPU 的任务时，GPU 的速度可以比 CPU 快 50 倍，因此在 CPU 使用率越来越高的情况下，将这些任务从 CPU 转移到 GPU 上是很有意义的。如果数据在处理过程中得到扩展，这样做尤其有意义，通过将较小的输入先移动到 GPU，扩展后的数据将保留在 GPU 本地，从而减少内存带宽的占用。

在我们的例子中，我们将数据增强功能转移到 GPU 上，这将使 CPU 使用率保持在较低的水平，并且 GPU 将能够轻松地适应额外的工作负载。让 GPU 适应额外的工作负载比等待 CPU 努力完成增强过程要好得多。

我们将使用另一个模型来实现这一点，这个模型与 nn.Module 的其他子类类似，主要的区别是我们对通过模型反向传播梯度不感兴趣，而 forward 方法会进行完全不同的操作。在本章中，我们将对实际的数据增强例程进行一些细微的修改，因为我们在处理二维数据，但除此之外，该数据增强例程将非常类似于我们在第 12 章中所看到的。这个模型会使用张量并产生不同的张量，就像我们实现的其他模型一样。

我们模型的__init__()函数接收第 12 章中所使用的数据增强参数，即 flip、offset 等，并将它们赋值给 self，见代码清单 13.19。

代码清单 13.19　model.py:56, class SegmentationAugmentation

```
class SegmentationAugmentation(nn.Module):
  def __init__(
      self, flip=None, offset=None, scale=None, rotate=None, noise=None
  ):
    super().__init__()

    self.flip = flip
    self.offset = offset
    # ... line 64
```

① 否则，模型将立即训练。

forward()方法接收输入和标签参数，该方法用于构建 transform_t 张量，然后调用 affine_grid 和 grid_sample，见代码清单 13.20。从第 12 章开始，这些调用应该很常见。

代码清单 13.20 model.py:68, SegmentationAugmentation.forward

```
def forward(self, input_g, label_g):
  transform_t = self._build2dTransformMatrix()
  transform_t = transform_t.expand(input_g.shape[0], -1, -1)
  transform_t = transform_t.to(input_g.device, torch.float32)
  affine_t = F.affine_grid(transform_t[:,:2],
      input_g.size(), align_corners=False)

  augmented_input_g = F.grid_sample(input_g,
      affine_t, padding_mode='border',
      align_corners=False)
  augmented_label_g = F.grid_sample(label_g.to(torch.float32),
      affine_t, padding_mode='border',
      align_corners=False)

  if self.noise:
    noise_t = torch.randn_like(augmented_input_g)
    noise_t *= self.noise

    augmented_input_g += noise_t

  return augmented_input_g, augmented_label_g > 0.5
```

注意，我们正在增强二维数据

变换的第 1 个维度是批次项，但是我们只要每个批次项 3×3 矩阵的前 2 行

我们需要将同样的变换应用到 CT 和掩码上，所以我们使用相同的网格。因为 grid_sample 只适用于浮点数，所以我们在这里进行转换

在返回之前，我们通过与 0.5 比较将掩码转换回布尔值，grid_sample 的插值结果为小数值

现在我们已经知道了需要使用 transform_t 来获取数据，让我们看看_build2dTransformMatrix()函数，它创建了我们使用的转换矩阵，见代码清单 13.21。

代码清单 13.21 model.py:90, ._build2dTransformMatrix

```
def _build2dTransformMatrix(self):
  transform_t = torch.eye(3)

  for i in range(2):
    if self.flip:
      if random.random() > 0.5:
        transform_t[i,i] *= -1
  # ... line 108
  if self.rotate:
    angle_rad = random.random() * math.pi * 2
    s = math.sin(angle_rad)
    c = math.cos(angle_rad)

    rotation_t = torch.tensor([
      [c, -s, 0],
      [s, c, 0],
      [0, 0, 1]])
```

创建一个 3×3 的矩阵，但稍后我们将删除最后一行

同样，在这里增强二维数据

以弧度为单位取一个随机角度，数值在 0 到 2{pi}之间

在前两个维度中以随机角度进行二维旋转的旋转矩阵

```
    transform_t @= rotation_t
    
    return transform_t
```

使用 Python 矩阵乘法运算符将旋转应用到变换矩阵

除了处理二维数据的细微差别，我们的 GPU 数据增强代码看起来与 CPU 数据增强代码非常相似。这很好，因为这意味着我们只需编写代码，而不必太在意它在哪里运行。两者的主要区别不在于核心实现，而在于我们如何将该实现封装成 nn.Module 的子类。虽然我们一直认为模型只是深度学习的一种工具，但这向我们展示了在 PyTorch 中张量可以更广泛地使用。记住这一点，当你开始下一个项目时使用 GPU 加速张量可以完成更多的事情！

13.6 更新用于分割的训练脚本

现在我们有模型，也有数据了。我们需要使用它们，按照图 13.14 的步骤 2C 应用新数据训练新模型时，你不会再感到惊讶！

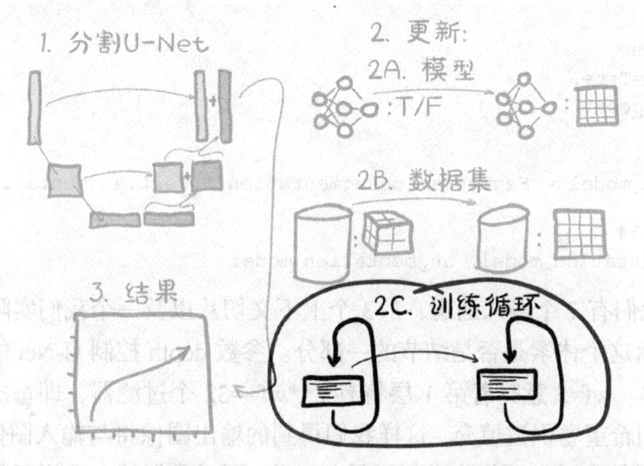

图 13.14 本章概要，重点介绍了我们的训练循环所需要的更改

为了更准确地描述训练模型的过程，我们将更新影响我们在第 12 章中获得的训练代码的结果的 3 个操作。

- 我们需要实例化新的模型。
- 我们将引入一种新的损失：骰子损失（Dice loss）。
- 我们还将引入 Adam 优化器，而不是我们目前所使用的古老的 SGD。

不过，我们也会通过以下几方面加强记录工作。

- 将图像记录到 TensorBoard 以便对分割进行可视化检查。
- 在 TensorBoard 上执行更多的指标日志记录。
- 基于结果保存最佳模型。

总体而言，与我们目前所看到的经过修改的代码相比，p2ch13/training.py 的训练脚本与我们在第 12 章中使用的分类训练更加相似。任何重大的变化都将在本文中介绍，但请注意，一些小的调整将被跳过。如果想了解更详细的内容，请查看源代码。

13.6.1 初始化分割和增强模型

initModel()方法并不奇怪，我们使用 UNetWrapper 类并为其提供配置参数，稍后我们将详细介绍这些参数。此外，我们将有另外一个模型用于增强。和以前一样，如果需要，我们可以将模型移到 GPU 上，并可以通过使用 DataParallel 设置多 GPU 并行训练。在这里我们将跳过这些任务，见代码清单 13.22。

代码清单 13.22 training.py:133, .initModel

```
def initModel(self):
    segmentation_model = UNetWrapper(
        in_channels=7,
        n_classes=1,
        depth=3,
        wf=4,
        padding=True,
        batch_norm=True,
        up_mode='upconv',
    )

    augmentation_model = SegmentationAugmentation(**self.augmentation_dict)

    # ... line 154
    return segmentation_model, augmentation_model
```

对于 U-Net，我们有 7 个输入通道：3+3 个上下文切片以及一个我们实际分割的切片。我们有一个输出类，指示这个体素是否是结节的一部分。参数 depth 控制 U-Net 的深度，每次下采样操作都会使深度加 1。wf=5 意味着第 1 层将有 2**wf==32 个过滤器，即每次下采样都会将过滤器数增加一倍。我们希望卷积被填充，这样我们得到的输出图像将与输入图像的大小相同。我们还希望在每个激活函数之后在网络中进行批量归一化，同时我们的上采样函数应该是一个上卷积层，由 nn.ConvTranspose2d 实现，参见 util/unet.py 文件第 123 行。

13.6.2 使用 Adam 优化器

Adam 优化器是我们在训练模型时除 SGD 之外的另一种选择。Adam 为每个参数保持一个单独的学习率，并随着训练的进行自动更新该学习率。由于 Adam 可以自动更新学习率，我们在使用 Adam 时通常不需要指定非默认的学习率，因为它将自己快速确定一个合理的学习率。

我们实例化 Adam，见代码清单 13.23。

代码清单 13.23 training.py:156, .initOptimizer

```
def initOptimizer(self):
    return Adam(self.segmentation_model.parameters())
```

人们普遍认为，在大多数项目开始时，Adam 是一个合理的优化器，通常会有一种带有 Nesterov 动量的 SGD 的配置，其性能优于 Adam。但是在为给定项目初始化 SGD 时，找到正确的超参数是一件困难和耗时的事情。

Adam 有很多变种，如 AdaMax、RAdam、Ranger 等，每个变种都有自己的优缺点。深入研究这些算法的细节超出了本书的范围，但我们认为了解替代方案的存在是很重要的。

13.6.3 骰子损失

Sørensen-Dice 系数也称为骰子损失（Dice loss），是分割任务的常见损失指标。与每像素交叉熵损失相比，使用骰子损失的一个优点是骰子处理的是整幅图像中被标记为正的一小部分图像。正如我们在 11.10 节中回顾的那样，在使用交叉熵损失时，不平衡的训练数据可能是有问题的。这正是我们现在的情况，即大多数 CT 扫描不是结节。幸运的是，有了骰子，就不会有那么多问题了。

Sørensen-Dice 系数是基于正确分割的像素与预测和实际像素之和的比值。这些比值如图 13.15 所示，在左边，我们看到骰子得分的图解。它是 2 倍的重叠区域的面积（真阳性，在图中通过条纹标识）除以整个预测面积与整个标记面积之和（重叠区域被计算了 2 次）。右边是高一致性与高 Dice 分数之比以及低一致性与低 Dice 分数之比的 2 个典型例子。

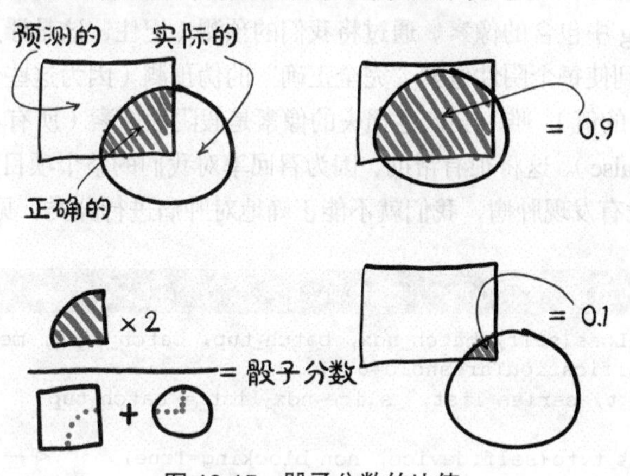

图 13.15 骰子分数的比值

这听起来可能很熟悉，这和我们在第 12 章看到的 F1 分数是一样的。

注意 这是每个像素的 F1 分数，其中“总体分数”是一幅图像的像素。由于总体完全包含在一个训练样本中，我们可以直接将其用于训练。在分类的情况下，F1 分数不能在单个小批量上计算，因此不能直接用于训练。

因为我们的 label_g 实际上是一个布尔掩码，所以我们可以将它与我们的预测相乘，从而得到真阳性。注意，这里我们不把 prediction_devtensor 当作一个布尔值，因为用它定义的损失是不可微的。取而代之的是，我们使用实际值为 1 的像素的预测值之和。这会收敛到与预测值接近 1 时相同的情况，但有时预测值为 0.4～0.6 范围内的某个值。这些不确定的值对梯度更新的贡献大致相同，不管它们恰好落在 0.5 的哪一边。利用连续预测的骰子系数有时被称为软骰子（soft Dice）。

有一个小问题。因为我们希望损失最小化，所以我们要用 1 减去比值。这样做将颠倒损失函数的斜率，因此在高重叠的情况下，我们的损失很低；而在低重叠的情况下，损失会很高。见代码清单 13.24。

代码清单 13.24　training.py:315, .diceLoss

```
def diceLoss(self, prediction_g, label_g, epsilon=1):
  diceLabel_g = label_g.sum(dim=[1,2,3])
  dicePrediction_g = prediction_g.sum(dim=[1,2,3])
  diceCorrect_g = (prediction_g * label_g).sum(dim=[1,2,3])

  diceRatio_g = (2 * diceCorrect_g + epsilon) \
    / (dicePrediction_g + diceLabel_g + epsilon)

  return 1 - diceRatio_g
```

对除批次维度之外的所有内容进行汇总，以获得每个批次项的阳性标记、（柔和的）阳性检测和（柔和的）真阳性的结果

骰子比值。为了避免偶然出现既没有预测也没有标签的问题，我们在分子和分母上加 1

为了使它成为一种损失，我们取 1 减去骰子的比值，所以损失越小越好

我们将更新 computeBatchLoss()函数，将调用 2 次 self.diceLoss。我们将计算训练样本的标准骰子损失，以及 label_g 中包含的像素。通过将我们的预测（记住，这是浮点值）乘标签（实际上是布尔值），我们将得到使每个阴性像素“完全正确”的伪预测（因为这些像素的所有值都乘来自 label_g 中为 False 即 0 的值）。唯一会产生损失的像素是假阴性像素（所有本应该被预测为 true 的像素，但却被预测为 False）。这将很有帮助，因为召回率对我们的整个项目来说是非常重要的，毕竟，如果我们一开始没有发现肿瘤，我们就不能正确地对肿瘤进行分类，见代码清单 13.25。

代码清单 13.25　training.py:282, .computeBatchLoss

```
def computeBatchLoss(self, batch_ndx, batch_tup, batch_size, metrics_g,
         classificationThreshold=0.5):
  input_t, label_t, series_list, _slice_ndx_list = batch_tup

  input_g = input_t.to(self.device, non_blocking=True)
  label_g = label_t.to(self.device, non_blocking=True)
  if self.segmentation_model.training and self.augmentation_dict:
    input_g, label_g = self.augmentation_model(input_g, label_g)

  prediction_g = self.segmentation_model(input_g)

  diceLoss_g = self.diceLoss(prediction_g, label_g)
  fnLoss_g = self.diceLoss(prediction_g * label_g, label_g)
  # ... line 313
  return diceLoss_g.mean() + fnLoss_g.mean() * 8
```

迁移到 GPU 上

在训练中根据需要进行增强，而在验证中，我们将跳过这一步

运行分割模型

应用高质量的骰子损失

哎呀，这是什么？

让我们来讨论一下 diceLoss_g.mean()+fnLoss_g.mean()*8 这条返回语句。

1. 损失加权

在第 12 章中，我们讨论了如何构建数据集，使我们的类不至于严重失衡。这有助于训练的收敛，因为每批中出现的阳性和阴性样本能够抵消其他样本的总体拉力，模型必须学会区分它们以进行改进。我们通过减少训练样本以包含更少的阴性像素来近似这个平衡，但是拥有高召回率是非常重要的，我们需要确保当我们训练的时候，我们提供了反映事实的损失。

我们将有一个加权损失以使一个类优于另一个类，我们所说的将 fnLoss_g 乘 8 的意思是，正确处理所有阳性像素比正确处理所有阴性像素要重要 8 倍，如果算上 diceLoss_g 中的 1，就是 9 倍。由于正掩码所覆盖的面积比整个 64×64 的裁剪区域要小得多，因此每个阳性像素对反向传播的影响比阴性像素要大得多。

我们愿意在总体的骰子损失中去掉许多正确预测的阴性像素，以在假阴性损失中得到一个正确的像素。因为总体的骰子损失是假阴性损失的严格超集，所以唯一可以进行交换的正确像素是以真阴性开始的像素。因为所有的真阳性像素都已经包含在假阴性损失中，所以不需要进行交换。

因为我们愿意牺牲大量的真阴性像素来追求更好的召回率，所以通常我们应该期待大量的假阳性像素[①]。我们这样做是因为召回率对我们的用例来说是非常重要的，我们宁愿有一些假阳性结果也不愿有一个假阴性结果。

我们应该注意到这种方法只在使用 Adam 优化器时有效，当使用 SGD 时，过度预测会导致每个像素退回为阳性。Adam 微调学习率意味着强调假阴性损失不会变得难以控制。

2. 收集指标

为了获得更好的召回率，我们故意倾斜我们的数字，让我们看看倾斜程度会有多大。在我们的分类 computeBatchLoss()函数中，我们要计算用于诸如度量指标的各个样本值，我们还要计算总体分割结果的相似值。真阳性和其他指标之前都是在 logMetrics()中计算的，但是考虑到结果数据的大小（回想一下，验证集中的每个 CT 切片都是 25 像素），我们需要在 computeBatchLoss()函数中计算这些数据，见代码清单 13.26。

代码清单 13.26 training.py:297, .computeBatchLoss

```
start_ndx = batch_ndx * batch_size
end_ndx = start_ndx + input_t.size(0)

with torch.no_grad():
  predictionBool_g = (prediction_g[:, 0:1]
          > classificationThreshold).to(torch.float32)

  tp = (      predictionBool_g * label_g).sum(dim=[1,2,3])
  fn = ((1 - predictionBool_g) * label_g).sum(dim=[1,2,3])
```

我们对预测设定阈值，以获得“硬”骰子并将其转换为浮点数以便以后进行乘法运算

计算真阳性、假阳性和假阴性与我们计算骰子损失时所做的类似

① Roxie 会很自豪的！

```
fp = (     predictionBool_g * (~label_g)).sum(dim=[1,2,3])

metrics_g[METRICS_LOSS_NDX, start_ndx:end_ndx] = diceLoss_g   <-
metrics_g[METRICS_TP_NDX, start_ndx:end_ndx] = tp
metrics_g[METRICS_FN_NDX, start_ndx:end_ndx] = fn
metrics_g[METRICS_FP_NDX, start_ndx:end_ndx] = fp
```

我们将度量指标存储到一个大张量中以备将来参考。每个批次分别作为一项进行存储，而不是取整个批次的平均值

正如我们在本节开头所讨论的，我们可以通过将预测和标签相乘来计算真阳性等指标。因为我们并不担心我们预测的精确值（实际上，我们将像素标记为 0.6 还是 0.9 并不重要，只要它超过阈值，我们就称它为候选结节的一部分），我们将通过将它与阈值 0.5 进行比较来创建 predictionBool_g。

13.6.4　将图像导入 TensorBoard

处理分割任务的好处之一是输出很容易用可视化的方式表示。能够观察结果对于确定一个模型进展是否顺利（但可能需要进行更多的训练），或者是否已经偏离轨道（因此我们需要停止在进一步的训练上浪费时间）是非常有帮助的。我们有很多方法可以将结果转换成图像，也有很多方法可以显示它们。TensorBoard 对这类数据有很好的支持，我们已经将 TensorBoard SummaryWriter 实例集成到我们的训练循环中，所以我们将使用 TensorBoard。让我们看看如何操作才能把所有东西连接起来。

我们将在主应用程序类中添加一个 logImages()函数，并使用训练和验证数据加载器来调用它。然后，我们对训练循环也做一下更改：我们只会在第 1 个以及每隔 5 个迭代周期执行验证和图像记录。我们通过检查常量 validation_cadence 对应的迭代周期号实现这一点。

在训练时，我们试图平衡一些事情。

- 不需要等待很长时间就能大致了解我们的模型是如何训练的。
- 把 GPU 大部分时间花在训练上，而不是验证上。
- 确保模型在验证集上仍然表现良好。

第 1 点意味着我们需要相对较短的时间去训练模型，这样我们才能更频繁地调用 logMetrics()。然而，第 2 点意味着我们需要在调用 doValidation()之前训练相当长的一段时间。第 3 点意味着我们需要定期调用 doValidation()，而不是在训练结束或在遇到难以处理的事情之后调用一次。只要在第 1 个和每隔 5 个迭代周期进行验证，我们就能实现这些目标。我们获得了训练进度的早期信号，花了大量时间进行训练，并在训练过程中定期检查验证集，见代码清单 13.27。

代码清单 13.27　training.py:210, SegmentationTrainingApp.main

```
def main(self):
  # ... line 217
  self.validation_cadence = 5
  for epoch_ndx in range(1, self.cli_args.epochs + 1):   <-
    # ... line 228
```

最外层的循环，跨越各个迭代周期

```
  trnMetrics_t = self.doTraining(epoch_ndx, train_dl)
  self.logMetrics(epoch_ndx, 'trn', trnMetrics_t)

  if epoch_ndx == 1 or epoch_ndx % self.validation_cadence == 0:
    # ... line 239
    self.logImages(epoch_ndx, 'trn', train_dl)
    self.logImages(epoch_ndx, 'val', val_dl)
```

一个训练迭代周期

在每个迭代周期之后记录训练的（标量）指标

只在每一个验证间隔

验证模型并记录图像

构造图像记录的方法并不止一种。我们将从训练集和验证集中获取一些 CT，对于每个 CT，我们将从一端到另一端选择 6 个均匀间隔的切片，并展示实际情况以及模型的输出。我们选择 6 个切片仅仅是因为 TensorBoard 一次只显示 12 幅图像，我们可以在浏览窗口中让模型输出的图像上方显示一行标签。以这种方式排列可以方便、直观地比较二者，如图 13.16 所示。

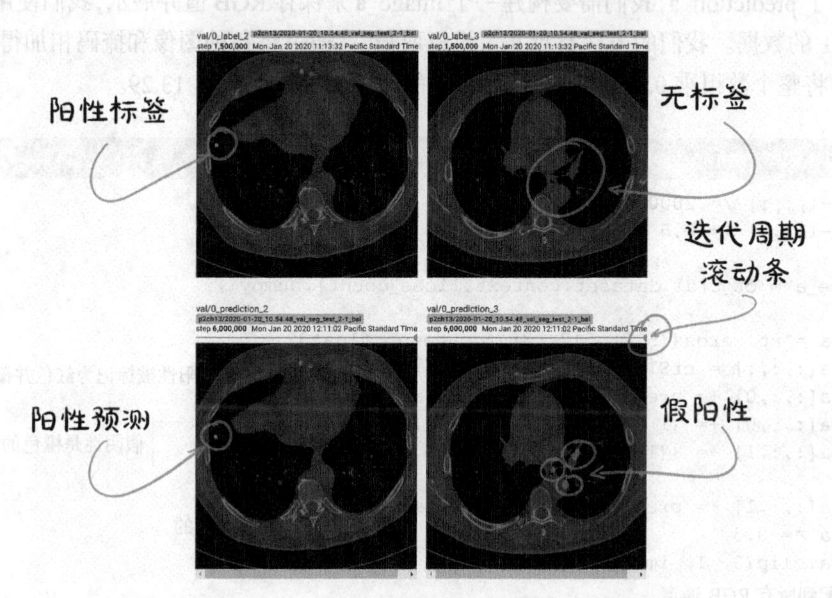

图 13.16 上一行：标注训练数据；下一行：分割的输出

还要注意预测图像上的小滚动条。滚动条使我们可以查看具有相同标签的图像的先前版本（如 val/0_prediction_3，具有相同标签但为更早的迭代周期）。当我们试图调试某些东西或进行调整以获得特定的结果时，能够看到分段输出是如何随时间变化是非常有用的。随着训练的进行，TensorBoard 会将滚动条中可查看的图像数量限制为 10 个，这可能是为了避免浏览器中出现大量图像。

生成此输出的代码首先从相关数据加载器获取 12 个序列，然后从每个序列获取 6 幅图像，见代码清单 13.28。

代码清单 13.28 training.py:326, .logImages

```
def logImages(self, epoch_ndx, mode_str, dl):
  self.segmentation_model.eval()
```

将模型设置为 eval 模式

```
images = sorted(dl.dataset.series_list)[:12]
for series_ndx, series_uid in enumerate(images):
  ct = getCt(series_uid)

  for slice_ndx in range(6):
    ct_ndx = slice_ndx * (ct.hu_a.shape[0] - 1) // 5
    sample_tup = dl.dataset.getitem_fullSlice(series_uid, ct_ndx)

    ct_t, label_t, series_uid, ct_ndx = sample_tup
```

绕过数据加载器获取 12 个（相同）CT，并直接使用数据集，序列列表可能是乱序的，因此进行排序

在 CT 上选择 6 个等距切片

之后，我们将 ct_t 输入到模型中。这看起来很像我们在 computeBatchLoss()函数中看到的。如果需要，请参阅 p2ch13/training.py 了解详细信息。

一旦有了 prediction_a，我们需要构建一个 image_a 来保存 RGB 值并展示，我们使用 np.float32 类型的 0～1 的数据。我们的方法有点儿“投机取巧”：通过将各种图像和掩码相加得到 0～2 的数据，然后将整个数组乘 0.5，使其返回到正确的范围，见代码清单 13.29。

代码清单 13.29　training.py:346, .logImages

```
ct_t[:-1,:,:] /= 2000
ct_t[:-1,:,:] += 0.5

ctSlice_a = ct_t[dl.dataset.contextSlices_count].numpy()

image_a = np.zeros((512, 512, 3), dtype=np.float32)
image_a[:,:,:] = ctSlice_a.reshape((512,512,1))
image_a[:,:,0] += prediction_a & (1 - label_a)
image_a[:,:,0] += (1 - prediction_a) & label_a
image_a[:,:,1] += ((1 - prediction_a) & label_a) * 0.5

image_a[:,:,1] += prediction_a & label_a
image_a *= 0.5
image_a.clip(0, 1, image_a)
```

假阳性被标记为红色并覆盖在图像上

假阴性是橙色的

真阳性是绿色的

CT 强度被分配到所有 RGB 通道，以提供一个灰度基础图像

我们的目标是有一个半强度的灰度 CT，覆盖各种颜色的预测结节（或者更准确地说是候选结节）像素。我们将使用红色表示所有不正确的像素，即假阳性和假阴性。这里多半用红色表示假阳性，我们并不太关心这一点，因为我们关注的是召回率。将标签值取反，即 1-label_a，并将其与 prediction_a 相乘，得到的就是不在候选结节中的预测像素。如果是假阴性，则在绿色的基础上加上半强度的掩膜，这意味着它们将显示为橙色（在 RGB 中，值为 1.0 的红色和值为 0.5 的绿色将会被渲染）。结节内每个正确预测的像素都被设置为绿色，因为我们正确获得了这些像素，所以不会添加红色，它们将呈现为纯绿色。

之后，我们将数据重新归一化到 0～1 并将其保持稳定，以防我们在这里开始展示增强数据，当噪声超出我们预期的 CT 范围时，将导致斑点。剩下的就是将数据保存到 TensorBoard，见代码清单 13.30。

代码清单 13.30 training.py:361, .logImages

```
writer = getattr(self, mode_str + '_writer')
writer.add_image(
  f'{mode_str}/{series_ndx}_prediction_{slice_ndx}',
  image_a,
  self.totalTrainingSamples_count,
  dataformats='HWC',
)
```

这与我们以前看到的 writer.add_scalar()调用看起来一样，dataformats='HWC'参数告诉 TensorBoard，图像中以 RGB 通道作为第 3 个坐标轴。回想一下，我们的网络层通常指定输出为 $B\times C\times H\times W$，如果我们指定'CHW'，我们也可以将数据直接放入 TensorBoard。

我们还想保存我们用来训练的实际值，它将形成图 13.16 所示的 TensorBoard 上一行的 CT 切片。它的代码与我们刚才看到的代码非常相似，因此我们将跳过该代码的介绍。如果你想了解细节，请再次参见 p2ch13/training.py。

13.6.5 更新指标日志

为了了解具体操作，我们计算了每个迭代周期的指标，特别是真阳性、假阴性和假阳性等。下面的代码清单就是这么做的，这里没什么特别令人惊讶的地方，见代码清单 13.31。

代码清单 13.31 training.py:400, .logMetrics

```
sum_a = metrics_a.sum(axis=1)
allLabel_count = sum_a[METRICS_TP_NDX] + sum_a[METRICS_FN_NDX]
metrics_dict['percent_all/tp'] = \
  sum_a[METRICS_TP_NDX] / (allLabel_count or 1) * 100
metrics_dict['percent_all/fn'] = \
  sum_a[METRICS_FN_NDX] / (allLabel_count or 1) * 100
metrics_dict['percent_all/fp'] = \
  sum_a[METRICS_FP_NDX] / (allLabel_count or 1) * 100
```

可能大于 100%，因为我们比较的是标记为候选结节的像素总数，这是每幅图像的一小部分

我们将开始为我们的模型打分，以此来确定一个特定的训练是否是我们迄今为止见过的最好的训练。在第 12 章中，我们将使用 F1 分数为我们的模型排名，但我们在这里的目标与之不同，我们需要确保召回率尽可能高，因为如果我们一开始没有发现潜在的结节，我们就无法对其进行分类！

我们将通过召回率来确定"最佳"模型。只要 F1 分数对迭代周期来说是合理的就行①，因为我们只是想要得到尽可能高的召回率，筛选出所有假阳性样本是分类模型的责任，见代码清单 13.32。

代码清单 13.32 training.py:393, .logMetrics

```
def logMetrics(self, epoch_ndx, mode_str, metrics_t):
  # ... line 453
```

① 是的，"合理"是一种回避，如果你想要一些更具体的东西，"非零"则是一个很好的开端。

```
    score = metrics_dict['pr/recall']

    return score
```

当我们在第 14 章向分类训练循环添加类似的代码时，我们将使用 F1 分数。

回到主循环中，我们将跟踪 best_score 指标，它记录了我们的训练到目前为止最好的分数。当我们保存模型时，将包含一个标志，该标志指示这是否是我们迄今为止看到的最好分数。回想一下 13.6.4 小节，我们只为第 1 个和每隔 5 个迭代周期调用一次 doValidation()函数，这就意味着我们只会在这些迭代周期里寻找最好的成绩。这应该不是问题，但如果需要调试第 7 个迭代周期中发生的事情，就需要记住这一点。我们在保存图像之前会进行这些检查，见代码清单 13.33。

代码清单 13.33　training.py:210, SegmentationTrainingApp.main

```
def main(self):
  best_score = 0.0
  for epoch_ndx in range(1, self.cli_args.epochs + 1):    <-- 我们已经看到的迭代周期
      # if validation is wanted
      # ... line 233
      valMetrics_t = self.doValidation(epoch_ndx, val_dl)
      score = self.logMetrics(epoch_ndx, 'val', valMetrics_t)    <-- 计算分数，正如我们之前获取召回率所看到的
      best_score = max(score, best_score)

      self.saveModel('seg', epoch_ndx, score == best_score)    <-- 现在我们只需要编写 saveModel()函数，第 3 个参数表示我们是否也要将其保存为最佳模型
```

让我们看看如何将模型持久化到磁盘上。

13.6.6　保存模型

PyTorch 使得将模型保存到磁盘变得非常容易。在底层，torch.save 使用标准的 Python pickle 库，这意味着我们可以直接传入我们的模型实例，它将被正确地保存。然而，这并不是持久化模型的理想方式，因为我们失去了一些灵活性。

取而代之的是，我们将只保存模型的参数。这样做我们就可以将这些参数加载到任何具有相同参数类型的模型中，即使加载类与保存这些参数的模型不匹配。仅保存参数的方法允许我们以比保存整个模型更多的方式重用和重新组合模型。

我们可以使用 model.state_dict()函数来获取模型的参数，见代码清单 13.34。

代码清单 13.34　training.py:480, .saveModel

```
def saveModel(self, type_str, epoch_ndx, isBest=False):
  # ... line 496
  model = self.segmentation_model
  if isinstance(model, torch.nn.DataParallel):
    model = model.module    <-- 除去 DataParallel 封装器（如果存在）
```

```
state = {
  'sys_argv': sys.argv,
  'time': str(datetime.datetime.now()),
  'model_state': model.state_dict(),    <-- 重要部分
  'model_name': type(model).__name__,
  'optimizer_state' : self.optimizer.state_dict(),  <-- 保持动量，以此类推
  'optimizer_name': type(self.optimizer).__name__,
  'epoch': epoch_ndx,
  'totalTrainingSamples_count': self.totalTrainingSamples_count,
}
torch.save(state, file_path)
```

我们将 file_path 设置为 data-unversioned/part2/models/p2ch13/seg_2019-07-10_02.17.22_ch12.50000.state，其中 50,000 表示到目前为止我们提供给模型的训练样本数量，而路径的其他部分的含义则很容易理解。

提示 通过保存优化器状态，我们可以无缝地恢复训练。虽然我们没有提供这方面的实现，但如果你对计算资源的访问可能会中断，那么它可能会很有用。有关加载模型和优化器以重启训练的详细信息，可以在官方文档中找到。

如果当前模型获得了迄今为止我们看到的最好的分数，我们就用一个名为.best.state 的文件保存状态的第 2 个副本。在后面，这可能会被模型的另一个分数更高的版本覆盖。通过只关注这个最好的文件，我们可以将被训练的模型与每个训练迭代周期的细节分离开来，当然，假设我们的分数指标质量较高，见代码清单 13.35。

代码清单 13.35 training.py:514, .saveModel

```
if isBest:
  best_path = os.path.join(
    'data-unversioned', 'part2', 'models',
    self.cli_args.tb_prefix,
    f'{type_str}_{self.time_str}_{self.cli_args.comment}.best.state')
  shutil.copyfile(file_path, best_path)

  log.info("Saved model params to {}".format(best_path))

with open(file_path, 'rb') as f:
  log.info("SHA1: " + hashlib.sha1(f.read()).hexdigest())
```

我们还输出了刚才所保存模型的 SHA1 值，类似于我们放入状态字典中的 sys.argv 和时间戳。如果以后事情变得混乱这可以帮助我们准确调试我们正在使用的模型，例如，一个文件被错误地重命名。

我们将在第 14 章用类似的例程更新分类训练脚本，以保存分类模型。为了做 CT 诊断，我们需要 2 种模型。

13.7 结果

现在我们完成了所有代码的更改，进入了图 13.17 所示的步骤 3，现在该运行 python

-mp2ch13.training --epochs 20 --augmented final_seg 了。让我们看看结果是什么样子的！

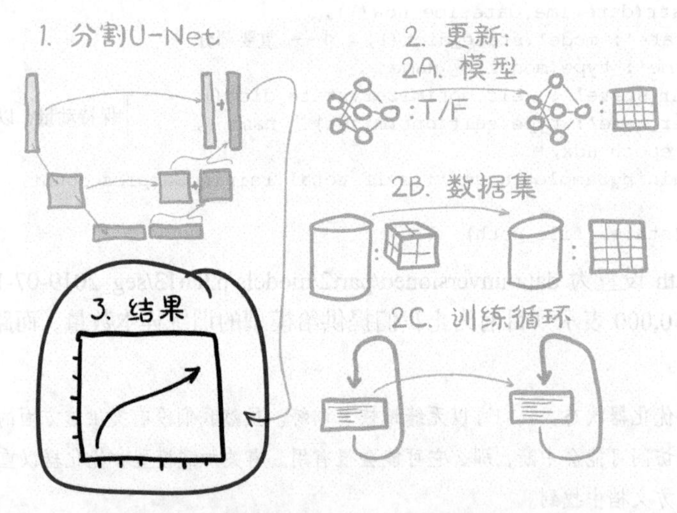

图 13.17 本章的概要，重点关注我们训练的结果

如果我们局限在有验证指标的迭代周期，那么我们的训练指标将是这样的（我们接下来将研究这些指标，因此将保持一个同类型的比较）：

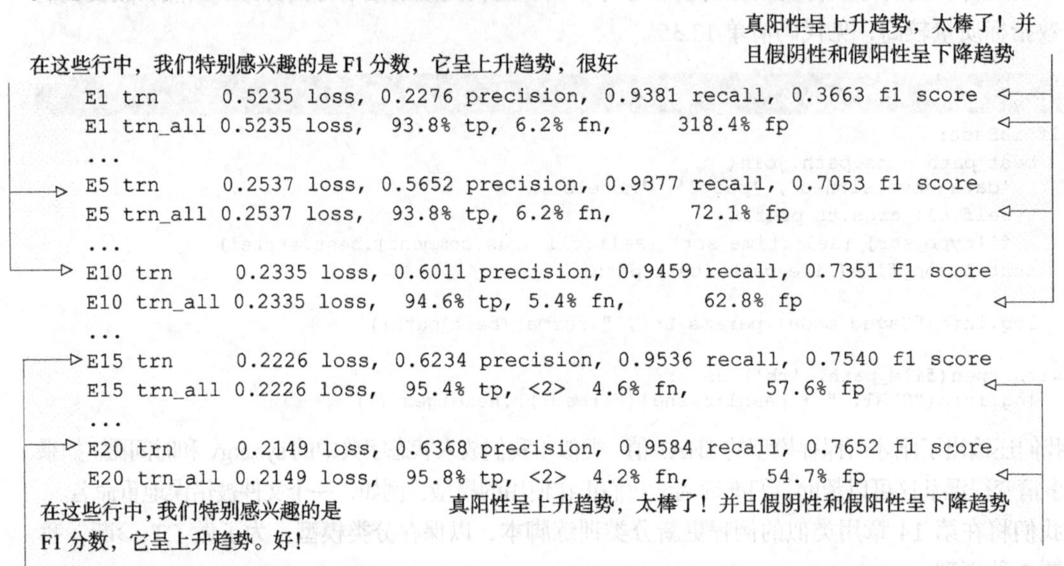


```
E1 trn      0.5235 loss, 0.2276 precision, 0.9381 recall, 0.3663 f1 score
E1 trn_all  0.5235 loss,  93.8% tp, 6.2% fn,      318.4% fp
...
E5 trn      0.2537 loss, 0.5652 precision, 0.9377 recall, 0.7053 f1 score
E5 trn_all  0.2537 loss,  93.8% tp, 6.2% fn,       72.1% fp
...
E10 trn      0.2335 loss, 0.6011 precision, 0.9459 recall, 0.7351 f1 score
E10 trn_all 0.2335 loss,  94.6% tp, 5.4% fn,       62.8% fp
...
E15 trn      0.2226 loss, 0.6234 precision, 0.9536 recall, 0.7540 f1 score
E15 trn_all 0.2226 loss,  95.4% tp, <2>  4.6% fn,       57.6% fp
...
E20 trn      0.2149 loss, 0.6368 precision, 0.9584 recall, 0.7652 f1 score
E20 trn_all 0.2149 loss,  95.8% tp, <2>  4.2% fn,       54.7% fp
```

总的来说，它看起来很不错。真阳性和 F1 分数呈上升趋势，假阴性和假阳性呈下降趋势，这就是我们想看到的。验证指标将告诉我们这些结果是否合法，请记住，由于我们在 64×64 的裁剪区域上进行训练，但在整个 512×512 的 CT 切片上进行验证，对于这几个指标，我们几乎肯定会得到截然不同的比率。让我们来看看：

最高的真阳性率，请注意，真阳性率和召回率是一样的，但假阳性率是 4495%，这似乎太大

```
E1 val     0.9441 loss, 0.0219 precision, 0.8131 recall, 0.0426 f1 score
E1 val_all 0.9441 loss,  81.3% tp,  18.7% fn,   3637.5% fp

E5 val     0.9009 loss, 0.0332 precision, 0.8397 recall, 0.0639 f1 score
E5 val_all 0.9009 loss,  84.0% tp,  16.0% fn,   2443.0% fp

E10 val     0.9518 loss, 0.0184 precision, 0.8423 recall, 0.0360 f1 score
E10 val_all 0.9518 loss,  84.2% tp,  15.8% fn,   4495.0% fp

E15 val     0.8100 loss, 0.0610 precision, 0.7792 recall, 0.1132 f1 score
E15 val_all 0.8100 loss,  77.9% tp,  22.1% fn,   1198.7% fp

E20 val     0.8602 loss, 0.0427 precision, 0.7691 recall, 0.0809 f1 score
E20 val_all 0.8602 loss,  76.9% tp,  23.1% fn,   1723.9% fp
```

假阳性率超过 4000% ？是的，事实上，这是意料之中的。我们的验证切片面积是 2^{18} 个像素（512 是 2^9），而我们训练的裁剪区域只有 2^{12} 个像素。这意味着我们在一个 $2^6 = 64$ 倍大的切片表面上进行验证，因此假阳性数是原来的 64 倍也是讲得通的。请记住，我们的真阳性率不会发生有意义的变化，因为它将全部包含在我们一开始训练的 64×64 的样本中。这种情况会导致非常低的精度，因此 F1 分数也会很低。这是我们组织训练和验证方式的自然结果，所以这不是一个值得警惕的原因。

然而，问题在于我们的召回率（我们的真阳性率）。我们的召回率在第 5 个和第 10 个迭代周期达到高峰，然后开始下降。很明显，模型很快就开始过拟合了。在图 13.18 中，我们可以看到进一步的证据，当训练召回率呈上升趋势时，验证召回率在 300 万个样本后开始下降。这就是我们在第 5 章，特别是在图 5.14 中识别过拟合的方法。

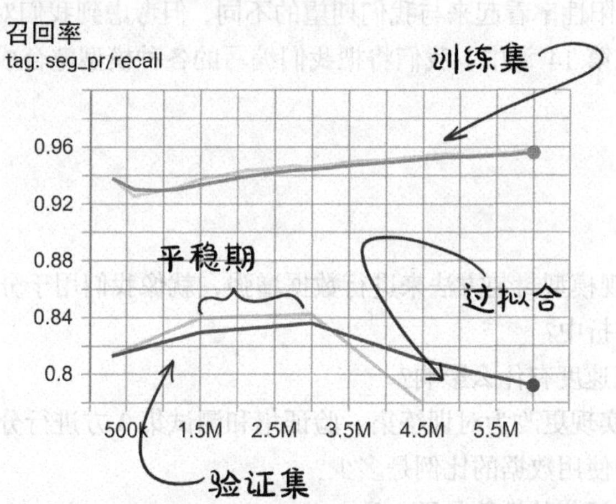

图 13.18 验证集召回率，召回率在第 10 个迭代周期（300 万个样本）后下降，模型出现过拟合的迹象

注意 请记住，默认情况下，TensorBoard 会平滑数据线。实线后面较浅的重影线表示原始值。

U-Net 架构具有很大的容量，即使我们减少了过滤器和深度计数，它也能够很快记住我们的训练集。使用 U-Net 架构的一个好处是，我们不需要对模型训练很长时间！

获得高的召回率是分割的首要任务，因为我们将让分类模型在下游处理精确率问题。降低假阳性是我们构建这些分类模型的全部原因！这种倾斜的情形确实意味着比评估我们的模型更困难。我们可以改为使用 F2（或 F5、F10 等）分数，它的更重的召回率权重，但我们必须选择一个足够高的 *N* 来折算精确率。我们将跳过中间环节，只通过召回率对模型进行评分，并使用人为判断来确保给定的训练运行是正常的。因为我们是在骰子损失上训练，而不是直接在召回率上训练，这应该是可行的。

这里有点儿作弊的嫌疑，因为我们（作者）已经完成了第 14 章的训练和评估，所以我们已经知道结果了。没有好的方式来看待这种情况，同时也无法知道我们所看见的结果是否有效。有根据的猜测是有帮助的，但它们不能代替实际实验。

尽管我们的指标有一些相当极端的值，就目前情况来看，我们的结果还是足以继续使用的。我们离完成端到端的项目又近了一步。

13.8 总结

在本章中，我们讨论了一种构建像素到像素分割模型的新方法，引入了 U-Net（这是一种现成的、经过验证的模型架构，适用于这些类型的任务），并调整了一个实现供我们自己使用。我们还改变了我们的数据集，为新模型的训练需求提供数据，包括用于训练的小型裁剪区域和用于验证的有限的切片集。我们的训练循环现在具有将图像保存到 TensorBoard 的能力，并且我们已经将数据集的增强功能移动到可以在 GPU 上操作的独立模型中。最后，我们查看了我们的训练结果，并讨论了即使假阳性率看起来与我们期望的不同，但考虑到我们对更大项目的要求，这个结果还是可接受的。在第 14 章中，我们将把我们编写的各种模型整合成一个有凝聚力的端到端整体。

13.9 练习题

1. 对分类模型实现模型封装方法来进行数据增强，就像我们用于分割训练一样。
   a）你做了哪些折中？
   b）改变对训练速度有什么影响？
2. 将分割数据集实现更改为对训练集、验证集和测试集 3 方进行分割。
   a）在测试集中使用数据的比例是多少？
   b）测试集和验证集的性能是否一致？
   c）在较小的训练集中，训练会受到多大的影响？
3. 除了分割结节状态，尝试让模型分割恶性与良性结节。

a）你的指标报告需要如何修改？图像生成了吗？

b）你看到了什么样的结果？分割是否足够好以至于可以跳过分类步骤？

4. 你能在 64×64 的裁剪区域和整个 CT 切片的组合上训练模型吗[①]？
5. 除了 LUNA（或 LIDC）数据，你还能找到其他数据源吗？

13.10 本章小结

- 分割将单个像素或体素标记为属于某一类别，与分类不同，分类是在整幅图像的层次上运行的。
- U-Net 是用于分割任务的、具有突破性的模型架构。
- 采用先分割后分类的方法，我们可以在相对较少的数据和计算需求下实现检测。
- 简单的三维分割方法可能会很快占满 GPU 的 RAM，小心地限制模型的范围有助于限制 RAM 的使用。
- 在对整幅图像的切片进行验证时，可以在图像裁剪区域上训练分割模型。这种灵活性对于类平衡很重要。
- 损失加权强调从训练数据的某些类或子集计算损失，以鼓励模型专注于期望的结果。它可以补充类平衡，并且在尝试调整模型训练性能时很有用。
- TensorBoard 可以显示训练过程中生成的二维图像，并保存这些模型在训练过程中如何变化的过程，这可以用来在训练过程中可视化地跟踪模型输出的变化。
- 可以将模型参数保存到磁盘，重新加载构建先前保存的模型。只要新老模型的参数之间有 1：1 的映射关系，精确的模型实现就可以改变。

---

① 提示：待批处理的每个样本元组对于每个对应的张量都必须具有相同的形状，但下一个批次可以有不同形状的样本。

第 14 章 端到端的结节分析及下一步的方向

本章主要内容

- 连接分割和分类模型。
- 为新任务微调网络。
- 向 TensorBoard 添加直方图和其他指标类型。
- 从过拟合到泛化。

在前文，我们构建了大量的系统，它们是我们的项目的重要组成部分。我们已开始加载数据，为候选结节构建和改进分类器，训练分割模型以找到那些候选结节，处理训练和评估这些模型所需的基础设施，并将训练结果保存到磁盘。现在是时候将我们拥有的组件统一成一个完整的整体了，这样我们就可以实现我们项目的完整目标：自动检测癌症。

14.1 接近终点线

我们可以通过查看图 14.1 得到剩余工作的提示。在步骤 3 中，我们看到我们需要在第 13 章的分割模型和第 12 章的分类器之间建立桥梁，这将告诉我们分割网络所发现的是否确实是一个结节。步骤 5 是实现总体目标的最后一步：判断结节是否为癌症。这是另一个分类任务。但是为了在这个过程中学习一些东西，我们将从一个新的角度来了解如何通过构建已有的结节分类器来实现它。

当然，这些简短的描述和图 14.1 中的简化描述遗漏了很多细节。让我们用图 14.2 对其进行放大，看看还有什么需要完成的。

如你所见，还有 3 个重要的任务。下列每一项都对应图 14.2 中的一个主要排列项。

（1）生成候选结节。这是整个项目中的第 3 步，这一步有 3 个任务。

- 分割——第 13 章的分割模型将预测一个给定的像素是否有意义，即是否会怀疑它是结节的一部分。这将在每个二维切片上完成，并且每个二维结果将被叠加以形成一个包含候选结节预测结果的三维体素数组。
- 分组——我们会使用阈值对预测结果进行分组，标记出其中可能为候选结节的体素，然后把相连的标记区域划分成一组。

- 构建样本元组——每个被识别的候选结节将被用来构建一个样本元组，以进行分类。特别地，我们需要生成结节中心坐标，即索引、行和列。

一旦实现了这一点，我们将有一个应用程序，该程序从一个病人的原始 CT 扫描产生一个检测到的候选结节的列表。制作这样一个列表是 LUNA 挑战赛的任务。如果这个项目被用于临床（再次强调我们这个项目不会），这个结节列表需要医生更仔细地检查。

（2）结节和恶性程度分类。我们将刚刚产生的候选结节传递给第 12 章实现的候选结节分类器，然后对标记为结节的候选结节进行恶性程度检测。

- 结节分类——每个来自分割和分组的候选结节将被分为结节或非结节。这样做将允许我们筛选出许多正常的解剖结构，该结构在我们的分割过程中被标记。
- ROC/AUC 指标——在我们开始最后一个分类步骤之前，我们将定义一些新的指标来检查分类模型的性能，并建立一个基准指标来比较我们的恶性分类器。
- 微调恶性模型——一旦我们的新指标定义好了，我们就定义一个专门用于分类良性和恶性结节的模型，训练它，并观察它的性能。我们将在训练中对模型进行微调：这个过程将削减现有模型的一些权重，并用新的值替换它们，然后就可以用于我们的新任务了。

到那时，实现我们的最终目标就指日可待了：将结节分为良性和恶性 2 类，然后通过 CT 得出诊断结果。再次强调，在现实世界中诊断肺癌远比盯着 CT 扫描要复杂，所以我们进行诊断更多的是一项实验，看看仅凭深度学习和影像数据我们能走多远。

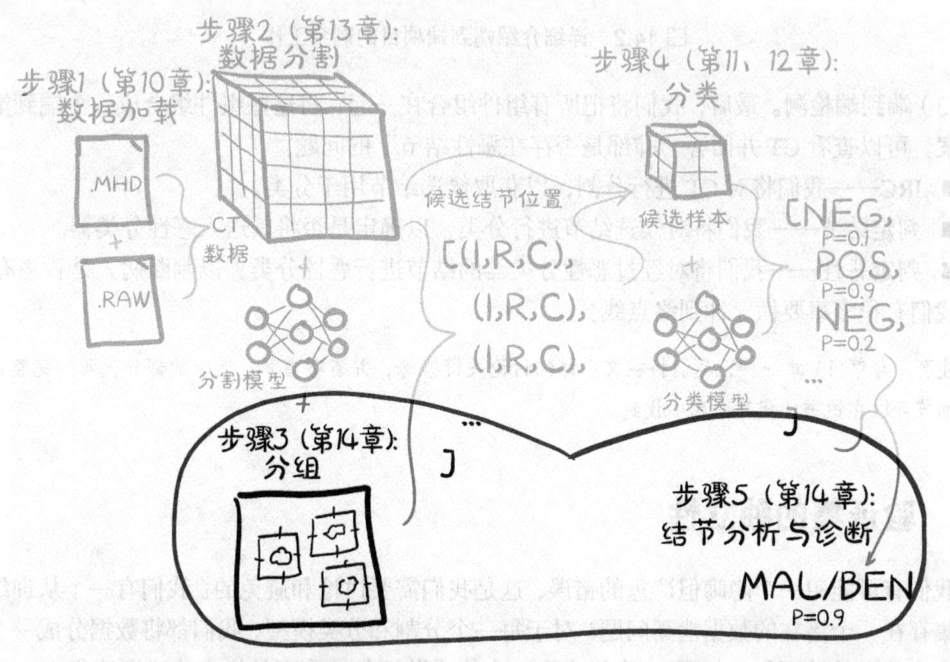

图 14.1 端到端的肺癌检测项目，本章重点关注的主题——步骤 3 和步骤 5：分组和结节分析与诊断

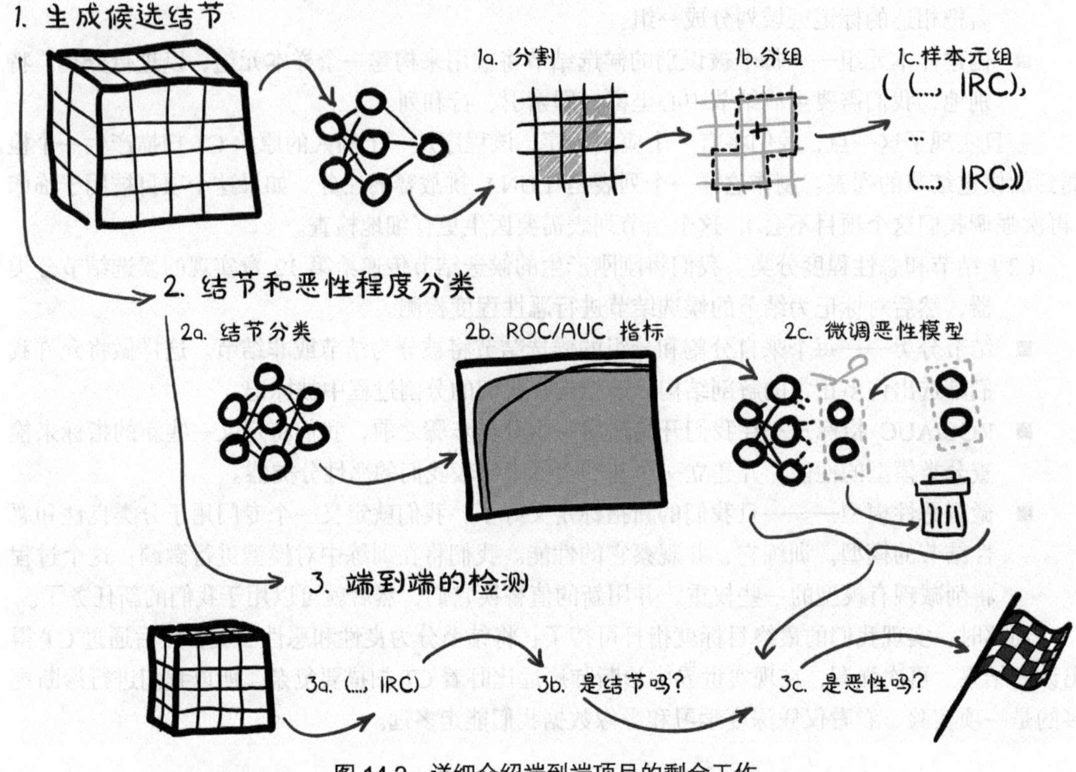

图 14.2　详细介绍端到端项目的剩余工作

（3）端到端检测。最后，我们将把所有组件组合在一起，将这些组件组合成一个端到端的解决方案，可以查看 CT 并回答“肺部是否存在恶性结节”的问题。

- IRC——我们将对 CT 进行分割，以获取候选结节用于分类。
- 判定结节——我们将对候选结节进行分类，以确定是否将其送入恶性分类器。
- 判定恶性——我们将对经过恶性分类器的结节进行恶性分类，以判断病人是否患有癌症

我们有很多事要做。冲到终点线！

注意　与第 13 章一样，我们将在文中详细讨论关键概念，并省略重复、乏味的部分代码。完整的细节可以在该书的代码仓库中找到。

14.2　验证集的独立性

我们有可能犯一个隐晦但严重的错误，这是我们需要讨论和避免的：我们有一个从训练集到验证集存在一个潜在的数据泄露问题！对于每一个分割和分类模型，我们都将数据分成一个训练集和一个独立的验证集，每隔 10 个样本取一个构成验证集，剩下的样本构成训练集。

但是，分类模型的分割是在结节列表上进行的，分割模型的分割是在 CT 扫描列表上进行的。这意味着在分类模型的训练集中可能有来自分割验证集的结节，反之亦然，我们必须避免这种情况发生！如果不加以修正，这种数据混合的情况可能会导致性能指标人为地高于我们在独立数据集上获得的数据。这就是所谓的数据泄露，它会使我们的验证无效。

为了纠正这种潜在的数据泄露，我们需要对分类数据集进行返工，以便使其在 CT 扫描级别也能工作，就像我们在第 13 章中对分割任务所做的那样。然后我们需要用这个新的数据集重新训练分类模型。好的一面是，我们之前并没有保存分类模型，所以不管怎样我们都需要重新训练。

在定义验证集时，你应该注意端到端的过程。可能最简单的方法是使验证集分割尽可能清晰，对重要的数据集的操作也是如此。例如，为训练集和验证集设置 2 个单独的目录，然后在整个项目中坚持这种分割。当你需要重新分割时（例如，当你需要添加按某个条件拆分的数据集的分层时），你需要用新分割的数据集重新训练所有的模型。

因此，我们所做的就是从第 10～12 章的 LunaDataset 中获取候选列表，并从第 13 章的 Luna2dSegmentationDataset 中将其分割为测试集和验证集。由于这是非常机械的，并且没有太多的细节可以学习（你现在已经是数据集方面的专业人士了），我们将不再展示代码的细节。

我们将通过重新运行分类器来重新训练我们的分类模型[①]：

```
$ python3 -m p2ch14.training --num-workers=4 --epochs 100 nodule-nonnodule
```

经过 100 个迭代周期，阳性样本分类的准确率达到 95%，阴性样本分类的准确率达到 99%。由于验证损失不会再次呈上升趋势，我们可以对模型进行更长时间的训练，看看是否会继续改进。

经过 90 个迭代周期之后，F1 分数达到最大值，验证准确率为 99.2%，但对实际结节的验证准确率为 92.8%。我们将采用这个模型，尽管我们可能也会尝试用总体准确率来换取对恶性结节的更高准确率（在这 2 者之间，模型对实际结节的准确率为 95.4%，总准确率为 98.9%。这对我们来说已经足够好了，我们已经准备好连接模型了。

14.3 连接 CT 分割和候选结节分类

现在我们有了一个在第 13 章中保存的分割模型和一个我们在 14.2 节中刚刚训练过的分类模型，图 14.3 中的步骤 1a、1b 和 1c 显示我们已经准备好编写代码，将分割输出转换为样本元组。我们正在进行分组：在图 14.3 中找到步骤 1b 高亮部分周围的虚线轮廓。我们的输入是分割：步骤 1a 中分割模型标记的体素。我们希望找到步骤 1c，即标记体素的每个“块”的质心坐标：步骤 1b 中“+”号标记的索引、行和列是我们需要在输出的样本元组列表中提供的。

运行这些模型看起来与我们在训练和验证（特别是验证）期间处理它们的方式非常相似。不同之处在于对 CT 对象列表的循环。对于每个 CT 对象，我们对每个切片进行分割，然后将分割后的所有输出作为分组的输入。分组后的结果将被送入结节分类器，分类后幸存的结节将被送入恶性分类器。

---

① 你还可以使用 Jupyter Notebook 格式的 p2_run_everything 文件。

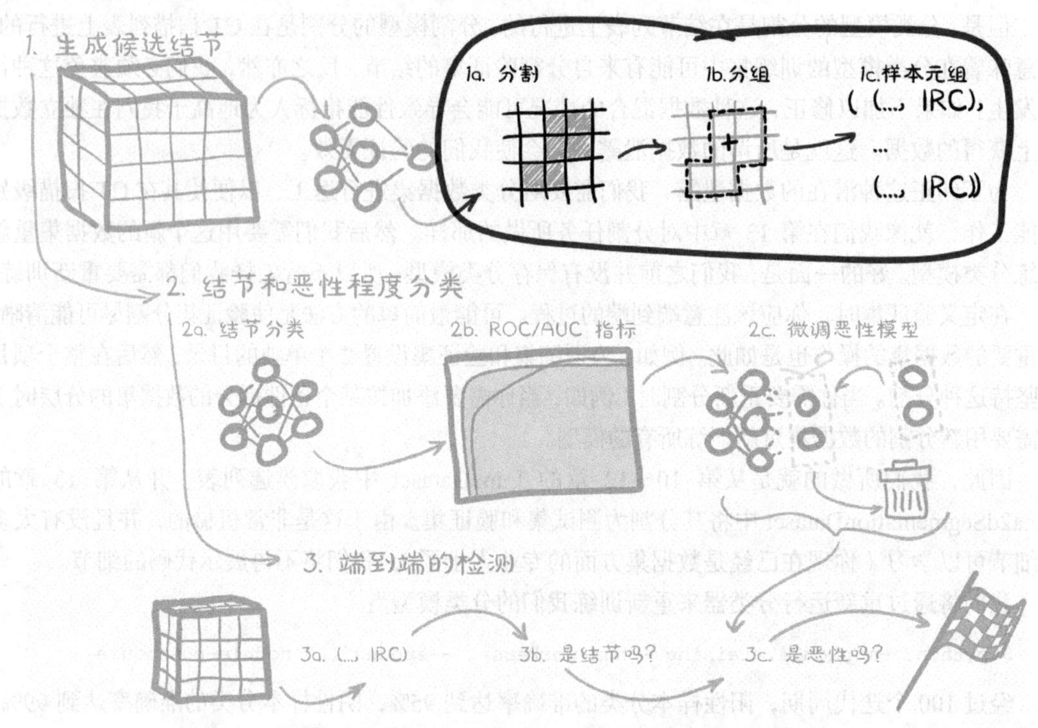

图 14.3　我们本章的计划，重点是将分割的体素分组为候选结节

上述描述是通过对 CT 对象列表的外层循环来实现的，该循环对每个 CT 对象进行分割、分组、分类候选对象，并提供进一步处理的分类对象，见代码清单 14.1。

代码清单 14.1　nodule_analysis.py:324, NoduleAnalysisApp.main

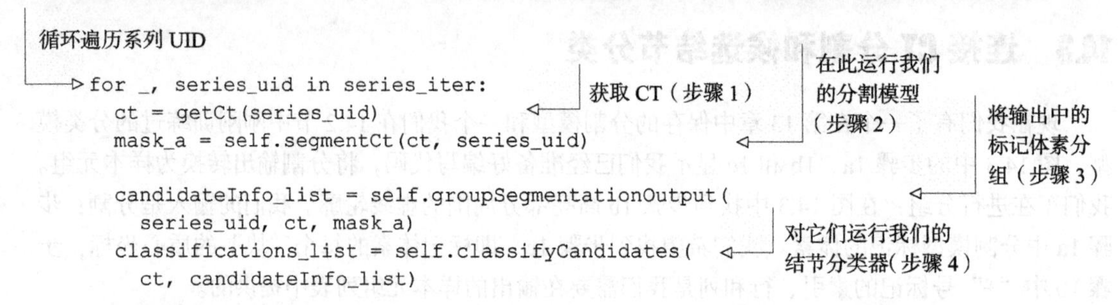


```
for _, series_uid in series_iter:
    ct = getCt(series_uid)
    mask_a = self.segmentCt(ct, series_uid)

    candidateInfo_list = self.groupSegmentationOutput(
        series_uid, ct, mask_a)
    classifications_list = self.classifyCandidates(
        ct, candidateInfo_list)
```

我们将在后文介绍 segmentCt()、groupSegmentationOutput()和 classifyCandidates()方法。

14.3.1　分割

首先，我们要对整个 CT 扫描的每一个切片进行分割。当我们需要一个切片、一个切片地输入给定病人的 CT 时，我们构建了一个 Dataset，该数据集用单个 series_uid 加载 CT，并返回每个切片，每个切片调用一次__getitem__()函数。

注意　特别地，在 CPU 上执行分段步骤时，可能会花费相当长的时间。即使我们在这里不提及 GPU，如果 GPU 可用的话代码运行时将会使用 GPU。

除了更广泛的输入，主要的问题是我们如何处理输出。回想一下，输出是一个关于每个像素是结节一部分的概率（0~1）的数组，给定像素是一个结节的一部分。在对切片进行迭代时，我们在一个与 CT 输入具有相同形状的掩码数组中收集切片预测结果。然后，我们对预测结果设置阈值以获得一个二值数组。我们设置的阈值为 0.5，但是如果我们愿意，我们可以试验阈值，获得更多的真阳性以防止假阳性的增长。

我们还需要进行一个小的清理步骤（使用来自 scipy.ndimage.morphology 的形态学侵蚀操作），它删除了一层边界体素，只保留内部的体素，即所有轴方向上的 8 个相邻体素都被标记。这使得标记区域变小，并导致非常小的部分（小于 3×3×3 个体素）消失。通过将数据加载器上的循环放在一起，我们指示它为我们提供单个 CT 的所有切片，见代码清单 14.2。

代码清单 14.2　nodule_analysis.py:384, .segmentCt

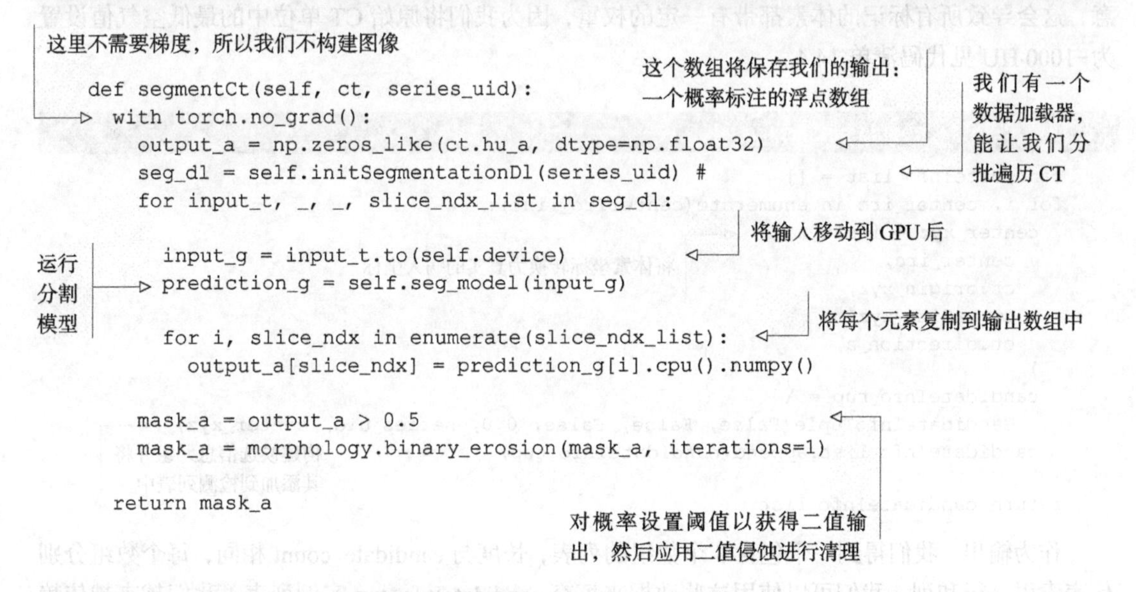


```
def segmentCt(self, ct, series_uid):
  with torch.no_grad():
    output_a = np.zeros_like(ct.hu_a, dtype=np.float32)
    seg_dl = self.initSegmentationDl(series_uid) #
    for input_t, _, _, slice_ndx_list in seg_dl:

      input_g = input_t.to(self.device)
      prediction_g = self.seg_model(input_g)

      for i, slice_ndx in enumerate(slice_ndx_list):
        output_a[slice_ndx] = prediction_g[i].cpu().numpy()

    mask_a = output_a > 0.5
    mask_a = morphology.binary_erosion(mask_a, iterations=1)

  return mask_a
```

14.3.2　将体素分组为候选结节

我们将使用一个简单的连接组件算法将可疑的结节体素分组为块，以便进行分类。这种分组方法对连接的组件进行了标记，我们将使用 scipy.ndimage.measurements.label()完成这一任务。label()函数将取所有与另一个非 0 像素共享边的非 0 像素，并将它们标记为同一组。由于我们从分割模型输出的大部分是高度相邻像素块，因此这种方法很好地匹配了我们的数据，见代码清单 14.3。

代码清单 14.3 nodule_analysis.py:401

```
给每个体素分配它所属组的标签
def groupSegmentationOutput(self, series_uid, ct, clean_a):
  candidateLabel_a, candidate_count = measurements.label(clean_a)
  centerIrc_list = measurements.center_of_mass(    <-- 以索引、行、列坐标的形式获取每组的质心
    ct.hu_a.clip(-1000, 1000) + 1001,
    labels=candidateLabel_a,
    index=np.arange(1, candidate_count+1),
  )
```

输出数组 candidatelabel_a 与我们用于输入的 clean_a 形状相同，但它的背景体素为 0，并增加整数标签 1、2……，每个连接的体素块都有一个数字，多个体素块组成一个候选结节。请注意，这里的标签与分类意义上的标签不同，这些标签只表明"这一块体素是块 1，这一块体素是块 2，等等"。

SciPy 提供了一个函数来获取候选结节的质心：scipy .ndimage.measurements.center_of_mass()。该函数接收每个体素密度的数组、我们刚刚调用的 label()函数的整数标签，以及需要计算中心的标签的列表。为了匹配函数的期望，即质量是非负的，我们将（裁剪）ct.hu_a 偏移 1001。请注意，这会导致所有标记的体素都带有一定的权重，因为我们将原始 CT 单位中的最低空气值设置为-1000 HU 见代码清单 14.4。

代码清单 14.4 nodule_analysis.py:409

```
candidateInfo_list = []
for i, center_irc in enumerate(centerIrc_list):
  center_xyz = irc2xyz(    <-- 将体素坐标转换为真实的病人坐标
    center_irc,
    ct.origin_xyz,
    ct.vxSize_xyz,
    ct.direction_a,
  )
  candidateInfo_tup = \
    CandidateInfoTuple(False, False, False, 0.0, series_uid, center_xyz)    <-- 构建候选信息元组并将其添加到检测列表中
  candidateInfo_list.append(candidateInfo_tup)

return candidateInfo_list
```

作为输出，我们得到一个包含 3 个数组的列表，长度与 candidate_count 相同，每个数组分别代表索引、行和列。我们可以使用这些数据来填充 candidateInfo_tup 实例列表，我们越来越依赖于这个数据结构，因此我们将结果复制到自第 10 章以来一直使用的同一列表中。由于前 4 个值，即 isNodule_bool、hasAnnotation_bool、isMal_bool 和 diameter_mm 没有合适的数据，因此我们插入合适类型的占位符值。然后我们在循环中将体素坐标转换为病人坐标，创建列表。将坐标从基于数组的索引、行和列移开似乎有点儿"愚蠢"，但是所有使用 candidateInfo_tup 实例都接收的是参

数 center_xyz 的值，而不是参数 center_irc 的值，如果我们试图将二者交换，会得到比较严重错误的结果。

我们已经完成了第 3 步，通过体素检测获得结节位置。我们现在可以剪掉可疑的结节，然后把它们输入分类器中，以剔除更多的假阳性。

14.3.3　我们发现结节了吗？分类以减少假阳性

在本书第 2 部分的开始，我们描述了放射科医生的工作——通过 CT 扫描寻找癌症的迹象。目前，审查数据的工作必须由训练有素的专家来完成，需要对细节进行细致的关注，而且主要针对的是一些没有癌症病例存在的数据。

做好这项工作就好比是站在 100 个干草堆前，然后你被告知："确定其中哪一个（如果有的话）里面有针"。

我们已经花了时间和精力讨论了众所周知的"针"，让我们观察图 14.4 来讨论一下"干草"。可以这么说，我们的工作就是在放射科医生面前尽可能多地拨开干草，这样他们就可以把注意力重新集中到最有效的地方。

让我们看看在执行端到端诊断时，每个步骤丢弃了多少信息。图 14.4 中的箭头显示了从原始 CT 体素流经我们的项目直至最终恶性肿瘤诊断的数据。每个以×结尾的箭头表示上一步丢弃的数据，指向下一步的箭头表示剔除后的数据。请注意，这里的数字只是粗略估计。

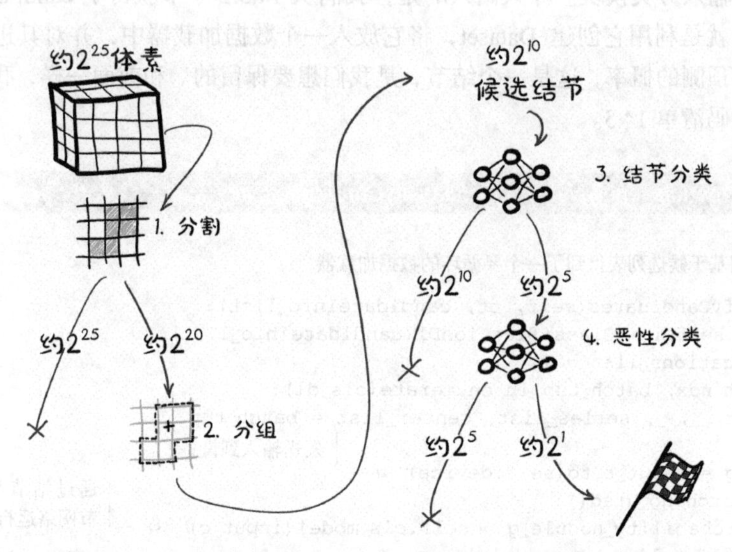

图 14.4　我们的端到端检测项目的步骤，以及每个步骤中删除的数据的大致数量级

让我们更详细地查看图 14.4 中的步骤。

- 分割。分割从整个 CT 开始：数百个切片，或大约 3300 万（2^{25}）个体素（误差很大）。大约 2^{20} 个体素被标记为需要关注的，比总输入的数量级要小，这意味着我们扔掉了约

97%（也就是图 14.4 左侧指向×的约 2^{25}）的体素。

- 分组。虽然分组并没有明确地删除任何东西，但它确实减少了我们正在考虑的记录项的数量，因为我们将体素合并到候选结节中。这种分组从约 100 万个体素中产生大约 1000（约 2^{10}）个候选元素，一个大小为 16×16×2 体素的结节总共有约 2^{10} 个体素[①]。
- 结节分类。这个过程会扔掉剩下的约 2^{10} 个记录项中的大部分。在数千个候选结节中，我们只留下几十个：大约 2^5 个。
- 恶性分类。最后，恶性分类器取几十（约 2^5）个结节，发现一两（约 2^1）个是癌症。

这一过程中的每一步都允许我们丢弃大量的数据，我们的模型确信这些数据与我们的癌症检测目标无关。

全自动化系统与辅助系统

全自动化系统和旨在增强人类能力的辅助系统是有区别的。对于全自动化系统来说，一旦一段数据被标记为不相关的，它就永远消失了。然而，当向人类提供数据供其使用时，我们应该允许他们看到更深层的东西，并查看未遂事件，同时以一定的置信度对所发现的东西进行标注。如果我们设计一个用于临床使用的系统，我们需要仔细考虑系统确切的预期用途，并确保我们的系统设计能够很好地支持这些用例。由于我们的项目是完全自动化的，我们可以向前推进，而不必考虑如何更好地揭示未遂事件和不确定的答案。

既然我们已经在图像中确定了分割模型考虑的可能候选区域，我们需要从 CT 中裁剪这些候选区域并将它们输入分类模块。令人高兴的是，我们从 14.3.2 小节获得了 candidateInfo_list，所以我们需要做的就是利用它创建 Dataset，将它放入一个数据加载器中，并对其进行迭代。概率预测的第 1 列是预测的概率，这是一个结节，是我们想要保留的。和前面一样，我们收集整个循环的输出，见代码清单 14.5。

代码清单 14.5 nodule_analysis.py:357, .classifyCandidates

```
同样，这一次我们基于候选列表得到了一个要循环的数据加载器

def classifyCandidates(self, ct, candidateInfo_list):
  cls_dl = self.initClassificationDl(candidateInfo_list)
  classifications_list = []
  for batch_ndx, batch_tup in enumerate(cls_dl):
    input_t, _, _, series_list, center_list = batch_tup
                                                  发送输入到设备
    input_g = input_t.to(self.device)
    with torch.no_grad():                                    通过结节与非结
      _, probability_nodule_g = self.cls_model(input_g)      节网络运行输入
      if self.malignancy_model is not None:                  如果我们有一个恶
        _, probability_mal_g = self.malignancy_model(input_g)  性肿瘤模型，我们
      else:                                                  也会运行它
        probability_mal_g = torch.zeros_like(probability_nodule_g)
```

① 很明显，结节的大小范围很大。

```
    zip_iter = zip(center_list,
      probability_nodule_g[:,1].tolist(),
      probability_mal_g[:,1].tolist())
    for center_irc, prob_nodule, prob_mal in zip_iter:   <- 做我们的记录，建立一个我们的结果列表
      center_xyz = irc2xyz(center_irc,
        direction_a=ct.direction_a,
        origin_xyz=ct.origin_xyz,
        vxSize_xyz=ct.vxSize_xyz,
      )
      cls_tup = (prob_nodule, prob_mal, center_xyz, center_irc)
      classifications_list.append(cls_tup)
  return classifications_list
```

我们现在可以设置输出概率的阈值，以得到我们的模型认为是实际结节的列表。在实际应用中，我们可能希望将它们输出给放射科医生进行检查。同样，为了安全，我们可能想要调整阈值，使其出现一些错误：也就是说，如果我们的阈值是 0.3 而不是 0.5，那么我们就会提取出更多的候选结节，同时降低错过实际结节的风险，见代码清单 14.6。

代码清单 14.6　nodule_analysis.py:333, NoduleAnalysisApp.main

```
如果我们不传递 run_validation，输出单独的信息…
  -> if not self.cli_args.run_validation:
      print(f"found nodule candidates in {series_uid}:")
      for prob, prob_mal, center_xyz, center_irc in classifications_list:
        if prob > 0.5:                                  <- 对于通过分割找到的所有候选对象，分类器将其指定为结节的概率不低于 50%
          s = f"nodule prob {prob:.3f}, "
          if self.malignancy_model:
            s += f"malignancy prob {prob_mal:.3f}, "
          s += f"center xyz {center_xyz}"
          print(s)

    if series_uid in candidateInfo_dict:               <- 如果我们有真实的分组数据，我们计算并输出混淆矩阵，并将当前的结果加到总数中
      one_confusion = match_and_score(
        classifications_list, candidateInfo_dict[series_uid]
      )
      all_confusion += one_confusion
      print_confusion(
        series_uid, one_confusion, self.malignancy_model is not None
      )

  print_confusion(
    "Total", all_confusion, self.malignancy_model is not None
  )
```

让我们在验证集中对给定的 CT 运行以下命令①：

```
$ python3.6 -m p2ch14.nodule_analysis 1.3.6.1.4.1.14519.5.2.1.6279.6001
➥ 592821488053137951302246128864
```

① 我们选择这个系列是因为它有一个很好的组合结果。

```
...
found nodule candidates in 1.3.6.1.4.1.14519.5.2.1.6279.6001.5928214880
➥ 5313795130224612886 4:
nodule prob 0.533, malignancy prob 0.030, center xyz XyzTuple
➥ (x=-128.857421875, y=-80.349609375, z=-31.300007820129395)
nodule prob 0.754, malignancy prob 0.446, center xyz XyzTuple
➥ (x=-116.396484375, y=-168.142578125, z=-238.30000233650208)
...
nodule prob 0.974, malignancy prob 0.427, center xyz XyzTuple
➥ (x=121.494140625, y=-45.798828125, z=-211.3000030517578)
nodule prob 0.700, malignancy prob 0.310, center xyz XyzTuple
➥ (x=123.759765625, y=-44.666015625, z=-211.3000030517578)
...
```

这个候选结节的恶性概率为 53%，所以它勉强达到 50% 的概率阈值。恶性分类设置的概率非常低（3%）

以非常高的置信度检测为结节，恶性概率为 42%

该脚本总共找到了 16 个候选结节。由于我们使用的是验证集，我们对每个 CT 都有一套完整的标注和恶性结节信息，我们可以使用这些信息来创建一个混淆矩阵。行是真实的（由标注定义），列显示了我们的项目如何处理每种情况：

CT 扫描的 ID

```
1.3.6.1.4.1.14519.5.2.1.6279.6001.592821488053137951302246128864
                |    Complete Miss |     Filtered Out |     Pred. Nodule
    Non-Nodules |                  |             1088 |               15
         Benign |                1 |                0 |                0
      Malignant |                0 |                0 |                1
```

行包含实际数据

预告：完全遗漏意味着分割没有找到结节，筛选是分类器的工作，预测的结节是指那些被标记为结节的结节

完全遗漏表示分割器没有标记任何结节。由于分割器不会试图标记非结节，因此我们将该单元格置空。由于分割器经过训练具有很高的召回率，因此有大量的非结节，但是我们的结节分类器能够很好地筛选出这些结节。

我们在扫描中发现了 1 个恶性结节，但是错过了第 17 个良性结节。另外，15 个假阳性的非结节通过了结节分类器。分类器的过滤使假阳性从 1000 以上降下来！正如我们前面看到的，1088 大约是 $O(2^{10})$，所以这与我们期望的一致。类似地，15 代表 $O(2^4)$，它离我们所说的 $O(2^5)$不远。

太酷了！但我们对于该项目更大的愿景是什么呢？

14.4 定量验证

现在有一些证据表明我们构建的东西可用于某些例子中，让我们看看我们的模型在整个验证集上的性能。这做起来很简单：通过前面的预测运行我们的验证集，检查我们得到了多少结节，漏掉了多少结节，以及有多少候选者被错误地识别为结节。

我们运行以下程序，它在 GPU 上运行应该需要半小时到一小时。喝一杯咖啡或酣睡一觉，我们就会得到以下结果：

```
$ python3 -m p2ch14.nodule_analysis --run-validation

...
```

```
Total
             |  Complete Miss |  Filtered Out |  Pred. Nodule
  Non-Nodules |                |        164893 |          2156
       Benign |             12 |             3 |            87
    Malignant |              1 |             6 |            45
```

我们检测到 154 个结节中的 132 个，约占 85%。在我们漏掉的 22 个结节中，有 13 个是没有被分割划分为候选结节的，这显然是改进的起点。

被检测出的结节有 95%的概率为假阳性，这当然不是很好。另一方面，它没有那么重要，因为检查 20 个候选结节才找到一个结节比从整个 CT 中检查要容易得多。我们将在 14.7.2 小节中对此进行更详细的讨论，但我们想强调的是，与其将这些错误视为黑盒，不如认真去研究这些错误分类，看看它们是否有共性。是否可以依据某些特征将它们与正确分类的样本区分？我们能通过什么方法来提高性能吗？

现在，我们将接受模型的结果：不错，但不完美。当你运行自己训练的模型时，实际的数值可能会有所不同。在本章的最后，我们将提供一些有助于改进结果的论文和技巧。有了灵感和一些实验，我们相信你能够取得比我们在这里展示的更好的成绩。

14.5 预测恶性肿瘤

现在我们已经完成了 LUNA 挑战赛的结节检测任务，并有自己的结节预测结果。我们再问自己一个合乎逻辑的问题：我们能区分恶性结节和良性结节吗？可以说，即使有一个优良的系统，诊断恶性肿瘤也可能需要对病人进行更全面的观察，增加非 CT 检查的内容，并最终进行活体组织检查，而不仅仅是孤立地在 CT 扫描上观察单个结节。因此，这似乎是一项很可能在未来相当长的一段时间内都由医生来完成的任务。

14.5.1 获取恶性肿瘤信息

LUNA 挑战赛的重点是结节检测，并没有获取恶性肿瘤信息。LIDC-IDRI 数据集具有用于 LUNA 数据集的 CT 扫描的超集，并包含有关已识别肿瘤恶性程度的附加信息。方便的是，有一个易于安装的 PyLIDC 库，如下所示：

```
$ pip3 install pylidc
```

PyLIDC 库使得我们可以随时访问我们想要附加的恶性肿瘤信息，就像我们在第 10 章中所做的，通过位置来匹配标注与候选元素一样，我们需要将来自 LIDC 的标注信息与 LUNA 候选元素的坐标相关联。

在 LIDC 标注中，对每个结节的恶性信息进行编码。放射科医生（最多有 4 名医生检查过同一个结节）使用 1～5 表示恶性信息，依次表示为极不可能、中等不可能、不确定、中度可疑和高度可疑①。这些标注仅基于影像，并受对病人的假设信息的影响。为了将数字列表转换为一个

① 详细信息请参阅 PyLIDC 文档。

布尔值——是或否，当至少有 2 位放射科医生将结节评为中度可疑或高度可疑时，我们将结节视为恶性。注意，这个标准有些随意。事实上，文献中有许多方法来处理这些数据，包括预测过程的 5 个步骤，使用平均值，或从数据集中移除放射科医生不确定或意见不一致的结节等。

合并数据的技术与第 10 章的相同，因此我们在这里不再展示代码（代码在本章的代码仓库中），并将使用扩展的 CSV 文件。我们将以与结节分类器非常相似的方式使用数据集，只是我们现在只处理实际结节，并使用给定结节是否为恶性作为预测的标签。这在结构上与我们在第 12 章中使用的平衡非常相似，但我们不是从 pos_list 和 neg_list 中采样，而是从 mal_list 和 ben_list 中采样。正如我们对结节分类器所做的那样，我们希望保持训练数据的平衡。我们将其放到 MalignancyLunaDataset 类中，它是 LunaDataset 的子类，且在其他方面非常相似。

为了方便，我们在 training.py 中创建了一个命令行参数 dataset，并动态地使用命令行中指定的数据集类，我们通过使用 Python 的 getattr()函数来实现这一点。例如，如果 sself.cli_args.dataset 参数指定为 MalignancyLunaDataset，那么它将获取 p2ch14.dsets.MalignancyLunaDataset，并将该类型数据分配给 ds_cls，正如我们在这里看到的，见代码清单 14.7。

代码清单 14.7　training.py:154, .initTrainDl

```
ds_cls = getattr(p2ch14.dsets, self.cli_args.dataset)   <-- 动态类名查找

train_ds = ds_cls(
  val_stride=10,
  isValSet_bool=False,
  ratio_int=1,      <-- 回想一下，这个参数是标识训练数据的平衡比率的，这里是良性和恶性之间的平衡
)
```

14.5.2　曲线基线下的区域：按直径分类

有一个基准对比来了解性能情况总是好的。我们可以做得比随机的更好，但是这里我们可以将直径作为恶性肿瘤的预测指标，较大的结节更可能是恶性的。图 14.5 的步骤 2b 提示了一个我们可以用来比较分类器的新指标。

我们可以将结节直径作为预测结节是否为恶性的假设分类器的唯一输入，这不是一个很好的分类器，但事实证明，“任何大于阈值的结节都是恶性的”是一个比我们预期要好的恶性预测器。当然，选择正确的阈值是关键——有一个最佳点可以得到所有大的肿瘤，而不是微小的斑点，并大致分割出不确定的区域（该区域较大的良性结节和较小的恶性结节混杂在一起）。

正如我们在第 12 章中提到的，真阳性、假阳性、真阴性和假阴性的值会根据我们选择的阈值而变化。当我们降低预测结节为恶性的阈值时，真阳性的数量会增加，假阳性的数量也会增加。假阳性率（False Positive Rate，FPR）是 FP / (FP + TN)，而真阳性率（True Positive Rate，TPR）是 TP / (TP + FN)。

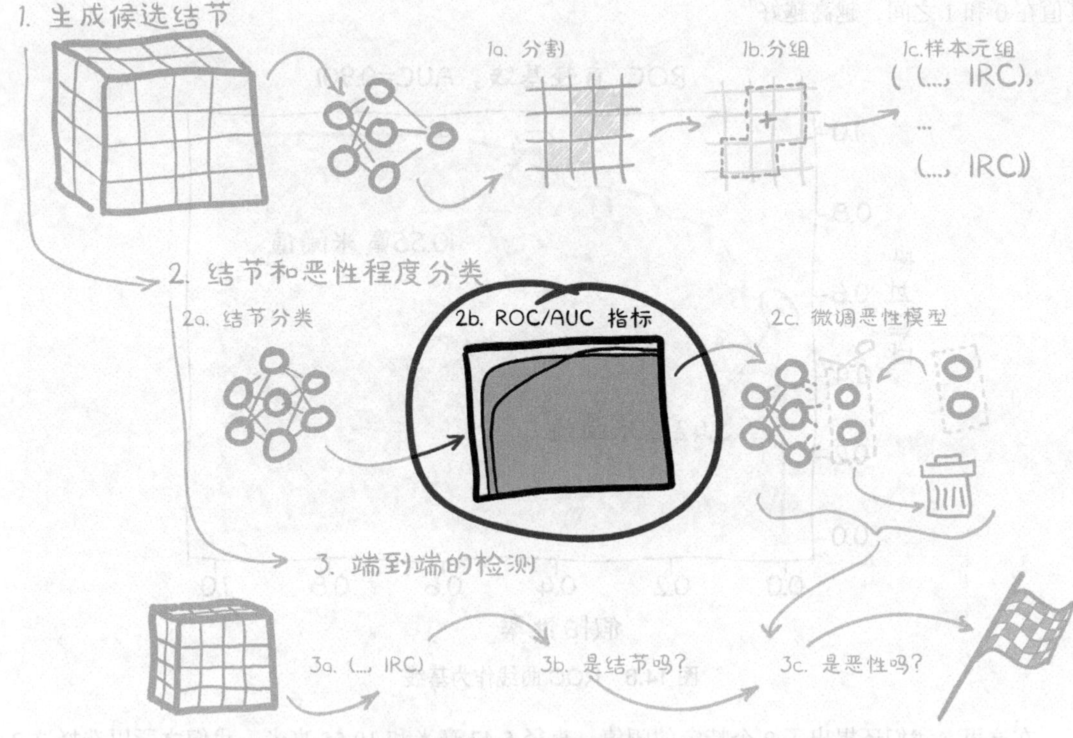

图 14.5 我们在本章中实现的端到端项目，重点放在 ROC 图上

让我们设定一个阈值范围，下限是使所有样本都被归为阳性的值，而上限则是使所有的样本被归为阴性的值。一个极端的情况是 FPR 和 TPR 都为 0，因为无任何阳性样本，另一个极端是二者都为 1，因为无任何阴性样本！

没有一个真正的方法来衡量假阳性：精确率与 FPR

这里的 FPR 和第 12 章的精确率都是 0 到 1 之间的比率，二者衡量的事物并不是完全相反的。正如我们所讨论的，精确率是 TP/(TP + FP)，它衡量有多少预测为阳性的样本实际上是阳性的。FPR 是 FP / (FP + TN)，它衡量实际阴性样本中有多少被预测为阳性。对于严重不平衡的数据集（如结节与非结节分类），我们的模型可能会获得很好的 FPR（这与交叉熵准则作为损失密切相关），而精确率和 F1 分数仍然很低。低 FPR 意味着我们剔除了很多我们不感兴趣的东西，但如果我们在寻找众所周知的“针”，我们仍然会拥有大部分的“干草”。

对于我们的结节数据，最小的结节为 3.25 毫米，最大的结节为 22.78 毫米。如果我们在这 2 个值之间选择一个作为阈值，我们就可以计算阈值下的 FPR 和 TPR。如果我们将 FPR 设置为 x，将 TPR 设置为 y，我们就可以绘制一个代表阈值的点。如果我们把 FPR 和 TPR 分别设为每个可能的阈值，我们就可以得到一个称为受试者工作特征（Receiver Operating Characteristic，ROC）的图，如图 14.6 所示。阴影区域是 ROC 曲线下的区域（Area Under ROC Curve，AUC），其值在 0 和 1 之间，越高越好[①]。

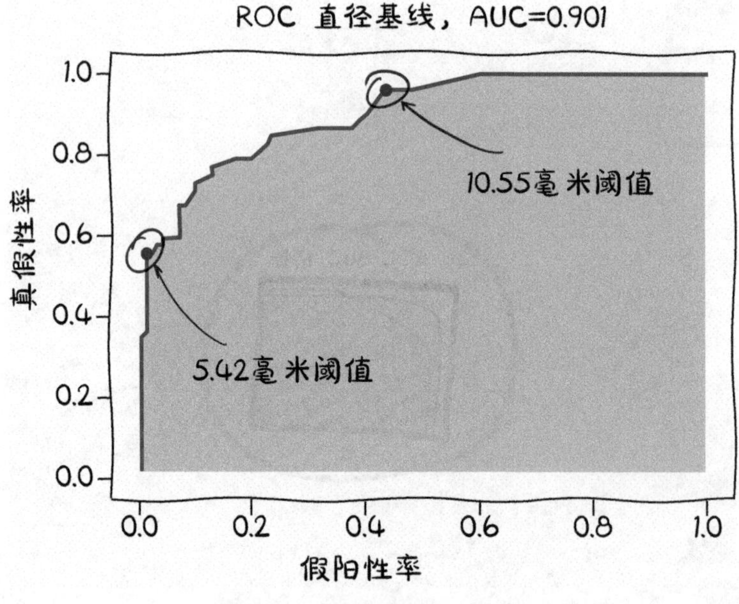

图 14.6　ROC 曲线作为基线

在这里，我们还提出了 2 个特定的阈值：直径 5.42 毫米和 10.55 毫米。我们之所以选择这 2 个值，是因为它们为我们所考虑的阈值范围提供了合理的端点。任何小于 5.42 毫米的阈值，只会让我们丢弃 TPR，而对于大于 10.55 毫米的阈值，我们只能将恶性结节标记为良性，毫无益处。这个分类器的最佳阈值可能在 5.42 毫米到 10.55 毫米中间的某个地方。

我们如何计算这里显示的值呢？我们首先获取候选信息列表，过滤带标注的结节，得到恶性肿瘤标签和直径。为了方便，我们还得到了良性和恶性结节的数目，见代码清单 14.8。

代码清单 14.8　p2ch14_malben_baseline.ipynb

采用常规数据集，特别是良性和恶性结节的列表

```
# In[2]:
ds = p2ch14.dsets.MalignantLunaDataset(val_stride=10, isValSet_bool=True)
nodules = ds.ben_list + ds.mal_list
is_mal = torch.tensor([n.isMal_bool for n in nodules])
diam = torch.tensor([n.diameter_mm for n in nodules])
num_mal = is_mal.sum()
num_ben = len(is_mal) - num_mal
```

获取恶性肿瘤状态和直径的列表

为了使 TPR 和 FPR 归一化，我们取恶性结节和良性结节的数目

① 请注意，对平衡数据集的随机预测将导致 AUC 为 0.5，因此这为我们的分类器的性能提供了一个下限。

为了计算 ROC 曲线，我们需要一组可能的阈值。我们从 torch.linspace 中获取，它接收 2 个边界元素。我们希望从零开始预测阳性，因此我们从最大阈值到最小阈值试验，即我们已经提到过的 3.25 毫米到 22.78 毫米。

```
# In[3]:
threshold = torch.linspace(diam.max(), diam.min())
```

然后我们构建一个二维张量，其中行是阈值，列是样本信息，值表示样本是否被预测为阳性。之后根据样本的标签是恶性还是良性来过滤这个布尔型张量，我们将行相加来计算为 True 的条目的数量，用恶性或良性结节的数目除以 TPR 和 FPR，即 ROC 曲线的 2 个坐标。

用 None 索引会增加一个大小为 1 的维度，就像.unsqueeze(ndx)一样，使我们得到一个二维张量，以确定给定的结节（列）在给定的直径（行）中是否归为恶性

```
# In[4]:
predictions = (diam[None] >= threshold[:, None])
tp_diam = (predictions & is_mal[None]).sum(1).float() / num_mal
fp_diam = (predictions & ~is_mal[None]).sum(1).float() / num_ben
```

使用预测矩阵，通过对列进行求和，我们可以计算每个直径的 TPR 和 FPR

为了计算曲线下的面积，我们使用梯形数值积分的规则，即将 2 点之间的平均 TPR（在 y 轴上）乘 2 个 FPR（在 x 轴上）的差值，得到图形 2 点之间的梯形面积，然后把梯形的面积加起来。

```
# In[5]:
fp_diam_diff = fp_diam[1:] - fp_diam[:-1]
tp_diam_avg = (tp_diam[1:] + tp_diam[:-1])/2
auc_diam = (fp_diam_diff * tp_diam_avg).sum()
```

现在，如果我们运行 pyplot.plot(fp_diam, tp_diam, label=f"diameter baseline, AUC={auc_diam:.3f}")（以及我们在该源码对应的 Jupyter Notebook 文件中第 8 单元格中图表相应的设置），将得到图 14.6 所示的图。

14.5.3 重用预先存在的权重：微调

一种快速获得结果的方法（通常也可以使用更少的数据）不是从随机初始化开始，而是从使用一些相关数据训练过的网络开始。这就是所谓的迁移学习（transfer learning），即训练时只对最后几层进行微调。查看图 14.7 中高亮显示的部分，在步骤 2c 中，我们将删除模型的最后一部分，并用新东西替换它。

回想第 8 章，我们可以将中间值解释为从图像中提取的特征，特征可以是模型检测到的边或角，也可以是任何模式的指示。在深度学习之前，使用手工提取特征是很常见的，类似于我们在开始使用卷积时所做的简单实验。深度学习让该网络从数据中获得对当前任务有用的特征，例如类别之间的区别。现在，微调让我们将使用已有特征的“古老”（大概是 10 年前）方式与使用学习特征的新方式相结合。我们将网络的一部分（通常是很大的一部分）作为一个固定的特征提取

器，然后只在上面训练相对较小的部分。

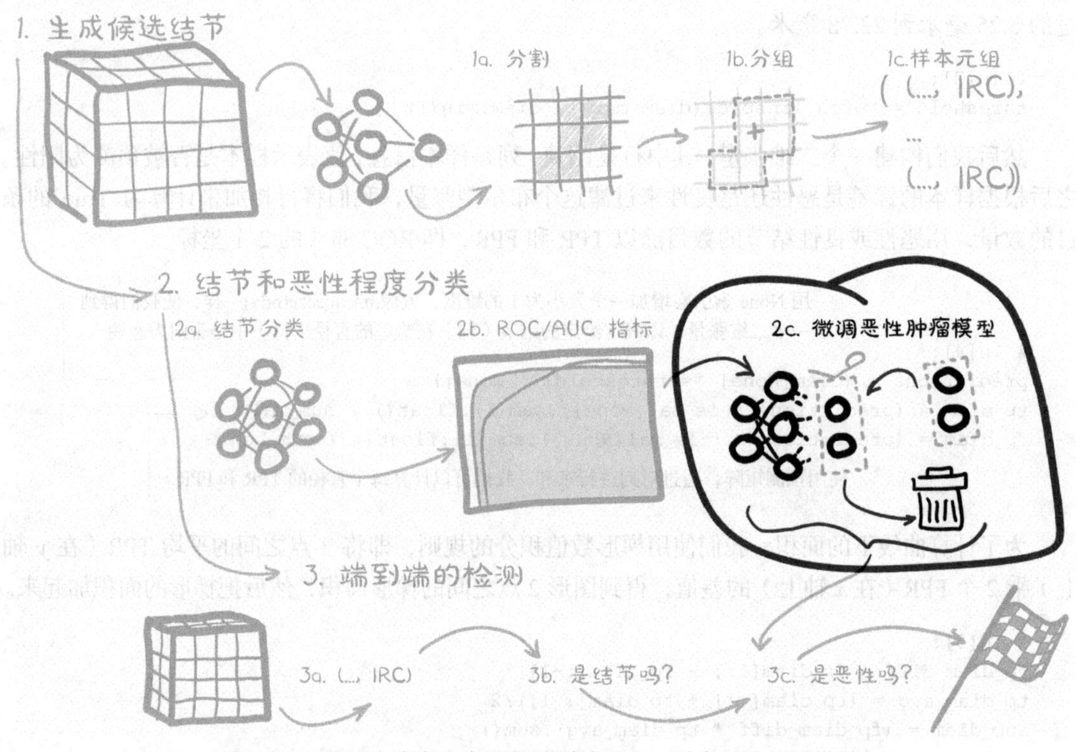

图 14.7　我们在本章中实现的端到端项目，重点关注的是微调

采用这种策略的效果通常很好。正如我们在第 2 章中看到的，在 ImageNet 上训练的预训练网络对于处理自然图像的许多任务来说都是非常有用的，有时它们对完全不同的输入也能发挥惊人的作用，从绘画或仿作转换到音频声谱图。有些情况下，采用这种策略的效果不太好。例如，在 ImageNet 上的训练模型中，一种常见的数据增强策略是随机翻转图像，向右看的狗与向左看的狗属于同一类。因此，翻转图像之间的特征非常相似。但是，如果我们现在尝试使用预训练模型来处理左或右的问题，我们很可能会遇到准确率的问题。如果我们想要识别交通标志，在这里左转和右转是完全不同的，但是，基于 ImageNet 的特征构建的网络可能会在 2 个类之间进行大量错误的分配[①]。

在我们的例子中，我们有一个用类似数据训练过的网络：结节分类网络，我们试着用一下。

为了便于说明，我们将在微调方法中保持非常基本的内容。图 14.8 的模型架构中突出显示了 2 个特别值得注意的部分：最后一个卷积块和 head_linear 模块。最简单的微调是删除 head_linear 部分。实际上，我们只是保持随机初始化。之后，我们还将探索一种变体，在这个变体中我们将

① 你可以尝试使用古老的德国交通标志识别基准数据集。

重新训练 head_linear 和最后一个卷积块。

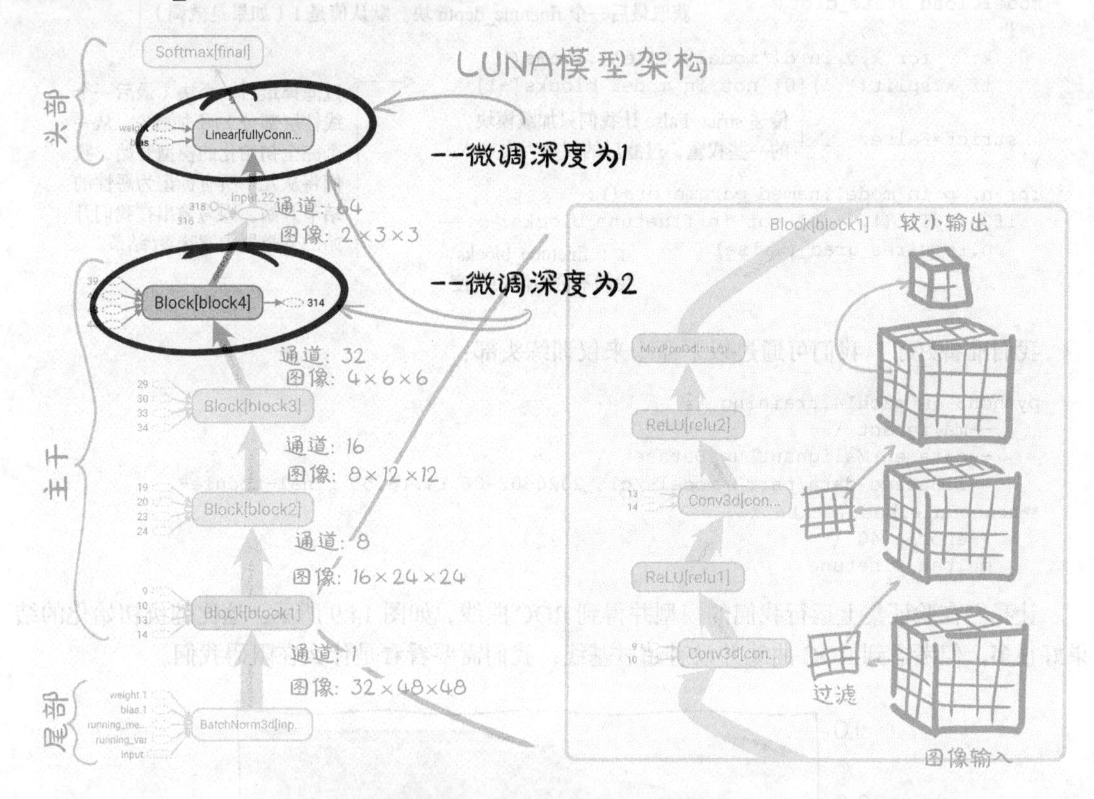

图 14.8 第 11 章中的模型架构，其中突出显示了深度-1（head-linear 模块）和深度-2（最后一个卷积块）权重

我们需要做以下事情。

■ 加载我们希望开始时使用的模型的权重，最后一个线性层除外，在那里我们希望保持初始化。

■ 对于我们不想训练的参数禁用梯度，名称以 head 开头的参数除外。

当在 head_linear 之外进行微调训练时，我们仍然只将 head_linear 重置为随机值，因为我们认为之前的特征提取层可能对我们的问题而言可能并不太理想，但我们还是期望它们是一个合理的起点。这很简单：我们在模型设置中添加一些加载代码，见代码清单 14.9。

代码清单 14.9 training.py:124, .initModel

筛选出具有参数的顶级模块（与最后的激活相反）

```
d = torch.load(self.cli_args.finetune, map_location='cpu')
model_blocks = [
  n for n, subm in model.named_children()
  if len(list(subm.parameters())) > 0
]
```

```
finetune_blocks = model_blocks[-self.cli_args.finetune_depth:]
model.load_state_dict(
  {
    k: v for k,v in d['model_state'].items()
    if k.split('.')[0] not in model_blocks[-1]
  },
  strict=False,
)
for n, p in model.named_parameters():
  if n.split('.')[0] not in finetune_blocks:
    p.requires_grad_(False)
```

获取最后一个 finetune_depth 块。默认值是 1（如果是微调）

过滤掉最后一个块（最后一个线性层部分），不加载它。从一个完全初始化的模型开始，我们将从几乎所有标记为恶性的结节开始，因为输出在我们开始的分类器中意味着“结节”

传递 strict=False 让我们只加载模块的一些权重，过滤后的权重丢失

除了 finetune_blocks，我们不希望使用梯度

我们准备好了！我们可通过以下命令来仅训练头部：

```
python3 -m p2ch14.training \
    --malignant \
    --dataset MalignantLunaDataset \
    --finetune data/part2/models/cls_2020-02-06_14.16.55_final-nodule-
➥nonnodule.best.state \
    --epochs 40 \
    malben-finetune
```

让我们在验证集上运行我们的模型并得到 ROC 曲线，如图 14.9 所示。这比随机初始化的结果好很多，但考虑到 ROC 曲线并没有超过基线，我们需要看看是什么在阻碍我们。

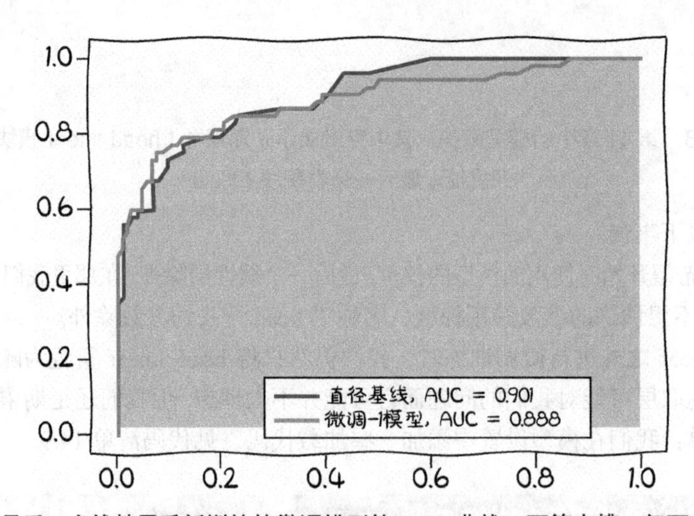

图 14.9 对最后一个线性层重新训练的微调模型的 ROC 曲线，不算太糟，但不如基线那么好

图 14.10 显示了我们训练的 TensorBoard 图。我们看到 AUC 缓慢增加，损失减少，甚至训练损失似乎稳定在一个较高的水平（如 0.3），而不是趋向于 0。我们可以进行更长时间的训练来检查它是否非常慢。但与第 5 章（特别是图 5.14）中讨论的损失过程相比，我们可以看到损失值并没有像图 5.14 中的情况 A 那样平缓，但我们的损失停滞问题在质量上是相似的。情况 A 表明我

们没有足够的容量，所以我们应该考虑以下 3 个可能的原因。

- 通过在结节和非结节分类上训练网络获得的特征（最后一次卷积的输出）对恶性肿瘤的检测没有帮助。
- 头部的容量，即我们正在训练的唯一部分不够大。
- 网络的总体容量可能太小。

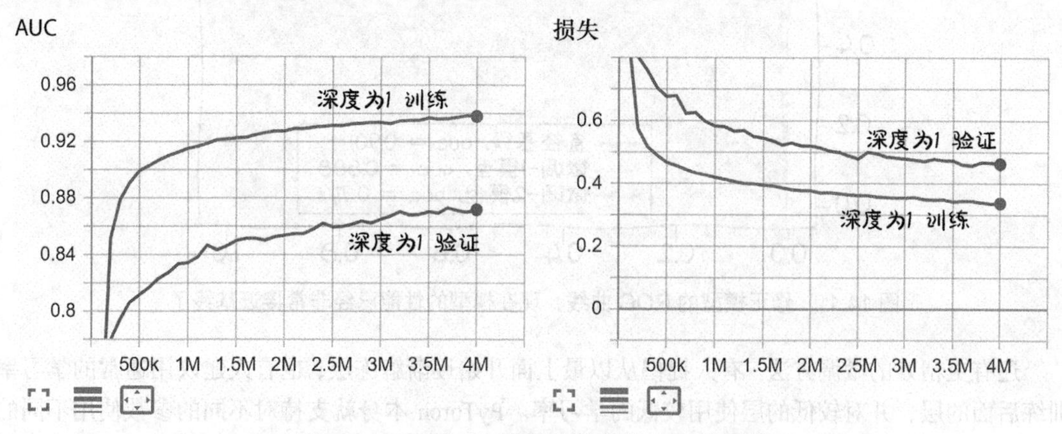

图 14.10 最后一个线性层微调的 AUC 和损失

如果在微调训练中只包括全连接层的部分还不够，那么接下来要尝试的是在微调训练中包括最后的卷积块。幸运的是，我们为此引入了一个参数，所以我们可以将 block4 部分包括到我们的训练中：

```
python3 -m p2ch14.training \
    --malignant \
    --dataset MalignantLunaDataset \
    --finetune data/part2/models/cls_2020-02-06_14.16.55_final-nodule-
➥ nonnodule.best.state \
    --finetune-depth 2 \      <-- 新增的命令行参数
    --epochs 10 \
    malben-finetune-twolayer
```

一旦完成，我们就可以根据基线检查新的最佳模型。图 14.11 看起来更合理！我们发现约 75%的恶性结节几乎没有假阳性，这显然比直径基线约 65%的结果要好。“当我们试图超越 75%时，我们的模型的性能又回到了基线。当我们回到分类问题时，我们希望在 ROC 曲线上选择一个点来平衡真阳性和假阳性。

模型的性能与基线大致持平，对此我们将感到满意。在 14.7 节中，我们将提示你可以从多方面改进结果，但这并不适合本书。

看看图 14.12 中的损失曲线，我们发现我们的模型很早就过拟合了，因此，接下来将进一步检查归一化的方法。我们把这一部分留给你自行解决。

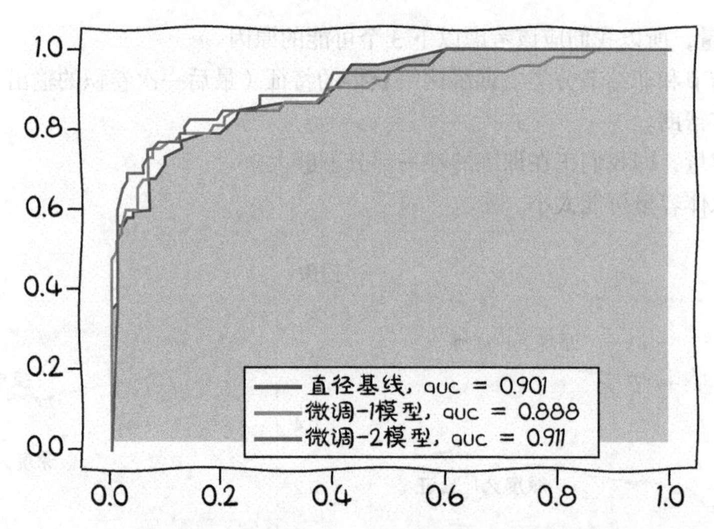

图 14.11　修正模型的 ROC 曲线，现在模型的性能已经非常接近基线了

还有更精妙的微调方法。有人提倡从以最上面开始逐渐解冻层，也有人建议用通常的学习率训练后面的层，并对较低的层使用较低的学习率。PyTorch 本身就支持对不同的参数使用不同的优化参数，如学习率、权重衰减和动量等，将它们分成几个参数组，这些参数组就是具有单独超参数的参数列表（参见 PyTorch 官方文档）。

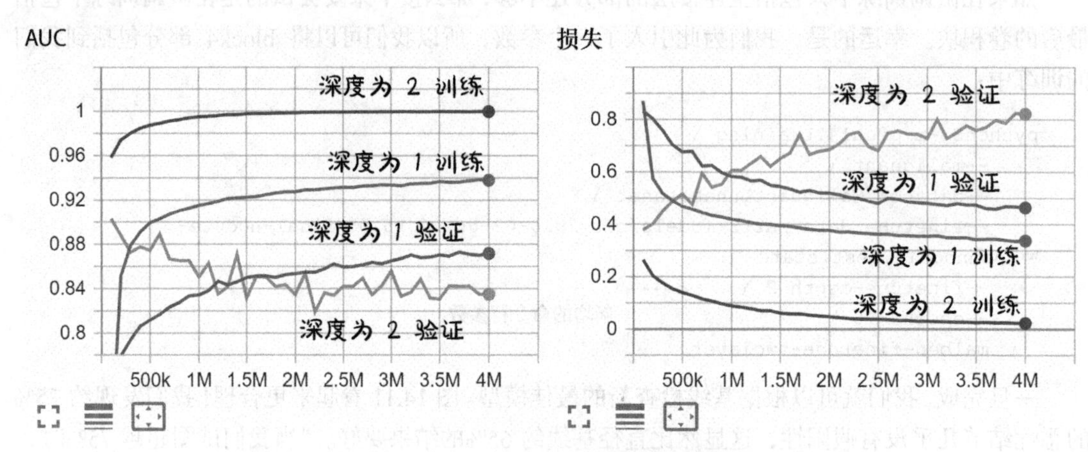

图 14.12　最后一个卷积块和全连接层的微调的 AUC 和损失

14.5.4 TensorBoard 中的输出

在我们重新训练模型的同时，可能值得再看一些我们可以添加到 TensorBoard 的输出，看看我们做得怎么样。对于直方图，TensorBoard 具有预先记录功能，对于 ROC 曲线，它没有该功能，所以我们使用 Matplotlib 接口。

1. 直方图

我们可以对恶性肿瘤的预测概率做一个直方图。实际上，我们做了 2 个直方图：一个关于良性结节（根据实际数据），一个关于恶性结节。这些直方图为我们提供了模型输出的细粒度视图，让我们看看是否有大量的输出概率是完全错误的。

注意 一般来说，对显示的数据进行塑形是从数据中获取高质量信息的重要部分。如果你有许多非常确信的正确分类，或许你不需要最左侧的“垃圾箱”。要在屏幕上显示正确的内容，通常需要反复仔细思考和实验。不要犹豫调整正在显示的内容，但也要注意不更改名称而更改了特定指标定义的情况。比较风马牛不相及的2件事是很容易的，除非你对命名方案或删除现在无效的数据运行有严格的规定。

我们首先在 metrics_t 张量中创建一些空间来保存我们的数据。回想一下，我们在接近顶部的地方定义了索引，见代码清单 14.10。

代码清单 14.10 training.py:31

```
METRICS_LABEL_NDX=0
METRICS_PRED_NDX=1
METRICS_PRED_P_NDX=2    <—— 我们的新索引，承载预测概率（不是预先设定的预测）
METRICS_LOSS_NDX=3
METRICS_SIZE = 4
```

一旦完成了这些，我们就可以使用标签、数据以及用来表示所展示的训练样本的全局步数计数器 global_step 来调用 writer.add_histogram()。这与之前的标量调用类似，我们也把“垃圾箱”按固定的比例传递进去，见代码清单 14.11。

代码清单 14.11 training.py:496, .logMetrics

```
bins = np.linspace(0, 1)

writer.add_histogram(
  'label_neg',
  metrics_t[METRICS_PRED_P_NDX, negLabel_mask],
  self.totalTrainingSamples_count,
  bins=bins
)
writer.add_histogram(
  'label_pos',
  metrics_t[METRICS_PRED_P_NDX, negLabel_mask],
  self.totalTrainingSamples_count,
  bins=bins
)
```

现在我们可以看看良性样本的预测分布，以及它在每个迭代周期的演变。我们想研究图 14.13

中的直方图的 2 个主要特征。正如我们所期望的，如果我们的网络正在学习，在良性样本和非结节的最上面一行，在其左边会有峰值，该峰值表示网络非常确信它看到的不是恶性肿瘤。同样，在其右边也有一个峰值表示它看到的是恶性肿瘤。

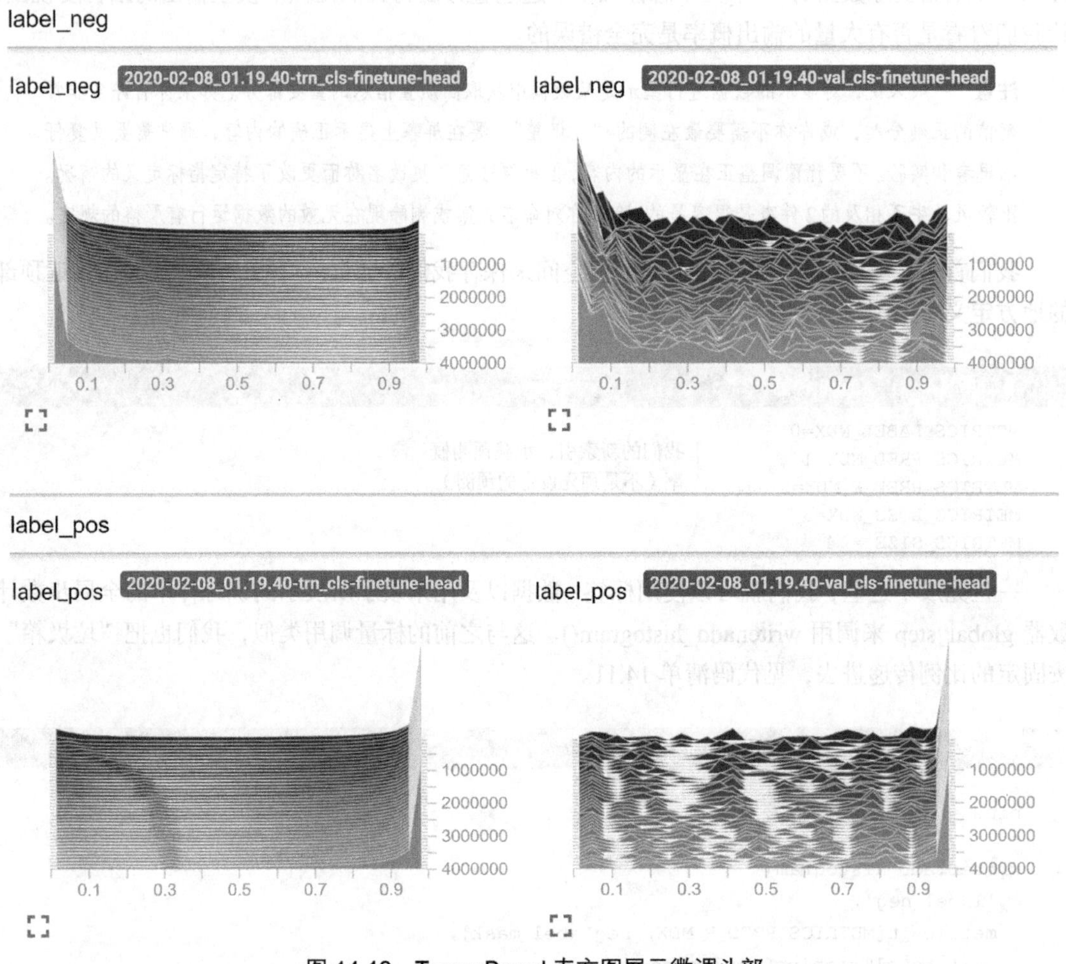

图 14.13　TensorBoard 直方图展示微调头部

但仔细观察，我们看到的仅是微调一层的容量问题。关注左上角的一系列直方图，我们看到左边的概率质量有些分散，似乎也减少不了多少。在坐标 1.0 附近甚至有一个小的峰值，相当多的概率质量分布在整个区域内，这反映了损失不应降低到 0.3 以下。

鉴于对训练损失的观察，虽然我们不需要进一步研究，但我们还是将进行进一步研究。在图 14.13 右侧的验证结果中，可以看出右上图中的非恶性样本偏离“正确”侧的概率质量比右下图中的恶性样本的概率质量大，因此网络中非恶性样本的错误率要高于恶性样本的。这可能会让我们重新平衡数据，以显示更多的非恶性样本，不过，这也是在我们假设图 14.13

左侧训练没有问题的时候。我们通常需要先解决训练问题。

为了进行比较，让我们看一下深度为 2 的微调的类似图表，如图 14.14 所示。在训练端，即图 14.14 左侧的两个图，在正确答案处有非常尖锐的峰值，除此之外没有其他的峰值，这反映了训练的效果很好。

在验证侧，即图 14.14 右侧的两个图，我们看到最明显的现象是右下角直方图中恶性肿瘤预测概率为 0 时的小峰值。所以我们的系统性问题是把恶性样本错分类为非恶性样本，这与我们之前看到的正好相反！这是我们用 2 层微调看到的过拟合，如果能调出几张这种类型的图片来看看发生了什么，可能会更好。

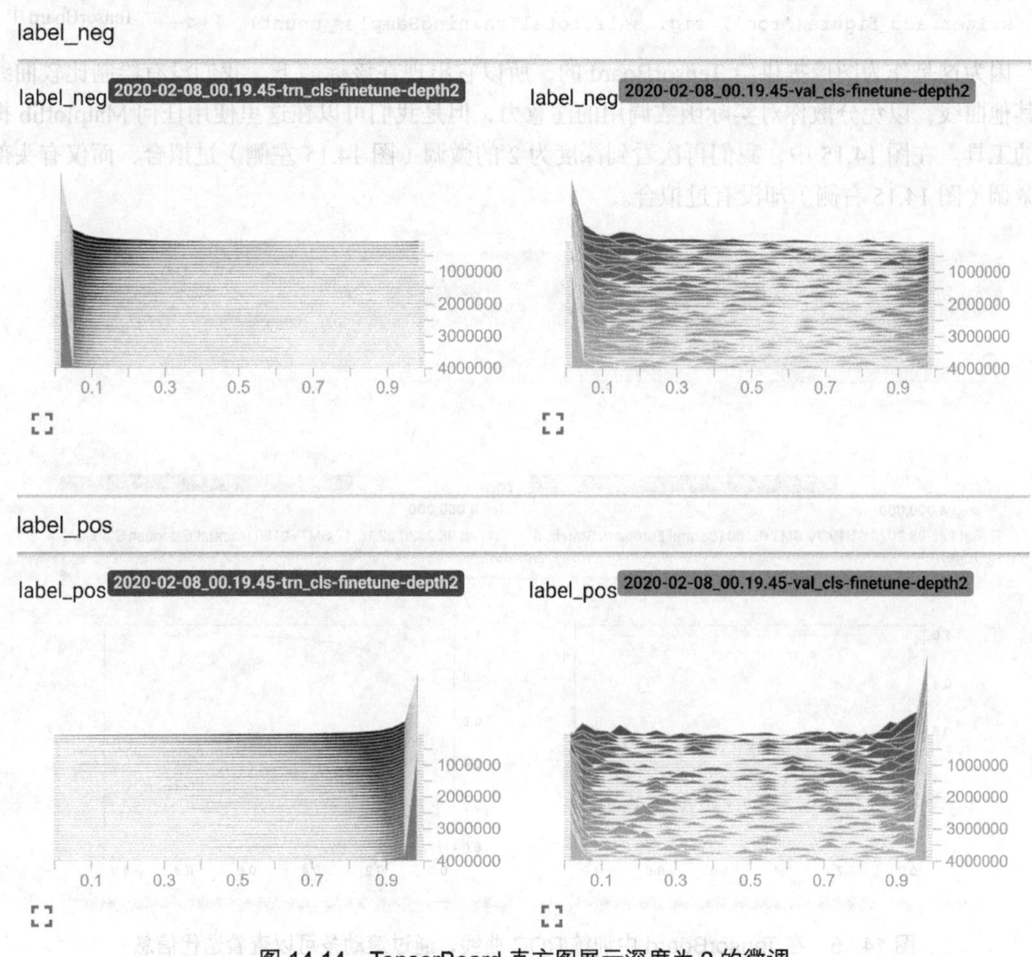

图 14.14 TensorBoard 直方图展示深度为 2 的微调

2. TensorBoard 中的 ROC 以及其他曲线

如前所述，TensorBoard 本身不支持绘制 ROC 曲线，但是我们可以使用从 Matplotlib 导出图形的功能。数据准备工作与 14.5.2 小节的类似：我们使用直方图中绘制的数据分别计算 TPR 和

FPR。我们再次绘制数据图，但这一次我们跟踪 pyplot.figure()，并将其传递给 SummaryWriter 的 add_figure()方法，见代码清单 14.12。

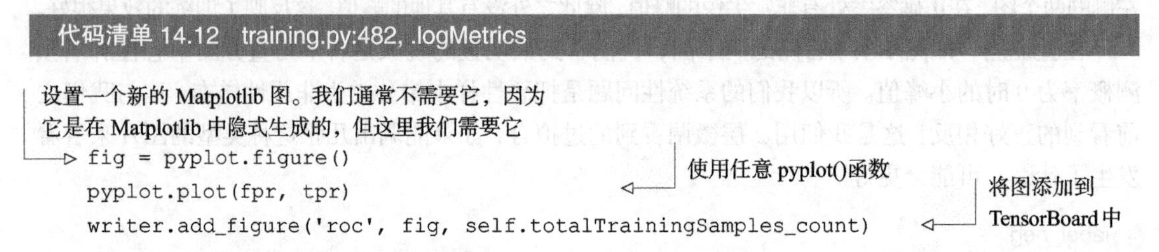


```
fig = pyplot.figure()
pyplot.plot(fpr, tpr)
writer.add_figure('roc', fig, self.totalTrainingSamples_count)
```

因为这是作为图像提供给 TensorBoard 的，所以它出现在该标题下。我们没有绘制比较曲线或其他曲线，以免分散你对实际函数调用的注意力，但是我们可以在这里使用任何 Matplotlib 提供的工具。在图 14.15 中，我们再次看到深度为 2 的微调（图 14.15 左侧）过拟合，而仅有头部的微调（图 14.15 右侧）却没有过拟合。

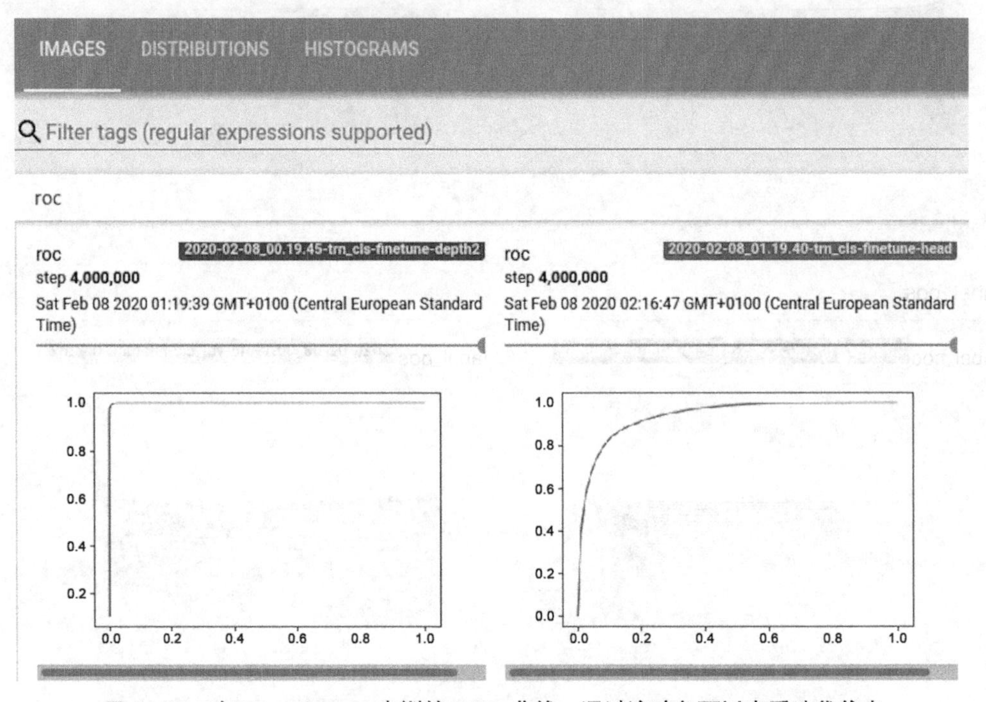

图 14.15 在 TensorBoard 中训练 ROC 曲线，通过滚动条可以查看迭代信息

14.6 在诊断时所见的内容

按照图 14.16 中的步骤 3a、3b 和 3c，我们现在需要运行从左侧的步骤 3a（分割）到右侧的

步骤 3c（恶性肿瘤判定）的完整管道。好消息是，几乎所有的代码都已经准备好了，我们只需要将其整合在一起：现在是实际编写和运行端到端诊断脚本的时候了。

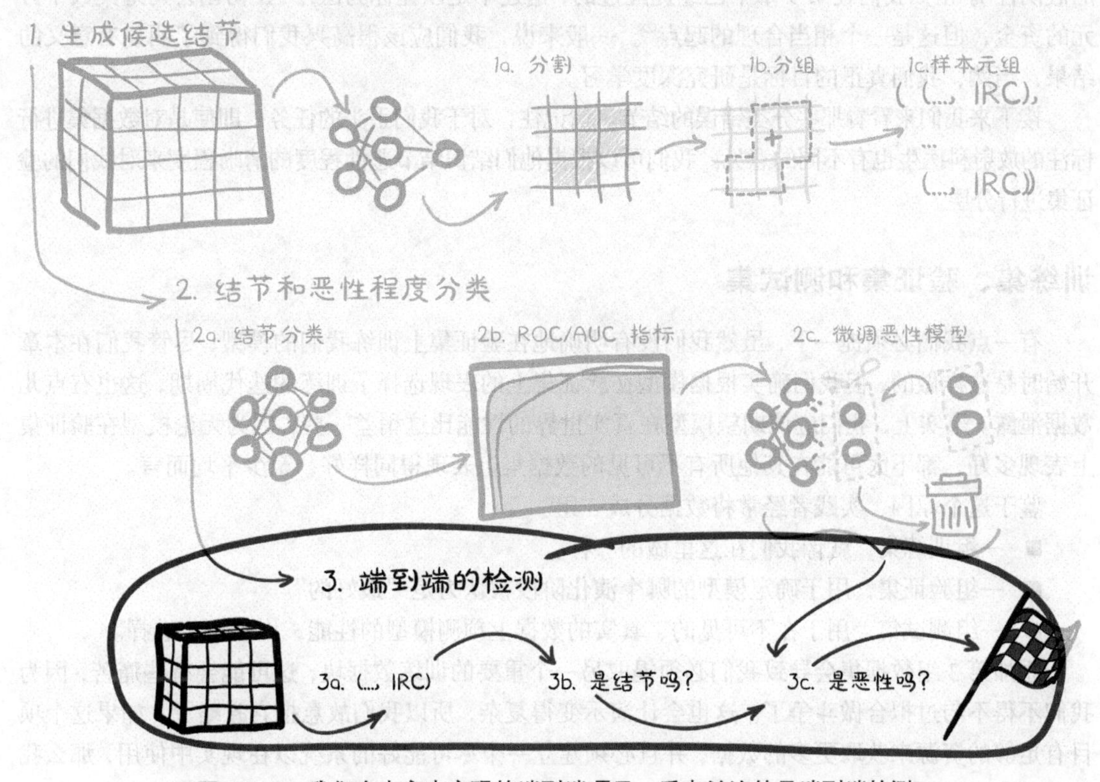

图 14.16 我们在本章中实现的端到端项目，重点关注的是端到端检测

在 14.3.3 小节的代码中，我们看到了处理恶性肿瘤模型的第 1 个提示。如果在调用 nodule_analysis 时传递一个--malignancy-path，它将运行该路径上指定的恶性肿瘤模型并输出信息。这适用于单个扫描和--run-validation 变体。

需要注意的是，脚本可能需要一段时间才能完成，即使验证集中只有 89 个 CT，也需要大约 25 分钟①。

让我们看看得到了什么：

```
Total
             | Complete Miss | Filtered Out | Pred. Benign | Pred. Malignant
Non-Nodules |               |       164893 |         1593 |             563
     Benign |            12 |            3 |           70 |              17
  Malignant |             1 |            6 |            9 |              36
```

① 大部分的延迟来自 SciPy 对连接组件的处理。在撰写本书时，还没有一个可加速的实现。

还不错！从头到尾，我们检测到约 85%的恶性结节，并正确标记约 70%的恶性结节①。虽然有很多假阳性，但 16 个假阳性中有一个真结节似乎减少了需要检查的内容（当然，如果不是 30%的假阴性）。正如我们在第 9 章中已经提醒过的，这还不足以让你为医疗 AI 初创公司筹集数千万元的资金，但这是一个相当合理的起点②。一般来说，我们应该很高兴我们得到了明显有意义的结果，当然，我们真正的目标是研究深度学习。

接下来我们来看看那些分类错误的结节。请记住，对于我们手头的任务，即使是对数据集进行标注的放射科医生也有不同的意见。我们可以根据他们结识结节恶性程度的清晰程度来对我们的验证集进行分层。

训练集、验证集和测试集

有一点我们必须提一下，虽然我们没有明确地在验证集上训练我们的模型，尽管我们在本章开始时是这样做的，但我们确实根据模型在验证集上的表现选择了训练的迭代周期，这也有点儿数据泄露。事实上，我们应该期望模型在真实世界的性能比这稍差一些，因为无论模型在验证集上表现多好，都不太可能在其他所有不可见的数据集上表现得同样好，至少平均而言。

鉴于这个原因，实践者经常将数据分成 3 组。

- 一组训练集，就像我们在这里做的一样。
- 一组验证集，用于确定模型的哪个演化阶段被认为是“最好的”。
- 一组测试集，用于在不可见的、真实的数据上预测模型的性能，由验证集选择。

添加第 3 组数据集会导致我们必须提取另一个重要的训练数据块，这可能会有些痛苦，因为我们不得不与过拟合做斗争了。这也会让演示变得复杂，所以我们故意把它省略了。如果这个项目有足够的资源来获取更多的数据，并且必须建立一个尽可能好的系统以在现实中使用，那么我们必须在这里做出不同的决定，并积极地寻找更多的数据作为一个独立的测试集。

一般而言，会有一些微妙的方式让偏置“潜入”我们的模型。我们应该格外小心地控制每一步的信息泄露，并尽可能使用独立的数据集来验证其缺失。走捷径的代价是，在最糟糕的时候，也就是接近生产阶段时，会出现严重问题。

14.7　接下来呢？其他灵感和数据的来源

在这一点上进一步的改进很难衡量，我们的分类验证集包含 154 个结节，我们的结节分类模型通常至少正确地获得了 150 个结节，其中大部分方差来自训练迭代周期的变化。即使要对模型进行重大改进，我们在验证集中也没有足够的保真度来判断该更改是否一定会使模型有所改进。这在

① 回想一下，我们之前的“约 75%的恶性结节几乎没有假阳性”ROC 值是孤立地观察恶性肿瘤的分类的结果。在我们进入恶性分类之前，我们过滤掉了 7 个恶性结节。

② 如果能的话，我们早就这么做了，而不是写本书！

良性与恶性的分类中也非常明显，在这种分类中，验证损失有些麻烦。如果我们将验证步长从 10 减到 5，我们的验证集的规模将增加一倍，而训练数据将损失九分之一。如果我们想尝试其他改进，可能也是值得一试的。当然，我们还需要解决测试集的问题，这将从我们已经有限的训练数据中获取。

我们还想好好研究一下网络性能不如我们所希望的那么好的情况，看看我们是否能识别出一些模式。但除此之外，让我们简单地谈一些改进模型的一般方法。在某种程度上，这一节类似于第 8 章的 8.5 节。我们会尽力让你有想法去尝试，如果你不了解每一个细节，也不要担心[①]。

14.7.1 防止过拟合：更好的正则化

回顾我们在第 2 部分针对 3 个问题所做的事情，这 3 个问题分别是第 11 章和 14.5 节中的分类器、第 13 章中的分割以及我们拥有的那些过拟合模型。第 1 种情况中的过拟合是灾难性的，我们在第 12 章中通过平衡数据和增强来处理它。为了防止过拟合而对数据进行平衡，是对 U-Net 在结节和候选结节上进行裁剪训练而不是在整个切片上进行训练的主要动机。对于剩余的过拟合，当过拟合开始影响我们的验证结果时，我们就提前停止训练。这意味着防止和减少过拟合将是改进结果的一个很好的方法。

得到一个过拟合模型，然后努力减少过拟合这种模式确实是一个好方法。那么当我们想要改善现在模型所达到的状态时，应该按以下 2 个步骤进行。

1. 经典的正则化和增强

你可能已经注意到，我们甚至没有使用第 8 章中提到的归一化技术，例如，丢弃法是一个很容易尝试的方法。

虽然已经有了一些适当的增强，但我们还可以更进一步。我们还没有尝试使用的一种相对强大的增强方法是弹性变形，即在输入中加入“数字褶皱”[②]。这比单独旋转和翻转具有更多的可变性，似乎也适用于我们的任务。

2. 更抽象的增强

到目前为止，我们的增强是受到几何启发的，我们已经将我们的输入转化成或多或少看起来像我们可能看到的东西。事实证明，我们不需要局限于这种类型的增强。

回想第 8 章，在数学原理上，我们一直使用的交叉熵是衡量两个概率分布之间的差异，即预测概率和将所有概率质量标注到标签上的分布，可以用标签的一个 one-hot 向量表示。如果我们的网络存在过度自信的问题，那么我们可以尝试的一个简单方法就是不使用 one-hot 分布，而是

---

① 至少有一位作者愿意就本节涉及的主题写一整本书。

② 你可以在 GitHub 上的 multidim-image-augmentation 项目中找到一个方法，尽管该项目是针对 TensorFlow 的。

在“错误的”分类上设置一个小的概率质量[1]，这被称为标签平滑（label smoothing）。

我们还可以同时处理输入和标签。为了做到这一点，一种非常普遍且易于应用的增强技术被提出，命名为混合法（mixup）[2]——对输入和标签进行随机插值。有趣的是，对于损失的线性假设（由二元交叉熵满足），相当于用一个从适当调整的分布中抽取的权重来操纵输入[3]。显然，我们不期望在处理真实数据时发生混合输入，但这种混合似乎鼓励了预测的稳定性，而且非常有效。

3. 超越单一最佳模型：集成

我们对过拟合问题的一个观点是，如果我们知道正确的参数，我们的模型就能够按我们想要的方式工作，但实际上我们并不知道这些参数[4]。如果依照这种直觉，我们可能会尝试提出几组参数，也就是几个模型，希望每个模型的缺点可以弥补另一个模型的缺点。这种计算多个模型并组合输出的技术称为集成（ensembing）。简单地说，我们训练几个模型，然后为了进行预测，运行所有的模型并对预测结果求平均值。当单个模型都过拟合或者我们在看到过拟合之前对模型进行了快照时，模型可能会开始对不同的输入做出糟糕的预测，而不是总是先对同一样本进行过拟合，这似乎是合理的。

在集成中，我们通常使用完全独立的训练运行，甚至使用不同的模型结构运行。但是如果我们让它变得特别简单，我们可以从单个训练运行中获取模型的几个快照（最好是在结束前不久或开始观察到过拟合之前）我们可能会尝试构建这些快照的集合，但由于它们之间仍然有些接近，因此我们可以将它们平均化。这就是随机加权平均的核心思想[5]。当这样做的时候，我们需要小心一些：例如，当我们的模型使用批量归一化时，我们可能想要调整统计数据，但即使没有这样做，我们也可能想要准确率有一点儿提升。

4. 概括我们要求网络学习的内容

我们还可以看一下多任务学习。在多任务学习中，我们需要一个模型来学习超出我们将要评估的输出之外的其他输出[6]，这个模型有着改进结果的良好记录。我们可以尝试同时对结节和非结节以及良性结节和恶性结节进行训练，实际上，恶性肿瘤数据的数据源提供了额外的标签，我们可以将其用作额外的任务，请参阅 14.7.2 小节。这个思想与我们之前研究过的迁移学习的概念密切相关，但在这里，我们通常会并行训练 2 个任务，而不是先做一个任务，然后尝试做下一个任务。

---

① 为此你可以使用 nn.KLDivLoss 损失。

② 张宏义等，“Mixup:Beyond Empirical Risk Minimization”。

③ 参见 Ferenc Huszár 发表的“mixup: Data-Dependent Data Augmentation”，他还提供 PyTorch 实现的代码。

④ 我们可以将其扩展为完全的贝叶斯，但可能仅凭一点儿直觉。

⑤ Pavel Izmailov 和 Andrew Gordon Wilson 在 PyTorch 官方博客中介绍了 PyTorch 实现的代码。

⑥ 参见 Sebastian Ruder，“An Overview of Multi-Task Learning in Deep Neural Networks”，这在许多领域也是一个重要的思想。

如果我们没有额外的任务，而是有额外的未标记数据，我们可以研究半监督学习。最近提出的一种看起来非常有效的方法是无监督数据增强[①]，在这里我们像往常一样在数据上训练我们的模型。在未标记数据上，我们对未增强样本进行预测，然后我们将该预测作为该样本的目标，同时训练模型在增强样本上预测该目标。换句话说，我们不知道预测是否正确，但无论我们是否进行增强，我们都要求网络产生一致的输出。

当我们没有真正感兴趣的任务，但又没有额外的数据时，我们可能会考虑构造任务或数据。尽管人们有时会使用类似于我们在第 2 章中看到的 GAN，并取得了一定的成功，但构造数据还是有些困难的，所以我们会选择构造任务。当我们进入自监督学习领域时，这些任务被称为辅助任务（pretext task）[②]。一种非常流行的辅助任务是对某些输入应用某种形式的腐蚀操作，然后我们可以训练一个网络来重建原始数据，例如，使用一个类似 U-Net 的架构，或者训练一个分类器来从被腐蚀的数据中检测真实数据，同时共享模型的大部分，例如卷积层。

这仍然取决于我们能否想出一种方法来腐蚀我们的输入。如果我们头脑里没有这样一种方法，而且得不到我们想要的结果，那么还有其他方法可以进行自我监督学习。一个非常通用的任务是，如果模型学习的特征足够好，可以让模型来区分数据集的不同样本，这叫作对比学习（contrastive learning）。

为了使事情更具体，假设以下情况：我们从当前图像中提取特征，并从其他图像中提取较大的 *K* 个数，组成关键特征集。现在我们建立一个分类辅助任务：给定当前图像的特征，查询它属于 *K*+1 个关键特征中的哪一个。这在一开始可能看起来很简单，但即使查询特征和正确类的关键特征之间有完美的一致性，对该任务的训练也会鼓励查询的特征与 *K* 个其他图像的特征最大限度地不同，即在分类器输出中被分配的概率很低。当然，还有很多细节需要补充，我们建议（有些“信口雌黄”）看看动量对比[③]。

14.7.2 精细化训练数据

我们可以通过几种方式改进我们的训练数据。我们之前提到过，恶性肿瘤的分类实际上是基于一些放射科医生评估的更细微的分类。通过一个简单的方法来使用我们丢弃的数据——把它变成二分法“是否是恶性肿瘤？”，就会用到放射科医生划分的 5 个类别。放射科医生的评估可以用作一个平滑的标签：我们可以对每个结节进行 one-hot 编码，然后对给定的结节的评估取平均值。如果 4 个放射科医生评估一个结节，其中 2 个医生说“不确定”，一个医生说“中度可疑”，一个医生说“高度可疑”，我们将训练模型输出和向量[0 0 0.5 0.25 0.25]给出的目标概率分布之间的交叉熵。这类似于我们之前提到的标签平滑，但以一种更聪明的、针对特定问题的方式实现。然而，我们必须找到一种新的方法来评估这些模型，因为我们失去了二分类中简单的准确率、ROC 和 AUC 的概念。

---

① Q. Xie 等“Unsupervised Data Augmentation for Consistency Training”。
② pretext task 有时翻译为前置任务或代理任务，但我更倾向于翻译为辅助任务。——译者注
③ K. He 等人，“Momentum Contrast for Unsupervised Visual Representation Learning”。

另一种方法是使用多重评估来训练多个模型，而不是一个模型，每个模型都根据一个放射科医生给出的标注进行训练。在推理时，我们会把模型集合起来，例如，取它们的输出概率平均值。

在前面提到的多个任务的方向上，我们可以再次回到 PyLIDC 提供的标注数据，其中为每个标注提供了其他分类（敏锐性、内部结构、钙化、球形、边缘确定、分叶、针状和纹理等）。不过，我们可能首先需要了解更多关于结节的知识。

在分割中，我们可以尝试看看 PyLIDC 提供的掩码是否比我们自己生成的掩码更好。由于 LIDC 数据是由多个放射科医生标注的，因此可以将结节分为“高度一致”和“低一致”2 组。看看这是否与结节分类的“容易”和“困难”相对应，以及我们的分类器是否对几乎所有容易的分类都正确，而只对那些对人体专家来说更模糊的分类有问题，这可能会很有趣。或者我们可以从另一个角度来解决这个问题，根据我们的模型性能来定义结节检测的难度：“简单”（经过一两个迭代周期的训练后正确分类）、“中等”（最终正确分类）和“困难”（持续错误分类）。

除了现成的数据，有一件事可能是有意义的，那就是进一步划分结节的恶性类型。让专业人员更详细地检查我们的训练数据，用癌症类型标记每个结节，然后强制模型报告该类型，可能会使训练更有效。对于业余项目来说，将工作外包出去的成本可能过高，但在商业背景下，付出这样的成本可能是有意义的。

特别困难的案例也可能由人体专家进行有限的重复审查，以检查错误。同样，这也是需要一笔经费的，但肯定是值得去努力争取的。

14.7.3　竞赛结果及研究论文

我们在第 2 部分中的目标是提供一个解决方案，我们做到了这一点。但是发现分类肺结节这个特殊的问题以前就被研究过了，所以如果你想更深入地挖掘，也可以看看其他人都做了些什么。

1. 数据科学碗 2017

虽然我们将第 2 部分的范围限制在 LUNA 数据集的 CT 扫描上，但 Kaggle 主办的 2017 年数据科学碗（Data Science Bowl，DSB）也提供了大量信息。

数据本身已经不可用了，但人们描述了许多对它们有效和无效的方法。例如，一些 DSB 决赛选手报告说，LIDC 提供的详细恶性程度（1～5）信息在训练期间非常有用。

你可以看看这 2 个亮点[①]。

- 排名第 2 的解决方案是由 Daniel Hammack 和 Julian de Wit 写的。
- 排名第 9 的解决方案是由 Team Deep Breath 写的。

注意　前面我们提到的很多新技术在那时对 DSB 参与者来说都还不可用，从 2017 年的 DSB 到本书即将出版期间，深度学习发展很快。

① 多亏了互联网存档，使它们免于重新设计。

关于测试集一种更合理的想法是使用 DSB 数据集，而不是重用我们的验证集。不幸的是，DSB 停止了共享原始数据，因此除非你碰巧有权访问旧的副本，否则你将需要另一个数据源。

2. LUNA 论文

LUNA 大挑战赛收集了一些结果，显示了相当多的希望。虽然并不是提供的所有论文都包含足够的细节来重现结果，但许多论文确实包含足够的信息来改进我们的项目。你可以查阅一些论文，尝试重用一些看起来有趣的方法。

14.8 总结

本章兑现了我们在第 9 章中所做的承诺：我们现在有了一个端到端系统，可以尝试通过 CT 扫描诊断肺癌。回头看看起点，我们走了很长一段路，希望你也学到了很多东西。我们训练了一个模型，让它使用公开的数据来做一些有趣和困难的事情。关键问题是“这在现实世界中有用吗？”，接下来的问题是“这个可以投入生产了吗？”，生产的定义很大程度上取决于预期用途，所以关于我们的算法是否可以取代放射专家，答案是否。我们认为这可以代表一个工具的 0.1 版本，该工具在未来可以在临床常规诊断中协助放射科医生：例如，提供一些可能被忽视的事情的第 2 意见。

这样一种工具需要得到主管机构的许可，如美国的食品和药物管理局，以便在研究范围之外使用。我们可能会缺少一个广泛的、精心挑选的数据集来进行进一步训练，以及验证我们的工作。而且，从常见的案例到极端的案例，对各种案例的恰当描述都是必须的。

所有这些案例，从纯粹的研究应用到临床验证，再到临床使用，都要求我们在一个适合扩大规模的环境中执行我们的模型。这也带来了一系列技术和过程方面的挑战。我们将在第 15 章讨论一些技术上的挑战。

幕后

当我们在第 2 部分结束建模时，我们想稍微拉开帷幕，让你了解一下从事深度学习项目的真实情况。从根本上讲，本书呈现了一种有偏重的观点：一系列精心策划的障碍和机遇、一条经过精心照料的花园小径穿过深度学习的广阔旷野。我们认为这种有半组织的一系列挑战（特别是第 2 部分中的内容）将会构成一本更好的书，同时我们也希望获得更好的学习体验。然而，这并不能构造出更真实的体验。

很有可能，你的绝大多数实验都未成功。不是每一个想法都会是一个发现，也不是每一个改变都会是一个突破。深度学习需要精细的操作，深度学习是变幻无常的。记住，深度学习正在推动人类知识的前沿，这是我们每天都在探索和绘制的前沿领域。能够涉足该领域是件令人兴奋的事情，和大多数领域工作者一样，你将很快渐入佳境。

本着透明的精神，这里有一些我们尝试过的东西，我们受挫了，没有成功，或者至少没有成功到让我们愿意费心将其保留下来。

- 对于分类网络使用的是 HardTanh 而不是 Softmax，理由解释起来比较简单，但使用 HardTanh 实际上并没有什么效果。
- 通过使分类网络更加复杂（跳跃连接等）来解决 HardTanh 所带来的问题。
- 糟糕的权重初始化导致训练不稳定，特别是分割。
- 对完整 CT 切片进行训练以进行分割。
- 损失加权分割与 SGD。它们没有起作用，需要 Adam 才能发挥作用。
- CT 扫描的真正三维分割。它并不适合我们，但后来 DeepMind 还是这么做了[①]。因为在转向裁剪结节之前，我们耗尽了内存，所以你可以基于当前设置再次尝试。
- 从 LUNA 数据中误解了 class 列的含义，这导致在编写本书的过程中进行了一些重写。
- 不经意地抱着“我想要快速得到结果”的心态，丢弃了分割模型发现的 80%的候选结节，导致结果看起来很糟糕，直到我们弄清楚发生了什么（花了整整一个周末）。
- 大量不同的优化器、损失函数和模型架构。
- 以各种方式平衡训练数据。

当然，我们还忘记了更多。很多事情在走向正确之前都出现了错误！请从我们的错误中吸取教训。

我们还可以补充一点，对于本书中的许多内容，我们只是选择了一种方法，但并不意味着其他方法是低劣的，其中许多方法可能更好。另外，不同人的编码风格和项目设计通常有很大的区别。在机器学习中，人们在 Jupyter Notebook 上进行大量编程是非常常见的。Jupyter Notebook 是一个快速尝试编写和运行程序的工具，但它也有自己的注意事项：例如，关于如何记录你做了什么。最后，与使用 prepcache 时使用的缓存机制不同，我们可以使用单独的预处理步骤，将数据写成序列化的张量。使用哪种方法似乎是个人喜好的问题，即使在我们 3 个作者中，每个人的做事风格也略有不同。在与同事合作保持灵活性的同时，不断尝试，找到最适合自己的方法，这总是好的。

14.9　练习题

1. 为分类实现一个测试集，或者重用第 13 章习题中的测试集。训练时使用验证集来选择最佳迭代周期，但使用测试集来评估端到端项目。验证集的性能与测试集的性能有多一致？

2. 你能训练出一个单一的、能够进行 3 种分类的模型，一次性区分非结节、良性结节和恶性结节吗？

　　a）哪一种类平衡分割工作最适合训练？

　　b）与我们在书中使用的 2 阶段方法相比，这种单阶段模型的性能如何？

---

① Stanislav Nikolov 等，“Deep Learning to Achieve Clinically Applicable Segmentation of Head and Neck Anatomy for Radiotherapy”。

3. 我们在标注上训练分类器，但期望它在分割的输出上执行。使用分割模型建立一个非结节列表，在训练期间使用，而不是在提供的非结节上使用。

a）当在这个新的集合上训练时，分类模型的性能提高了吗？

b）你能描述一下哪种候选结节在新的训练模型中变化最大吗？

4. 我们使用的填充卷积导致图像边缘附近的上下文不够完整。计算 CT 扫描切片边缘附近的分割像素与内部像素的损失。二者之间有可测量的差别吗？

5. 尝试使用重叠的 32×48×48 的切片在整个 CT 上运行分类器。这与分割方法相比如何？

14.10 本章小结

- 训练集和验证集（以及测试集）之间的明确划分是至关重要的。在这里，按病人分割是不容易出错的。当你的管道中有多个模型时，这一点更为正确。
- 使用非常传统的图像处理技术可以实现从像素级的标记到结节的提取，我们并不是轻视经典方法，反而是重视这些处理方法，并在适当的地方使用它们。
- 我们的诊断脚本同时执行分割和分类。这允许我们诊断以前没有见过的 CT，尽管我们当前的数据集实现没有配置为接受来自 LUNA 以外的源 series_uid。
- 微调是在使用最少的训练数据的情况下拟合模型的一种好方法。确保预训练模型具有与任务相关的特征，并确保重新训练了网络的一部分，使其具有足够的容量。
- TensorBoard 允许我们描绘许多不同类型的图表，帮助我们确定发生了什么。但这并不能改变我们的模型在某些数据上表现得特别糟糕。
- 成功的训练似乎需要我们在某个阶段建立一个过拟合的网络，然后将其归一化。我们不妨把它当作一个秘方。我们或许应该学习更多关于正则化的知识。
- 训练神经网络就是一个不断尝试、观察出错并不断改进的过程，通常没有“灵丹妙药”。
- Kaggle 是深度学习项目创意的极好来源。该比赛为优胜者提供现金奖励以奖励他们在对新数据集提出的解决方案，而先前的比赛有一些例子也可以作为进一步试验的起点。

第 3 部分

部署

在第 3 部分，我们将研究如何使我们的模型达到可以使用的地步。在前面几部分中，我们了解了如何构建模型：第 1 部分介绍了模型的构建和训练，第 2 部分从头到尾详细介绍了一个示例，所以困难的工作已经完成了。

但是在你真正使用它之前，没有一个模型是有用的，所以现在我们需要将模型应用到它们当初被设计用来完成的任务中。这一部分在本质上更接近于第 1 部分，因为会引入很多 PyTorch 组件。与前面一样，我们将重点关注我们希望完成的应用程序和任务，而不仅仅是 PyTorch 本身。

在第 3 部分中，我们将介绍 2020 年初 PyTorch 的部署情况。我们将了解并使用 PyTorch 即时编译器（JIT）将第三方应用程序使用的模型导出到支持移动设备的 C++ API。

第 15 章　部署到生产环境

本章主要内容

- 部署 PyTorch 模型方式的一些选择。
- 使用 PyTorch JIT 编译器。
- 部署一个模型服务器并导出模型。
- 运行从 C++导出的和用 C++实现的模型。
- 在移动设备上运行模型。

在本书的第 1 部分，我们学习了很多关于模型的知识，第 2 部分为我们讲述了为特定问题创建良好模型的详细过程。现在我们有了这些良好的模型，我们需要把它们应用到能发挥其作用的地方。从架构和成本的角度来看，维护用于执行大规模深度学习模型推理的基础设施影响深远。虽然 PyTorch 一开始是一个专注于研究的框架，但从 1.0 版开始，它添加了一组面向生产的特性，这些特性使 PyTorch 成为从研究到大规模生产的、理想的端到端平台。

部署到生产环境的方式会随着用例的不同而不同。

- 对于我们在第 2 部分中开发的模型，最自然的部署形式可能是建立一个网络服务，以提供对模型的访问。我们将使用 Python 的 2 个轻量级的 Web 框架来实现这一点，即 Flask 和 Sanic。前者是这些框架中最流行的框架之一，而后者在本质上与之相似，但它利用了 Python 对异步操作的新关键字 async/await 的支持，从而提高了效率。
- 我们可以将模型导出为一种标准化的格式，这种格式允许我们使用优化的模型处理器、专用硬件或云服务来交付模型。对于 PyTorch 模型，开放神经网络交换（ONNX）格式填补了这个角色。
- 我们可能希望将我们的模型集成到更大的应用程序中。如果我们不局限于 Python，这将很方便。我们将探索基于 C++的 PyTorch 模型，这也是学习任何一门编程语言的进阶方式。
- 最后，对于我们在第 2 章看到的像斑马一样的图像，在移动设备上运行我们的模型可能更好。虽然你的手机不太可能有一个 CT 模块，但其他医疗应用程序（如自己动手进行皮肤筛查）可能更合理，用户可能更喜欢在设备上运行，而不是将皮肤图像发送到云服务。幸运的是，PyTorch 最近获得了移动设备的支持，我们将对此进行探索。

当我们学习实现这些用例时，我们将使用第 14 章中的分类器作为 PyTorch 模型服务的第 1 个示例，然后切换到斑马模型进行其他组件的部署。

15.1 PyTorch 模型的服务

我们将从把模型上传到服务器上所需的步骤开始，坚持我们亲自实践的方式。一旦掌握了一些基础知识，就会看到它们存在的不足之处，并尝试去解决。最后，我们还将看一看在写这部分内容时它们是什么样的，将来又会是什么样的。让我们找些能监听网络的东西[①]。

15.1.1 基于 Flask 服务的模型

Flask 是使用最广泛的 Python 模块之一。它可以使用 pip[②]安装：

```
pip install Flask
```

可以通过装饰函数来创建 API，见代码清单 15.1。

代码清单 15.1 flask_hello_world.py:1

```
from flask import Flask
app = Flask(__name__)

@app.route("/hello")
def hello():
  return "Hello World!"

if __name__ == '__main__':
  app.run(host='0.0.0.0', port=8000)
```

启动时，应用程序将运行在 8000 端口，并暴露一个“/hello”的路径，它将返回“Hello World!”字符串。此时，我们可以通过加载先前保存的模型，并通过 POST 方式暴露一个路径，以增强 Flask 服务器的能力，我们将以第 14 章中的结节分类器为例。

我们将使用 Flask 的 request 来获取数据。更确切地说，request.files 包含一个由字段名索引的文件对象的目录。我们将使用 JSON 来解析输入，使用 Flask 的 jsonify 返回一个 JSON 字符串。

用“/predict”替代“/hello”，该路径将一个二进制的 blob 类型（像素系列）和相关的元数据（包含一个以 shape 作为键的字典的 JSON 对象）作为 POST 请求提供的输入文件，并返回一个带有预测诊断结果的 JSON 格式的数据作为响应。更准确地说，我们的服务器只取一个样本（而不是一批样本），并返回它是恶性的概率。

---

① 为了安全，不要在不受信任的网络上这样做。

② 或者 Python 3 的 pip 3。你还可能希望在 Python 虚拟环境中运行它。

为了获得数据，首先需要将 JSON 解码为二进制数据，然后用 numpy.formbuffer 将其解码成一个一维的数组。我们将使用 torch.from_numpy 将其转换为一个张量，并查看其实际形状。

模型的实际处理方式与第 14 章中的处理方式相似：我们实例化第 14 章中的 LunaModel，加载从训练中获得的权重，并将模型设置为 eval 模式。因为我们没有训练任何东西，所以我们会告诉 PyTorch 在运行模型时我们不想要梯度，具体方法是在 with torch.no_grad()块中运行，见代码清单 15.2。

代码清单 15.2 flask_server.py:1

```
import numpy as np
import sys
import os
import torch
from flask import Flask, request, jsonify
import json

from p2ch13.model_cls import LunaModel

app = Flask(__name__)
                                      设置我们的模型，加载权
model = LunaModel()              <-   重，并设置评估模式
model.load_state_dict(torch.load(sys.argv[1],
                      map_location='cpu')['model_state'])
model.eval()

def run_inference(in_tensor):         我们没有自动求梯度
  with torch.no_grad():
    # LunaModel takes a batch and outputs a tuple (scores, probs)
    out_tensor = model(in_tensor.unsqueeze(0))[1].squeeze(0)
  probs = out_tensor.tolist()
  out = {'prob_malignant': probs[1]}
  return out
                                        我们希望在"/predict"端点提交表单（HTTP POST）
@app.route("/predict", methods=["POST"])
def predict():
  meta = json.load(request.files['meta'])    <-
  blob = request.files['blob'].read()            我们的请求将包含一个名为 meta 的文件
  in_tensor = torch.from_numpy(np.frombuffer(
    blob, dtype=np.float32))          <-
  in_tensor = in_tensor.view(*meta['shape'])     将数据从二进制 blob 转换为 torch
  out = run_inference(in_tensor)
  return jsonify(out)
                                        将响应内容编码为 JSON
if __name__ == '__main__':
  app.run(host='0.0.0.0', port=8000)
  print (sys.argv[1])
```

按以下方式启动服务器：

```
python3 -m p3ch15.flask_server
➥ data/part2/models/cls_2019-10-19_15.48.24_final_cls.best.state
```

我们准备了一个简单的客户端脚本 cls_client.py，它发送一个示例。在代码所在目录下，你可以按以下命令运行：

```
python3 p3ch15/cls_client.py
```

它应该告诉你结节不太可能是恶性的，显然，我们的服务器接收输入，通过模型运行，并返回输出。我们做完了吗？还没有，让我们在 15.1.2 小节中看看哪些方面可以做得更好。

15.1.2　我们想从部署中得到的东西

让我们来收集一些我们想要从部署中得到的东西[①]。首先，我们希望支持现代协议及其特性。传统的超文本传送协议（HyperText Transfer Protocol，HTTP）是深度串行的，这意味着当客户端想要在同一个连接中发送多个请求时，下一个请求只有在前一个请求得到应答之后才会发送。如果你想要发送多个请求，效率不是很高。我们将在这里完成 Sanic 的部分升级，这无疑将使我们进入一个非常高效的框架。

当使用 GPU 时，批量请求通常比一个接一个地处理请求或并行地触发请求更有效，所以接下来，我们的任务是收集来自几个连接的请求，将它们组装成批量请求在 GPU 上运行，然后将结果返回给各自的请求者。这听起来很复杂，而且（再次强调，当我们写本书时）在简单的教程中似乎并不常见，这让我们有足够的理由在这里做这件事。但是请注意，在模型运行的持续时间导致延迟成为问题之前，没有理由在给定的时间内在一个 GPU 上运行多个批量请求，因为等待我们自己的模型运行是可以的。但是，当请求到达时，等待正在运行的批量请求完成，然后等待运行给出结果，这是不允许的。增加最大批次大小通常会更有效率。

我们想并行提供几种服务，即使使用异步服务，我们也需要模型能在其他线程上高效地运行，这意味着我们希望用我们的模型避开 Python 全局解释器锁（Global Interpreter Lock，GIL）。

我们还希望尽可能少地进行复制。从内存开销和时间的角度来看，反复复制内容是不好的。许多 HTTP 内容都是用 Base64 编码的，它是一种限制为每字节 6 位的格式，以便以或多或少的由字母、数字等组成的字符串来编码二进制，并且，对于图像来说，将其解码为二进制数据，然后解码为张量，再解码为批处理显然是开销比较大的。我们将对此进行部分交付，我们将使用流式 PUT 请求来不指定 Base64 字符串，并通过连续地追加字符串来避免字符串的增长（这会使字符串和张量的性能都很糟糕）。我们说我们没有完全交付，是因为我们并没有真正地减少复制。

对服务而言值得注意的最后一点是安全。理想情况下，我们应该有安全的解码。我们需要防止溢出和资源耗尽。一旦我们有了一个固定大小的输入张量，基本上应该没问题，因为从固定大小的输入开始很难使 PyTorch 崩溃。诸如解码图像之类的事情要做到这一点可能更让人头疼，我们不能保证。互联网安全是一个很大的领域，我们不对其进行介绍。我们应该注意到，众所周知，神经网络容易受到输入操作的影响，从而产生期望的但错误的或不可预见的输出（称为对抗样

① 最早讨论 Flask 对 PyTorch 模型服务不足的公开演讲是 Christian Perone 的“PyTorch under the Hood”。

本），但这与我们的应用程序无关，因此在这里我们将不做过多介绍。

15.1.3 批量请求

我们的第 2 个示例服务器将使用 Sanic 框架（通过同名的 Python 包安装），这将使我们能够异步并行处理许多请求，因此我们将把这一点从列表中划掉。同时，我们还将实现批量请求。

异步编程听起来很困难，而且它通常带有许多专业术语。但是我们在这里所做的只是允许函数非阻塞地等待计算或事件的结果[1]。

为了处理批量请求，我们必须将请求处理与运行模型解耦。图 15.1 显示了数据流。

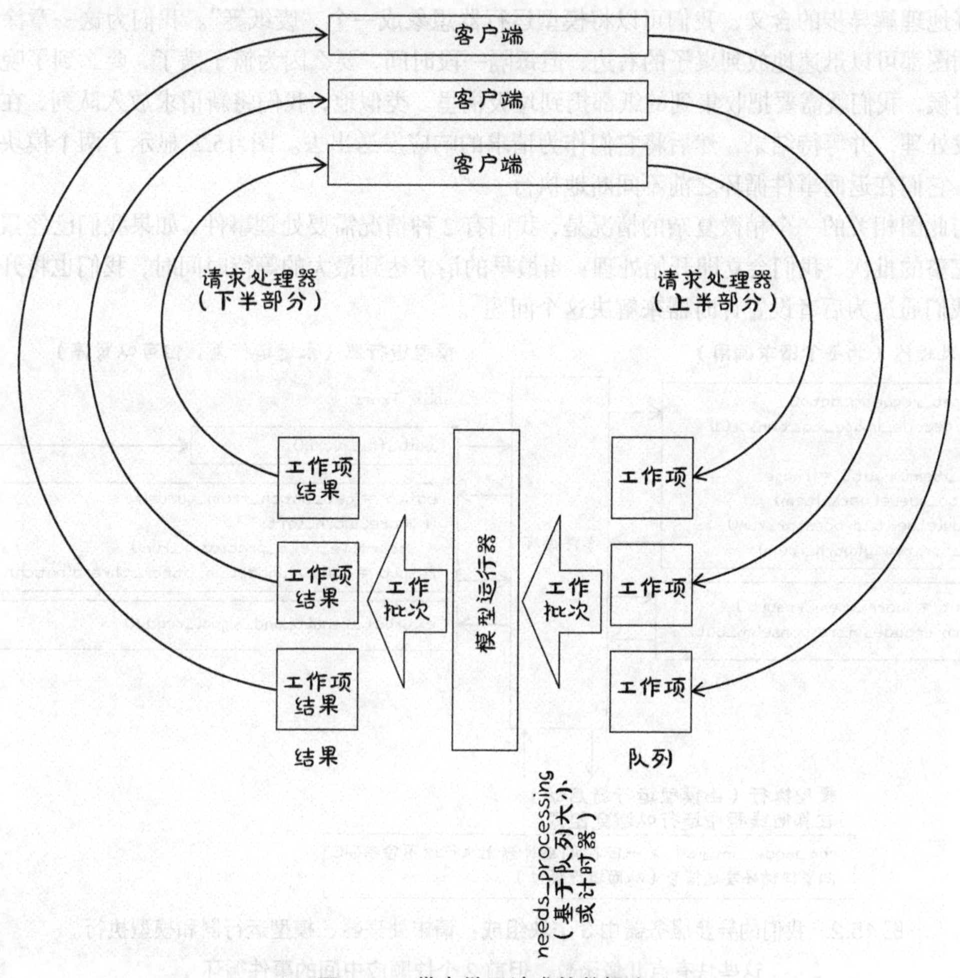

图 15.1 带有批量请求的数据流

① 大家把这些异步函数称为生成器，有时更宽泛地称为协程。

图 15.1 的顶部是发出请求的客户端，它们一个接一个地通过请求处理器的上半部分，它们使工作项与请求信息一起进入队列。当一个完整的批次进入队列，或者最早的请求等待了指定的最大时间，模型运行器从队列中获取一个批次，然后处理它，并将结果附加到工作项上。然后，请求处理器的下半部分将逐一处理这些请求。

1. 实现

我们通过编写 2 个函数来实现这一点。模型运行器函数从起点开始，一直运行下去。当我们需要运行模型时，它会组装一批输入，在第 2 个线程中运行模型（以便其他事情发生），并返回结果。

然后，请求处理器对请求进行解码，使输入排队等待处理完成，并返回带有结果的输出。为了更好地理解异步的含义，我们可以将模型运行器想象成一个"废纸篓"。我们为这一章涂画的所有插图都可以迅速地放到桌子的右边，但每隔一段时间，要么因为篮子满了，要么到了晚上清理的时候，我们就需要把收集到的纸都扔到垃圾桶里。类似地，我们将新请求放入队列，在需要时触发处理，并等待结果，然后将它们作为请求的响应发送出去。图 15.2 显示了两个模块中的函数，它们在返回事件循环之前不间断地执行。

与此图相关的一个稍微复杂的情况是，我们有 2 种情况需要处理事件：如果我们已经累积了一个完整的批次，我们会立即开始处理；当最早的请求达到最大的等待时间时，我们也将开始处理。我们通过为后者设置计时器来解决这个问题[①]。

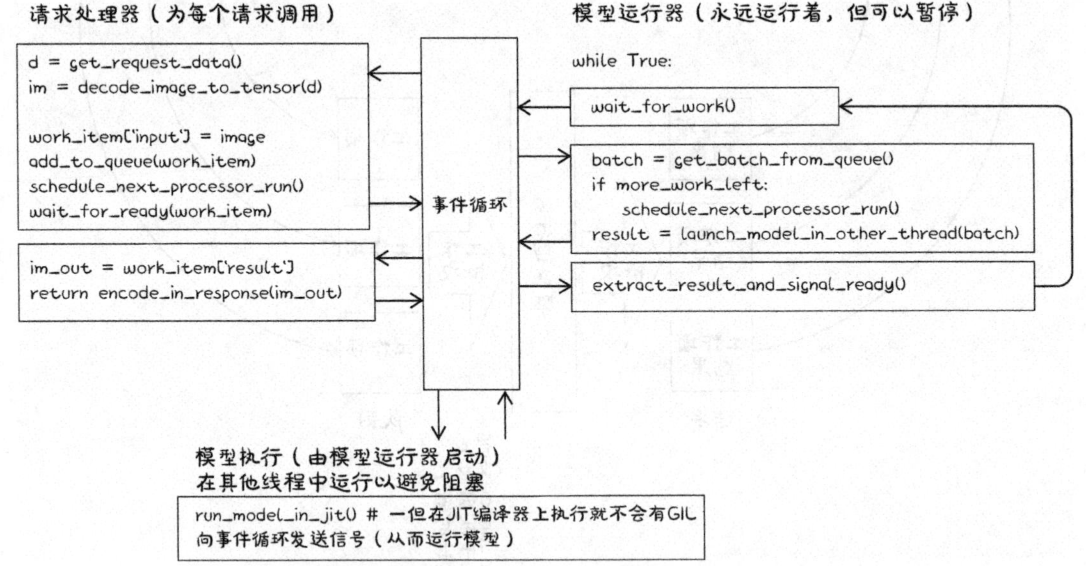

图 15.2 我们的异步服务器由 3 个块组成：请求处理器、模型运行器和模型执行。这些块有点儿像函数，但前 2 个块顺应中间的事件循环

① 另一种选择可能是放弃计时器，只要队列不为空就运行。这可能会运行较小的"第 1 批"，但对大多数应用程序来说，总体性能影响可能不是很大。

我们所有感兴趣的代码都在 ModelRunner 类中，见代码清单 15.3。

代码清单 15.3 request_batching_server.py:32, ModelRunner

```
class ModelRunner:
    def __init__ (self, model_name):
        self.model_name = model_name
        self.queue = []  <-- 队列
        self.queue_lock = None  <-- 这将使队列成为我们的锁

        self.model = get_pretrained_model(self.model_name,
                                  map_location=device)  <-- 加载并实例化模型。这是我们切换到JIT 编译器时需要更改的（唯一的）事情。现在，我们从 p3ch15/cyclegan.py 导入 CycleGAN（将输入和输出稍做修改，标准化为 0~1）

        self.needs_processing = None  <-- 我们运行模型的信号

        self.needs_processing_timer = None  <-- 最后，计时器
```

ModelRunner 首先加载模型并处理一些管理工作。除了模型，我们还需要其他组件。我们将请求输入队列中，该队列只是一个 Python 列表。我们在列表后面添加工作项，在列表前面将工作项移除。

当我们修改队列时，我们希望能防止其他任务修改队列。为此，我们引入一个队列锁，它由 asyncio 模块提供。由于我们在这里使用的所有 asyncio 对象都需要知道事件循环，该循环仅在初始化应用程序后可用，因此我们在实例化中将其临时设置为 None。虽然这样的锁可能不是严格必要的，因为我们的方法在持有锁时不会返回到事件循环中，而且因为 GIL，队列上的操作是原子的，但它确实显式地编码了我们的基本假设。如果我们有多个工作线程，我们就需要考虑锁。请注意 Python 的异步锁不是线程安全的！

ModelRunner 在无事可做时等待。我们需要从 RequestProcessor 向它发出信号，让它停止懈怠，开始工作，这是通过 asyncio 完成的，事件称为 needs_processing。ModelRunner 使用 wait()方法来等待 needs_processing 事件，然后 RequestProcessor 使用 set()来发出信号，ModelRunner 唤醒并清除事件。

最后，我们需要一个计时器来保证最大等待时间。这个计时器是在我们需要它的时候通过 app.loop.call_at 创建的。它设置了 needs_processing 事件，我们现在只保留一个插槽。所以实际上，定时器有时会直接设置事件，因为批处理已完成或计时器已关闭。当我们在计时器关闭前处理一个批处理时，我们会清除它，这样我们就不会做太多的工作。

2. 从请求到队列

接下来我们需要将请求放入队列中，这是图 15.2 中请求处理器第 1 部分的核心，不需要解码和重编码。我们在第 1 个异步方法 process_input()中实现了这一点，见代码清单 15.4。

代码清单 15.4 request_batching_server.py:54

```
async def process_input(self, input):
  our_task = {"done_event": asyncio.Event(loop=app.loop),     <-- 设置任务数据
        "input": input,
        "time": app.loop.time()}
  async with self.queue_lock:                                 <-- 有了锁，我们添加任务
    if len(self.queue) >= MAX_QUEUE_SIZE:
      raise HandlingError("I'm too busy", code=503)
    self.queue.append(our_task)
    self.schedule_processing_if_needed()                      <-- 定时处理，如果我们有一个完整的批次定时处理器将设置 needs processing。如果我们不这样做，并且没有设置计时器，它将在最大等待时间到达时设置 1

  await our_task["done_event"].wait()                         <-- 等待处理完成（并使用 await 返回到循环中）
  return our_task["output"]
```

我们设置了一个小的 Python 字典来保存任务的信息，包括输入、排队的时间，以及在任务处理完成时设置的 done_event。处理过程添加了一个输出。

保持队列锁（方便地在 async with 块中完成），我们将任务添加到队列中，并在需要时调度处理。需要注意，如果队列变得太大，将发生错误。然后我们所要做的就是等待任务被处理，并返回它。

注意 重要的是要使用循环时间（通常是一个单调的时钟），它可能与 time.time()不同。否则，我们可能会在入队列之前就得调度处理事件，或根本不处理它们。

这就是我们处理请求所需要的一切（除了解码和重编码）。

3. 从队列中运行批处理

接下来，让我们看看图 15.2 右侧的 model_runner()函数，它执行模型调用，见代码清单 15.5。

代码清单 15.5 request_batching_server.py:71, .run_model

```
async def model_runner(self):
  self.queue_lock = asyncio.Lock(loop=app.loop)
  self.needs_processing = asyncio.Event(loop=app.loop)
  while True:
    await self.needs_processing.wait()               <-- 等待，直到有事情可做
    self.needs_processing.clear()
    if self.needs_processing_timer is not None:      <-- 取消设置的计时器
      self.needs_processing_timer.cancel()
      self.needs_processing_timer = None
    async with self.queue_lock:
      # ... line 87
      to_process = self.queue[:MAX_BATCH_SIZE]       <-- 获取一个批次，如果需要，调度下一个批量请求的运行
      del self.queue[:len(to_process)]
      self.schedule_processing_if_needed()
    batch = torch.stack([t["input"] for t in to_process], dim=0)
    # we could delete inputs here...

    result = await app.loop.run_in_executor(
      None, functools.partial(self.run_model, batch)   <-- 在一个单独的线程中运行模型，将数据移动到设备，然后将数据移交给模型。我们在它完成后继续处理
```

```
    )
    for t, r in zip(to_process, result):    ◁— 将结果添加到工作项并设置 ready 事件
        t["output"] = r
        t["done_event"].set()
    del to_process
```

如图 15.2 所示，模型运行器进行一些设置，然后进行无限循环（但中间会产生事件循环）。在实例化应用程序时调用它，因此它可以设置 queue_lock 和前面讨论过的 needs_processing 事件。然后进入循环，等待 needs_processing 事件。

当一个事件出现时，我们首先检查是否设置了时间，如果设置了，就清除它，因为我们现在要处理事件。然后 model_runner()从队列中抓取一个批次，并在需要时调度下一个批次的处理。它从单个任务中组装批处理，并使用 asyncio 的 app.loop.run_in_executor 启动一个评估模型的新线程。最后，它将输出添加到任务并设置 done_event。

基本上就是这样。这个 Web 框架看起来像一个带有 async 和 await 的 Flask，需要一个小封装器。我们需要在事件循环上启动 model_runner()函数。正如前面提到的，如果我们没有多个运行器从队列中获取信息，且运行器可能相互中断，那么锁定队列实际上是没有必要的，但由于我们的代码将适应于其他项目，因此我们这样做避免丢失请求。

我们使用以下命令启动服务器：

```
python3 -m p3ch15.request_batching_server data/p1ch2/horse2zebra_0.4.0.pth
```

现在我们可以通过上传图像数据/p1ch2/horse.jpg 进行测试，并保存结果：

```
curl -T data/p1ch2/horse.jpg
➥ http://localhost:8000/image --output /tmp/res.jpg
```

注意，这个服务器确实做了一些正确的事情，即它为 GPU 获取批量请求并异步运行，但我们仍然使用 Python 模式，因此 GIL 妨碍了我们的模型与主线程中的请求并行运行。对于互联网这样的“潜在敌对环境”来说，这是不安全的。特别地，请求数据的解码似乎既没有最佳的速度，也不完全安全。

一般来说，如果我们能够将请求流和预先分配的内存块传递给一个函数，然后函数将流中的图像解码给我们，就更好了。但我们不知道有哪个库是这样做的。

15.2 导出模型

到目前为止，我们已经在 Python 解释器中使用了 PyTorch，但这并不总是可取的：我们导出模型的时候，GIL 仍然有可能阻塞我们改进后的 Web 服务器，或者我们可能希望模型在 Python 开销过大或不可使用 Python 的嵌入式系统上运行。我们可以用以下方法来处理这个问题。我们可能会完全放弃 PyTorch，转而使用更专业的框架。或者，我们可以留在 PyTorch 生态系统中，使用 JIT 编译器。这是一种即时的编译器，用于以 PyTorch 为中心的 Python 子集。甚至当我们在 Python 中运行 JIT 模型时，我们可能会寻求它的两个优点：有时 JIT 编译

器能够实现精彩的优化，或者就像我们的 Web 服务器那样，我们只想逃避 GIL，而这正是 JIT 模型所擅长的。最后，我们可以在 libtorch（PyTorch 提供的 C++库）下运行我们的模型，或者使用派生的 Torch 移动设备。

15.2.1 PyTorch 与 ONNX 的互操作性

有时，我们想让 PyTorch 生态系统保留我们的模型，例如，在嵌入式硬件上使用专门的模型部署管道运行。为此，ONNX 为神经网络和机器学习模型提供了一种互操作格式。一旦导出，模型就可以使用任何与 ONNX 兼容的运行时环境执行，如 ONNX 运行时环境[①]，前提是我们模型中使用的操作得到 ONNX 标准和目标运行时环境的支持。例如，在 Raspberry Pi 上运行模型比直接运行 PyTorch 要快得多。除了传统的硬件，许多专门的人工智能加速器硬件都支持 ONNX。

从某种意义上说，深度学习模型是一个具有特定的指令集的程序，由矩阵乘法、卷积、ReLU、tanh 等精细运算组成。因此，如果我们可以序列化计算，我们可以在另一个理解其底层操作的运行时环境中重新执行它。ONNX 是描述这些操作及其参数的标准格式。

大多数现代深度学习框架都支持将它们的计算序列化到 ONNX，其中一些框架可以加载 ONNX 文件并执行它（尽管 PyTorch 不是这样）。一些占用空间低的设备接受 ONNX 文件作为输入，并为特定设备生成底层指令。一些云计算提供商现在允许上传 ONNX 文件，并通过 REST 端点查看它暴露的内容。

为了将模型导出到 ONNX，我们需要运行一个带有虚拟输入的模型：输入的张量其值实际上并不重要，重要的是它们的形状和类型是否正确。通过调用 torch.onnx.export()函数，PyTorch 将跟踪模型执行的计算操作，并用提供的名称将它们序列化为 ONNX 文件。

```
torch.onnx.export(seg_model, dummy_input, "seg_model.onnx")
```

生成的 ONNX 文件现在可以在运行时环境中运行、编译到边缘设备或上传到云服务。安装了 onnxruntime 或 onnxruntime-gpu 之后可以在 Python 中使用它，并以 NumPy 数组的形式获取批次，见代码清单 15.6。

代码清单 15.6 onnx_example.py

```
import onnxruntime

sess = onnxruntime.InferenceSession("seg_model.onnx")
input_name = sess.get_inputs()[0].name
pred_onnx, = sess.run(None, {input_name: batch})
```

ONNX 运行时 API 使用会话来定义模型，然后使用一组命名的输入调用 run()方法。在静态图中定义计算时是一种比较典型的设置

并非所有 TorchScript 运算符都可以表示为标准化的 ONNX 运算符。如果我们将外部操作导出到 ONNX，当我们尝试使用运行时环境时，我们将得到关于未知 aten 操作符的错误。

① 代码在 GitHub 上，但请务必阅读隐私声明！目前，自己构建 ONNX 运行时环境将不会把请求发送到主分支上。

15.2.2 PyTorch 自己的导出机制：跟踪

当互操作性不是关键，但我们需要避开 Python GIL 或以其他方式导出网络时，我们可以使用 PyTorch 自己的表示——TorchScript 图。我们将在 15.3 节中看到它是什么以及生成它的 JIT 编译器是如何工作的，但我们现在就点到为止吧。

制作 TorchScript 模型最简单的一种方法是跟踪它。这看起来很像 ONNX 导出。这并不奇怪，因为跟踪也是 ONNX 模型在底层使用的方法。这里我们只是使用 torch.jit.trace()函数将虚拟输入输入到模型中。我们在第 13 章导入 UNetWrapper，加载训练好的参数，将模型设置为评估模式。

在我们跟踪模型之前，还有一点需要注意：所有参数都不应该要求梯度。因为使用 torch.no_grad()上下文管理器严格来说是一个运行时切换。即使我们在 no_grad()中跟踪模型，然后在外面运行它，PyTorch 也会记录梯度。如果我们看一下图 15.4，我们会看到原因：跟踪模型之后，我们要求 PyTorch 执行它。但是，被跟踪的模型在执行记录的操作时会有需要梯度的参数，并且这些参数将使得所有参数都需求梯度。为了避免这种情况，我们必须用 torch.no_grad()上下文管理器来跟踪模型。从经验来看，我们很容易忘记这一点，然后对性能感到惊讶——我们循环遍历模型参数，并将它们设置为不需要梯度。

然后我们要做的就是调用 torch.jit.trace()[①]，见代码清单 15.7。

代码清单 15.7 trace_example.py

```
import torch
from p2ch13.model_seg import UNetWrapper

seg_dict = torch.load('data-unversioned/part2/models/p2ch13/seg_2019-10-20_15
➥ .57.21_none.best.state', map_location='cpu')
seg_model = UNetWrapper(in_channels=8, n_classes=1, depth=4, wf=3,
➥ padding=True, batch_norm=True, up_mode='upconv')
seg_model.load_state_dict(seg_dict['model_state'])
seg_model.eval()
for p in seg_model.parameters():        <-- 设置参数不需要梯度
    p.requires_grad_(False)

dummy_input = torch.randn(1, 8, 512, 512)
traced_seg_model = torch.jit.trace(seg_model, dummy_input)    <-- 跟踪
```

跟踪给了我们一个警告信息：

```
TracerWarning: Converting a tensor to a Python index might cause the trace
to be incorrect. We can't record the data flow of Python values, so this
```

① 严格地说，这将模型当作函数进行跟踪，最近，PyTorch 获得了使用 torch.jit.trace_module()来保存更多模块结构的能力，但对我们来说，简单的跟踪就足够了。

```
value will be treated as a constant in the future. This means the trace
might not generalize to other inputs!
  return layer[:, :, diff_y:(diff_y + target_size[0]), diff_x:(diff_x +
➥ target_size[1])]
```

这源于我们在U-Net中所做的裁剪，但只要我们只计划将大小为512×512的图像输入模型中，就不会有问题。在 15.3 节中，我们将仔细研究产生该警告信息的原因，以及在需要时如何绕过该警告信息所强调的限制。当我们想要将比卷积神经网络和 U-Net 更复杂的模型转换为 TorchScript 时，这种做法也很重要。

我们可以保存跟踪模型：

```
torch.jit.save(traced_seg_model, 'traced_seg_model.pt')
```

加载它，除了需要提供保存模型的文件名之外不需要任何参数，然后我们可以调用它：

```
loaded_model = torch.jit.load('traced_seg_model.pt')
prediction = loaded_model(batch)
```

PyTorch JIT 编译器会在我们保存模型时保持模型的状态：我们已经将它设置为评估模式，而且我们的参数不需要梯度。如果我们之前没有注意到这一点，我们就需要在执行过程中使用 with torch.no_grad()。

注意 你可以在不保留源模型的情况下运行 JITed 和导出的 PyTorch 模型。然而，我们总是希望建立一个工作流，在这个工作流中，自动地从源模型转到已安装的 JITed 模型进行部署。如果不这样做，我们会发现自己处于这样一种情况：我们想用模型调整一些东西，但却失去了修改和重新生成的能力。

15.2.3 具有跟踪模型的服务器

现在是将 Web 服务器迭代到最终版本的好时机。我们可以导出跟踪的 CycleGAN 模型，如下：

```
python3 p3ch15/cyclegan.py data/p1ch2/horse2zebra_0.4.0.pth
➥ data/p3ch15/traced_zebra_model.pt
```

现在我们只需要在服务器上用 torch.jit.load()替换对 get_pretrained_model 的调用，并删除现在不必要的 get_pretrained_model 导入。这意味着我们的模型独立于 GIL 运行，这也是我们希望服务器在这里实现的目标。为了方便，我们在 request_batching_jit_server.py 中进行了一些小的修改，我们可以将跟踪模型文件路径作为命令行参数来运行它。

现在我们已经了解了 JIT 编译器能为我们做什么，让我们深入了解一下细节！

15.3 与 PyTorch JIT 编译器交互

PyTorch JIT 编译器在 PyTorch 1.0 中首次亮相，它是 PyTorch 许多创新的核心，其中最重要的是提供了一组丰富的部署选项。

15.3.1 摈弃 Python/PyTorch 传统方式

通常大家认为 Python 的运行速度有些欠缺，确实如此，但是由于我们在 PyTorch 中所使用的张量本身也很大，因此对于这些张量之间操作而言 Python 运行速度慢并不是一个大问题。对于智能手机这样的小型设备，Python 带来的内存开销可能更重要。因此，请记住，将 Python 从计算中去除所获得的加速通常是 10%或更少。

不使用 Python 运行模型带来的另一个即时加速问题只出现在多线程环境中，但也可能非常重要。因为中间对象不是 Python 对象，所以计算不会受到所有 Python 并行化的影响，即 GIL 的影响。这是我们之前想到并在服务器中使用跟踪模型时意识到的。

摈弃了 PyTorch 先执行一个操作再查看下一个操作的传统方式，进而为 PyTorch 提供一个计算整体视图：也就是说，它可以整体地考虑计算过程。这为关键的优化和更高级别的转换打开了大门。其中一些转换主要适用于推理，而另一些转换可以在训练中提供显著的加速。

让我们使用一个简单的示例来让你了解为什么一次查看多个操作是有益的。当 PyTorch 在 GPU 上运行一系列操作时，它为每一个操作调用一个子程序，用 CUDA 的说法就是内核。每个内核从 GPU 内存读取输入，计算结果，然后存储结果。因此大多数时间通常没有花在计算上，而是从内存中读取和写入数据。这可以通过只读一次、多次计算操作，然后在最后写入数据来改进。这正是 PyTorch JIT fuser 所做的。为了让你了解它是如何工作的，图 15.3 显示了在 LSTM 单元中发生的逐点计算，这是循环网络的一个流行的构建模块。

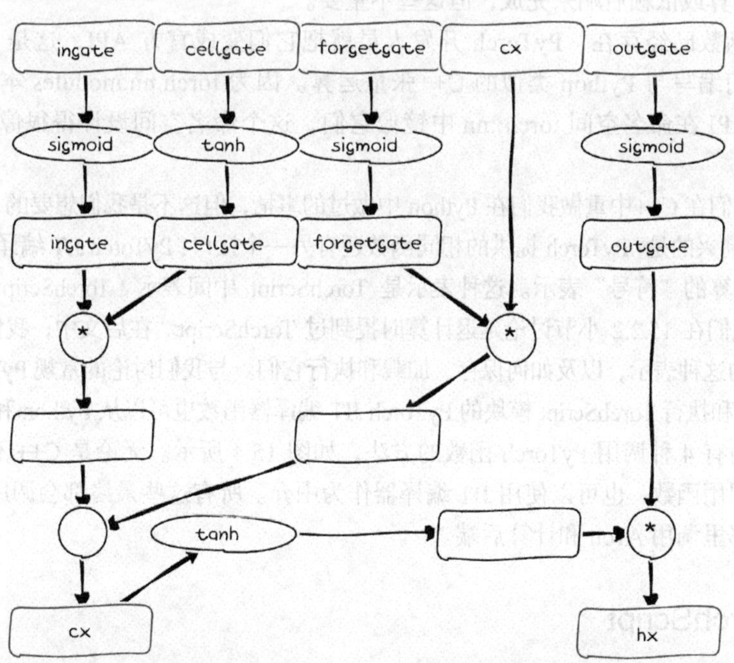

图 15.3 LSTM 单元逐点操作。此模块从顶部的 5 个输入计算底部的 2 个输出。中间的框是普通 PyTorch 将存储在内存中的中间结果，而 JIT fuser 将只保存在寄存器中

图 15.3 的细节在这里对我们来说并不重要。模块顶部有 5 个输入，底部有 2 个输出，7 个中间结果表示为四舍五入的索引。通过在一个 CUDA 函数中一次性计算这些，并将中间结果保存到寄存器中，JIT 编译器将内存读取次数从 12 次减少到 5 次，写入次数从 9 次减少到 2 次。这些都是 JIT 编译器给我们带来的巨大收益，它可以将 LSTM 网络的训练时间减少到约为原来的四分之一。这个看似简单的技巧，却能够让 PyTorch 显著缩小 LSTM 和在 PyTorch 中灵活定义的广义 LSTM 单元的速度差距，以及像 cuDNN 这样的库提供的严格但高度优化的 LSTM 实现之间的差距。

总之，使用 JIT 编译器避开 Python 速度慢所带来的加速较我们天真地认为 Python 非常慢所带来的加速要小，但是避免使用 GIL 对于多线程应用程序来说很关键。JIT 编译器模型中的巨大加速来自 JIT 编译器所支持的特殊优化，但这比仅仅避免 Python 开销要复杂得多。

15.3.2 PyTorch 作为接口和后端的双重特性

要理解 Python 之外的工作原理，最好在头脑中将 PyTorch 分成几个部分，我们在 1.4 节中第 1 次看到了这一点。我们在第 6 章第 1 次看到的 PyTorch 的 torch.nn 模块，它一直是我们建模的主要工具，存储着网络的参数，并使用函数（获取并返回张量的函数）式接口实现。这些都是作为 C++扩展实现的，移交 C++级别的可自动求导的层，然后将实际的计算交给一个名为 ATen 的内部库，执行计算或依赖后端来完成，但这些不重要。

既然 C++函数已经存在，PyTorch 开发人员就把它们变成官方 API，这是 LibTorch 的核心，它允许我们编写与 Python 类似的 C++张量运算。因为 torch.nn.modules 本质上是 Python 独有的，C++ API 在命名空间 torch::nn 中镜像它们，这个命名空间设计得很像 Python，但是是独立的。

这将允许我们在 C++中重做我们在 Python 中做过的事情，但这不是我们想要的，我们想要的是导出模型。令人高兴的是，PyTorch 提供的相同函数还有另一个接口：PyTorch JIT 编译器。PyTorch JIT 编译器提供了计算的“符号”表示。这种表示是 TorchScript 中间表示（TorchScript IR，有时简称 TorchScript）。我们在 15.2.2 小节讨论延迟计算时提到过 TorchScript。在后文中，我们将看到如何获取 Python 模型的这种表示，以及如何保存、加载和执行它们。与我们讨论的常规 PyTorch API 类似，用于加载、检查和执行 TorchScript 模块的 PyTorch JIT 编译器函数也可以从 Python 和 C++中访问。

总之，我们有 4 种调用 PyTorch 函数的方法，如图 15.4 所示。无论是 C++还是 Python，我们都可以直接调用函数，也可以使用 JIT 编译器作为中介。所有这些最终都会调用 C++ LibTorch 函数，然后从那里调用 ATen 和计算后端。

15.3.3 TorchScript

TorchScript 是 PyTorch 设想的部署选项的核心。因此，我们有必要仔细研究一下它是如何工作的。

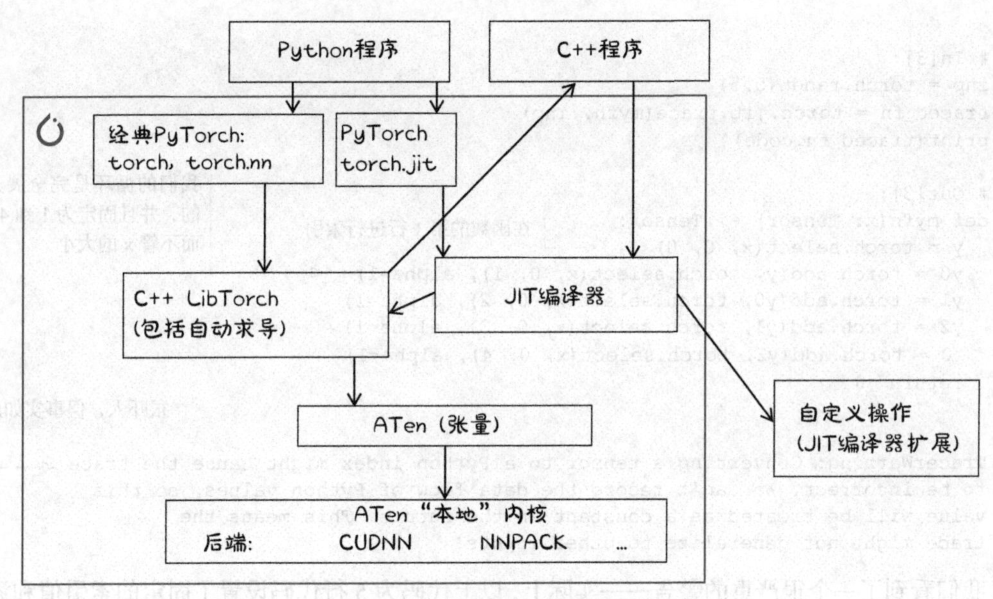

图 15.4 调用 PyTorch 的方法

创建 TorchScript 模型有 2 种简单的方法：跟踪（tracing）和脚本（scripting）。我们将在后文逐一介绍。在一个非常高的层次上，它们的工作如下。

- 在 15.2.2 小节使用的跟踪方法中，我们使用样本（随机）输入来执行常用的 PyTorch 模型，PyTorch JIT 编译器对每个允许它记录计算的函数都有钩子（在 C++的自动求导接口中）。在某种程度上，这就像在说“看看我是如何计算输出的，现在你照着做”。假定 JIT 编译器只在调用 PyTorch 函数（以及 nn.Modules）时起作用，你可以在跟踪时运行任何 Python 代码，但 JIT 编译器只会注意到非控制流的部分。当我们使用张量形状（通常是一个整数元组）时，JIT 编译器试图跟踪正在发生的事情，但有时可能以失败而告终。这就是我们跟踪 U-Net 时得到的警告。
- 在脚本中，PyTorch JIT 编译器查看计算的实际 Python 代码，并将其编译到 TorchScript IR 中。这意味着，虽然我们可以确保 JIT 编译器捕获程序的每个方面，但我们只能使用编译器能够理解的部分。这就像在说“我告诉你怎么做，现在你照着做”，听起来真的很像编程。

我们在这里不是为了理论，所以让我们尝试使用一个非常简单的函数来跟踪和编写脚本，这个函数在第 1 个维度上添加的效率很低。

```
# In[2]:
def myfn(x):
    y = x[0]
    for i in range(1, x.size(0)):
        y = y + x[i]
    return y
```

我们可以跟踪它：

```
# In[3]:
inp = torch.randn(5,5)
traced_fn = torch.jit.trace(myfn, inp)
print(traced_fn.code)

# Out[3]:
def myfn(x: Tensor) -> Tensor:
  y = torch.select(x, 0, 0)    <-- 在函数的第 1 行进行索引
  y0 = torch.add(y, torch.select(x, 0, 1), alpha=1)    <-- 我们的循环是完全展开的，并且固定为 1 到 4，而不管 x 的大小
  y1 = torch.add(y0, torch.select(x, 0, 2), alpha=1)
  y2 = torch.add(y1, torch.select(x, 0, 3), alpha=1)
  _0 = torch.add(y2, torch.select(x, 0, 4), alpha=1)
  return _0

TracerWarning: Converting a tensor to a Python index might cause the trace    <-- 很吓人，但事实如此
to be incorrect. We can't record the data flow of Python values, so this
value will be treated as a constant in the future. This means the
trace might not generalize to other inputs!
```

我们看到了一个很严重的警告——实际上，以上代码为 5 行代码设置了固定的索引值和添加项，它不会故意处理成 4 行或 6 行。

这就是脚本可协助的地方：

```
# In[4]:
scripted_fn = torch.jit.script(myfn)
print(scripted_fn.code)

# Out[4]:
def myfn(x: Tensor) -> Tensor:
  y = torch.select(x, 0, 0)
  _0 = torch.__range_length(1, torch.size(x, 0), 1)    <-- PyTorch 从张量大小构造范围长度
  y0 = y
  for _1 in range(_0):    <-- 我们的 for 循环，尽管我们必须从下一行得到索引 i
    i = torch.__derive_index(_1, 1, 1)
    y0 = torch.add(y0, torch.select(x, 0, i), alpha=1)    <-- 我们的循环体，它有点儿冗长
  return y0
```

我们还可以输出脚本化的图形，它更接近于 TorchScript 的内部表示：

```
# In[5]:
xprint(scripted_fn.graph)
# end::cell_5_code[]

# tag::cell_5_output[]
# Out[5]:
graph(%x.1 : Tensor):
  %10 : bool = prim::Constant[value=1]()    <-- 看来比我们需要的冗长多了
```

```
    %2 : int = prim::Constant[value=0]()
    %5 : int = prim::Constant[value=1]()
    %y.1 : Tensor = aten::select(%x.1, %2, %2)
    %7 : int = aten::size(%x.1, %2)
    %9 : int = aten::__range_length(%5, %7, %5)
    %y : Tensor = prim::Loop(%9, %10, %y.1)
      block0(%11 : int, %y.6 : Tensor):
        %i.1 : int = aten::__derive_index(%11, %5, %5)
        %18 : Tensor = aten::select(%x.1, %2, %i.1)
        %y.3 : Tensor = aten::add(%y.6, %18, %5)
        -> (%10, %y.3)
    return (%y)
```

为 y 赋的第 1 个值

我们看到代码之后，就可以识别出构建范围

我们的 for 循环返回它计算的值——y

循环体：选择一个切片，并添加到 y

在实践中，最常用的是装饰器形式的 torch.jit.script 脚本：

```
@torch.jit.script
def myfn(x):
    ...
```

你还可以使用自定义跟踪装饰器来处理输入，但这还没有流行起来。

尽管 TorchScript（该语言）看起来像 Python 的一个子集，但它们有根本的区别。如果我们仔细观察，会发现 PyTorch 向代码中添加了类型规范。这暗示了一个重要的区别：TorchScript 是静态类型的，即程序中的每个值或变量都有且只有一个类型。而且，这些类型仅限于那些 TorchScript IR 可以表示的类型。在程序中，JIT 编译器通常会自动推理类型，但是我们需要用脚本函数的类型来注释任何非张量参数。这与 Python 形成了鲜明的对比——在 Python 中，我们可以将任何内容赋值给任何变量。

到目前为止，我们已经跟踪函数以获得脚本函数。我们很早就开始使用模块了。当然，我们还可以跟踪或编写模型脚本。模块的行为大致类似于我们所了解和喜爱的模块。

为了跟踪和编写脚本，我们将 Module 的实例分别传递给 torch.jit.trace()（使用样本输入）或 torch.jit.script()（没有样本输入），这将为我们提供常用的 forward()方法，如果我们想要暴露从外部调用的其他方法（这只在脚本中有效），我们可以在类定义中使用@torch.jit.export 来修饰它们。

当我们说 JITed 模块像 Python 中的模块一样工作时，也描述了我们可以将它们用于训练的事实。另一方面，这意味着我们需要将它们设置为推理（例如，使用 torch.no_grad()上下文管理器），就像我们的传统模型一样，让它们做正确的事情。

使用算法上相对简单的模型，例如 CycleGAN、分类模型和基于 U-Net 的分割，我们可以像前面所做的那样跟踪模型。对于更复杂的模型，一个很好的特性是我们可以使用来自其他脚本或跟踪代码的脚本或跟踪函数，我们也可以在构造和跟踪或编写模块脚本时使用脚本或跟踪子模块，我们还可以通过调用 nn.Models 来跟踪函数，但我们需要设置所有参数不需要梯度，因为参数将作为跟踪模型的常数。

和我们已经看到的跟踪一样，让我们更详细地看一个脚本编写的实际示例。

15.3.4 为可追溯的差异编写脚本

在更复杂的模型中，例如用于检测的 Fast R-CNN 家族的模型或用于自然语言处理的循环网络的模型，需要编写具有类似 for 循环的控制流部分的脚本。类似地，如果我们需要灵活性，我们会找到跟踪器警告的编码位，见代码清单 15.8。

代码清单 15.8 From utils/unet.py

```
class UNetUpBlock(nn.Module):
    ...
    def center_crop(self, layer, target_size):
        _, _, layer_height, layer_width = layer.size()
        diff_y = (layer_height - target_size[0]) // 2
        diff_x = (layer_width - target_size[1]) // 2
        return layer[:, :, diff_y:(diff_y + target_size[0]),
➥ diff_x:(diff_x + target_size[1])]        <-- 跟踪器在这里发出警告

    def forward(self, x, bridge):
        ...
        crop1 = self.center_crop(bridge, up.shape[2:])
    ...
```

实际上，JIT 编译器神奇地使用具有相同信息的一维整数张量替换了形状元组 up.shape。现在切片[2:]、diff_x 与 diff_y 的计算都是可跟踪的张量操作。然而，这并不能给我太多的帮助，因为稍后切片就需要 Python 的 int 类型相关的操作，到那时已超过了 JIT 编译器的作用范围，此时就会抛出一个警告信息。

我们定义一个名为 center_crop 的脚本函数。通过将 up 张量传递给 center_crop()函数，在该函数内部获取张量的大小，通过这种方式稍微改变调用者和被调用者之间的切换。除此之外，我们所需要的就是添加@torch.jit.script 装饰器。下面的代码可使 U-Net 模型可跟踪而没有警告，见代码清单 15.9。

代码清单 15.9 Rewritten excerpt from utils/unet.py

```
@torch.jit.script
def center_crop(layer, target):        <-- 更改方法签名，使用 target 而不是 target_size
    _, _, layer_height, layer_width = layer.size()
    _, _, target_height, target_width = target.size()        <-- 获取脚本部分中的大小
    diff_y = (layer_height - target_height) // 2
    diff_x = (layer_width - target_width]) // 2
    return layer[:, :, diff_y:(diff_y + target_height),
➥  diff_x:(diff_x + target_width)]        <-- 索引使用我们得到的大小

class UNetUpBlock(nn.Module):
    ...

    def forward(self, x, bridge):
```

```
...
crop1 = center_crop(bridge, up)    <-- 调整我们的调用，传递 up 而不是 size
...
```

另一个我们可以选择但不在这里使用的方式是，将不可脚本化的内容转移到 C++实现的自定义操作符中。TorchVision 库可以在 Mask R-CNN 模型中做一些特殊操作。

15.4 LibTorch：C++中的 PyTorch

我们已经看到导出模型的各种方法，但到目前为止，我们使用的都是 Python。现在我们来看看如何放弃 Python 而直接使用 C++。

让我们回到将马的照片转换为斑马的照片的例子 CycleGAN。现在，我们将从 15.2.3 小节中获取 JITed 模型，并从 C++程序中运行它。

15.4.1 从 C++中运行 JITed 模型

在 C++中部署 PyTorch 视觉模型最困难的部分是选择一个图像库来选择数据①。这里，我们使用非常轻量级的库 CImg。如果你非常熟悉 OpenCV，你可以调整代码来使用它，我们只是觉得 CImg 对于我们的阐述来说较为简单。

运行 JITed 模型非常简单。我们将首先展示图像处理，这并不是我们真正想要介绍的，所以我们将很快完成这项工作②，见代码清单 15.10。

代码清单 15.10 cyclegan_jit.cpp

```
#include "torch/script.h"       <-- 包含 PyTorch 脚本头文件和 CImg，支持本地 JPEG
#define cimg_use_jpeg
#include "CImg.h"
using namespace cimg_library;
int main(int argc, char **argv) {       <-- 加载并解码图像到一个浮点数组
  CImg<float> image(argv[2]);
  image = image.resize(227, 227);       <-- 调整到较小的大小
  // ...here we need to produce an output tensor from input
  CImg<float> out_img(output.data_ptr<float>(), output.size(2),
                      output.size(3), 1, output.size(1));
  out_img.save(argv[3]);     <-- 保存图像
  return 0;
}
```

方法 data_ptr<float>()为我们提供了一个指向张量存储的指针。利用它和形状信息，我们可以构造输出图像

① 但是 TorchVision 可以开发一个方便的加载图像的功能。

② 该代码可以与 PyTorch 1.4 以及上面的代码一起工作。在 PyTorch1.3 之前的版本中，需要 data 来代替 data_ptr。

对于 PyTorch 端，程序中包含 C++头文件 torch/script.h。然后，我们需要设置并包含 CImg 库。在 main()函数中，我们从命令行给定的文件中加载一幅图像，并调整它的大小（CImg 格式）。所以我们现在在 CImg<float>变量图像中有一幅 227×227 的图像。在程序的最后，我们将从形状为(1,3,277,277)的张量中创建一个相同类型的 out_img 并保存它。

别担心这些，它们不是我们想学习的 PyTorch C++，所以我们可以直接接受它们。

实际的计算也很简单。我们需要从图像中生成一个输入张量，加载我们的模型，并运行输入张量，见代码清单 15.11。

代码清单 15.11 cyclegan_jit.cpp

```
auto input_ = torch::tensor(                              <-- 将图像数据转换为一个张量
  torch::ArrayRef<float>(image.data(), image.size()));
  auto input = input_.reshape({1, 3, image.height(),      重塑和重新缩放从 CImg 协议
                     image.width()}).div_(255);           <-- 转到 PyTorch 的协议上

  auto module = torch::jit::load(argv[1]);                <-- 从一个文件中加载
                                                              JITed 模型或函数
  std::vector<torch::jit::IValue> inputs;                 <--
  inputs.push_back(input);                                    将输入封装成一个（一个元素）
  auto output_ = module.forward(inputs).toTensor();           IValues 的向量

  auto output = output_.contiguous().mul_(255);               确保我们的结果是连续的
调用模块并提取结果张量。为了提高效率，所有权被
转移了，因此如果我们持有 IValue，之后它将是空的
```

回想一下，在第 3 章中，PyTorch 将一个张量的值以特定的顺序保存在一个大的内存块中，CImg 也是如此，我们可以使用 image.data()获得指向该内存块的指针（作为浮点数数组），并使用 image.size()获得元素的数量。有了这 2 个方法，我们可以创建一个更智能的引用：一个 torch::ArrayRef()（这只是指针加号的简写，PyTorch 在 C++级别使用这些函数来处理数据，但也可以在不复制的情况下返回大小）。然后，我们可以将其解析到 torch::tensor()构造函数中，就像处理列表一样。

注意 有时你可能希望使用类似 torch::from_blob()的函数而不是 torch::tensor()，二者的不同之处在于张量是否会复制数据。如果你不想复制数据，可以使用 from_blob()，但需要注意的是，在张量的生命周期内基础内存须是可用的。

我们的张量只有一维，所以我们需要重塑它。这很简单，使 CImg 使用与 PyTorch 相同的顺序，即通道、行、列。如果不是，我们就需要像在第 4 章所做的那样调整重塑和排列数轴。由于 CLmg 使用的范围是 0～255，而我们的模型使用的范围是 0～1，因此我们在这里先除后乘。但是，我们想重用我们的跟踪模型。

要避免的常见陷阱是预处理和后处理

当从一个库切换到另一个库时，很容易忘记检查转换步骤是否兼容。转换步骤是否兼容并不明显，除非我们查阅 PyTorch 的内存布局和调整约定，以及我们使用的图像处理库。如果我们忘记了，我们会因为没有得到预期的结果而失望。

这里模型会变得不可控因为它得到了非常大的输入。然而，最终我们模型的输出约定是 0~1 的 RGB 值。如果我们直接将其与 CImg 一起使用，结果将是全黑的。

其他框架有其他约定：例如 OpenCV 喜欢将图像存储为 BGR 而不是 RGB，这就要求我们改变通道维度。我们总是希望确保我们在部署中提供给模型的输入与我们在 Python 中提供给它的输入相同。

使用 torch::jit::load()加载跟踪模型非常简单。接下来，我们必须处理一个 PyTorch 引入的用于在 Python 和 C++之间进行桥接的抽象概念：我们需要将输入封装在一个或多个 IValue 中，它是可以用于任何值的通用数据类型。我们需要向 JIT 编译器中的一个函数传递一个 IValue 类型向量，所以我们声明它，然后对输入张量执行 push_back 操作。这将自动将张量封装成一个 IValue，我们将这个 IValue 类型向量传递给 forward()操作，并返回一个 IValue 类型的结果，然后我们就可以用.toTensor()把结果中的张量解包。

这里我们看到了一些关于 IValue 的信息：它们有一个类型，这里是张量，但它们也可以保存 `int64_ts`、`double` 或一组张量。例如，如果我们有多个输出，我们将得到一个持有张量列表的 IValue，这最终源自 Python 调用约定。当我们使用.toTensor()方法从 IValue 中解包一个张量时，IValue 会转移所有权，即变得无效。但别担心，我们又得到了一个张量，因为有时模型可能返回非连续数据（第 3 章的存储中有间隙），所以 CImg 要求我们为其提供连续的块，我们称之为连续块。在使用底层内存之前，将这个连续张量赋值给作用域中的变量是很重要的，就像在 Python 中一样，如果发现没有张量在使用它，PyTorch 将释放内存。

让我们开始编译！在 Debian 或 Ubuntu 上，你需要安装 cimg-dev、libjpeg-dev 和 libx11-dev 来使用 CImg。

你可以从 PyTorch 官网下载 PyTorch 的 C++库，但是考虑到我们安装了 PyTorch①，我们也可以使用它，它包含 C++所需的所有内容。我们需要知道我们的 PyTorch 安装在哪里，所以打开 Python 并检查 torch.__file__()，可能是/usr/local/lib/python3.7/dist-packages/torch/__init__.py 文件，这意味着我们需要的 CMake 文件在/usr/local/lib/python3.7/dist-packages/torch/share/ cmake /目录下。

对于单个源文件项目来说，使用 CMake 似乎有点儿小题大做，但是链接到 PyTorch 有点儿复杂，因此我们只是使用代码清单 15.12 所示的内容作为一个 CMake 模板文件②，见代码清单 15.12。

代码清单 15.12 CMakeLists.txt

```
cmake_minimum_required(VERSION 3.0 FATAL_ERROR)
project(cyclegan-jit)                              <-- 项目名称。在这里及其他相关
                                                       行替换为你自己的项目名称
```

① 我们希望你在尝试实践你所读到的内容时还没有懈怠。
② 代码所在的目录下有一个内容较全的文件用来解决 Windows 上操作的问题。

```
find_package(Torch REQUIRED)                        <—— 我们需要 Torch
set(CMAKE_CXX_FLAGS "${CMAKE_CXX_FLAGS} ${TORCH_CXX_FLAGS}")

add_executable(cyclegan-jit cyclegan_jit.cpp)
target_link_libraries(cyclegan-jit pthread jpeg X11)
target_link_libraries(cyclegan-jit "${TORCH_LIBRARIES}")
set_property(TARGET cyclegan-jit PROPERTY CXX_STANDARD 14)
```

我们想要从 cyclegan_jit.cpp 源文件编译一个名为 cyclegan-jit 的可执行文件

链接到 CImg 所需的位。CImg 本身都包含，所以这里不显示它

最好建立一个编译目录作为源代码所在的子目录，然后在其中运行 CMake 命令①，诸如 CMAKE_PREFIX_PATH=/usr/local/lib/python3.7/dist-packages/torch/share/cmake/ cmake ..，最后执行 make，这将构建 cyclegan-jit 程序，然后我们可执行如下命令运行它：

```
./cyclegan-jit ../traced_zebra_model.pt ../../data/p1ch2/horse.jpg /tmp/z.jpg
```

我们在没有 Python 的情况下运行了我们的 PyTorch 模型。太棒了！如果你想要发布你的应用程序，你可能需要将/usr/local/lib/python3.7/distpackages/torch/lib 中的库复制到你的可执行文件所在的位置，以便这些库总能被找到。

15.4.2　从 C++ API 开始

C++模块化 API 的目的是让人感觉其像 Python 的 API 一样。为了体验一下，我们将把 CycleGAN 生成器转换成 C++中本地定义的模型，但不使用 JIT 编译器。但是我们确实需要预训练权重，因此我们将保存模型的跟踪版本（这里重要的是跟踪模型而不是函数）。

我们将从一些管理细节开始：包括头文件和命名空间。见代码清单 15.13。

代码清单 15.13　cyclegan_cpp_api.cpp

```
#include <torch/torch.h>    <—— 导入一站式的 torch 或 torch.h 头文件以及 CImg
#define cimg_use_jpeg
#include <CImg.h>
using torch::Tensor;        <—— torch::Tensor 的拼写可能很冗长，因此我们将名称导入主命名空间
```

当我们查看文件中的源代码时，我们发现 ConvTransposed2d 是临时定义的，而理想情况下，它应该取自标准库，这里的问题是 C++模块化 API 仍在开发中。对于 PyTorch 1.4，预定义的 ConvTranspose2d 模块不能用于 Sequential，因为它接受一个可选的参数②。通常我们可以像 Python

① 你可能需要将路径替换为 PyTorch 或 LibTorch 安装所在的位置。注意，在兼容性方面，C++库可能比 Python 库更挑剔。如果你使用的是支持 CUDA 的库，则需要安装匹配的 CUDA 头文件。如果你得到类似“Caffe2 using CUDA”的错误消息，那么表示你需要安装的是一个仅支持 CPU 版本的库，但是 CMake 找到了一个启用了支持 CUDA 的版本。

② 这是对 PyTorch 1.3 的一个重大改进。在 PyTorch 1.3 中，我们需要为 ReLU、InstanceNorm2d 等实现自定义模块。

那样保持顺序，但是我们希望我们的模型具有与第 2 章中的 Python CycleGAN 生成器相同的结构。

接下来，让我们看看剩余的代码块，见代码清单 15.14。

代码清单 15.14 cyclegan_cpp_api.cpp 中的剩余代码块

```
struct ResNetBlock : torch::nn::Module {
  torch::nn::Sequential conv_block;
  ResNetBlock(int64_t dim)
    : conv_block(                                    // 初始化 Sequential，包括它的子模块
        torch::nn::ReflectionPad2d(1),
        torch::nn::Conv2d(torch::nn::Conv2dOptions(dim, dim, 3)),
        torch::nn::InstanceNorm2d(
        torch::nn::InstanceNorm2dOptions(dim)),
        torch::nn::ReLU(/*inplace=*/true),
      torch::nn::ReflectionPad2d(1),
        torch::nn::Conv2d(torch::nn::Conv2dOptions(dim, dim, 3)),
        torch::nn::InstanceNorm2d(
        torch::nn::InstanceNorm2dOptions(dim))) {    // 一定要注册你分配的模块，
    register_module("conv_block", conv_block);       // 否则不好的事情就会发生
  }

  Tensor forward(const Tensor &inp) {
    return inp + conv_block->forward(inp);           // 正如预期的那样，我们的 forward()方法非常简单
  }
};
```

就像在 Python 中一样，我们注册了 torch::nn::Module 的子类。剩余的代码块有一个 Sequential 类型的 conv_block 模块。

正如我们在 Python 中所做的，我们需要初始化子模块，特别是 Sequential。我们使用 C++的初始化语句来实现这一点，这与我们在 Python 的__init__()构造函数中构造子模块的方式一样。与 Python 不同，C++没有自省和钩子功能，这些功能允许重定向__setattr__()，从而将成员的赋值和注册结合起来。

由于缺少关键字参数使得参数说明与默认参数不匹配，模块（如张量工厂函数）通常接受一个可选参数。Python 中的可选关键字参数对应可链接的可选对象的方法。例如 Python 模块 nn.Conv2d (in_channels,out_channels,kernel_size,stride=2,padding=1)，我们需要将其转换为 torch::nn::Conv2d (torch::nn::Conv2dOptions(in_channels,out_channels,kernel_size).stride(2).padding(1))。这有点儿枯燥，但你之所以阅读这篇文章，是因为你热爱 C++，并且不会被它所带来的困难所影响。

我们应该始终注意，成员的注册和赋值是同步的，否则事情就不会像预期的那样发展：例如，在训练期间加载和更新参数会发生在注册的模块上，但实际被调用的模块是一个成员。这个同步操作是由 Python 的 nn.Module 类在后台自动完成的，但它在 C++中不是自动完成的。如果不这样做的话就会给我们带来很多麻烦。

与我们在 Python 中所做的（以及应该做的）不同，我们需要为模块调用 m->forward(…)。有些模块可以直接调用，但对于 Sequential 模块而言，目前还不可以。

关于调用的约定最后一点说明是：根据提供给函数的参数是否能够被修改而有所不同，如果传递给函数的张量需要保持不变的话，那么函数的参数应该定义为 const Tensor&，如果传递给函

数的张量可以被修改的话[1]，函数参数应该定义为 Tensor，同时函数应返回一个 Tensor 类型的对象。错误的参数类型，如非 const 引用（Tensor&）将导致不可解析的编译错误。

在主生成器类中，我们将更紧密地遵循 C++ API 中的一个典型模式，将类命名为 ResNetGeneratorImpl，并使用 TORCH_MODULE 宏将其提升为 torch 的模块 ResNetGenerator。这样做的原因是，我们希望主要以引用或共享指针的形式来处理模块，封装类实现了这一点，见代码清单 15.15。

代码清单 15.15　cyclegan_cpp_api.cpp 中的 ResNetGenerator

```
struct ResNetGeneratorImpl : torch::nn::Module {
  torch::nn::Sequential model;
  ResNetGeneratorImpl(int64_t input_nc = 3, int64_t output_nc = 3,
                      int64_t ngf = 64, int64_t n_blocks = 9) {
    TORCH_CHECK(n_blocks >= 0);
    model->push_back(torch::nn::ReflectionPad2d(3));   <-- 在构造函数中向Sequential容器添加模块。这允许我们在for循环中添加可变数量的模块
    ...                         <-- 让我们免于复制一些冗长的东西
      model->push_back(torch::nn::Conv2d(
          torch::nn::ackc2dOptions(ngf * mult, ngf * mult * 2, 3)
              .stride(2)
              .padding(1)));                  <-- 一个可选参数实践的例子
    ...
    register_module("model", model);
  }
  Tensor forward(const Tensor &inp) { return model->forward(inp); }
};

TORCH_MODULE(ResNetGenerator);   <-- 围绕我们的 ResNetGeneratorImpl 类创建封装器 ResNetGenerator。尽管看起来很“古老”，但匹配的名称在这里很重要
```

我们已经用 C++定义了一个与 Python 实现的 ResNetGenerator 模型完美类似的模型，现在我们只需要一个 main()函数来加载参数并运行我们的模型。使用 CImg 加载图像，并将图像转换为张量，再将张量转换为图像，这些操作与 15.4.1 小节相同。为了包括一些变种，我们将显示图像，而不是将其写到磁盘上，见代码清单 15.16。

代码清单 15.16　cyclegan_cpp_api.cpp 中的 main()函数

```
ResNetGenerator model;   <-- 实例化我们的模型
  ...
  torch::load(model, argv[1]);   <-- 加载参数
  ...
  cimg_library::CImg<float> image(argv[2]);
  image.resize(400, 400);
  auto input_ =
      torch::tensor(torch::ArrayRef<float>(image.data(), image.size()));
  auto input = input_.reshape({1, 3, image.height(), image.width()});
  torch::NoGradGuard no_grad;   <-- 声明一个保护变量等价于 torch.no_grad() 上下文管理器，如果需要限制关闭梯度的时间，可以将其放在{...}代码块中
```

[1] 这有点模糊，因为你可以创建一个新的张量，与输入共享内存，并在适当的位置修改它，最好尽可能避免这样做。

```
model->eval();    <-- 在 Python 中，eval 模式是打开的（对于我们的模型来说，它不是严格相关的）

auto output = model->forward(input);    <-- 我们再次调用 forward()方法而不是模型
...
cimg_library::CImg<float> out_img(output.data_ptr<float>(),
                output.size(3), output.size(2),
                1, output.size(1));
cimg_library::CImgDisplay disp(out_img, "See a C++ API zebra!");    <--
while (!disp.is_closed()) {
  disp.wait();
}
```
显示图像时，我们需要等待一个输入，而不是立即退出程序

有趣的变化在于我们如何创建和运行模型。正如预期的那样，我们通过声明模型类型的变量来实例化模型。我们使用 torch::load()加载模型（在这里包装模型是很重要的）。虽然这对 PyTorch 实践者来说非常熟悉，但请注意，它将在 JIT 编译器保存的文件上工作，而不是在 Python 序列化的状态字典上工作。

在运行模型时，我们需要与 with torch.no_grad()等价的函数。这是通过实例化一个 NoGradGuard 类型的变量来实现的，只要我们不想要梯度，就把它保持在作用域中。就像在 Python 中一样，我们调用 model->eval()将模型设置为评估模式。这一次，我们用输入张量调用 model->forward ()，并得到一个张量作为结果。这里不涉及 JIT 编译器，所以我们不需要对 IValue 进行组包和解包操作。

哎呀，对于我们这样的 Python 爱好者来说，用 C++介绍相关内容需要做大量的工作。我们很高兴在这里只做推理，但是，LibTorch 也提供了优化器、数据加载器等。当然，使用 API 的主要原因是想要创建模型而 JIT 编译器和 Python 都不合适的时候。

为了方便，CMakeLists.txt 还包含构建 cyclegan-cpp-api 的说明。

我们可以按如下方式运行程序：

```
./cyclegan_cpp_api ../traced_zebra_model.pt ../../data/p1ch2/horse.jpg
```

但我们知道模型将做什么，不是吗？

15.5　部署到移动设备

作为部署模型的最后一种变体，我们将考虑部署到移动设备。当我们想将我们的模型引入移动设备时，我们通常会着眼于 Android 和 IOS，这里我们将关注 Android。

PyTorch 的 C++部分，即 LibTorch，可以在 Android 上编译，我们可以使用 Android Java 本地接口（Java Native Interface，JNI）从 Java 编写的应用程序中访问它。但我们实际上只需要 PyTorch 中的几个函数，加载 JITed 模型，将输入转换为张量和 IValue，在模型中运行它们，然后返回结果。为了省去使用 JNI 的麻烦，PyTorch 开发人员将这些函数封装到一个名为 PyTorch Mobile 的小型库中。

在 Android 上开发应用程序的常用方法是使用 Android Studio IDE，我们也将使用它。可是这也意味着有几十个文件会在一个 Android 版本和下一个版本之间发生变化。因此我们将重点放在将一个 Android Studio 模板（空 Activity 的 Java 应用程序）转换为一个应用程序上，即拍照程序，通过 zebra-CycleGAN 运行它，并显示结果。坚持本书的主题，我们将在示例应用程序中高效地使用 Android 后台智能服务组件，与编写 PyTorch 代码相比，它们可能是令人感到痛苦的。

为了给模板注入“生命”，我们需要做 3 件事。为了使事情尽可能简单，我们有 2 个元素：一个是名为 head-line 的 TextView，我们可以点击它来拍摄和转换图片；还有一个是可以显示图片的 ImageView，我们称之为 image_view。我们将把拍照留给相机应用程序（为了获得更流畅的用户体验，你可能会避免在应用程序中拍照），因为直接去处理相机应用程序会弱化我们在部署 PyTorch 模型上的重点。

然后，我们需要将 PyTorch 作为一个依赖项包含进来。这是通过编辑应用程序的 build.gradle 文件来完成的，并添加 pytorch_android 和 pytorch_android_torchvision，见代码清单 15.17。

代码清单 15.17　添加内容到 build.gradle 文件

```
dependencies {    <—— 有些依赖很可能已经存在。如果没有，就在底部添加它
  ...
  implementation 'org.pytorch:pytorch_android:1.4.0'    <—— 从 pytorch_android 库中获取文本中提到的核心内容

  implementation 'org.pytorch:pytorch_android_torchvision:1.4.0'    <——
}
```

辅助库 pytorch_android_torchvision（与功能更丰富的 TorchVision 相比，这个名称可能有点儿不太合适）包含一些用于将位图对象转换为张量的实用程序，但在编写本书时，并没有更多的工具

我们需要将我们的跟踪模型作为一种 Android 资源（Android asset）。

最后，我们可以进入应用程序的核心部分：从包含主代码的 Activity 类到派生的 Java 类。我们在这里仅讨论一些摘录，从导入和模型设置开始，见代码清单 15.18。

代码清单 15.18　MainActivity.java，第 1 部分

```
...
import org.pytorch.IValue;    <—— 你不喜欢这些导入吗？
import org.pytorch.Module;
import org.pytorch.Tensor;
import org.pytorch.torchvision.TensorImageUtils;
...
public class MainActivity extends AppCompatActivity {
  private org.pytorch.Module model;    <—— 持有我们的 JITed 模型

  @Override
  protected void onCreate(Bundle savedInstanceState) {
    ...
    try {    <—— 在 Java 中，我们必须捕获异常
      model = Module.load(assetFilePath(this, "traced_zebra_model.pt"));    <——
    } catch (IOException e) {    从一个文件中加载模块
```

```
      Log.e("Zebraify", "Error reading assets", e);
      finish();
    }
    ...
  }
  ...
}
```

我们需要从命令空间 org.pytorch 中导入一些东西，在 Java 的典型风格中，我们导入了 IValue、Module 和 Tensor，它们完成了我们所期望的，同时 org.pytorch.torchvision.TensorImageUtils 类中包含用于在张量和图像之间进行转换的实用函数。

首先，我们需要声明一个变量来保存我们的模型。然后，当我们的应用程序启动时，在 Activity 的 onCreate()方法中，我们将使用 Model.load()方法从参数给出的位置加载模块。不过有一点儿复杂：应用程序的数据是由应用提供者作为 Android 资源提供的，不容易从文件系统中访问。出于这个原因，一个叫作 assetFilePath 的实用方法（取自 PyTorch Android 示例）可以将 Android 资源复制到文件系统的某个地方。最后，在 Java 中，我们需要捕获代码抛出的异常，除非我们想（并且能够）在编码的方法上声明，以便依次抛出它们。

当我们使用 Android 的意图机制从相机应用程序获得一幅图像时，我们需要通过我们的模型运行它并显示，这是在 onActivityResult 事件处理程序中进行的，见代码清单 15.19。

代码清单 15.19 MainActivity.java，第 2 部分

```
@Override
protected void onActivityResult(int requestCode, int resultCode,
                                Intent data) {
  if (requestCode == REQUEST_IMAGE_CAPTURE &&
      resultCode == RESULT_OK) {          <-- 这是在相机应用程序拍照时执行的
    Bitmap bitmap = (Bitmap) data.getExtras().get("data");

    final float[] means = {0.0f, 0.0f, 0.0f};   <-- 执行归一化，但是默认的图像范围是 0～1，所以我们不需要变换，即偏移量为 0，缩放因子为 1
    final float[] stds = {1.0f, 1.0f, 1.0f};

    final Tensor inputTensor = TensorImageUtils.bitmapToFloat32Tensor(   <-- 从位图中获取一个张量，结合 TorchVision 的 ToSensor（转换为浮点数张量，输入值介于 0 和 1 之间）和归一化这样的步骤
        bitmap, means, stds);

    final Tensor outputTensor = model.forward(   <-- 这看起来很像我们在 C++中所做的
        IValue.from(inputTensor)).toTensor();
    Bitmap output_bitmap = tensorToBitmap(outputTensor, means, stds,
        Bitmap.Config.RGB_565);          <-- tensorToBitmap()函数是我们自己定义的
    image_view.setImageBitmap(output_bitmap);
  }
}
```

将我们从 Android 得到的位图转换为张量是由 TensorImageUtils 的静态函数 bitmapToFloat32Tensor()实现的，该函数除了接受位图，还接受 2 个浮点数数组，即平均值（means）和标准差（stds）。这里我们指定输入数据或数据集的均值和标准差，然后将其映射为零均值和单位标准差，就像 TorchVision 的归一化变换一样。Android 已经为我们提供了需要输入到模型中的 0 到 1 范围内的图像，所以我们指定平均值（0）和标准差（1）来防止归一化改变我们的图像。

对 model.forward()的实际调用，我们执行与 C++中使用 JIT 编译器时相同的 `IValue` 组包和解包操作，只不过 forward()操作只接受一个 IValue，而不是它们的向量。最后，我们返回一个位图。在这里 PyTorch 不能帮助我们，所以我们需要定义自己的 tensorToBitmap()函数，并向 PyTorch 提交获取位图请求。我们在这里省去了细节，因为它们非常冗长，而且包含大量复制，即从张量到 float[]数组，再到包含 ARGB 值的 int[]数组，再到位图，但事实就是这样。它被设计成 bitmaptofloat32Tensor()的逆操作。

这就是我们将 PyTorch 引入 Android 所需要做的。将我们在这里留下的请求图片的代码添加少许代码，我们得到了一个 Zebraify Android 应用程序，如图 15.5 所示[①]。

图 15.5 我们的 CycleGAN zebra 应用

① 在撰写本书时，PyTorch Mobile 还相对“年轻”，你可能会遇到一些困难。在 PyTorch 1.3 中，当在模拟器中运行时，32 位 ARM 手机上的颜色都变淡了，原因可能是仅用于 ARM 上计算的某个后端函数的一个缺陷。在 PyTorch 1.4 和较新的手机（64 位 ARM）上，它似乎工作得更好。

我们应该注意到，我们最终得到了一个完整的 PyTorch 版本实现，但所有操作都在 Android 手机上完成的。一般来说，完整版本也包含对一个给定任务不需要的操作，这就引出了一个问题：我们是否可以通过省略这些不需要的操作来节省一些空间。事实证明，从 PyTorch 1.4 开始，你可以构建一个定制版本的 PyTorch 库，其中只包含你需要的操作，参见 PyTorch 官方文档关于移动设备的介绍。

提高效率：模型设计和量化

如果我们想探索移动设备上的更多细节，下一步就是努力让模型运行得更快。当我们希望减少模型的内存和计算空间时，首先要考虑的是简化模型本身。也就是说，用更少的参数和操作来计算从输入到输出的相同或非常相似的映射，这通常被称为蒸馏（distillation）。蒸馏的细节各不相同，有时我们试图通过消除小的或不相关的权重来缩小每个权重①。在其他例子中，我们将网络的几个层合并成一层，如 DistilBERT，甚至训练一个完全不同的、更简单的模型来复制大模型的输出，如 OpenNMT 的原始 CTranslate。我们提到这一点是因为这些修改很可能是让模型运行得更快的第 1 步。

使模型运行得更快的另一种方法是减少每个参数和操作的占用空间：我们将模型转换为使用整数，典型的选择是 8 位，而不是以浮点形式表示，即通常每个参数是 32 位，这就是量化（quantization）②。

PyTorch 为此提供了量化张量，它们被暴露成一组类似于 torch.float、torch.double 以及 torch.long 的标量类型，参照 3.5 节。最常见的量化张量的标量类型是 torch.quint8 和 torch.qint8，将数字分别表示为无符号和有符号 8 位整数。PyTorch 在这里使用一个单独的标量类型，以便使用我们在 3.11 节中简要介绍的分派机制。

使用 8 位整数而不是 32 位浮点数可能会让人感到惊讶，通常情况下，结果精度会有轻微的下降，但不是很大。有 2 个原因：如果我们认为舍入误差本质上是随机的，而卷积和线性层作为加权平均，我们可以期望舍入误差通常会抵消③。这允许将 32 位浮点数的相对精度从超过 20 位降低到有符号整数所提供的 7 位。与使用 16 位浮点数进行训练相比，量化所做的另一件事是将每个张量或通道从浮点移动到固定精度，这意味着将最大值解析为 7 位精度，将最大值的八分之一解析为 7–3=4 位。但是如果像 L1 正则化（在第 8 章中简要提到）这样的方法有效果，我们可能希望类似的效果能让我们在量化时对权重较小的值提供较低的精度，在许多情况下，它们也是这样做的。

量化在 PyTorch 1.3 中首次出现，就 PyTorch 1.4 中所支持的操作而言，它仍然有点儿粗糙。不

---

① 例子包括彩票假设（Lottery Ticket Hypothesis）和 WaveRNN。

② 与量化相反，部分转换为使用 16 位浮点数进行的训练通常被称为缩减训练（reduced training），如果还有一些保持 32 位则称为混合精度训练（mixed-precision training）。

③ 有想象力的人会参考中心极限定理。实际上，我们必须注意保留舍入误差的独立性（从统计意义上讲）。例如，我们通常希望 0（ReLU 的突出输出）是可精确表示的，否则，在四舍五入时，所有的 0 将被更改为相同的数量，导致错误增加而不是抵消。

过，它正在迅速成长，如果你对计算效率高的部署比较关心，我们建议你下载 PyTorch 源代码学习。

15.6　新兴技术：PyTorch 模型的企业服务

我们可能会问自己，到目前为止讨论的所有部署方面是否都应该包含大量的编码，当然，编写所有这些代码是很常见的。到 2020 年年初，当我们忙于完成对本书的最后润色时，我们对未来充满期待。与此同时，我们认为部署情况将在 2020 年夏季发生重大变化。

近来，其中一位作者参与的 RedisAI，正在等待将 Redis 的优势应用到我们的模型中。本书定稿后，PyTorch 实验性地发布了 TorchServe，参见 PyTorch 官网。

类似地，MLflow 正在获得越来越多的支持，而 Cortex 希望我们能够使用它来部署模型。对于更具体的信息检索任务，还有 EuclidesDB 来做基于人工智能的特征数据库。

不幸的是，它们与我们的写作计划不同步。我们希望在本书第 2 版（或第 2 本书）中有更多的内容！

15.7　总结

到此，结束了我们关于将模型应用到我们想要应用它们的地方的简短介绍。虽然在我们撰写本文时，现成的 Torch 服务还没有完成，但当它完成的时候，你可能希望通过 JIT 编译器导出你的模型，所以你会很高兴我们在这里完成了它。同时，你现在知道了如何将模型部署到网络服务、C++应用程序或移动设备上。我们期待看到你的构建成果！

希望我们实现了本书的承诺：深入学习基础知识的应用，以及对 PyTorch 库有一定程度的了解。我们希望你喜欢阅读此书，就像我们撰写它时所希望的那样[①]。

15.8　练习题

在结束 PyTorch 深度学习之际，我们为你准备了最后一个练习。

选择一个听起来让你兴奋的项目。Kaggle 是一个寻找项目的好平台，深入进去。

你已经获得了成功所需的技能和工具，我们迫不及待地想知道你接下来要做什么。可在异步社区或本书的 Manning 论坛上给我们留言，让我们知道！

15.9　本章小结

■ 我们可以通过将它们封装在一个 Python Web 服务器框架（例如 Flask）中来为 PyTorch

① 此外，其实写书很难！

模型服务。

- 通过使用 JITed 模型，我们可以避开 GIL，即使在从 Python 调用它们时也是如此，这对于服务来说是个好主意。
- 请求批处理和异步处理有助于高效地使用资源，特别是在 GPU 上进行推理时。
- 要导出 PyTorch 以外的模型，ONNX 是一种很好的格式。ONNX 运行时为许多实现提供了后端，包括 Raspberry Pi。
- JIT 编译器允许你用 C++或在移动设备上导出和运行任意的 PyTorch 代码。
- 跟踪是获取 JIT 编译器模型的一种最简单的方法，你可能需要对某些特定的动态部分使用脚本。
- 此外，C++（以及越来越多的其他语言）对运行 JITed 模型和本地模型也有很好的支持。
- PyTorch Mobile 让我们可以轻松地将 JITed 模型集成到 Android 或 iOS 应用程序中。
- 对于移动部署，我们希望简化模型结构，并尽可能量化模型。
- 一些部署框架已经出现，但是还没有形成标准。